Unterhaltungen

über

die Chemie,

in welchen

die Anfangsgründe

dieser

nützlichen Wissenschaft

allgemein verständlich erläutert werden

von

Mistreß Marcet.

Nach der 13ten englischen Auflage herausgegeben

von

F. F. Runge.

„Ins Innre der Natur dringt kein erschaffner Geist"; wohl aber ein schaffender!

C......e.

Berlin, 1839.

Sander'sche Buchhandlung.

Das gefällt mir so an der Chemie, daß sie sich über die verschiedenartigsten Gegenstände verbreitet, und Einen begierig macht in das innere Wesen jedes Dinges einzudringen, während man sich bei andern Wissenschaften immer zwischen engen Gränzen halten muß.

Caroline.

Der Frau

Pauline, Luise, Albertine

Mendelsohn-Bartholdy

geb. Heine

gewidmet

als ein öffentliches Denkmal

innigster Hochachtung und Verehrung

vom Herausgeber.

Vorrede.

„Die Naturwissenschaften werden jetzt mit solchem Eifer betrieben, daß man in geselligen Zirkeln sogar von Physik und Chemie sprechen hört; natürlich nehmen wir Frauenzimmer immer mehr Antheil daran, jemehr die Männer sich bemühen, uns diese Wissenschaften zugänglich zu machen, die so in das Leben eingreifen, daß sie wohl das allgemeinste Interesse verdienen. Den deutschen Leserinnen dürfte daher jetzt ein Buch höchst willkommen sein, was, von einer Frau für Frauen geschrieben, die Chemie eben so ernsthaft als anziehend behandelt, und worin gewiß Jede mehr als Unterhaltung findet. Das Werk der Engländerin Jane Marcet, was in England in verhältnißmäßig kurzer Zeit 13 Auflagen erlebte, eignet sich gewiß sehr zu dieser Uebertragung auf deutschen Boden. Wenn man uns Frauen im Allgemeinen Gründlichkeit absprechen will, so ist Mrs. Marcet entweder eine Ausnahme, oder hat einen tüchtigen männlichen Beistand zur Seite gehabt, welches Letztere wenigstens gewiß ist. Doch hat diese Stütze sie nicht verleitet, über den Bereich unsers Gesichtskreises hinauszugehn, und eine Laiin kann ihren Landsmänninnen aus eigner Erfahrung versichern, daß bei aufmerksamen Lesen dieses Buches es jedem verständigen Frauenzimmer nicht schwer fallen wird, alles darin Enthaltene aufzufassen — und zwar wenigstens eben so schnell als der Emilie und der Caroline, mit denen Mrs. B. sich unterhält.

„Die erste Abtheilung bietet schon des Interessanten und Wissenswürdigen viel dar, obgleich uns Deutschen die schwerfällige Ansicht der Engländer auffallen muß, die bei aller Trefflichkeit ihres Wissens doch Naturkräfte, wie Licht, Wärme und Elektrizität den irdischeren Stoffen mit beizählen.

„Noch anziehender scheint mir aber die zweite Abtheilung, die uns auch mit der innern Einrichtung der organischen Körper bekannt macht und über viele Vorgänge belehrt, die während des Lebens und nach dem Tode der Thiere und Pflanzen stattfinden, und die unsre Aufmerksamkeit desto mehr fesseln, weil sie mit den verschiednen Fächern unsrer häuslichen Oekonomie in engem Zusammenhauge stehen."

Die obige Vorrede verdanke ich der gütigen Mittheilung einer Dame, die an der Chemie ein ganz besonderes Interesse nimmt, und durch das eifrige Studium derselben sich das Recht erworben, ihre Collegin, die Mrs. Marcet, mit Grund zu empfehlen.

Runge.

Inhaltsverzeichniß.

Zweite Abtheilung.

Erste Unterhaltung.

Ueber die allgemeinen Grundsätze der Chemie.

Mrs. B.

Da Sie in unsern frühern Unterhaltungen einige Grundzüge der Naturlehre kennen gelernt haben, so will ich Ihnen einen andern Zweig der Wissenschaft vorschlagen und wünsche, daß Sie ihm ganz besonders Ihre Aufmerksamkeit widmen mögen. Dies ist die Chemie, die so eng mit der Naturlehre verknüpft ist, daß das Studium der einen, ohne einige Kenntniß der andern, unvollständig sein muß; denn natürlich erlangen wir nur eine höchst mangelhafte Vorstellung von den Körpern durch das Studium der allgemeinen Gesetze, die sie beherrschen, wenn uns ihr eigentliches Wesen gänzlich unbekannt bleibt.

Caroline.

Die Wahrheit zu gestehen, Mrs. B., ich verspreche mir von der Chemie gerade sehr wenig, ihr Feld ist zu beschränkt und ich liebe mehr, die Natur im großen Maaßstabe dargestellt zu sehen. Welch ein Unterschied zwischen dem, was wir kürzlich vornahmen — die allgemeinen Eigenschaften der Materie, den Umlauf der Himmelskörper — und der Mischung unbedeutender Apothekerwaaren! Indessen mag es recht unterhaltende chemische Experimente geben und ich möchte recht gern einige versuchen, z. B. das Destilliren von Lavendel- oder Rosenwasser.

Mrs. B.

Ich glaube eher, liebe Caroline, Sie haben darum so wenig Lust zur Chemie, weil Sie keinen Begriff von ihrem Umfange haben. Sie meinen, ihr Einfluß erstrecke sich nur auf die Apotheke und den Parfümerieladen, während sie zu einer ungeheuern Mannigfaltigkeit höherer und nützlicherer Zwecke dient. Die Natur hat auch ihr Laboratorium — das Weltall — und ist dort unaufhörlich mit chemischen Operationen beschäftigt. Sie staunen, aber ich versichere Sie, die wunderbarsten und anziehendsten Naturerscheinungen werden fast Alle durch chemische Kräfte hervorgebracht. Was Bergmann in der Einleitung zu seiner Geschichte der Chemie von dieser Wissenschaft sagt, wird Ihnen eine richtigere und erweiterte Vorstellung davon geben: „Die Naturwissenschaft kann in drei Abschnitte eingetheilt werden. Der 1ste beschäftigt sich mit der Lehre von den äußern Formen und Besonderheiten der Gegenstände: dies nennt man Naturgeschichte. Im 2ten betrachtet man die Wirkungen, welche die Körper durch ihre mechanischen Kräfte auf einander ausüben, wie durch Schwere und Bewegung: diese Wissenschaft heißt Naturlehre. Der dritte Abschnitt erforscht die Eigenschaften und gegenseitigen Wirkungen der Urbestandtheile der Körper: dies ist die Chemie. Sie werden mir bald einräumen, daß dies die anziehendste sein kann.

Caroline.

Chemische Wirkungen und Urbestandtheile der Körper. Ach, Mrs. B., das sind Worte, die mich ganz verwirrt machen.

Mrs. B.

Ohne in die Einzelheiten der praktischen Chemie einzugehn, oder die Grundtiefen der Wissenschaft zu durchdringen, können Frauen hinreichende Kenntniß von der Chemie erlangen, um nicht allein über die gewöhnlichen Vorfälle des

Lebens Interesse zu verbreiten, sondern auch ihren Ideenkreis zu erweitern und in der Betrachtung der Natur eine Quelle angenehmer Belehrung zu finden.

Caroline.

Dann habe ich mir freilich ein ganz falsches Bild von der Chemie entworfen. Ich gestehe, ich glaubte sie hauptsächlich auf die Kenntniß und Bereitung von Arzneien beschränkt.

Mrs. B.

Diesen Zweig der Chemie nennt man Pharmacie, und obgleich dieses Studium ohne Zweifel sehr wichtig ist, so gehört es doch ausschließlich Männern von Fach, und ich würde Ihnen daher schwerlich dazu rathen.

Emilie.

Beschäftigten sich die Chemiker nicht sonst damit, den Stein der Weisen zu suchen und Gold zu machen?

Mrs. B.

Dies war eine besondere Klasse mißleiteter Forscher, die sich den Namen Alchemisten beilegten, um ihre Versuche von denen gewöhnlicher Chemiker auszuzeichnen, die sich allein mit der Kenntniß der Arzneien beschäftigten. Aber seit jener Zeit hat die Chemie eine so vollständige Umwälzung erlitten, daß aus einer dunkeln, geheimnißvollen Kunst eine geregelte, klare Wissenschaft hervorgegangen ist, der die Kunst sich gänzlich unterordnet. Wir verdanken jedoch den Alchemisten sehr viel nützliche Entdeckungen, die ihren fruchtlosen Versuchen entsprangen und dem Menschengeschlecht unendlich größern Vortheil gebracht haben, als wenn ihre eingebildeten Bemühungen erfolgreich gewesen wären.

Anstatt ihren Ehrgeiz auf das eitele Vorhaben zu lenken, irgend eine der ursprünglichen Stoffe neu zu erzeugen, trachten die neuern Chemiker vielmehr darnach, die Verbindungen derselben zu untersuchen und nachzuahmen, und bisweilen ist es ihnen gelungen, Mischungen zu bilden, oder Zersetzungen ihrer Verbindungen zu bewirken, von denen die

Natur kein Beispiel aufweist. Sie haben wenig Ursache, ihre Unfähigkeit im Goldmachen zu bedauern, da ihre zahllosen Erfindungen und Entdeckungen so die Industrie angeregt und die Arbeit erleichtert haben, daß dadurch auf unerhörte Weise sowohl die Annehmlichkeiten als die Bedürfnisse des Lebens vergrößert worden sind.

Emilie.

Aber ich verstehe nicht, wie Chemie die Arbeit erleichtern kann, ist das nicht die Sache der Mechanik?

Mrs. B.

Arbeit kann auf vielerlei Weise leichter gemacht werden, unabhängig vom Mechanischen; aber selbst mechanische Erfindungen leiten oft ihren Nutzen von einem chemischen Grundsatze her. So, z. B., das wunderbarste aller künstlichen Werkzeuge, die Dampfmaschine. Beim Ackerbau ist die chemische Kenntniß von der Natur des Erdbodens und der Vegetation höchst nützlich, und es würde endlos sein, die Vortheile aufzuzählen, die das Studium der Chemie solchen Künsten bringt, die sich auf die Bequemlichkeiten des Lebens beziehen.

Caroline.

Bitte, sagen Sie uns genauer, auf welche Art die chemischen Entdeckungen der menschlichen Gesellschaft so wohlthätig geworden sind.

Mrs. B.

Das wäre ein unüberlegtes Vorausgreifen; Sie würden die Natur solcher Entdeckungen und Nutzanwendungen jetzt noch nicht begreifen. Wenn wir nicht etwas methodisch zu Werke gehn, können Sie nicht erwarten, Fortschritte in der Chemie zu machen. Ich wünsche Ihre Aufmerksamkeit hauptsächlich auf die chemischen Operationen der Natur zu richten, doch sind diejenigen der Kunst zu wichtig, um sie ganz zu übergehn, und wir werden uns daher auch mit ihnen beschäftigen.

Emilie.

Gut, so wollen wir in aller Ordnung beginnen, aber ja gleich!

Mrs. B.

Die Chemie hat zum Gegenstande, eine genaue Kenntniß von dem innern Wesen der Körper und ihrer gegenseitigen Wirkung auf einander zu erlangen. Sie begreift also alles Materielle in sich, was in unsrem Bereiche liegt.

Caroline.

Da muß sie unerschöpflich sein und ich verliere mich in der Idee, in einer so unbegränzten Wissenschaft vorzuschreiten.

Mrs. B.

Wenn jeder einzelne Körper aus verschiedenen Bestandtheilen gebildet wäre, so würde das Studium der Chemie allerdings endlos sein; aber die verschiedensten Körper, die wir kennen, bestehen aus gewissen Elementen, deren Anzahl nicht groß ist.

Caroline.

Ja, ich weiß, alle Körper sind aus Feuer, Luft, Wasser und Erde zusammengesetzt; das habe ich schon längst gelernt.

Mrs. B.

Jetzt müssen Sie sich bestreben, es zu vergessen. Ich sagte Ihnen schon, welche Veränderung mit der Chemie vorgegangen ist, seit sie eine geregelte Wissenschaft wurde. Besonders seit 50 Jahren hat sie eine gänzliche Umwandlung erlitten und es ist jetzt bewiesen, daß Luft, Wasser und Erde keineswegs einfache Körper genannt werden können; denn einfach ist nur der Körper, der nie zersetzt — d. h. in andre Stoffe zerlegt oder zersetzt werden kann: Luft, Wasser und Erde sind aber einer Zersetzung fähig.

Emilie.

Ich dachte, einen Korper zersetzen, hieße ihn in seine kleinsten Theile trennen. Darum kann ich nicht verstehn, wie das mit einem einfachen Stoffe nicht eben so gut geschehn kann, wie mit einem andern.

Mrs. B.

Sie mißverstehen den Ausdruck; Zersetzen ist weit verschieden von Theilen. Das letztere zerstückelt blos den Körper in Theile, aber das erstere trennt ihn in die verschiednen Bestandtheile, aus denen er gebildet ward. Es ist etwas ganz Anderes, ob wir z. B. ein Brot in seine verschiednen Ingredienzen: Mehl, Wasser, Salz, Bärme, zerlegen, oder es in kleine Stücke schneiden.

Emilie.

Jetzt verstehe ich Sie. Einen Körper zerlegen heißt: die verschiednen einfachen Stoffe, aus denen er besteht, von einander trennen.

Caroline.

Aber Mehl, Wasser und was sonst zum Brot gehört sind, nach Ihrer Erklärung, nicht einfache Stoffe.

Mrs. B.

Nein, ich bediente mich dieses Vergleichs mehr zur Erläuterung meiner Worte, als zum anwendbaren Beispiele.

Die einfachen Stoffe, aus denen ein Körper zusammengesetzt ist, nennt man Bestandtheile desselben: bei der Zersetzung trennen wir den Körper daher in seine Bestandtheile. Wenn wir aber einen Körper theilen, indem wir ihn in Stücke hacken oder selbst zum feinsten Pulver stoßen, so wird jedes dieser Theilchen noch dieselben Bestandtheile enthalten wie der ganze Körper, und wir nennen sie daher zum Ganzen gehörige Theile. Verstehen Sie den Unterschied?

Emilie.

Ich denke vollkommen. Man zersetzt einen Körper in seine Bestandtheile und zerstückelt ihn in Theile des Ganzen.

Mrs. B.

Richtig. Wenn daher ein Körper aus einem einzigen

Stoffe besteht, so kann man ihn wohl zertheilen, aber nicht zersetzen. Solche Körper nennt man einfache oder Grundstoffe, da sie die Elemente sind, aus denen alle übrigen Körper gebildet werden. Zusammengesetzte Stoffe sind solche, die aus mehr als einem dieser Elemente bestehen.

Caroline.

Aber bestehen Feuer, Luft, Wasser und Erde nicht jedes aus Einer Art von Stoff?

Mrs. B.

O nein, jedes derselben kann in verschiedne einfache Stoffe zerlegt werden. Die Chemiker zählen jetzt, statt 4, nicht weniger als 58 Grundstoffe. Das Dasein der meisten derselben ist durch die klarsten Experimente erwiesen; über einige derselben herrscht aber noch viel Unsicherheit, namentlich über die feinsten Naturkräfte: Wärme, Licht und Elektrizität, und ich kann Ihnen nur die Ansichten mittheilen, die nach den neuesten Entdeckungen aufgestellt worden sind. Wenn ich Sie mit einer Liste der Grundstoffe, nach ihren Eigenschaften geordnet, versehen haben werde, wollen wir sie einzeln untersuchen und in ihren Verbindungen betrachten.

Die einfachste Form der Körper ist die der Metalle.

Caroline.

Wie? Ich dachte, die Metalle wären nur eine Abtheilung des Mineralreichs, und es giebt in der Natur einen solchen Ueberfluß an andern Körpern: Erde, Steine, Felsen, Säuren, Salze, Dämpfe, Flüssigkeiten und die ganze Thier- und Pflanzenschöpfung!

Mrs. B.

Sie zählen da eine ziemliche Menge her, wenn auch grade nicht wissenschaftlich geordnet. Indessen glaubt man jetzt sehr stark, daß alle diese Körper zuletzt in metallische Substanzen aufgelöset werden können. Ihr Staunen ist natürlich, hat doch die, erst in diesem Jahrhundert zu Stande gebrachte Zersetzung einiger Körper die ganze gelehrte Welt in Verwunderung gesetzt.

Aber kehren wir zu unsrer Liste der einfachen Stoffe zurück. Da sie fast immer mit Sauerstoff verbunden gefunden werden, so will ich sie nach den Eigenschaften ordnen, die sie durch diese Verbindung erhalten. Ich denke, dies wird unsre künftigen Forschungen erleichtern.

Emilie.

Bitte, was ist Sauerstoff?

Mrs. B.

Ein einfacher Köper; wenigstens hält man ihn dafür, weil er nie zersetzt worden ist. Es ist einer der ersten Grundstoffe, dessen Eigenschaften ich Ihnen erklären werde und Sie werden bald einsehn, daß er in der Natur von der höchsten Wichtigkeit ist. Die 1ste Klasse umfaßt die unwägbaren wirkenden Kräfte, oder die Körper ohne Gewicht; wir kennen nur 3 solche — fürs Erste müssen wir aber unsre Aufmerksamkeit der Aufzählung und Ordnung der einfachen Stoffe im Allgemeinen zuwenden. Man ordnet sie wie folgt:

Erste Klasse.

Die unwägbaren wirkenden Stoffe oder Kräfte.

Wärme,
Licht,
Elektrizität.

Caroline.

Wärme und Licht sind uns hinlänglich bekannt, aber ich wundre mich, daß sie von Ihnen Stoffe genannt werden.

Mrs. B.

Ich habe sie auch wirkende Kräfte genannt, denn es ist wahr, einige Gelehrte bezweifeln ihre Körperlichkeit.

Emilie.

Mit Elektrizität meinen Sie wohl das, was die Elektrisirmaschine ausströmt?

Mrs. B.

Ja, aber die Maschine ist nur ein Mittel, um die Elektrizität zu sammeln und so zu verdichten, daß sie sichtbar wird; denn diese mächtige Kraft ist nicht auf solchen Apparat beschränkt, sondern in der ganzen Natur vorhanden. Wir sehen sie in Form von Blitzen von Wolke zu Wolke dringen, und es giebt keinen Körper, in dem wir sie nicht aufzufinden vermöchten. Fahren wir fort.

Zweite Klasse.

Wirkende Kräfte oder Stoffe die sich mit entzündbaren Körpern zu verbinden vermögen und in den meisten Fällen deren Verbrennung bewirken.

Sauerstoff,
Chlor,
Jod,
Brom,
Fluor.

Die 4 letzten von diesen Stoffen sind erst kürzlich entdeckt und in der Natur weit weniger wichtig als der Sauerstoff, den ich unter den Naturkräften am höchsten stellen möchte.

Caroline.

Das sind aber doch gewiß nicht die einzigen brennbaren Körper. Es giebt ja eine solche Menge entzündlicher Materien, daß es beinah schwer ist, einen unbrennbaren Stoff zu finden.

Mrs. B.

Die obengenannten Grundstoffe sind an und für sich nicht brennbar, sondern entzünden nur andre Körper, wenn sie sich mit ihnen verbinden.

Caroline.

Da sind sie also eine Art Feuer, denn sonst könnten sie ja nichts in Brand setzen.

Mrs. B.

Nein, sie sind keine Art von Feuer und haben auch keine Aehnlichkeit damit. Einstweilen müssen Sie Ihre Neugier unterdrücken, bis wir von Verbrennung sprechen.

Die 3te Klasse ist sehr ausgebreitet und begreift alle Stoffe in sich, die mit denen der 2ten Klasse in Verbindung treten und mit ihnen verschiedne Mischungen bilden können.

Caroline.

So sind das brennbare Körper.

Mrs. B.

Ja, aber schmeicheln Sie sich nicht, daß wir jetzt auf diesen Gegenstand eingehn: wir müssen uns erst durch die einzelne Aufzählung aller einfachen Körper durcharbeiten. Um Sie weniger zu verwirren, wollen wir die 3te Klasse nur in ihren Verbindungen mit Sauerstoff betrachten, und für jetzt Chlor, Jod und Fluor bei Seite lassen.

Diese 3te Klasse theilt man in nicht weniger als 5 Abtheilungen, nach den verschiednen Arten von Mischungen, die sie in Verbindung mit Sauerstoff bilden.

Die 1ste Abtheilung besteht aus einer einzigen Substanz, dem Wasserstoff, der durch seine Vereinigung mit Sauerstoff Wasser bildet.

Dritte Klasse.

Erste Abtheilung.

Wasserstoff mit Sauerstoff Wasser bildend.

Emilie.

Dieser Sauerstoff ist wirklich ein wunderbares Ding; eine Art Proteus, der bald die Form des Feuers, bald die des Wassers annimmt.

Mrs. B.

Daß Ihre poetischen Anspielungen Sie nicht irre leiten! Sie werden sehen, daß Sauerstoff weder Feuer noch Wasser ist. — Mit den Stoffen der 2ten Abtheilung bildet der Sauerstoff Säuren, wie folgt:

Zweite Abtheilung.

Stoffe, die mit Sauerstoff Säuren bilden.

Stickstoff . . . . bildet Salpetersäure

Schwefel . . . . . bildet Schwefelsäure
Phosphor . . . . bildet Phosphorsäure
Kohlenstoff . . . . bildet Kohlensäure
Boron . . . . . . bildet Borarsäure.

Caroline.

Gut, Mrs. B. Was ist denn nun die nächste Rolle die der allumfassende Sauerstoff übernimmt.

Mrs. B.

Die 3te Abtheilung umfaßt solche Stoffe, die mittelst Vereinigung mit Sauerstoff Laugensalze bilden.

Dritte Abtheilung.

Metallische Stoffe, die mit Sauerstoff Laugensalze (Alkalien) bilden.

Kalium . . . . . bildet Kali
Natrium . . . . bildet Natron
Lithium . . . . . bildet Lithon.

Hier hört aber die weitreichende Wirkungskraft des Sauerstoffs noch nicht auf; in der 4ten Abtheilung verwandelt er die folgenden Stoffe in Erdarten:

Vierte Abtheilung.

Metallische Stoffe mit Sauerstoff Erden bildend.

Calcium . . . bildet Kalkerde
Magnesium . bildet Talk- oder Bittererde
Barium . . . bildet Baryt, Schwererde
Strontium . bildet Strontianerde
Silicium . . bildet Kieselerde
Alumium . . bildet Alaun- oder Thonerde
Yttrium . . . bildet Yttererde
Glycium . . bildet Glycinerde
Zirconium . . bildet Zirconerde
Thorium . . bildet Thorerde.

Caroline.

Also, statt des einen Elementes „Erde", wie die

gute alte Zeit sie kannte, haben wir nun ziemlich ein Dutzend Arten und zwar lauter Zusammensetzungen. Sie müssen zugeben, Mrs. B., die Gelehrsamkeit unsrer Vorfahren hatte wenigstens den Vorzug der Einfachheit.

Mrs. B.

Einfachheit verliert ihren Reiz, sobald sie nicht mit der Wahrheit übereinstimmt. Ich will nicht behaupten, die jetzige Eintheilung der einfachen Stoffe sei ganz richtig; im Gegentheil, die Forschungen und Entdeckungen berühmter Chemiker werden ohne Zweifel künftig manche Abänderungen nöthig machen, wie es auch bisher geschehen ist: so lange aber jeder Wechsel uns der Wahrheit näher bringt, haben wir nicht Ursache darüber zu klagen. Ich mißachte jedoch durchaus nicht die Arbeiten unsrer Vorgänger; wir gewinnen immer durch ihre Erfahrungen, sowohl indem wir ihre Irrthümer meiden, als ihren Schritten folgen, wenn sie auf richtigem Wege waren. Es ist kein geringer Vortheil, einen Wegweiser zu finden, der uns die Richtung andeutet, die wir einschlagen müssen.

Caroline.

Die Leute verbreiten sich gar gern über die Weisheit und Erfahrung unsrer Vorältern; wir müssen aber doch natürlich höher stehen als sie, da sie ja für uns Kenntnisse sammelten und wir selbst aus ihren Irrthümern Nutzen ziehen können. Darum wäre es gewiß vernünftiger, von der Weisheit und den Erfahrungen der Mit- und Nachwelt zu reden.

Mrs. B.

Einige Wahrheit ist wohl in Ihrer Bemerkung: die Gegenwart ist in der That die älteste Zeit. Aber wir schweifen ganz ab.

Die 5te Abtheilung umfaßt die Metalle, entweder natürlich in ihrem metallischen Zustande, oder — wenn mit Sauerstoff verbunden — diesen entweder durch Einwirkung des Kohlenstoffs oder durch bloße Hitze hergebend.

Emilie.

Aber wie nennen Sie diese Metalle, wenn sie mit Sauerstoff vereinigt sind?

Mrs. B.

Das hängt von der Menge Sauerstoff ab, mit der sie verbunden sind. Ein bestimmtes Verhältniß verändert sie in Körper, die man Oxyde nennt, eine größere Menge Sauerstoffs verwandelt sie in Säuren. Ich werde daher nur die Namen der Metalle aufzählen, und nachher werden wir sie im Zustande der Oxyde und Säuren betrachten.

Diese Abtheilung zerfällt wieder in 2 Theile, nach der Beschaffenheit der Metalle.

Fünfte Abtheilung.

Metalle, entweder natürlich metallisch, oder denen — wenn sie mit Sauerstoff verbunden sind — dieser durch Kohlenstoff oder allein durch Hitze entzogen werden kann.

Erste Unterabtheilung.

Geschmeidige Metalle.

Gold,	Quecksilber,**)	Kupfer,
Platin,	Zinn,	Nickel,
Palladium,	Eisen,	Zink,
Silber, *)	Blei,	Cadmium.

Zweite Unterabtheilung.

Spröde Metalle.

Arsenik, Molybdän, Tantal,

*) Die 4 ersten Metalle nennt man edel, ihrer charakteristischen Eigenschaften wegen: Dehnbarkeit, Geschmeidigkeit, Unveränderlichkeit und große spezifische Schwere.

**) Quecksilber im flüssigen Zustande kann freilich nicht ein geschmeidiges Metall genannt werden, wenn es erstarrt, besitzt es aber diese Eigenschaft in hohem Grade.

Wismuth,	Titan,	Irid,
Selen,	Chrom,	Osmium,
Tellur,	Antimon,	Rhod,
Kobalt,	Mangan,	Cerium.
Scheel,	Uran,	

Caroline.

Nun wahrlich, das ist eine furchtbare Anzahl Namen! Sie werden viel zu thun haben, uns das Alles zu erklären.

Mrs. B.

Es ist nicht möglich, daß Sie auf einmal im Stande sein könnten, den Nutzen einer chemischen Eintheilung einzusehn, da sie nothwendig auf Eigenschaften gegründet sein muß, die Ihnen unbekannt sind.

Emilie.

Mir scheint das nicht so schwer: erlauben Sie mir einen Ueberblick. Da sind zuerst 3 unwägbare wirkende Kräfte; dann kommt der allmächtige Sauerstoff mit seiner unbedeutenden Gesellschaft; dann folgen die Körper, die der Sauerstoff umwandelt: einen in Wasser, 5 in Säuren, 3 in Laugensalze und 10 in Erdarten. Endlich giebt es 12 geschmeidige und 17 spröde Metalle, an denen der Sauerstoff eine doppelte Verwandlung bewirkt, indem er aus ihnen Oxyde oder Säuren macht, je nachdem er mehr oder weniger vorherrscht.

Mrs. B.

Ich freue mich, daß Sie eine so richtige Vorstellung von dieser Anordnung bekommen haben, denn es ist schwer eine solche Eintheilung zu treffen, die Anfängern deutlich wird.

Aber ehe wir fortfahren, wird es nöthig sein, Ihnen einen Begriff von chemischer Anziehung zu geben, eine Kraft, von der die ganze Wissenschaft abhängt.

Die chemische Anziehung oder die Mischungsanziehung besteht in der besondern Neigung, die verschiedenartige Stoffe haben, sich mit einander zu vereinigen. Durch diese Kraft werden alle Mischungen und Zersetzungen bewirkt.

Emilie.

Welcher Unterschied ist zwischen chemischer Anziehung und jener Anziehung, die den Zusammenhang — die Cohäsion — und die Anhäufung — die Aggregation — der Materie bewirkt, von der Sie uns in unsern Gesprächen über Naturlehre erzählten?

Mrs. B.

Die Anziehung der Cohäsion besteht nur unter Theilchen von gleicher Beschaffenheit, ob einfach oder zusammengesetzt: auf diese Weise vereinigen sich die Theilchen eines Stückes Metall, was ein einfacher Stoff ist; und ebenso die Theilchen eines Brotes, was eine Zusammensetzung ist. Die Mischungsanziehung hingegen vereint und erhält in enger Verbindung Theile von ungleicher Beschaffenheit: dies ist die Kraft, die jedes der gemischten Theilchen bildet, aus denen Brot besteht, und die Anziehung der Cohäsion verbindet wiederum alle diese Theilchen zu einer einzigen Masse.

Emilie.

Die Cohäsionskraft vereinigt also die zum Ganzen gehörigen Theile eines Körpers: die chemische Anziehung oder die Mischungskraft hingegen dessen Bestandtheile. Ist es so?

Mrs. B.

Gerade so. Bemerken Sie noch folgendes: die Anziehung der Cohäsionskraft vereinigt gleichartige Theilchen, ohne deren ursprüngliche Eigenschaften zu ändern: das Ergebniß einer solchen Vereinigung ist daher ein Körper, der den Theilen gleicht, aus denen er gebildet wurde. Die Anziehung der Mischungskraft verbindet ungleichartige Theile und erzeugt zusammengesetzte Körper, die durchaus verschieden von ihren einzelnen Bestandtheilen sind. Wenn ich z. B. auf das Stück Kupfer in diesem Glase etwas von dieser Flüssigkeit gieße (die man Salpetersäure nennt), zu der es eine starke Beziehung besitzt, so verbindet sich jedes Theilchen Kupfer mit einem Theilchen Säure, und sie bilden zusammen einen neuen Körper, der weder dem Kupfer noch der Säure ähnelt.

Bemerken Sie wohl die innere Bewegung, die schon Statt findet? Sie entsteht durch die Verbindung der beiden Stoffe; und doch hat die Säure in diesem Falle nicht allein den festen Zusammenhang der Kupfertheilchen zu überwinden, der sich ihrer Verbindung widersetzt, sondern auch die Schwere des Metalls, wodurch dasselbe auf den Boden des Glases sinkt und so der Säure nicht überall freien Zutritt gestattet.

Emilie.

Die Säure scheint dennoch beide Hindernisse ohne Schwierigkeit zu überwinden und rasch das Kupfer aufzulösen.

Mrs. B.

Auf diese Weise zersetzt sie das Kupfer in weit kleinere Theilchen, als es irgend einer mechanischen Kraft möglich wäre. Da aber die Säure nur auf der Oberfläche des Kupfers wirken kann, so wird es einige Zeit dauern, ehe die Vereinigung der beiden Körper vollständig wird.

Sie können jedoch schon sehen, wie gänzlich verschieden diese Mischung von ihren Bestandtheilen ist. Sie ist weder farblos wie die Säure, noch fest, schwer und roth wie das Kupfer. Der saure Geschmack der Säure würde beim Kosten auch nicht mehr zu bemerken sein. Jetzt hat es das Ansehn einer blauen Flüssigkeit, aber nach vollständiger Vereinigung und wenn das Wasser verdampft ist, was die Säure verdünnte, wird die Mischung die Form regelmäßiger, ganz durchsichtiger Krystalle annehmen *). Hier kann ich Ihnen eine Probe davon zeigen.

Caroline.

O wie schön in Form und Farbe und wie klar durchsichtig! Nichts kann schlagender sein als dieses Beispiel von chemischer Anziehung!

Mrs. B.

*) Diese Krystalle erhält man noch leichter, wenn man Schwefelsäure, mit wenig Salpetersäure gemischt, nimmt.

Mrs. B.

Der Ausdruck Anziehung ist erst kürzlich eingeführt, um das Wort Wahlverwandtschaft zu ersetzen, da mehrere Chemiker viel dagegen eingewendet haben, weil es aus dem unbestimmten Begriff entsprungen ist, chemische Verbindungen wären abhängig von einer gewissen Aehnlichkeit oder Verwandtschaft zwischen Stoffen, die Neigung hätten sich zu vereinigen. Diese Vorstellung ist nicht allein unvollkommen, sondern sogar irrig, da grade die ungleichartigsten Stoffe die meiste Neigung haben sich zu verbinden.

Caroline.

Ueberdies scheint kein Vortheil dabei zu sein, viel verschiedne Worte für denselben Sinn zu brauchen, das macht verwirrt; und da wir den Ausdruck Anziehung von der Naturlehre her genau kennen, sollten wir in der Chemie auch dabei bleiben.

Mrs. B.

Wenn Sie einen klaren Begriff von dem Sinn haben, so überlasse ich es Ihnen, den Ausdruck dafür zu wählen. Ich für mein Theil gestehe, ich finde das Wort Anziehung am passendsten für das allgemeine Gesetz, welches die integrirenden Theile der Körper vereint, und Wahlverwandtschaft besser anwendbar für dasjenige, welches die Bestandtheile verbindet, da zugleich der Sinn darin liegt, daß sich Stoffe zu gewissen andern Stoffen vorzugsweise hingezogen fühlen, was der Ausdruck Mischungsanziehung nicht so ausspricht.

Emilie.

So denke ich auch; denn wenn auch dieses Hinneigen nicht von einer Verwandtschaft oder Gleichheit herrührt, so besteht es doch und muß also ausgedrückt werden.

Mrs. B.

Gut, so wollen wir übereinkommen, die Ausdrücke Wahlverwandtschaft, chemische Anziehung und Mischungsanziehung ohne Unterschied zu gebrauchen, nur müssen Sie sich stets erinnern, daß sie denselben Sinn haben.

Emilie.

Ich begreife nicht, wie Körper durch chemische Anziehung zerlegt werden können. Daß diese Kraft das Mittel ist, sie zusammenzusetzen, ist augenscheinlich, aber daß sie zugleich die ganz entgegengesetzte Wirkung hervorbringen sollte, scheint mir beinahe ungereimt.

Mrs. B.

Sie wissen, um einen Körper zu zerlegen muß man seine Bestandtheile von einander trennen, was — wie wir eben bemerkten — nicht durch mechanische Mittel geschehen kann.

Emilie.

Nein, weil mechanische Mittel nur die Theile des Ganzen trennen. Sie wirken nur gegen die Cohäsionskraft und theilen eine Mischung in kleine gemischte Theile.

Mrs. B.

Die Zersetzung eines Körpers wird durch chemische Kräfte bewerkstelligt. Wenn Sie einen Körper, der aus zwei Stoffen besteht, mit einem dritten in Berührung bringen, der zu einem der beiden Ersten eine größere Wahlverwandtschaft hat als jene zu einander, so wird der Körper zersetzt, d. h. die beiden Stoffe werden mittelst des dritten getrennt. Lassen Sie uns die beiden Bestandtheile des Körpers A und B nennen. Wenn wir ihm einen dritten Stoff C nähern, der eine stärkere Wahlverwandtschaft zu B hat, als die ist, welche A und B vereint, so folgt nothwendig, daß B A verläßt, um sich mit C zu verbinden. Der neue Bestandtheil hat also eine Zersetzung des ursprünglichen Körpers A B bewirkt: A wird ausgeschieden und B C bildet eine neue Mischung.

Emilie.

Man möchte dies mit dem Verhältniß zweier Freunde vergleichen, die gegenseitig sehr glücklich in ihrem Zusammensein waren, bis ein Dritter sie dadurch veruneinigte, daß

Einer von ihnen dem neuen Ankömmlinge mehr seine Neigung zuwandte.

Mrs. B.

Ich werde Ihnen nun zeigen, wie dies in der Chemie stattfindet.

Nehmen wir an, wir wünschten die Mischung zu zerlegen, die wir eben durch die Verbindung von Kupfer und Salpetersäure gebildet haben; wir können dies bewerkstelligen, indem wir ein Stück Eisen dazu thun, zu dem die Säure eine stärkere Anziehung hat als zu Kupfer. Die Säure wird demzufolge das Kupfer verlassen, um sich mit dem Eisen zu verbinden, und das Kupfer wird — wie die Chemiker es nennen — gefällt werden, d. h. es wird in seinem getrennten Zustande niedergezogen werden und in seiner einfachen Form wieder erscheinen.

Um diese Wirkung zu erzeugen, tauche ich dies Messer in die Flüssigkeit und beim Herausziehn werden Sie bemerken, daß, statt mit der bläulichen Flüssigkeit befeuchtet zu sein, die das Glas enthielt, es nun mit einem dünnen, rothen Ueberzug von Kupfer bedeckt ist.

Caroline.

Wirklich! Aber dann ist es ja das Kupfer und nicht die Säure, was sich mit dem Eisen verbunden hat.

Mrs. B.

Nein, der Schein führt Sie irre: die Säure verbindet sich mit dem Eisen und indem sie das thut, scheidet sie das Kupfer ab oder fällt es an die Oberfläche der Messerklinge.

Emilie.

Aber sind die einfachen Stoffe so abgeschlossen in ihren Neigungen, daß 3 oder 4 sich nicht verbinden können, ohne daß einer davon ausgeschieden würde?

Mrs. B.

Es geschieht zuweilen; im Allgemeinen aber zerstört die stärkere Wahlverwandtschaft die schwächere, und es kommt selten vor, daß die gegenseitige Anziehung mehrerer Stoffe so gleichgewichtig ist, daß sie mehrfach zusammengesetzte Mischungen hervorbringt.

Caroline.

Und, bitte Mrs. B., was ist die Ursache der gegenseitigen chemischen Anziehung der Körper? Dies scheint mir außerordentlicher oder — wenn ich so sagen darf — unnatürlicher, als die Cohäsionskraft, die Theile gleichartiger Körper oder Stoffe vereint.

Mrs. B.

Die chemische Anziehungskraft ist wahrscheinlich, gleich der der Cohäsion und der Schwerkraft (Gravitation), eine von den Kräften, die vom Stoff, von der Materie unzertrennlich sind und über die unser jetziger Standpunkt der Wissenschaft noch keinen genügenden Aufschluß giebt und nur ein unmittelbares Hinweisen auf eine göttliche Ursache erlaubt.

Nun haben Sie die Güte, bis zur nächsten Unterhaltung Ihrem Gedächtnisse die Namen der einfachen Stoffe einzuprägen.

Zweite Unterhaltung.

Ueber Licht und Wärme.

Mrs. B.

Ueber das eigentliche Wesen des Lichtes haben wir wenig mehr als Vermuthungen. Die meisten Gelehrten betrachten es als einen wirklichen Stoff, unmittelbar von der Sonne und allen leuchtenden Körpern ausfließend, denen es mit wunderbarer Schnelligkeit in graden Linien entströmt. Das Licht selbst kann jedoch als unwägbar nicht eingefangen und untersucht werden; wir richten daher unsre Aufmerksamkeit allein auf seine Wirkungen.

Der Zusammenhang zwischen Licht und Wärme ist augenscheinlich und von der Art, daß es äußerst schwer ist, eines unabhängig vom andern zu beobachten.

Emilie.

Kann man denn Licht und Wärme trennen? Ich hielt beide nur für verschiedene Grade desselben Dinges, des Feuers?

Mrs. B.

Ich sagte Ihnen bereits, daß Feuer nicht mehr für ein einfaches Element angesehen wird. Ob Licht und Wärme gänzlich verschiedne Kräfte sind oder nicht, wage ich nicht zu entscheiden, allein in vielen Fällen kann Licht von Wärme geschieden werden. Die erste Entdeckung dieser Art machte der schwedische Chemiker Scheele. Ein andres schlagendes Beispiel der Trennung von Licht und Wärme gab viel später Dr. Herschel an. Er entdeckte, daß beide wirkende Kräfte in den Sonnenstrahlen ausgeströmt würden, und daß Wärme geringere Strahlenbrechung verursache, als Licht; denn indem er die vielfarbigen Lichtstrahlen durch ein Prisma schied, fand er die meiste Wärme jenseit des Farbenbildes, nicht fern von den rothen Strahlen, die bekanntlich am wenigsten Lichtbrechung veranlassen.

Emilie.

Das Experiment möchte ich versuchen.

Mrs. B.

Es ist keineswegs leicht. Die Wärme eines Lichtstrahls, durch ein Prisma zurückgeworfen, ist so gering, daß es einen sehr feinen Wärmemesser (Thermometer) erfordert, um die Verschiedenheit des Hitzgrades in und außer dem Farbenbilde zu unterscheiden; denn bei diesem Versuch ist Licht und Wärme doch nicht gänzlich geschieden; jeder farbige Lichtstrahl hält etwas Wärme zurück, wenn auch nicht hinreichend, um auf das Farbenbild zu wirken.

Emilie.

So enthalten wohl die wenigst gebrochnen Strahlen die größte Menge Wärme?

Mrs. B.

So ist es.

Emilie.

Ich zweifle nicht länger, daß Licht und Wärme geschieden werden können, aber Herschels Experiment scheint mir doch kein hinreichender Beweis ihrer wesentlichen Verschiedenheit; Sie nennen ja Licht einen einfachen Stoff und trennen ihn in verschiedenfarbige Strahlen.

Mrs. B.

Natürlich muß einiger Unterschied zwischen den ungleichfarbigen Strahlen sein. Selbst ihre chemischen Kräfte sind verschieden. Scheele fand z. B. die blauen Strahlen am wirksamsten, um Sauerstoff von andern Substanzen abzuscheiden und Dr. Wollaston hat gezeigt, daß es Strahlen giebt, die einer noch stärkern Brechung fähig sind, als die blauen, dieselbe chemische Wirkung hervorbringen und merkwürdiger Weise unsichtbar sind.

Emilie.

Halten Sie es für möglich, daß Wärme nur eine andre Gestaltung des Lichtes wäre?

Mrs. B.

Das ist eine Behauptung, die bei dem heutigen Stande der Naturlehre weder bestimmt bejaht noch verneint werden kann. Wir wollen uns daher begnügen das zu untersuchen, was von den chemischen Wirkungen des Lichtes bekannt ist.

Das Licht ist fähig in eine Art vorübergehender Verbindung mit gewissen Stoffen zu treten und dies ist, was man Phosphorescenz nennt. Körper, die diese Eigenschaft besitzen, erscheinen im Dunkeln leuchtend, wenn sie vorher den Sonnenstrahlen ausgesetzt waren. Fischschuppen, Thierknochen,

Marmor, Kalkstein und viele zusammengesetzte Erdarten sind mehr oder minder starke Lichtträger (Phosphore).

Caroline.

Vorigen Sommer sah ich einmal faules Holz für Glühwürmer an, so hell leuchtete es.

Emilie.

Und ist das Licht der Glühwürmer nicht von derselben Art?

Mrs. B.

Dies ist ein sehr bemerkenswerthes Beispiel von Phosphoressenz an lebenden Thieren. Dem Süden ist auch ein solches Insekt, die Laternenfliege, eigenthümlich, die ein sehr schimmerndes Licht ausströmt. Gewöhnlich besitzen thierische Stoffe nur im todten Zustande die Fähigkeit zu leuchten; Seefische oft in hohem Grade.

Emilie.

Man sagt, das Meer leuchte öfters und das käme von Fischrogen her, der auf der Oberfläche schwämme.

Mrs. B.

Das Meerleuchten rührt gewiß von diesem oder andern thierischen Stoffen her. Man hat bemerkt, daß Seewasser leuchtend wird durch die Substanz eines hineingelegten frischen Herings, und gewisse Insekten von der Medusenart bringen dieselbe Wirkung hervor. Aber das stärkste Leuchten wird von chemischen zu diesem Zwecke bereiteten Mischungen erzeugt. Das gewöhnlichste Präparat besteht aus Austerschalen und Schwefel und ist unter der Benennung Cantonscher Phosphor bekannt.

Emilie.

Aber, Mrs. B., Sie sprechen so viel von dem Licht der phosphorescirenden Körper, und erwähnen gar nicht das der brennenden Stoffe.

Mrs. B.

Das Licht, welches letztere ausströmen, hängt so eng mit der chemischen Geschichte der Verbrennung zusammen, daß ich jede Erklärung darüber aufschieben muß, bis wir zur Untersuchung dieses Prozesses kommen, der einer der anziehendsten in der Chemie ist.

Licht ist eine Thätigkeit, fähig, mannichfaltige chemische Verwandlungen hervorzubringen. Es ist wesentlich für das Gedeihen des Thier- und Pflanzenreichs; Menschen und Pflanzen werden bleich und krankhaft, sobald sie seines heilsamen Einflusses beraubt sind. Es besitzt auch die merkwürdige Eigenschaft, Farben zu zerstören und ist deshalb von höchster Wichtigkeit für den Prozeß des Bleichens.

Emilie.

Es ist doch sonderbar, daß Licht, was die Optiker als die Quelle und den Ursprung aller Farben annehmen, zugleich die Macht haben sollte, sie zu zerstören!

Caroline.

Wahr muß es aber sein, denn wie zieht die Sonne farbige Zeuge aus.

Emilie.

Ja, am Endiviensalat wachsen weiße statt grüner Blätter, wenn man ihn so bedeckt, daß kein Licht dazukömmt. Wie geht es zu, daß Licht so entgegengesetzt wirkt?

Mrs. B.

Ich kann nicht versuchen, Ihnen das zu erklären, bis Sie weiter in der Chemie vorgedrungen sind. Da die chemischen Eigenschaften des Lichtes nur in ihren Beziehungen zu zusammengesetzten Körpern geschätzt werden können, so würde es nutzlos sein, sich jetzt länger damit aufzuhalten; wir wollen daher zur Untersuchung der Wärme (Caloric, Wärmestoff) übergehn, von der wir mehr wissen.

Wärme und Licht vermag man stets durch die abweichenden Empfindungen zu unterscheiden, die sie hervorbringen. Licht berührt den Sinn des Gesichts, Wärme den des Gefühls; Licht bewirkt Anschauung, Wärme die Empfindung höherer oder niederer Temperatur.

Wärmestoff kommt in mancherlei Formen oder Modifikationen vor, die sich unter folgende Hauptbenennungen stellen lassen:

1) Freie oder strahlende Wärme;

2) Gebundene Wärme.

Die erste Art wird auch Temperaturwärme genannt und umfaßt allen Wärmestoff, der den Sinnen fühlbar und am Thermometer bemerklich ist.

Emilie.

Sie meinen die Wärme der Sonne, des Feuers, der Lichte, der Steine, kurz aller Dinge die brennen.

Mrs. B.

Auch solcher Dinge, die nicht brennen, z. B. die Wärme des Körpers, kurz, jede fühlbare Wärme, gleichviel woher sie entstanden und wie stark sie ist.

Caroline.

Welches sind denn die andern Formen des Wärmestoffs? Das muß eine kuriose Wärme sein, die unsre Sinne nicht empfinden können?

Mrs. B.

Keine Modifikation des Wärmestoffs sollte eigentlich Wärme genannt werden; denn Wärme, streng genommen, bedeutet die Empfindung, die der Wärmestoff auf belebte Körper hervorbringt, und so sollte wissenschaftlich der Ausdruck auch nur die Wirkung bezeichnen. Allein der Gebrauch hat ihn auch auf unbelebte Materien angewendet und wir sprechen von Ofenwärme und Sonnenwärme ohne Beziehung auf die Empfindung, die sie zu erregen vermag.

Um der Verwirrung zu entgehen, die aus einem solchen Vermengen von Ursache und Wirkung entstand, nahmen die neuern Chemiker den Ausdruck Wärmestoff, Caloric, an, um das zu bezeichnen, was Wärme erzeugt. Aber sie führen diese Ansicht nicht durch, denn sie nennen noch immer die andern Abarten des Wärmestoffs Wärme, obgleich sie gar nicht empfunden werden können.

Caroline.

Was sind denn das für Abarten des Wärmestoffs?

Mrs. B.

Sie kennen ja noch nicht die Eigenschaften der freien Wärme. Eine der bemerkenswerthesten Eigenthümlichkeiten derselben ist die Kraft, Körper auszudehnen. Dies Fluidum ist so außerordentlich fein, daß es alle und jede Körper durchdringt, sich zwischen ihre Theilchen zwängt und sie nicht allein trennt, sondern häufig bis zu beträchtlicher Entfernung auseinandertreibt, dergestalt, daß ein solcher Körper einen größern Raum einnimmt, als vorher.

Emilie.

Seine Wirkung ist also derjenigen der Cohäsionskraft gerade entgegen, diese zieht die Theilchen zusammen, jener treibt sie auseinander.

Mrs. B.

Genau so. Es herrscht ein beständiger Kampf zwischen der Anziehung der Aggregation und der Dehnkraft des Wärmestoffs. Von der Einwirkung dieser beiden entgegengesetzten Gewalten rühren alle Bildungen der Materie, alle Stufen der Consistenz her, von dem Festen bis zum Flüssigen und Luftförmigen. Demzufolge finden wir die meisten Körper befähigt, aus einer dieser Formen in die andre überzugehn, ganz allein durch die verschiedene Menge Wärmestoff, die sie aufnehmen.

Caroline.

Das ist sehr sonderbar, doch glaube ich, die Ursache davon zu begreifen. Wenn einem festen Körper eine große Menge Wärmestoff beigefügt wird, so dringt er dergestalt zwischen die Theilchen ein, daß er in bedeutendem Grade die Cohäsionskraft überwältigt — so wird der Körper aus einem festen in einen flüssigen umgewandelt.

Mrs. B.

Dies geschieht, sobald ein Körper geschmolzen wird, aber

können Sie mir sagen, was vorgeht, wenn Wärmestoff einer Flüssigkeit beigemischt wird?

Caroline.

Der Wärmestoff drängt sich in größern Massen zwischen die Theilchen der Flüssigkeit und treibt sie so weit von einander, daß ihr Zusammenhang gänzlich zerstört und die Flüssigkeit in Dampf verwandelt wird.

Mrs. B.

Sehr gut; gerade so verwandelt sich das kochende Wasser in Dampf, und dieselbe Erscheinung bieten alle Körper, die einen luft- oder gasförmigen Zustand annehmen.

Emilie.

Ich verstehe das Wort luft- oder gasförmig nicht recht.

Mrs. B.

Jedes elastische Fluidum, sei es bloßer Dampf, oder permanente Luft oder Gas, wird luft- oder gasförmig genannt.

Alle diese unterschiedlichen Zustände: fest, flüssig und luftförmig, lassen viele Abstufungen der Dichtigkeit oder Consistenz zu, die wiederum (wenigstens hauptsächlich) durch die verschiednen Quantitäten Wärmestoff entstehen, den die Körper enthalten. Giebt es eine Stufenreihe der Dichtigkeit, bei festen Körpern, vom Golde bis zur dünnen Gallerte, bei Flüssigkeiten von geschmolzenem Leim oder Metall bis zum Aether, der die leichteste derselben ist — so giebt es keine geringere Mannigfaltigkeit der Abstufungen hinsichtlich der Dichtigkeit unter den elastischen Flüssigkeiten oder Gasarten, mit denen Sie noch nicht bekannt sind.

Emilie.

Aber kann nicht jeder einzelne Körper mehrere Stufen der Dichtigkeit annehmen, ohne seinen Zustand zu ändern?

Mrs. B.

Ohne Zweifel, und ich kann es Ihnen gleich zeigen. Dies Stück Eisen paßt jetzt genau in den Ring, der es aufnehmen soll; wenn ich es aber rothglühend mache, wird dies nicht länger der Fall sein: der ihn durchdringende Wärmestoff erweitert seinen Umfang dergestalt, daß es viel zu groß für die Fassung wird.

Das Eisen ist nun rothglühend. Sehen Sie, wie es sich ausgedehnt hat.

Emilie.

In der That bedeutend! Ich wußte wohl, daß Hitze so auf Körper wirkt, aber ich dachte nicht so sichtlich.

Mrs. B.

Mittelst eines Instrumentes, Pyrometer genannt, vermögen wir die mannigfachen Ausdehnungen jedes festen Körpers durch Hitze auf das Genaueste abzuschätzen. Man befestigt einen solchen Körper, z. B. einen kleinen Metallbarren, schwebend an diesen Apparat, so zwar, daß das eine Ende fest und unbeweglich ist, während das andre mit einem Räderwerk zusammenhängt, was dem leisesten Drucke nachgiebt. Wenn man nun den Körper durch darunter angezündete Lampen erhitzt, so dehnt er sich aus, kann dies nur nach einer Seite hin bewerkstelligen und setzt so alsbald die Räder in Umlauf. Diese Bewegung wird einem Zeiger mitgetheilt, der auf einem Zifferblatt die Stufen der Ausdehnung bezeichnet.

Emilie.

Wozu sind denn da die Räder nöthig? Wäre es nicht einfacher und eben so dem Zwecke entsprechend, wenn der Barren, indem er sich ausdehnt, gleich gegen den Zeiger drückte und ihn ohne Dazwischenkunst der Räder in Bewegung setzte?

Mrs. B.

Die Räder dienen nur dazu, die Bewegung zu vermehren und also die Wirkung des Wärmestoffs deutlicher zu machen; denn der Zeiger erhält einen bedeutenderen Anstoß — beschreibt daher einen größern Theil des Kreises — wenn ihm die Bewegung durch, an Größe zunehmende, Räder zugeführt wird, als durch den unmittelbaren schwachen Gegendruck des sich ausdehnenden Körpers.

Wenn man verschiedenartige Körper diesem Versuche unterwirft, ergiebt sich bald die Ungleichartigkeit ihrer Ausdehnung. Selbst die Metalle untereinander sind mehr oder weniger dehnbar; weit größere Verschiedenheit zeigt sich bei andern Arten fester Körper, die aber bei flüssigen Körpern noch viel bemerklicher ist. Hier sind zwei, unten kugelförmige, Glasröhren. Wenn wir die eine mit Weingeist, die andere mit Wasser füllen, so können Sie sehen, wie schon die bloße Wärme der Hand auf den Weingeist einwirkt.

Emilie.

Ja, er steigt in der Röhre. Das Wasser scheint aber nicht so empfindlich zu sein, das rührt sich nicht.

Mrs. B.

Nun wollen wir beide Röhren in heißes Wasser stellen.

Caroline.

Der Weingeist dehnt sich so aus, daß er fast den Rand der Röhre erreicht, aber das Wasser steigt sehr langsam.

Emilie.

Das ist ja beinah, als wenn es Thermometer wären.

Mrs. B.

Ein Thermometer, Wärmemesser, wird genau nach demselben Grundsatze verfertigt und diesen Röhren fehlt nur eine Scala, um sie als solche zu gebrauchen, freilich wäre ihre Größe etwas ungeschickt. Gewöhnlich sind die Kugeln der Thermometer viel kleiner, die Röhren weit dünner, luftleer und hermetisch verschlossen. Man füllt sie meistens mit Quecksilber, dessen Ausdehnung und Zusammenziehung am besten dem Ab- und Zunehmen des Wärmestoffs entsprechen.

Caroline.

Ich habe doch oft gefärbten Weingeist in Thermometern gesehn.

Mrs. B.

Das Steigen und Fallen dieser Flüssigkeit ist nicht so gleichförmig als die des Quecksilbers, und man bedient sich ihrer daher nur, wenn keine große Genauigkeit erfordert wird, oder in solchen Fällen, wo das Quecksilber gefriert; denn bei einem bestimmten Kältegrad wird es fest wie Blei, der Weingeist verdichtet sich aber nicht bei irgend einem bekannten Grad von Kälte.

Ein Wärmemesser besteht aus einer Glasröhre unten mit einer Kugel geschlossen, die eine Flüssigkeit enthält, deren Grade der Ausdehnung und Zusammenziehung eine Scala angiebt, an der die Röhre befestigt ist. Die Bezeichnungen dieser Grade sind nach der Wirkung des Wärmestoffs auf Wasser eingerichtet: Wasser kocht also bei dem Siedepunkt und erstarrt beim Gefrierpunkt. Die Scala ist aber nicht bei allen Thermometern gleich eingetheilt und gleich lang. Die beiden gebräuchlichsten Thermometer sind die von Fahrenheit und von Réaumur, ersterer besonders in England, letzterer in Frankreich und Deutschland eingeführt.

Emilie.

Die Verschiedenheit der Scala muß sehr unbequem sein und leicht verwirren, besonders wenn englische und französische Experimente verglichen werden.

Mrs. B.

Das ist nicht von Bedeutung, da die abweichende Gradation der Scala keinen Einfluß auf die Grundsätze hat, nach denen Wärmemesser gemacht werden. Wir können leicht beide Scalen (siehe Taf. I. Fig. 1.) vergleichen und verschmelzen, da wir wissen, daß Fahrenheit sie in 212 Grade theilte, unter denen 32° dem Gefrierpunkt, 212° dem Siedepunkt gleichkommt und Réaumur sie in 80 Grade theilt und den Gefrierpunkt mit 0°, den Siedepunkt mit 80° bezeichnet. Die Franzosen geben seit Kurzem der hunderttheiligen Scala den Vorzug, bei der 0° den Gefrierpunkt, 100° den Siedepunkt bezeichnet.

Caroline.

Das scheint mir am vernünftigsten und ich sehe nicht ein, welcher Vortheil dabei ist, wenn der Gefrierpunkt 32° genannt wird.

Mrs. B.

Das rührt von einer irrigen Meinung Fahrenheit's her, der zuerst diesen Wärmemesser machte. Er mengte Schnee und Salz zusammen, brachte so einen Grad von Kälte hervor, den er für den größtmöglichen hielt und begann darum seine Scala von diesem Punkte. Er theilte sie bis zum Siedepunkt in 212 Grade und so befand sich der Gefrierpunkt des Wassers bei 32°.

Emilie.

Sind Quecksilber und Weingeist die einzigen Flüssigkeiten, die man bei Thermometern anwendet?

Mrs. B.

Ich glaube, jetzt gebraucht man keine andern, obgleich einige andre, z. B. Leinöhl, ziemlich anwendbar wären. Nur bei Experimenten, die eine sehr feine und schnelle Angabe des Temperaturwechsels verlangen, bedient man sich der Luft zu diesem Zweck. Die Kugel des Luftthermometers wird mit gewöhnlicher Luft gefüllt, deren Ausdehnung und Zusammenziehung ein kleiner Tropfen gefärbter, geistiger Flüssigkeit angiebt, der sich in der Röhre über der Luft befindet und — von ihr getragen — mit ihr steigt und fällt. Leider wirkt der Wechsel im Druck der Atmosphäre zu sehr auf diese Thermometer ein, und macht sie weniger genau in ihren Angaben, als sie sonst bei ihrer leichten Erregbarkeit gegen Temperaturwechsel sein würden.

Ich kann Ihnen jedoch ein Luftthermometer von ganz eigner Structur zeigen, das sich ganz besonders zu chemischen Experimenten eignet, da es eben so fein als genau ist. Es besteht aus einer Glasröhre (Taf. I. Fig. 2.), die, unten wagerecht, in zwei senkrechte Enden verläuft, die oben mit Kugeln geschlossen sind, also das Bild eines doppelten, umgekehrten Wärmemessers geben.

Emilie.

Warum nennen Sie das ein Luftthermometer, die Röhre enthält ja gefärbte Flüssigkeit?

Mrs. B.

Aber sehen Sie, die Kugeln sind mit Luft gefüllt, die Flüssigkeit auf einen Theil der Röhre beschränkt und nur dazu da, um die Ausdehnung und Zusammenziehung der Luft in den beiden Kugeln vergleichen zu können. Sobald Sie also die eine Kugel mit der Hand erwärmen, steigt die Flüssigkeit nach der andern. Wenn aber beide Röhren von gleicher Temperatur sind, wie jetzt, so bleibt — bei gleichem Druck von jeder Seite — die Flüssigkeit auch in gleicher Höhe.

Caroline.

Das Instrument scheint ungemein zart zu sein. Die bloße Annäherung der Hand bringt die Flüssigkeit in Bewegung.

Mrs. B.

Ich muß Sie aufmerksam darauf machen, daß dieses Thermometer weder die Temperatur eines besondern Körpers, noch die des Mediums angeben kann, in dem es sich befindet. Es dient nur dazu, die Abweichungen der Temperatur zwischen den beiden Kugeln anzuzeigen, wenn diese verschiedenartigen Umständen unterliegen. Deshalb heißt es Differenzial-Thermometer. Sie werden später seine Anwendung kennen lernen.

Emilie.

Zeigen gewöhnliche Wärmemesser genau die Menge Wärmestoff an, die die Atmosphäre, oder irgend ein Körper enthält, mit dem sie in Berührung kommen?

Mrs. B.

Nein; erstens, weil es Abarten des Wärmestoffs giebt, die den Wärmemesser gar nicht erregen, und zweitens, weil die Temperatur eines Körpers, wie das Thermometer ihn angiebt, nur relativ ist. Wenn z. B. das Thermometer am Gefrierpunkt stehen bleibt, so wissen wir, daß die Luft (oder irgend ein Medium, wohinein es gestellt wird) so kalt ist, wie erstarrendes Wasser; und wenn es am Siedepunkt steht, so

ist

ist uns bekannt, daß dies Medium so heiß ist wie kochendes Wasser, aber wir kennen die positive Menge Wärme, die gefrornes oder kochendes Wasser enthalten kann, eben so wenig, als die wirklichen Extreme von Hitze und Kälte. Demzufolge können wir dies auch nicht von dem Körper bestimmen, in dem das Thermometer steht.

Caroline.

Die Erklärung verstehe ich nicht recht.

Mrs. B.

Vergleichen wir den Wärmemesser mit einem Brunnen, dessen Wasser zu verschiednen Höhen anwächst, je nachdem es mehr oder minder reichlich zuquillt. Wenn seine Tiefe grundlos ist, so muß es unmöglich sein, mit Bestimmtheit zu behaupten, wieviel Wasser er enthält; dennoch können wir mit der größten Genauigkeit wissen, wieviel Fuß das Wasser zu jeder Zeit im Brunnen steigt oder fällt, und folglich die bestimmte Quantität des Zu- und Abnehmens berechnen, ohne die geringste Kenntniß von seinem ganzen Inhalt.

Emilie.

Vertragen Thermometer jeden Grad von Hitze?

Mrs. B.

Nein, kein Thermometer erträgt einen höhern Hitzgrad als der Siedepunkt der Flüssigkeit ist, die zu seiner Zusammensetzung benutzt wurde, denn der Dampf der kochenden Flüssigkeit würde die Röhre zersprengen. In Oefen, oder wo man sonst eine sehr hohe Temperatur messen will, wendet man hierzu ein Pyrometer von Wedgewood's Erfindung an. Es besteht aus einer gewissen Mischung gebrannten Thons, der die besondre Eigenschaft hat, daß Hitze ihn zusammenzieht, dergestalt, daß der Grad der Zusammenziehung dieses Stoffes die Temperatur anzeigt, der er ausgesetzt worden.

Emilie.

Ist es denn möglich, daß ein Körper durch Hitze zusammengezogen werden kann? Ich denke, Wärme dehnt alle Körper aus.

Mrs. B.

Dies ist keine Ausnahme von der Regel. Ich habe nicht gesagt, daß gleiche Stücken heißen und kalten Thones verglichen werden sollen. Die Angaben des Instrumentes werden von der Veränderung hergeleitet, die mit dem Thon vorgeht, wenn er erhitzt worden ist. Diese Veränderung besteht in einer beginnenden Schmelzung, welche die Thontheilchen enger zu verbinden strebt und ihn so weniger locker und schwammig macht.

Thon muß als ein schwammiger Körper betrachtet werden, der sehr viele Zwischenräume, Poren, hat, weil er im weichen Zustande Wasser enthielt. Diese Poren werden durch die Hitze verkleinert und würden bei dem höchsten Hitzgrade ganz verschwinden.

Caroline.

Und wie bezeichnet man die Grade der Zusammenziehung an diesem Pyrometer?

Mrs. B.

Der Umfang eines Stückes Thon wird an einer Scala gemessen, die an der Seite der spitzzulaufenden Höhlung eines Richtscheits von Erz angebracht ist: je mehr der Thon von der Hitze zusammengezogen ist, desto tiefer dringt er in den engen Theil der Höhlung. Ehe wir zu einem andern Gegenstande übergehen, muß ich Ihnen noch bemerken, daß, so wie sich flüssige Körper leichter ausdehnen als feste, so sind die elastischen Stoffe — Dämpfe und Luftarten — die dehnbarsten von allen.

Es mag sonderbar scheinen, daß alle und jede elastische Stoffe bei gleicher Temperatur den gleichen Grad der Ausdehnung annehmen.

Emilie.

So sind also alle elastischen Stoffe von gleicher Dichtigkeit?

Mrs. B.

Keineswegs; sie besitzen verschiedenartigere Dichtigkeit

als irgend flüssige oder feste Körper. Das Gleichförmige ihrer Dehnbarkeit, so wunderlich es erst erscheint, ist leicht erklärbar. Wenn die ungleiche Fähigkeit der Körper sich auszudehnen in der geringern oder größern Cohäsionskraft liegt, die ihnen eigen ist, so kann man bei elastischen Stoffen keinen solchen Unterschied erwarten, da in ihnen keine solche Kraft existirt, ihre Theilchen vielmehr elastisch sind, d. h. sich abstoßen, weshalb auch der gleiche Wärmegrad sie gleich ausdehnt.

Emilie.

Gewiß. Da bei ihnen der ausdehnenden Gewalt des Wärmestoffs keine Kraft entgegengestellt wird, muß ihre Wirkung auch bei allen dieselbe sein.

Mrs. B.

Nun wollen wir die übrigen Eigenschaften des freien Wärmestoffs untersuchen.

Freie Wärme strebt immer, sich gleichmäßig zu verbreiten, d. h. wenn zwei Körper von verschiedner Temperatur sich berühren, theilt der wärmere so lange dem kälteren von seinem Wärmestoff mit, bis beide gleiche Temperatur haben. Also, wenn man ein Thermometer an einen heißen Körper bringt, nimmt es Wärmestoff an, und theilt solchen mit, wenn es einen kalten Körper berührt und diese Mittheilung hört erst auf, wenn Wärmemesser und Körper den gleichen Wärmegrad erreicht haben.

Emilie.

Kälte ist, darnach, nur eine negative Eigenschaft und bezeichnet ganz einfach die Abwesenheit der Wärme?

Mrs. B.

Nicht die gänzliche Abwesenheit, sondern eine Verminderung der Wärme, denn wir kennen keinen Körper, in dem gar kein Wärmestoff zu entdecken wäre.

Caroline.

Wenn ich aber meine Hand auf diesen Marmortisch

lege, so fühle ich positive Kälte und begreife nicht, wie irgend Wärmestoff darin sein sollte.

Mrs. B.

Was Sie empfinden ist der Verlust an Wärme, den Ihre Hand durch das Bestreben erleidet, die Temperatur des Marmors der ihrigen gleichzustellen. Legen Sie ein Stück Eis auf den Tisch und die umgekehrte Wirkung findet statt: das Eis schmilzt durch die Wärme, die es dem Marmor entzieht.

Caroline.

Rührt das nicht eher von der Luft des Zimmers her, die, wärmer als der Marmor, das Eis schmelzt?

Mrs. B.

Sicher wirkt die Luft auf die Flächen ein, die ihr ausgesetzt sind, aber der Tisch bewirkt das Schmelzen der untern Eisfläche, die mit ihm in Berührung tritt.

Caroline.

Aber warum strebt der Wärmestoff nach Gleichgewicht? Dazu kann ihn nicht dasselbe Gesetz treiben, dem andre Stoffe gehorchen, da er unwägbar ist.

Mrs. B.

Sehr wahr. Es läßt sich gegen die Bezeichnung Gleichgewicht bei einem Stoffe ohne Gewicht viel einwenden, aber ich kenne keinen Ausdruck, der meine Meinung so deutlich machte. Der eigentliche Sinn wäre: gleichmäßige Ausbreitung. Wir können in der That nicht gut sagen, durch welche Nothwendigkeit der Wärmestoff sich gleichmäßig ausbreitet, obgleich es nicht befremdend ist, daß er von solchen Theilen, die viel haben, zu denen übergehn sollte, die wenig besitzen. Diese Frage wird am besten durch eine Theorie des Professor Prevost zu Genf erläutert, die jetzt allgemein angenommen ist.

Nach dieser Theorie besteht der Wärmestoff aus vollständig getrennten Theilchen, deren jedes sich mit reißender Schnelligkeit in bestimmter Richtung bewegt. Da dieser Richtungen so viele sind, als unsre Einbildungskraft zu erfinden vermag, so bewegen sich also Strahlen oder Linien solcher Theilchen in jeder nur möglichen Richtung. Auf diese Weise ist der Wärmestoff überall hin verbreitet, so zwar, daß wenn irgend ein Theil des Raumes weniger davon enthält als der nachbarliche, er von diesem eine Anzahl wärmehaltige Strahlen empfängt, hinreichend, das Gleichgewicht der Temperatur herzustellen. Diese Strahlung findet nicht allein im freien Raume statt, sondern verbreitet sich auf Körper jeder Art. So mögen Sie sich vorstellen, daß alle Körper beständig Wärme strahlen; Körper von gleicher Temperatur geben eben so viel her als sie einsaugen, so daß bei ihnen kein Temperaturwechsel hervorgebracht wird; enthält aber ein Köper mehr freie Wärme als ein andrer, so ist der Austausch immer zu Gunsten des kältern, bis Gleichgewicht bewirkt ist. Den Beweis lieferte der Marmor, der Ihre Hand kühlte und das Eis schmolz.

Caroline.

Diese wechselseitige Strahlung überrascht mich sehr. Nach dem, was Sie zuerst sagten, glaubte ich, allein heiße Körper strahlten Wärmestoff aus, den kälterere einsaugten. Es scheint doch unnatürlich, daß ein heißer Körper irgend Wärmestoff von einem kalten empfangen sollte, selbst wenn er eine größere Menge zurückgäbe.

Mrs. B.

Das mag anfänglich so scheinen, und doch ist es nicht außerordentlicher, als daß ein gewöhnliches Licht der Sonne Strahlen zusendet, was Ihnen doch bekannt ist.

Caroline.

Ja, aber *sehen* möchte ich doch die Wärmestrahlen.

Mrs. B.

Trauen Sie nur Ihren Augen? *Fühlen* Sie nicht die Wärme, die jeder Körper von höherer Temperatur Ihnen zustrahlt? Es ist freilich wahr, daß der Verlust an Wärmestoff nicht bemerkbar ist, den Sie dagegen erleiden, da sie in der That mehr gewinnen als verlieren. Daher haben Sie nur dann die Empfindung der Kühlung, wenn Sie einem Körper von geringerer Temperatur Wärmestoff mittheilen, weil Sie dabei einen absoluten Verlust erleiden.

Emilie.

Und in diesem Falle können wir die geringe Menge Wärme nicht merken, die wir von dem kältern Körper als Ersatz empfangen, weil er nur den Verlust mindert.

Mrs. B.

Professor Pictet in Genf hat sehr anziehende Experimente gemacht, die beweisen, daß nicht allein jeder Körper Wärme strahlt, sondern daß diese Strahlen, optischen Gesetzen gemäß, zurückgeworfen werden können gleich den Lichtstrahlen.

Wenn man eine eiserne Kugel von etwa 2 Zoll Durchmesser und nicht hinreichend erhitzt um zu leuchten, in den Brennpunkt eines großen metallnen Hohlspiegels stellt, so prallen die, auf den Spiegel fallenden, Wärmestrahlen in paralleler Richtung zurück (zufolge der Eigenthümlichkeit der Hohlspiegel) und fallen so in einen gleichen Spiegel, den man 10 Fuß entfernt, dem ersten gegenüber aufstellt. Dort sammeln sich die Strahlen im Focus des zweiten Spiegels, in den man eine der Kugeln eines Differenzial-Thermometers stellt. Sehen Sie, wie dieses durch den zurückgeworfenen Wärmestoff erregt wird: die Luft darin dehnt sich aus und die Flüssikeit steigt bedeutend in dem andern Schenkel der Röhre.

Emilie.

Fände aber nicht dieselbe Wirkung statt, wenn die Wärmestrahlen der eisernen Kugel unmittelbar, ohne Beihülfe der Spiegel, auf das Thermometer fielen?

Mrs. B.

Die Wirkung würde in diesem Falle höchst unbedeutend sein, da Kugel und Wärmemesser in so großer Entfernung von einander stehen. Sie wissen, daß Spiegel sehr den Effect vergrößern, weil sie eine bedeutende Menge Strahlen in einem Punkte sammeln. Halten Sie die Hand in den Brennpunkt des Spiegels, Sie werden es dort weit heißer finden als in der Nähe der Kugel.

Emilie.

Das ist wahr! Es ist doch wunderlich, daß die Hitze abnimmt, wenn man dem Körper nahe kommt, von dem sie ausgeht!

Caroline.

Und der Spiegel, der durch das Vereinigen der Strahlen so viel Hitze erzeugt, bleibt dabei ganz kalt.

Mrs. B.

Dieselbe Anzahl Strahlen, die auf der ganzen Oberfläche des Spiegels zerstreut ist, wird im Brennpunkt gesammelt; wenn Sie also bedenken, daß die einzeln schwache Kraft der weitverbreiteten Strahlen hier in Einem Punkt conzentrirt ist, so werden Sie sich nicht länger wundern, daß der Focus einen, von der übrigen Fläche so verschiednen, Hitzgrad hat.

Der hauptsächliche Nutzen der Spiegel bei diesem Experiment ist der, zu beweisen, daß die Ausströmung der Wärme eben so zurückgestrahlt werden kann als die des Lichtes.

Der Versuch kann mit einem Wachslicht, statt der Kugel, erneuert werden, in der Absicht, um Licht und Wärme zu trennen. Zu diesem Behuf stellt man eine durchsichtige Glasscheibe zwischen die Spiegel; denn Sie wissen, Licht dringt sehr leicht durch Glas, aber der Durchgang der Wärme wird dadurch fast gänzlich verhindert. Indessen wird das Thermometer durch sein Steigen Ihnen zeigen, daß mit dem Licht doch einige Wärmestrahlen durchdringen; sobald Sie aber die Glasplatte entfernen, steigt er bedeutend höher.

Caroline.

Ich möchte das Experiment mit einem kalten Körper wiederholen, um zu sehen, ob Kälte eben so zurückprallt wie Hitze.

Mrs. B.

Dies wurde auch dem Prof. Pictet von einem ungläudigen Gelehrten vorgeschlagen und er versuchte es gleich mit einem Stück Eis statt der heißen Kugel.

Caroline.

Mit welchem Erfolge?

Mrs. B.

Daß das Thermometer bedeutend fiel.

Caroline.

Nun, das beweist doch wohl, daß Kälte nicht blos eine negative Eigenschaft ist, wie könnte sie sonst zurückgestrahlt werden?

Mrs. B.

Anfangs schien es dem Pictet auch so, aber bei einigem Nachdenken fand er, daß es nur einen neuen Beweis für die Zurückstrahlung der Wärme liefere.

Prevost's Theorie gemäß nehmen wir an, daß alle Körper Wärme ausstrahlen: also auch das zu diesem Versuche benutzte Thermometer. Wenn dessen Temperatur mit der der umgebenden Körper in Gleichgewicht ist, so empfängt es so viel Wärmestoff, als es mittheilt und kein Temperaturwechsel findet statt. Wenn wir aber einen Körper von niederer Temperatur, z. B. Eis, dazubringen, der weniger Wärmestoff mittheilt als empfängt, so folgt, daß dessen Temperatur erhöht, die der umgebenden Körper verhältnißmäßig erniedrigt wird.

Emilie.

Wenn ich also ein Stück Eis ins Zimmer brächte, so würde es nach und nach schmelzen, indem es Wärmestoff von der allgemeinen Strahlung einsaugte, die im Zimmer vorgeht, und da es weniger Wärmestoff zurückgeben könnte, würde das Zimmer dadurch kühler werden.

Mrs. B.

Richtig. Da in Folge der Spiegel ein größerer Austausch von Strahlen zwischen dem Eise und dem Thermometer statt findet, als zwischen diesen und irgend einem der übrigen hier befindlichen Körper, so muß die Temperatur des Thermometers niedriger werden, als die jedes andern nahen Gegenstandes.

Dies Experiment gleicht ganz dem mit der Kugel. Sie müssen nur das Thermometer als den heißen Körper betrachten (das ist es gewiß gegen Eis), dann werden Sie leicht begreifen, wie das Fallen des Quecksilbers von dem Verlust an Wärmestrahlen herrührt, den das Thermometer dem Eise zusendet, und nicht von Kältestrahlen, die es empfängt: das Eis strömt nicht Kälte- sondern Wärmestrahlen aus, die den Verlust des Thermometers vermindern.

Sagen wir z. B., die Ausstrahlung des Thermometers gegen das Eis sei gleich 20, und die des Eises zu ihm gleich 10, so ist der Austausch zu Gunsten des Eises gleich 20 zu 10; folglich verliert das Thermometer wirklich 10, die das Eis gewinnt. —

Ich muß nun noch erwähnen, daß verschiedenartige Körper, nach der Beschaffenheit ihrer Oberfläche, mehr oder weniger Wärmestoff auszustrahlen vermögen.

Leslie's Experimente über diesen Gegenstand sind sehr bemerkenswerth, und gerade hierzu erfand er das Differenzial-Thermometer, mit dessen Hülfe er sicher darlegte, daß schwarze Flächen am meisten strahlen, nächst ihnen gläserne und am wenigsten polirte.

Emilie.

Vorausgesetzt, wenn alle gleichen Wärmegrad haben?

Mrs. B.

Ohne Zweifel. Dieses kubische Blechgefäß ist auswendig auf jeder Seite mit einem andern Material bedeckt: die eine Seite ist nur blos geschwärzt, die zweite hat einen Ueberzug von weißem Papier, auf der dritten liegt eine Glasscheibe und die vierte zeigt eine blankpolirte Zinnfläche. Wir wollen das Gefäß mit heißem Wasser füllen, so daß nothwendig alle Flächen von gleicher Temperatur sein müssen. Nun stellen wir es in den Brennpunkt des einen Spiegels und beobachten der Reihe nach die Einwirkung der verschiedenen Flächen auf das Thermometer.

Caroline.

Die schwarze Fläche veranlaßt ein bedeutendes Steigen der Flüssigkeit. Nun ich das Papier dem Spiegel zukehre, fällt das Thermometer etwas, also muß diese Seite weniger Wärmestoff ausstrahlen.

Emilie.

Bei der Glasscheibe fällt es noch mehr, aber nun gar bei der polirten Fläche! So niedrig war es bei keiner andern.

Caroline.

Ich denke, ich habe die Ursache aufgefunden.

Mrs. B.

Das wäre sehr glücklich, denn, soviel ich weiß, ist es noch nicht gelungen.

Caroline.

Das Wasser kühlt in dem Grade ab, als das Thermometer fällt.

Mrs. B.

Das Wasser wird freilich kälter, aber verhältnißmäßig nicht so rasch, als das Thermometer sinkt, wie Sie gleich bemerken werden, wenn Sie von Neuem die schwarze Fläche beobachten.

Caroline.

Wirklich, das Thermometer steigt wieder, nun ich die schwarze Fläche dem Spiegel zuwende, und doch muß das Wasser immer kühler werden.

Emilie.

Ich wundre mich sehr, daß die blanke Fläche am wenigsten Wärme strahlen soll, denn ein Metallgefäß voll heißen Wassers, z. B. eine silberne Theekanne, fühlt sich weit heißer an als eine irdne, wenn diese auch schwarz ist.

Mrs. B.

Das kömmt daher, daß nicht alle Körper auf gleiche Weise Wärme leiten, und diese Eigenheit wollen wir jetzt prüfen. Obgleich ein Metallgefäß sich wärmer anfühlt, bewahren dennoch Gefäße dieser Art darin enthaltene Flüssigkeiten länger heiß, als die von irgend einem andern Material; darum wird der Thee auch besser in silbernen als in irdenen Kannen.

Emilie.

Darnach müßten hellfarbige Kleider in kaltem Wetter besser warm halten als schwarze, weil letztere so viel mehr ausstrahlen.

Mrs. B.

Das ist auch wirklich der Fall.

Emilie.

Diese Eigenschaft der Oberflächen, in verschiedentlichem Grade zu strahlen, scheint mir mit dem Gleichgewicht des Wärmestoffs nicht im Einklange zu sein, denn die Folge davon muß doch sein, daß die am meisten strahlenden Körper am Ende die kältesten werden. Wenn wir nun zwei Blechbüchsen hier hätten, die eine schwarz, die andere blank, und beide mit kochendem Wasser füllten, würde nicht die schwarze zuerst auskühlen?

Caroline.

Ja, aber wenn beide den Wärmegrad des Zimmers erreicht hätten, würde ihre Temperatur dieselbe bleiben, weil der Austausch von Wärmestoff zwischen den Büchsen und den andern Körpern in der Stube dann gleichmäßig wäre.

Emilie.

Ich sehe nicht ein, warum. Wenn verschiedenartige Flächen von gleicher erhöhter Temperatur ungleichmäßig Wärme strahlen, warum sollte das nicht so fortgehen, wenn sie den Wärmegrad des Zimmers erreicht haben?

Mrs. B.

Die Erfahrung hat gelehrt, daß das Vermögen der Einsaugung mit dem der Strahlung übereinstimmt und in Verhältniß steht, so daß, unter gleichem Wärmegrade, Körper den größern Verlust, den sie durch ihre stärkere Strahlung erleiden, durch vermehrte Einsaugung ersetzen. Wenn Sie Ihren Versuch in einer Atmosphäre machten, die gleich den Büchsen bis zum Siedepunkt erhitzt wäre, so würden die Gefäße freilich verschiedenartig strahlen, aber dennoch keinen Temperaturwechsel erleiden, weil jedes im Verhältniß zu ihrer respectiven Ausstrahlung Wärmestoff einsaugen würde.

Emilie.

Aber würden die Gefäße nicht auch in gewöhnlicher Temperatur in verschiednem Maße Wärmestoff einsaugen?

Mrs. B.

Gewiß, aber die mannichfachen Gegenstände im Zimmer würden nicht, bei niederer Temperatur, jeder der Büchsen hinreichenden Wärmestoff zuführen, um ihren Verlust daran zu ersetzen. Denn, angenommen die schwarze Blechbüchse sauge in gegebener Zeit 400 Wärmestrahlen ein, und die polirte 200, und die erstere strahlt 800 aus, während die letztere nur 400 ausstrahlt, so wird die schwarze Büchse zuerst zur Temperatur des Zimmers abgekühlt sein. Von dem Augenblick an, daß das Gleichgewicht der Temperatur hergestellt ist, also das schwarze Gefäß 400 Strahlen, das polirte 200 ausstrahlt und empfängt, wird die Temperatur sich nicht mehr verändern.

Emilie.

Was wird aber aus dem Ueberschuß an Wärmestrahlen, den gute Strahler ausströmen und schlechte nicht annehmen wollen? Die müssen ja umherirren, um einen Ruheplatz zu suchen.

Mrs. B.

Das geschieht wirklich. Sie prallen von den Körpern zurück, die schlechte Wärmestrahler sind und werden so andern Körpern überwiesen, die zufällig in ihrem Wege liegen, von denen sie eingesogen oder wieder zurückgeschlagen werden, je nachdem in diesen Körpern die Eigenschaft der Widerstrahlung oder der Einsaugung vorherrscht.

Caroline.

Ich verstehe nicht recht den Unterschied zwischen Ausstrahlen und Zurückstrahlen? denn der Wärmestoff, der von einem Körper zurückstrahlt, geht doch in geraden Linien von ihm aus, und man könnte also eben so gut das Wort ausstrahlen gebrauchen.

Mrs. B.

Die Worte Ausstrahlung und Rückstrahlung drücken zwar beide den Begriff der Fortpflanzung des Wärmestoffs aus; wenn Sie aber ein wenig überlegen, werden Sie einsehn, daß, wenn ein Körper Wärme ausstrahlt, diese nicht allein von ihm ausgeht, sondern in ihm entsteht, während ein Körper, der Wärme widerstrahlt, nur zurückgiebt, was er von andern Körpern empfing.

Caroline.

Der Unterschied ist mir jetzt klar und ich begreife wie Körper, die freiwillig ihren eignen Wärmestoff mittheilen — ausstrahlen, das Vermögen besitzen, eben so leicht Wärmestoff fortzupflanzen, den sie von andern Körpern empfangen.

Emilie.

Aber, wenn aller Wärmestoff ursprünglich von der Sonne ausgeht, so kann man doch nicht sagen, daß Körper eignen Wärmestoff besitzen.

Mrs. B.

Wenn ich sage, ein Körper strahlt eignen Wärmestoff aus, so meine ich solchen, den er entweder unmittelbar von den Sonnenstrahlen, oder durch das Medium einer andern Substanz, eingesogen und sich einverleibt hat.

Caroline.

Es scheint mir natürlich, daß die Kraft der Einsaugung derjenigen der Zurückstrahlung entgegengesetzt ist, denn je mehr Wärmestoff ein Körper einsaugt, je weniger wird er abweisen.

Emilie.

Ebenso muß die Kraft der Strahlung mit der der Einsaugung übereinstimmen. Es ist ja Ursache und Wirkung, denn ein Körper kann nicht Wärme strahlen, ehe er sie eingesogen hat.

Mrs. B.

Flüssigkeiten sind im Allgemeinen schlechte Wärmestrahler, und die Luft strahlt gar nicht Wärmestoff und nimmt auch keinen auf bemerkbare Weise auf.

Dritte Unterhaltung.

Fortsetzung des vorigen Thema.

Mrs. B.

Wir untersuchten schon theilweise das Streben des Wärmestoffs ein Gleichgewicht der Temperatur herzustellen. Diese Eigenschaft, einmal richtig aufgefaßt, bietet die Erklärung für eine große Menge Thatsachen, die früher unerklärbar schienen. Sie müssen zuerst bedenken, die Wirkung dieses Strebens ist, nach und nach alle Körper, die sich berühren, zum gleichen Wärmegrade zu bringen. So verbreitet sich die Hitze des Feuers hier im Kamin von einem Gegenstande zum andern, bis jedem Theil des Zimmers der gleiche Antheil geworden ist.

Caroline.

Die Steine am Kamine sind dem Feuer viel näher als der Teppich, und doch viel kälter als dieser.

Mrs. B.

Wenn Sie den Wärmegrad dieser verschiedenen Körper durch das Thermometer prüfen, so werden Sie sich überzeugen, daß beide gleich warm sind.

Caroline.

Wie kommt es denn aber, daß eins sich kälter anfühlt als das andre?

Mrs. B.

Die Heerdsteine und der Tisch fühlen sich z. B. kälter an als der Teppich oder das Buch, weil letztere nicht so gute Wärmeleiter sind als erstere. Der Wärmestoff findet einen leichtern Durchgang durch Marmor und Holz als durch Leder und Wollenzeug; daher nehmen erstere rascher Wärme aus Ihrer Hand auf, und geben folglich eine stärkere Empfindung von Kälte, obgleich Alle in der That gleiche Temperatur haben.

Caroline.

Die Empfindung die mir das Berühren eines kalten Körpers verursacht, steht also mit der Schnelligkeit in Verhältniß, mit der meine Hand ihre Wärme demselben hergiebt?

Mrs. B.

Ja, wenn Sie abwechselnd Ihre Hand auf jeden Gegenstand im Zimmer legen, so werden Sie durch eine mehr oder minder starke Wahrnehmung von Kälte erkennen, welches gute oder schlechte Wärmeleiter sind. Dies kann natürlich nur von solchen Körpern gelten, die nicht durch große Nähe des Feuers oder einen kalten Luftzug an Thür und Fenster von ungleicher Temperatur sind.

Emilie.

Aus welcher Ursache sind einige Körper bessere Wärmeleiter als andre?

Mrs. B.

Dieser Punkt ist noch nicht recht erörtert. Man hat vermuthet, daß der Wärmestoff und die Theilchen des Körpers, durch den er geht, sich gewissermaßen verbinden oder aneinanderhängen. Je nachdem nun den Körpertheilchen größere oder geringere Kraft beiwohnt, den Wärmestoff anzuziehn, halten sie ihn länger fest oder trennen sich leicht von ihm. Das Vermögen Wärme zu leiten steht also im umgekehrten Verhältniß zu dem Streben der Körper, sich mit ihr zu verbinden.

Emilie.

Das heißt, die besten Leiter sind diejenigen Körper, die die wenigste Verwandtschaft zum Wärmestoff haben.

Mrs. B.

Ja, doch läßt sich dieser Ausdruck hier nicht gut anwenden, da nur von einer losen, vorübergehenden Vereinigung die Rede ist; die Verbindung ist so schwach, daß sie jeden Augenblick dem Streben nach Gleichgewicht nachgiebt. Der Durchgang des Wärmestoffs durch Körper, die gute Wärmeleiter sind, ist weit rascher als durch schlechte; erstere geben und empfangen schneller, und also in gegebener Zeit reichlicher als schlechte Leiter, daher fühlen sie sich heißer oder kälter an, obgleich sie in der That von gleicher Temperatur sind.

Caroline.

Zum Beispiel der Tisch und das Buch würden, da sie gleichen Wärmegrad haben, in derselben Zeit dieselbe Menge Wärmestoff von meiner Hand empfangen, wenn ihr Leitvermögen dasselbe wäre; da aber der Tisch ein besserer Leiter ist, und also schneller die Wärme meiner Hand einsaugt, so bringt er eine stärkere Empfindung von Kälte hervor.

Mrs. B.

Wenn Sie aber beide in gleichem Grade zu einer höhern Temperatur als Ihre Hand erhitzen, würde aus demselben Grunde der Tisch sich heißer anfühlen, denn er würde nun auch schneller als das Buch Ihrer Hand von seiner größern Wärme mittheilen. So erscheint uns der Marmortisch kälter als der von Holz und wird doch schneller auf das Eis einwirken: so wie er rascher unsrer Hand die Wärme entzieht — die heißer ist — wird er sie leichter dem Eise mittheilen, weil es kälter ist. Wissen Sie den Grund?

Emi-

Emilie.

Ein guter Leiter bietet dem Wärmestoff freien Durchgang, ein schlechter hält ihn auf; darum verliert man mehr Wärmestoff, wenn ersterer kälter ist, oder gewinnt mehr, wenn er wärmer ist als die Hand, als in Berührung mit einem schlechten Leiter.

Mrs. B.

Dies kann aber immer nur der Fall sein, wenn Ihre Hand und jene Körper verschiednen Wärmegrad haben. Erhitzen Sie gute und schlechte Leiter zu der Temperatur Ihres Körpers, so werden beide sich gleich warm anfühlen, da der Austausch von Wärmestoff zwischen Körpern von derselben Temperatur gleich ist. Können Sie mir nun sagen, warum Flanellkleidung die Wahrnehmung von Kälte verhindert?

Caroline.

Die Kälte kann nicht eindringen — ach nein, die Wärme unseres Körpers kann durch solche Kleider nicht so rasch ausströmen, als es sonst geschehen würde.

Mrs. B.

So ist's recht. Der Flanell bewahrt mehr die innere Wärme, als er die äußere Kälte abhält. Wäre die Atmosphäre von höherer Temperatur als unser Körper, so würde er eben so wirksam sein, dessen Temperatur auf demselben Grade als früher zu erhalten, da er durch die Schwierigkeit, mit der er Wärme leitet, den freien Zutritt der äußern Hitze hindern würde.

Die dichtesten Körper sind im Allgemeinen die besten Wärmeleiter, wahrscheinlich weil, je dichter der Körper, je größer die Anzahl der Punkte oder Körpertheilchen ist, die mit dem Wärmestoff in Berührung kommen. In der gewöhnlichen Temperatur der Luft wird sich ein Stück Metall kälter anfühlen als Holz, dieses kälter als Tuch, dieses wieder kälter als Flanell und Daunen, die zu den leichtesten Körpern gehören, sind zugleich mit die wärmsten.

Caroline.

Dies ist wohl die Ursache, weshalb das Gefieder die Vögel so wirksam gegen den Einfluß der Winterkälte schützt?

Mrs. B.

Ja, Federn sind im Allgemeinen ein sehr gutes Schutzmittel gegen Kälte. Die Art Federn aber, die man Daunen nennt, sind Wasservögeln eigenthümlich und bedecken ihre Brust als den Theil ihres Körpers, der am meisten dem Wasser ausgesetzt ist. Die Oberfläche des Wassers ist zwar nicht von geringerem Wärmegrade als die Atmosphäre, aber als guter Wärmeleiter giebt sie die Empfindung größerer Kälte, und darum verlangt die Brust des Vogels eine wärmere Bedeckung, noch dazu, da sie immer mit der größten Schnelligkeit gegen das Wasser anstreben und unmittelbar darauf die Luft durchschneiden, was eine sehr rasche Verdunstung veranlaßt. Wenn Sie einen Finger ruhig in ein Glas Wasser halten, und einen der andern Hand schnell in Wasser von gleicher Temperatur hin und her bewegen, werden Sie in diesen beiden Fingern sehr verschiedne Empfindungen wahrnehmen.

Die meisten thierischen Stoffe, besonders solche die zur Bedeckung der Thiere dienen, wie Pelz, Wolle, Haar, Haut rc. sind schlechte Wärmeleiter und aus diesem Grunde vortreffliche Schutzmittel gegen rauhe Witterung.

Emilie.

Holz ist gewiß kein so guter Wärmeleiter als Metall, und darum haben ohne Zweifel silberne Theekannen stets hölzerne Henkel.

Mrs. B.

Ja, wir bemerkten schon, daß die dichtesten Körper gewöhnlich die besten Leiter sind. Poröse Körper sind, glaube ich, hauptsächlich aus dem Grunde schlechte Leiter, weil ihre Poren mit Luft gefüllt sind, denn Luft ist ein sehr schlechter Leiter.

Flüssigkeiten besitzen das Vermögen, Wärme zu leiten,

auch nach ihrer verschiednen Dichtigkeit in nicht minder abweichenden Graden; wenn Sie Ihre Hand in dies Gefäß mit Quecksilber tauchen, werden Sie kaum begreifen, daß dessen Temperatur nicht geringer sein sollte als die der Atmosphäre.

Caroline.

Wirklich fühlt es sich so außerordentlich kalt an, daß ich ungläubig wäre, wenn das Thermometer mich nicht überzeugte. Der scheinbare Unterschied liegt also nur in der verschiednen Leitkraft des Quecksilbers und der Luft.

Mrs. B.

Ja, und dies mag Ihnen ein Beweis sein, wie wenig sicher hierbei unser Gefühl und wie nothwendig ein Wärmemesser ist.

Es ist in der That bezweifelt worden, ob Flüssigkeiten fähig wären, auf gleiche Weise wie feste Körper Wärme zu leiten. Der Graf Rumford hat vor wenigen Jahren durch mannigfache Experimente zu beweisen gesucht, daß Flüssigkeiten im Zustande der Ruhe durchaus nicht diese Eigenschaft besäßen.

Caroline.

Wie ist das möglich, da sie uns Hitze nnd Kälte mittheilen können. Wenn sie nicht Wärme leiteten, würden sie ja auch keine aufnehmen oder hergeben?

Mrs. B.

Rumford meinte damit nicht, daß Flüssigkeiten ihre Wärme keinen festen Körpern mittheilten, sondern nur, daß sie nicht auf dieselbe Art und Weise Flüssigkeiten durchdränge, d. h. nicht von einem Theilchen zum andern fortgepflanzt würde.

Emilie.

Wenn Sie aber ein Gefäß mit Wasser über Feuer erhitzen, wie wird denn das Wasser durch und durch heiß, wenn die einzelnen Theilchen sich nicht die Wärme mittheilen?

Mrs. B.

Durch fortwährende Bewegung. Sie haben gesehn, daß

Wasser sich durch Wärme auf dieselbe Weise ausdehnt wie feste Körper. Die erhitzten Wassertheilchen auf dem Boden des Gefäßes werden spezifisch leichter als die übrige Flüssigkeit und steigen daher nach der Oberfläche, wo die kältere äußere Luft ihnen einen Theil ihrer Wärme entzieht und sie dadurch verdichtet, so daß sie einer neuen Folge heißer Theilchen Platz machen, die vom Boden aufsteigen und eben so wie die ersten niedersinken, nachdem sie an der Oberfläche abgekühlt wurden. So wird nach und nach jedes Theilchen am Boden erhitzt, und da das Feuer rascher Wärme mittheilt als die Luft die Oberfläche abkühlt, so wird nach und nach die ganze Flüssigkeit heiß.

Caroline.

Wenn nun aber das Feuer oben angebracht würde, so könnten doch die heißen Wassertheilchen, als spezifisch leichter, nicht niedersinken. Wie würde dann die Hitze abwärts verbreitet?

Mrs. B.

Wenn keine Bewegung stattfände, welche die erhitzte Oberfläche herabzwänge, würde die Hitze nicht niedersteigen. Zum Beweise dafür gelang es Rumford, die Oberfläche eines Gefäßes mit Wasser zum Kochen zu bringen, während ein Stück Eis auf dem Grunde nicht schmolz.

Zum leichteren Verständniß will ich Ihnen die innere Bewegung zeigen, die ein Temperaturwechsel in Flüssigkeiten hervorruft. Dies wird dadurch möglich, daß man farbigen Staub hineinmengt. Die kleinen Bernsteinstückchen, die sich in dieser Flüssigkeit befinden, werden Ihnen den Vorgang deutlich machen, denn wenn ich das Fläschchen nun in heißes Wasser stelle, theilt sich die Strömung der Flüssigkeit dem Bernstein mit.

Emilie.

Ich sehe zwei Strömungen; die eine steigt an den Seiten des Fläschchen in die Höhe, die zweite im Mittelpunkt in die Tiefe. Ich weiß aber nicht den Grund dieser doppelten Strömung.

Mrs. B.

Der Wärmestoff des umgebenden heißen Wassers verbreitet sich mittelst der Flasche auf diejenigen Theilchen der Flüssigkeit, die dem Glase am nächsten sind; diese dehnen sich aus, steigen seitwärts zur Oberfläche, und gleichzeitig findet ein Niedersinken der kälteren Theile an der Oberfläche statt, daher die mittlere Strömung.

Caroline.

Jetzt bewegen sich die Strömungen weit langsamer als vorher.

Mrs. B.

Das kömmt daher, weil der Umlauf der Theilchen beinah ein Gleichgewicht der Temperatur zwischen den Flüssigkeiten in beiden Flaschen hervorgebracht hat.

Caroline.

Hier verbreitet sich aber die Wärme seitwärts, ich glaubte, dies geschähe bei Flüssigkeiten nur aufwärts.

Mrs. B.

Sie achten nicht darauf, daß die Wärme der einen Flüssigkeit der andern mittelst der Flasche beigebracht wird, deren äußere Fläche sie von dem Wasser im Glase empfängt, während die innere Fläche sie der Flüssigkeit überträgt, die sie enthält.

Jetzt nehmen Sie die Flasche aus dem heißen Wasser heraus und beobachten ihr Abkühlen.

Emilie.

Die Strömungen haben sich umgekehrt, die äußere steigt jetzt nieder und die innere herauf. Ich errathe weshalb: die Flasche ist nun mit kalter Luft in Berührung statt mit heißem Wasser, darum kühlen sich die äußern Theilchen ab, statt erhitzt zu werden. So sinken sie und drängen die innern aufwärts, die wärmer und leichter sind.

Mrs. B.

Rumford schließt hieraus, daß keine Temperaturveränderung in einer Flüssigkeit stattfinden kann ohne innere Aufregung ihrer Theilchen, und da diese Bewegung nur durch verhältnißmäßige Leichtigkeit ihrer Theilchen erzeugt wird, so könne Wärme nicht abwärts verbreitet werden. Diese Theorie ist jedoch nicht ganz richtig, denn bei späteren Experimenten hat man die unteren Wassertheile auch erwärmt, indem man die Erhitzung von oben ausgehen ließ; die Wirkung ist jedoch stets äußerst langsam.

Emilie.

Vielleicht theilte sich dabei die Wärme auch durch die Seiten des Gefäßes mit, in dem das Wasser sich befand.

Mrs. B.

Nein, denn man hatte zu diesem Behufe ein Stück Eis ausgehöhlt. Aber obgleich Rumford's Theorie nicht ganz genau ist, so bleibt doch gewiß, daß die Verbreitung wesentlich durch Bewegung gefördert wird, und dies erklärt die Kälte, die auf dem Grunde der Schweizer Seen vorherrscht, indem diese durch Flüsse genährt werden, die von den Schneealpen entspringen. Das Wasser dieser Flüsse ist kälter, also dichter und schwerer als das der Seen und sinkt deshalb zu Boden, wo die wärmere Temperatur der Oberfläche nicht einwirkt, weil sie sich nicht weiter nach der Tiefe mittheilen kann, als die Bewegung der Wellen das Wasser aufrührt.

Emilie.

Sobald aber die Atmosphäre kälter wird als der See, muß sich doch die obere Wasserschicht aus demselben Grunde senken, weshalb die wärmere es nicht konnte?

Mrs. B.

Gewiß. Aus diesem Grunde kann nie ein See, oder irgend eine Wassermasse, gefrieren, bis jedes Wassertheilchen aufgestiegen ist um seinen Wärmestoff der Atmosphäre abzugeben, je tiefer also ein Wasser ist, desto länger wird es dauern, ehe es zufriert.

Emilie.

Wenn aber die Temperatur des ganzen Wassers zum Eispunkt heruntergebracht wird, warum friert denn blos die Oberfläche?

Mrs. B.

Die Temperatur des Ganzen fällt nicht bis zum Gefrierpunkt. Sie wissen, die Verringerung der Wärme bewirkt sowohl bei flüssigen als bei festen Körpern ein Zusammenziehn der Masse. Dies geschieht aber beim Wasser nicht mehr, wenn es die Temperatur von 4° Réaum. erreicht hat. Bei diesem Punkt hört die innere Bewegung auf, die durch die vermehrte spezifische Schwere der sich verdichtenden Theilchen verursacht wurde, indem diese sich senkten, eine neue Schicht heraufdrängten und der Luft aussetzten. Wenn also das Wasser sich an der Oberfläche nicht mehr verdichtet, so wird diese sich auch nicht mehr niedersenken, und nun wirkt auf diese allein die Kälte der Atmosphäre ein, die sie bald zum Gefrierpunkt herabbringt. Eis ist aber ein schlechter Wärmeleiter und bewahrt das tiefere Wasser lange vor der äußern Kälte.

Caroline.

Das Meer gefriert wohl nicht, weil es so tief ist, daß nie der Frost lange genug anhält, um soviel Wasser zur Temperatur von 4° R. herabzubringen?

Mrs. B.

Das ist eine der Ursachen, weshalb das Meer nicht gefriert, ausgenommen in den nördlichsten Breiten. Aber, unabhängig davon, gefriert Salzwasser erst weit unter 0°. Auch in Hinsicht auf das Gesetz der Verdichtung ist es eine Ausnahme, denn es verdichtet sich noch viele Grade unter dem Gefrierpunkt. Wenn daher der Wärmestoff der süßen Gewässer durch das Eis ihrer Oberfläche eingeschlossen ist, so fährt der Ocean noch immer fort, der Atmosphäre Wärme zuzuführen und auf diese Weise die Größe der Kälte zu mäßigen.

Caroline.

Der Satz, daß Flüssigkeiten nicht Wärme leiten, muß auf die Luft keine Anwendung finden, sonst würde die Atmosphäre von den sie durchschneidenden Sonnenstrahlen nicht erwärmt werden.

Mrs. B.

Das geschieht auch nicht. Die reine Atmosphäre ist ein vollkommen durchsichtiges Mittel, was weder Wärme ausstrahlt, noch einsaugt, noch leitet, aber die Sonnenstrahlen zu uns gelangen läßt, ohne deren Wirksamkeit auf irgend merkliche Weise zu verringern. Die Luft wird von den durchgehenden Sonnenstrahlen eben so wenig erwärmt, als Diamant, Glas, Wasser oder sonst ein durchsichtiger Körper.

Caroline.

Werden denn Glasfenster nicht erwärmt, wenn die Sonne darauf scheint?

Mrs. B.

Wenn das Glas völlig durchsichtig ist, nicht. Einen überzeugenden Beweis dafür, daß Glas die Sonnenstrahlen fortpflanzt, ohne von ihnen erwärmt zu werden, liefert das Brennglas, was die Strahlen in einem Focus sammelt, so brennbare Körper entzündet und dennoch die eigne Temperatur nicht erhöht.

Emilie.

Eben halte ich ein Stück Glas an das Feuer und es wird auf der Stelle warm, also muß es doch etwas von dem Wärmestoff zurückhalten, den das Feuer ausstrahlt. Sollten blos die Sonnenstrahlen frei durch das Glas gehn? Es scheint mir unerklärlich, daß die Strahlung des gewöhnlichen Feuers die Macht haben sollte, etwas auszuführen, was die Sonnenstrahlen nicht könnten.

Mrs. B.

Nicht weil die Feuerstrahlen mehr, sondern weil sie weniger Kraft haben, erwärmen sie Glas und andere durchsichtige Körper. Der Grund davon ist, daß beim Annähern an den Quell der Wärme die Strahlen sich näher sind, die Hitze also mehr verdichtet ist und deshalb die Sonnenstrahlen unfähig sind, manche Wirkung hervorzubringen, die der Feuerwärme gelingt. So wäre es unmöglich, ein Stück Fleisch durch alleinige Einwirkung von Sonnenstrahlen zu braten. Dennoch besitzt der Wärmestoff, den brennende Körper ausströmen und den wir im Allgemeinen Feuer nennen, weder die innere Wirksamkeit noch die Schnelligkeit der Sonnenstrahlen.

Wir haben gesagt, aller Wärmestoff geht von der Sonne aus, wird aber dann irdischen Körpern einverleibt. Wenn er dann wieder von ihnen ausgegeben wird, so ist seine Natur zwar nicht wesentlich verändert, doch hat er viel von der Kraft und Geschwindigkeit verloren, mit denen er zuerst jenem Leuchtkörper entströmte. Daher vermag er nicht mehr durch transparente Mittel zu dringen, ohne theilweise von ihnen festgehalten zu werden.

Emilie.

Ich besinne mich, daß bei den Experimenten über die Zurückwerfung der Wärme der Glasschirm fast alle Wärmestrahlen der brennenden Kerze aufhielt und nur die Lichtstrahlen hindurchließ. — Glasfenster können also nicht durch die darauf scheinende Sonne erwärmt werden, wohl aber durch Feuer im Zimmer?

Caroline.

Aber, Mrs. B., wenn die Atmosphäre nicht von den durchgehenden Sonnenstrahlen erwärmt wird, wovon wird sie denn warm? Alle Feuer, die auf der Erdfläche brennen, würden wenig dazu beitragen.

Emilie.

Die Wärmestrahlung ist ja nicht auf brennende Körper beschränkt; da alle Körper diese Eigenschaft haben, so muß nicht allein Alles was die Erde bedeckt, sondern diese selbst Wärme strahlen. Diese Erdwärmestrahlen haben nicht die Kraft, durch die Atmosphäre zu dringen und theilen sich ihr deshalb mit.

Mrs. B.

Ihre Folgerung ist gut ausgeführt, ruht aber nicht auf sicherm Grunde, denn es ist Thatsache, daß Erd- oder Feuerwärme zwar nicht durch dichtere durchsichtige Körper, wie Glas und Wasser, ohne Verlust zu dringen vermag, wohl aber durch die Atmosphäre, so daß alle Hitze, die die Erde ausstrahlt, sich in ferne Regionen verliert, wenn sie nicht auf Wolken oder irgend fremdartige Körper trifft, die ihren Durchgang hindern.

Obgleich also der Luft keine Wärme durch Strahlung mitgetheilt wird, so erwärmt sie sich doch durch Berührung von heißen Körpern, gleichwie andre Flüssigkeiten. Die Luftschicht, welche unmittelbar die Erde berührt, wird von ihr erwärmt, dadurch spezifisch leichter und steigt auf, indem sie einer andern Luftschicht Platz macht, die auch erwärmt und in die Höhe gezogen wird; so erwärmt sich jede folgende Luftschicht durch Berührung mit der Erde. Sie können dies an schwülen Tagen bemerken, wenn Sie aufmerksam die Luftschichten in der Nähe der Erdoberfläche beobachten: sie erscheinen in beständiger Aufregung. Die Luft ist zwar an und für sich unsichtbar, wird aber sichtbar durch die in ihr schwebenden Dünste, auf welche die Sonne scheint, gleich dem Bernsteinstaub im Wasser. Die Temperatur der Erdoberfläche ist also die Quelle der atmosphärischen Wärme, obgleich sie ihr weder durch Strahlung noch durch Leitung mitgetheilt wird: jedes Lufttheilchen muß mit der Erde in Berührung kommen, um Wärme von ihr zu empfangen.

Emilie.

Da sollte der Wind beitragen die Erde zu kühlen und die Luft zu wärmen, weil er sie in beständiger Unruhe erhält und also schneller frische Luftschichten der Erde nähert; dennoch scheint der Wind gewöhnlich kühler als die stille Luft.

Mrs. B.

Weil bewegte Luft rascher die Wärme von der Oberfläche unsers Körpers hinwegführt als stille Luft, indem sie in gegebner Zeit eine größere Anzahl Berührungspunkte veranlaßt.

Emilie.

Nun weiß ich auf einmal, woher es kömmt, daß es auf den Bergen kälter ist als im Thale, und ich habe mir immer den Kopf zerbrochen, wie das zugehn könnte, daß es kälter wird, je mehr man sich der Sonne nähert.

Mrs. B.

In einer Entfernung von etwa 100 Millionen Meilen von der Sonne, können einige tausend Fuß näher keinen Unterschied machen, wohl aber eine solche Entfernung von der Erde, da diese die Atmosphäre erwärmt.

Caroline.

Wenn aber die warme Luft von der Erde aufsteigt und die kalte zu ihr niedersinkt, sollte sich gerade in den obern Regionen mehr Wärme sammeln.

Mrs. B.

Sie wissen, die Atmosphäre verliert an Dichtigkeit und also an Schwere, je ferner sie von der Erde ist: die warme Luft steigt daher nur so hoch, bis sie einer Luftschicht von gleicher Dichtigkeit begegnet, und gelangt nicht eher in höhere Regionen der Atmosphäre, als bis vorher alle Theile unter ihr erwärmt sind. Selbst in warmen Klimaten erhitzt die Länge des Sommers die Luft nicht so weit, um auf den Schnee einzuwirken, der sich auf hohen Bergen während des Winters sammelt und der den Sonnenstrahlen widersteht, denen er fast beständig ausgesetzt ist.

Emilie.

Erlauben Sie mir noch eine Frage, die vermehrte Leichtigkeit erhitzter Flüssigkeiten betreffend. Sie sagten, wenn man Wasser über Feuer erhitze, so stiegen die erhitzten Theilchen gleich vom Boden auf, vermöge ihrer spezifischen Leichtigkeit. Warum dauert diese Wirkung nicht fort wenn das Wasser kocht und sich in Dampf verwandelt, und warum steigt der Dampf von der Oberfläche auf, statt vom Grunde der Flüssigkeit?

Mrs. B.

Der Dampf oder die luftförmige Flüssigkeit steigt vom Boden des Gefäßes auf, wenn es auch scheint als käme er von der Oberfläche. Wir wollen etwas Wasser in diesem Glaskolben kochen, damit Sie den Prozeß des Siedens genau kennen lernen; Sie werden dann durch das Glas sehen, wie der Dampf in Bläschen vom Boden aufsteigt.

Emilie.

Ich sehe, daß einige Bläschen aufsteigen und eine große Menge die ganze innere Seite des Kolbens bedecken: fängt das Wasser schon an zu kochen?

Mrs. B.

Nein, was Sie jetzt sehen sind Luftbläschen, die entweder im Wasser aufgelöst oder sich an die innere Seite des Glases gehängt hatten und die nun, von der Wärme ausgedehnt, emporsteigen.

Emilie.

Aber die Wärme, welche die im Wasser eingeschlossene Luft ausdehnt, muß zugleich das Wasser ausdehnen; wenn also die Luft im Wasser bleiben konnte als beide kalt waren, so verstehe ich nicht, warum das nicht gehen sollte, wenn beide gleichmäßig erwärmt werden.

Mrs. B.

Luft dehnt sich sehr leicht aus, und nimmt daher bald einen weit größern Raum ein als Wasser, was sich äußerst wenig ausdehnt, wenn es nicht sogleich in den luftförmigen Zustand übergeht. — Sehen Sie, was jetzt für große Blasen vom Boden aufsteigen, da das Wasser im Kolben anfängt zu kochen.

Emilie.

Ich wundre mich, wie rasch sie sich durch das Wasser drängen.

Caroline.

Sie müssen ja, weil sie so viel leichter sind.

Mrs. B.

Nicht bei allen Flüssigkeiten, die zum Grade der Verdampfung erhitzt sind, hat der Dampf die Kraft, den Druck der weniger heißen Oberfläche zu überwinden. Deshalb verdampfen z. B. Metalle — Quecksilber ausgenommen — nur von der Oberfläche; d. h. es steigen nicht eher Dämpfe von ihnen auf, bis die ganze Masse im Zustande des Siedens ist, und also den Hitzgrad erreicht hat, der nöthig ist, um auch auf der Oberfläche Dämpfe zu bilden.

Emilie.

Ich habe bemerkt, daß der Dampf, der aus der Röhre des Theekessels strömt, nahe daran weniger sichtbar ist als ein Stück davon, und doch muß er dichter sein, wenn er sich bildet, als wenn er beginnt in der Luft sich zu vertheilen.

Mrs. B.

Wenn der Dampf sich eben erst bildet, ist er vom Wärmestoff so durchdrungen oder aufgelöst, daß er unsichtbar ist. Damit Sie dies verstehen können, muß ich in eine nähere Erklärung über das Wesen der Auflösung eingehen. Auflösung findet statt, so wie ein Körper in einer flüssigen Substanz geschmolzen wird. Bei dieser Operation wird der Körper so durch die Flüssigkeit zertheilt, daß er unsichtbar und ebenfalls flüssig wird. Gewöhnlich geschieht dies ohne Zersetzung, und der Körper wird durch die Flüssigkeit, in der er schmilzt, nur in seine gleichartigen Theile zerlegt.

Caroline.

So ist Auflösung also eine Art Zerstörung der Kraft des Zusammenhanges?

Mrs. B.

Ohne Zweifel. Die beiden flüssigen Stoffe, die hauptsächlich auflösen, sind Wasser und Wärmestoff. Wenn Sie Salz in Wasser auflösen, werden Sie schon bemerkt haben, daß ersteres verschwindet und letzteres klar und durchsichtig bleibt. So vollkommen die Vereinigung dieser beiden

Körper scheint, ist sie doch durch keine chemische Verbindung erzeugt: Beide — Salz und Wasser — bleiben unverändert, und wenn Sie das Wasser abdampfen, finden Sie das Salz in demselben Zustande wie früher.

Emilie.

Ich denke mir, Wasser ist ein Auflösemittel für feste Körper und Wärmestoff für flüssige?

Mrs. B.

Flüssigkeiten können ohnstreitig nur durch Wärmestoff in Dämpfe verwandelt werden, aber seine auflösende Kraft beschränkt sich durchaus nicht auf diese Klasse von Körpern. Die verschiedenartigsten festen Stoffe werden durch Hitze aufgelöset; so die Metalle, die in Wasser unauflöslich sind, lösen sich in heftiger Hitze auf, indem sie erst in Fluß gebracht, in eine Flüssigkeit verwandelt und dann zu unsichtbaren Dämpfen verdünnt, luftförmig werden. Viele andere Körper, besonders Salze, weichen beiden Lösemitteln.

Caroline.

Und dies ist ohne Zweifel der Grund, weshalb heißes Wasser sie weit leichter schmelzt oder auflöst als kaltes?

Mrs. B.

Gewiß. Man kann annehmen, daß überall der Wärmestoff sein Theil beiträgt zur Lösung eines Körpers in Wasser, da dieses, auch bei der niedrigsten Temperatur mehr oder weniger Wärmestoff enthält.

Emilie.

Dann liegt am Ende das Auflösevermögen des Wassers nur in dem darin enthaltenen Wärmestoff?

Mrs. B.

Das hieße, die Spekulation wahrscheinlich zu weit treiben. Ich glaube eher, Wasser und Wärmestoff vereinigen ihre Anstrengungen, um einen Körper aufzulösen, und die Schwierigkeit oder Leichtigkeit dies auszuführen hängt von dem mehr oder minder festen Zusammenhang der Theilchen ab, die demnach verschiedenartig disponirt sind, von dem Lösemittel zertheilt und durchdrungen zu werden.

Emilie.

Haben nicht alle Flüssigkeiten dieselbe auflösende Kraft wie das Wassers?

Mrs. B.

Andre Flüssigkeiten besitzen dieses Vermögen in abweichendem Grade, ihrem Wesen und dem der Körper gemäß, die ihrer Einwirkung unterworfen werden. Die meisten dieser Auflösemittel unterscheiden sich wesentlich vom Wasser, da sie nicht allein die Körper in gleichartige Theile trennen, sondern ihre Bestandtheile durch die chemische Anziehungskraft angreifen und also eine vollständige Zersetzung bewirken. Diese verwickelteren Vorgänge müssen wir später betrachten und richten jetzt unser Augenmerk allein auf die Auflösung durch Wasser und Wärmestoff.

Caroline.

Aber eine große Menge Stoffe machen das Wasser dick und trübe, ja ganz undurchsichtig, wenn sie sich darin auflösen.

Mrs. B.

In dem Falle ist es nicht eine Auflösung, sondern nur ein Gemenge. Hier haben Sie zwei, anscheinend gleiche, weiße Pulver: Salz und Kreide. Ich schütte jedes in ein Glas Wasser und, wie Sie sehen, ist ihre Wirkung sehr verschieden.

Caroline.

Gewiß: das Salz verschwindet ganz und läßt das Wasser durchsichtig; die Kreide verwandelt es in eine undurchsichtige milchweiße Flüssigkeit.

Emilie.

Würden Stücke von Kreide und Salz dieselbe Wirkung hervorbringen?

Mrs. B.

Natürlich, nur viel langsamer, weil dem Wasser viel weniger Punkte zur Einwirkung dargeboten würden.

Ich darf einen sehr merkwürdigen Umstand nicht vergessen, der sich bei Auflösungen ereignet. Der Raum, den eine Flüssigkeit einnimmt, wird dadurch, daß ein Körper in ihr aufgelöst ist, nicht in dem Maße vergrößert, als es der Fall wäre, wenn man denselben Körper nur mit ihr mengte.

Caroline.

Wie ist das möglich! Geht denn ein Theil des Körpers ganz verloren?

Mrs. B.

Zwei Körper können, verbunden, durch Verdichtung einen kleinern Raum einnehmen als einzeln. Ich will es Ihnen durch ein leichtes Experiment zeigen.

Diese Flasche enthält etwas Salz, ich will rasch Wasser hinein gießen, so daß sich nicht gleich viel Salz auflöst und sie zukorken, sobald sie ganz voll ist. Nun schüttle ich sie bis das Salz aufgelöst ist und — sehen Sie, die Flasche ist nicht mehr voll.

Caroline.

Ich will versuchen, noch etwas Salz hineinzuschütten. Aber da findet keine Raumverminderung durch Schütteln mehr statt und das Wasser läuft über.

Mrs. B.

Ja, die letzte Quantität Salz liegt fest auf dem Boden und hat das Wasser verdrängt; dieses hat also schon soviel Salz geschmolzen, als es aufzulösen vermag. Dies nennt man den Punkt der Sättigung und man sagt in diesem Falle: das Wasser ist mit Salz gesättigt.

Emilie.

Die Art der Auflösung eines festen Körpers durch Wasser ist mir nun klar, aber wie löst sich eine Flüssigkeit in Wärmestoff?

Mrs. B.

Auf ähnliche Weise, da aber der Wärmestoff ein unsichtbares Fluidum ist, so fällt die Einwirkung dieses Auflösungsmittels nicht so in die Augen, wie die des Wassers. Stellen Sie sich vor, daß Wärmestoff Wasser auflöst, luftförmig macht, durch denselben Vorgang, durch den Wasser Salz auflöst; d. h. der Wärmestoff trennt die Wassertheilchen in so feine Theile, daß sie unsichtbar werden. Auf diese Weise wird Ihnen einleuchten, warum der Dampf des kochenden Wassers dicht an der Kesselröhre unsichtbar ist: er ist vollständig in Wärmestoff aufgelöst. Die ihn nun berührende kältere Luft beraubt ihn eines Theiles dieses Auflösemittels und macht dadurch die Auflösung unvollständig, den Dampf sichtbar, und würde ihn bald zu Wasser verdichten, wenn ihm rasch der übrige Wärmestoff entzogen würde.

Caroline.

Das verstehe ich sehr gut. Wenn man einen Teller über die Theemaschine hält, so setzt sich der herausströmende Dampf sogleich als Wassertropfen daran, weil er dem Teller seinen Wärmestoff abgiebt. Aber in welchem Zustande ist der Dampf, wenn er beim Zerfließen in der Luft wieder unsichtbar wird?

Mrs. B.

Er zerfließt nicht blos, sondern wird von Neuem durch die Luft aufgelöst.

Emilie.

So besitzt die Luft auch das Auflösungsvermögen wie Wasser und Wärmestoff?

Mrs. B.

Das glaubte man früher. Nach neueren Forschungen scheint es aber, daß diese Kraft nur dem Wärmestoff beiwohnt, den die atmosphärische Luft enthält. Zuweilen wird das luftförmige Wasser beim Zerfließen in der Atmosphäre nur unvollständig aufgelöst, wie das bei der Bildung der Wolken und Nebel der Fall ist; wenn es aber in hinreichend warme Regionen gelangt, wird es gänzlich unsichtbar.

Emilie.

Kann Wasser in der Atmosphäre aufgelöst werden, ohne vorher durch Kochen in Dampf verwandelt zu sein?

Mrs. B.

Ohne Frage, und dies bildet den Unterschied zwischen Verdampfung und Verdunstung. Wasser, bis zum Siedepunkt erhitzt, kann nicht länger in der frühern Form bestehen und muß nothwendig luftförmig, Dampf werden, welches auch der Zustand und die Temperatur des umgebenden Körpers sein mag: diesen Zustand nennt man Verdampfung. Allein die Atmosphäre zieht kraft des in ihr enthaltenen Wärmestoffs — bei jeder Temperatur eine gewisse Menge Wasser an und erhält es aufgelöst: dies ist der Prozeß des Verdunstens. So entzieht die Luft fortwährend der Erdoberfläche Feuchtigkeit, bis sie damit gesättigt ist.

Caroline.

Darum also ist manchmal die Luft feucht.

Mrs. B.

Im Gegentheil, wenn die Wassertheilchen gut aufgelöst sind, bemerkt man sie nicht; nur wenn sie im Zustande unvollkommner Auflösung als wässerige Dünste in der Luft schweben, machen sie die Luft feucht. Dies fällt häufiger im Winter als im Sommer vor, denn je niedriger die Temperatur ist, je weniger Wasser vermag sie aufzulösen, und eigentlich enthält die Atmosphäre nie mehr Feuchtigkeit als an einem trocknen heißen Sommertage.

Caroline.

Wie kommt es denn aber, daß die Luft bei der niedrigsten Temperatur, bei Frostwetter so trocken ist?

Emilie.

Da mag wohl die Feuchtigkeit weniger aufgelöst als gefroren sein.

Mrs. B.

Ja. Dieses Gefrieren der wässrigen Dünste, welche die atmosphärische Wärme nicht aufzulösen vermochte, erzeugt das, was wir Reif nennen; denn die Theilchen fallen indem sie gefrieren und hängen sich an der Erdoberfläche an wo es geht.

Mit dem Streben der freien Wärme nach Gleichgewicht und ihrer auflösenden Kraft hängen auch die Naturerscheinungen des Regens, des Thaues ꝛc. zusammen. Wenn feuchte Luft von einem gewissen Wärmegrade durch eine kältere Region der Atmosphäre dringt, so giebt sie dieser einen Theil ihrer Wärme ab; da nun die Quantität Wärmestoff, die das Wasser im luftförmigen Zustande erhielt, verringert ist, so nähern sich die wässerigen Theilchen und bilden Tropfen, die — schwerer als die Luft — zur Erde fallen. Noch andre Umstände, besonders die abweichende Schwere der Luft, der Wechsel, der öfters in ihrem elektrischen Zustande eintritt ꝛc., tragen zur Regenbildung bei. In dieses verwickelte Thema können wir uns jetzt nicht tiefer einlassen.

Emilie.

Wie erklären Sie die Bildung des Thaues?

Mrs. B.

Thau ist ein Niederschlag wässeriger Theilchen oder feiner Tropfen aus der Luft, durch die Kühle des Abends bewirkt.

Caroline.

Dieser Niederschlag wird wohl dadurch veranlaßt, daß die Luft des Abends nicht so viel wässerige Dünste in aufgelöstem Zustande zu erhalten vermag als während der Tageshitze.

Mrs. B.

Diese Ansicht war früher allgemein angenommen; kürzlich haben aber höchst sinnreiche Experimente des Dr. Wells dargethan, daß die Absetzung des Thaues durch die Kühlung der Erdoberfläche bewirkt wird, die, wie er gezeigt hat, der Kühlung der Luft vorangeht. Er untersuchte die Temperatur eines Grasfleckes kurz vor dem Thaufall, und fand ihn bedeutend kälter als die Luft wenige Fuß über ihm, aus der der Thau gleich darauf niederfiel.

Emilie.

Warum sollte denn die Erde sich Abends früher abkühlen als die Luft?

Mrs. B.

Weil sie leichter ihre Wärme hergiebt. Die Erde ist ein vortrefflicher Wärmestrahler, während die Luft diese Eigenschaft nicht besitzt, wenigstens nicht in bemerklichem Grade. Gegen Abend, wenn die Sonnenhitze abnimmt, und nach Sonnenuntergang, wenn sie gänzlich aufhört, kühlt sich daher die Erde rasch ab, ihre Wärme dem Himmel zustrahlend. Die Luft kann auf keine andre Weise ihre Hitze loswerden, als durch Berührung mit der abgekühlten Erdoberfläche, der sie ihren Wärmestoff abgiebt. Dadurch nun wird ihr Auflösungsvermögen vermindert, sie wird unfähig, eine so große Masse wässeriger Dünste luftförmig zu erhalten und setzt jene Perlentropfen ab, die wir Thau nennen.

Emilie.

Wenn das so ist, brauchen wir uns nie zu fürchten, daß Thau uns schaden könne, denn er kann nur an Oberflächen abgesetzt werden, die kälter sind als die Luft, was nie mit uns der Fall ist.

Mrs. B.

Wohl aber mit ihren Kleidern, die er also durchnässen kann. Ueberhaupt wenn der Thau reichlich fällt, ist eine solche feuchte Kälte in der Luft, daß es nicht gesund ist, sich ihr auszusetzen.

Caroline.

Wind befördert gewiß die Absetzung von Thau, da er eine raschere Folge von Lufttheilchen mit der Erde in Berührung bringt, ebenso wie er Abkühlung der Erde und Erwärmung der Atmosphäre während der Tageshitze befördert.

Mrs. B.

Dies kann zuweilen geschehn, wenn die Bewegung der Luft nicht zu heftig ist, denn bei starkem Winde findet man, daß weniger Thau abgesetzt wird als bei ruhigem Wetter, besonders wenn die Atmosphäre mit Wolken beladen ist. Diese Anhäufung von Feuchtigkeit verhindert nicht allein die freie Ausstrahlung der Erde gegen die obern Regionen, sondern die Wolken selbst strahlen gegen die Erde; aus dieser Ursache bildet sich viel weniger Thau als in schönen klaren Nächten, wo die Strahlung der Erde ohne Hinderniß zu fernen Gegenden des Raumes dringt, von wo sie keinen Wärmestoff zurückempfängt. Der Thau wird während der ganzen Nacht abgesetzt und fällt am reichlichsten gegen Morgen, wo der Contrast zwischen der Temperatur der Erde und derjenigen der Luft am bedeutendsten ist. Nach Sonnenaufgang stellen die Sonnenstrahlen nach und nach das Gleichgewicht her, bis später die Erde die Uebermacht gewinnt und der Luft durch Berührung Wärmestoff abgiebt, auf dieselbe Art, wie sie ihn des Nachts von der Luft empfängt.

Können Sie mir nun sagen, warum eine Flasche Wein oder Wasser, frisch aus dem Keller oder Brunnen geholt, im Sommer schnell von außen mit Thau bedeckt ist?

Emilie.

Die Flasche ist kälter als die umgebende Luft und muß daher derselben Wärmestoff entziehen; dadurch wird die, in der Luft enthaltene Feuchtigkeit sichtbar und bildet Thau, der sich an die Flasche setzt.

Mrs. B.

Und warum findet in einem warmen Zimmer oder verschlossenem Wagen die umgekehrte Wirkung statt, d. h. daß sich die Inseite der Fenster mit Dünsten bedeckt?

Caroline.

Ich habe gehört, dies komme von dem Athem derjenigen her, die im Zimmer oder Wagen sind und denke mir, es wird durch die Fenster veranlaßt, die kälter als der Athem, ihn eines Theils seines Wärmestoffs berauben und dadurch in Dunst verwandeln.

Mrs. B.

Ganz richtig. Körper ziehen in dem Verhältniß Thau an, als sie gute Wärmestrahler sind, da diese Fähigkeit ihre Temperatur unter die der Atmosphäre herabbringt. Daher finden wir, daß wenig oder gar kein Thau auf Felsen, Sand oder Wasser fällt; während Grashalme und überhaupt frische Vegetabilien, die so sehr des Thaues bedürfen, ihn in Menge anziehn, was wiederum die wohlthätige Einrichtung aller Naturgesetze bekundet.

Emilie.

Wie schön ist es auch, daß der Thau im Sommer und in warmen Ländern so reichlich fällt; aber verstehn kann ich nicht, welche Ursache die Menge des Thaus bei heißem Wetter vermehrt.

Mrs. B.

Je mehr Wärmestoff die Erde während des Tages empfängt, je mehr wird sie nachher ausstrahlen und folglich je rascher wird ihre Temperatur sich des Abends verringern im Vergleich zu derjenigen der Luft. Besonders in Westindien, wo die Kühlung des Abends stark der heftigen Hitze des Tages entgegensteht, fällt der Thau in überschwenglichen Massen. Während einer Dürre ist der Thau spärlicher, weil die Erde nicht genugsam mit Feuchtigkeit versehen wird, um die Luft damit sättigen zu können.

Caroline.

Wenn ich bei Frostwetter ausgehe und einen Schleier vor dem Gesicht habe, so friert mein Athem darauf. Wie kommt das?

Mrs. B.

Die kalte Luft ergreift sogleich den Wärmestoff Ihres Athems, beraubt letzteren dieses Auflösemittels und verwandelt ihn so in den dichteren wässerigen Dunst, der an Ihrem Schleier haftet, und dort so lange Wärmestoff abgiebt, bis er die Temperatur der Luft erreicht und die Form von Eis annimmt.

Sie haben auch wohl schon bemerkt, daß der Athem bei nassem oder kaltem Wetter sichtbar wird. Im ersteren Falle ist die Luft schon so mit Feuchtigkeit gesättigt, daß sie nicht mehr aufzulösen vermag; in letzterem verdichtet die Kälte den Athem zu sichtbarem Dunst. Aus demselben Grunde wird der heiße Wasserdampf sichtbar, weil er wärmer ist als die Atmosphäre. Haben Sie nie Acht gegeben, wie Ihre Hand dampft, wenn Sie sie in heißes Wasser getaucht hatten?

Caroline.

Oft, besonders in der Kälte.

Mrs. B.

Wir haben schon bemerkt, daß Gegendruck ein Hinderniß der Verdampfung ist. Es giebt Flüssigkeiten, die eine so große Menge Wärmestoff enthalten, daß sie ohne irgend eine Erhöhung der Temperatur schnell luftförmig werden, sobald man das Gewicht der Atmosphäre entfernt. Bei solchen Flüssigkeiten ist es der Luftdruck allein, der ihre Theilchen zusammenhält, daß sie im flüssigen Zustande verharren.

Caroline.

Wie kann dann ohne Temperaturerhöhung die Cohäsionskraft so überwältigt werden, daß die Theilchen der Flüssigkeit zu Dampf oder Dunst auseinanderfliegen?

Mrs. B.

Weil der Hitzgrad, bei dem wir gewöhnlich diese flüssigen Substanzen beobachten, schon hinreicht dies zu bewirken. Aether gehört in diese Klasse: er kocht und wird luftförmig bei dem gewöhnlichen Wärmegrad der Luft, sobald der Druck der Atmosphäre von ihm genommen wird.

Emilie.

Ich dachte, Aether verdunste ohne daß der Luftdruck beseitigt und Hitze angewendet würde, und deshalb bewahre man ihn so fest verschlossen?

Mrs. B.

Das ist wohl wahr, aber er verdunstet ohne zu sieden; ich spreche jetzt von dem Verdampfen des Aether, oder von dem Uebergange in den luftförmigen Zustand durch Kochen. Ich werde Ihnen gleich zeigen, wie plötzlich der Aether in dieser Flasche verdampft, wenn ich die Luftpumpe anwende. Sehen Sie, mit welcher Schnelligkeit die Bläschen aufsteigen, so wie ich den Luftdruck entferne.

Nun will ich die Flasche mit Aether in dies Glas stellen, wohinein es ziemlich paßt, den geringen übrigen Raum mit Wasser füllen und es so unter die Luftpumpe bringen. Bemerken Sie jetzt, was vorgeht während ich die Luft auspumpe.

Caroline.

Der Aether fängt an zu sieden und das Wasser gefriert, während es diesen siedenden Körper berührt.

Emilie.

Ich kann durchaus nicht begreifen wie der Aether hier in den luftförmigen Zustand übergehn kann, ohne Beimischung von Wärmestoff. Enthält er denn nicht so mehr Wärmestoff als im flüssigen Zustande?

Mrs. B.

Gewiß. Es ist zwar der Luftdruck allein, der ihn zur Flüssigkeit verdichtet, dennoch kann er ohne Wärmestoff nicht luftförmig werden.

Emilie.

Woher bekömmt denn nun der Aether den zu seiner Umgestaltung nöthigen Wärmestoff, und was ist die Ursache, daß das Wasser gefriert, in dem die Aetherflasche steht?

Caroline.

Ich glaube, ich weiß beides. Der Aether erhält seinen Zuschuß an Wärmestoff von dem Wasser im Glase, und eben dadurch, daß er diesem entzogen wird, gefriert das Wasser.

Mrs. B.

Sehr richtig. Das im Glase stehende Thermometer wird Sie überzeugen, daß die Temperatur des Wassers im Verhältniß zu den Luftbläschen fällt, die dem Aether entsteigen.

Emilie.

Dies verstehe ich nun sehr gut, aber auf solche Weise muß ja das Gleichgewicht der Temperatur gänzlich zerstört werden. Sie haben uns doch gesagt, daß der Austausch des Wärmestoffs zwischen Körpern von gleicher Temperatur stets gleich sei; dies war hier der Fall, und nun koch der Aether und das Wasser gefriert, indem sich beide berühren.

Mrs. B.

Die in beiden Flüssigkeiten hängenden Thermometer werden Sie überzeugen, daß das Gleichgewicht der Temperatur nicht gestört ist, da beide Wärmemesser auf gleiche Weise sinken und also denselben Wärmegrad angeben, obgleich die eine Flüssikeit kocht, die andre gefriert.

Emilie.

Wird denn der Aether beim Sieden kälter? Das ist ja den gewöhnlichen Erfahrungen entgegengesetzt. Was ist davon die Ursache?

Mrs. B.

Um dies erklären zu können, muß ich Ihnen erst die Eigenschaften der gebundenen Wärme auseinandersetzen, was nächstens geschehen soll.

Emilie.

Dann nur noch eine Frage. Würde nicht Wasser eben so leicht wie Aether kochen, wenn der Druck der Luft von ihm genommen würde?

Mrs. B.

Ohne Zweifel. Sie müssen stets daran denken, daß zwei Kräfte zu bewältigen sind, um eine Flüssigkeit zum Sieden und Verdampfen zu bringen: die Kraft des Zusammenhanges der Theilchen und der Druck der Atmosphäre. Auf hohen Bergen bedarf es eines geringeren Wärmegrades zum Wasserkochen als in der Ebene, wo der Luftdruck bedeutender ist. In der That, im ganz luftleeren Raume würde Wasser so rasch verdunsten — wenn es auch ganz kalt wäre — daß es ihm den Anschein des Kochens von der Oberfläche geben würde. Ich will Ihnen gleich die Einwirkung des Luftdruckes recht deutlich zeigen. Sehen Sie, dieser Glaskolben ist etwa halb voll Wasser im Sieden begriffen, die andre Hälfte ist mit unsichtbarem Dampf angefüllt. Ich nehme ihn von der Lampe und verschließe die Oeffnung sorgfältig; das

Wasser hört natürlich sogleich auf zu kochen. Jetzt will ich den Kolben in kaltes Wasser tauchen.

Caroline.

Wie geht das zu, das heiße Wasser fängt wieder an zu sieden! Die Berührung des kalten Wassers muß ihm doch Wärmestoff entziehen.

Mrs. B.

Beobachten wir seine Temperatur. Sie sehen, das darin befindliche Thermometer bleibt weit unter dem Siedepunkt. Als ich den Kolben vom Feuer nahm, bemerkte ich Ihnen, der obere Theil sei mit unsichtbarem Dampf gefüllt, der nun gezwungen dem kalten Wasser seinen Wärmestoff herzugeben, wieder zu Wasser verdichtet wurde. Was füllt denn jetzt den obern Theil des Kolbens?

Emilie.

Nichts; er ist zu fest zugekorkt, um Luft hineinzulassen, und also muß über dem Wasser ein luftleerer Raum sein.

Mrs. B.

Weshalb es auch bei viel geringerer Temperatur kocht, da es nicht länger dem Druck der Atmosphäre ausgesetzt ist. Das Sieden hat jetzt aufgehört, da die Temperatur des Wassers noch mehr gesunken ist, und diese Flüssigkeit, als bedeutend dichter als Aether, einer weit größeren Menge Wärmestoff bedarf, um schnell zu verdunsten, selbst wenn der atmosphärische Druck entfernt ist.

Emilie.

Welches Maaß von Dunst vermag die Atmosphäre im Zustande der Auflösung zu erhalten?

Mrs. B.

Ich weiß nicht, ob dies durch Experimente genau ermittelt worden, jedenfalls muß das Verhältniß sich nach dem verschiednen Wärmegrade anders stellen, denn je niedriger die Temperatur ist, je weniger Flüssigkeit vermag die Luft aufzulösen.

Nun muß ich noch einer Wirkung der freien Wärme

Erwähnung thun: des **Glühens**, eine Art von Leuchten, was allein durch angehäuften Wärmestoff in Körpern erzeugt wird.

Emilie.

Ist dieses Leuchten etwas Andres als der Anfang des Brennens?

Mrs. B.

Allerdings, denn alle unbrennbaren Stoffe können glühend gemacht werden. Wenn ein Körper brennt, so ist das ausströmende Licht die Wirkung einer stattfindenden chemischen Veränderung, das Glühen hingegen ist nur die Wirkung des Wärmestoffs, und keine andre Veränderung geht im glühenden Körper vor, als die der Temperatur.

Alle festen und die meisten flüssigen Körper sind des Glühens fähig, oder mit andern Worten, können so erhitzt werden, daß sie leuchten, und es ist merkwürdig, daß dieser Zustand bei allen Körpern fast bei derselben Temperatur eintritt, d. h. bei 300° Reaum.

Emilie.

Aber wie können Flüssigkeiten eine so hohe Temperatur aushalten ohne luftförmig zu werden?

Mrs. B.

Durch Einsperren und Zusammenpressen. Wasser in einem starken eisernen Gefäß eingeschlossen (ein sogenannter Papinianischer Topf) kann bis zu 150° R. erhitzt werden. **James Hall** hat bemerkenswerthe Experimente über die Wirkung der Wärme mit Beihülfe des Zusammenpressens gemacht. Mittelst starker Flintenläufe ist es ihm gelungeine Menge Stoffe zu schmelzen, die man bisher als unschmelzbar betrachtete, und er hielt es nicht für unwahrscheinlich, selbst Wasser auf ähnliche Weise bis zum Glühen zu erhitzen.

Emilie.

Ich glaubte, die Macht des Dampfes zerstörte fast allen mechanischen Widerstand.

Mrs. B.

Die ausdehnende Gewalt des Dampfes ist ungeheuer; um daher das Wasser einer so hohen Temperatur zu unterwerfen, muß es dergestalt eingesperrt werden, daß kein Dampf sich entwickeln kann. Perkins ist es schon geglückt, Wasser, eng eingeschlossen und unter gewaltiger Presse in einem starken eisernen, gänzlich gefüllten Gefäße so zu erhitzen, daß es möglich war, Metalle darin flüssig zu machen, was eine Hitze von 220 — 260° R. erfordert.

Vierte Unterhaltung.

Ueber gebundene Wärme und deren Unterabtheilungen: spezifische und latente Wärme.

Mrs. B.

Ehe wir jetzt die übrigen Modifikationen des Wärmestoffs untersuchen, muß ich in einige vorläufige Erklärungen eingehen, die die Sache Ihnen deutlicher machen werden.

Neuere Chemiker haben entdeckt, daß Körper von verschiedenartigem Wesen, zur gleichen Temperatur erhitzt, nicht die gleiche Menge Wärmestoff enthalten.

Caroline.

Wie konnte man das darthun? Haben Sie uns nicht gesagt, es sei unmöglich die absolute Menge Wärmestoff aufzufinden, die Körper enthalten?

Mrs. B.

Wahr; ich sagte aber zugleich, wir wären im Stande, über die gegenseitigen Verhältnisse der Körper in dieser Hinsicht zu urtheilen. So hat man gefunden, daß, um die Temperatur verschiedner Körper um gleich viele Grade zu erhöhen, jeder derselben eine andre Quantität Wärmestoff verlangt. Wenn Sie z. B. 1 Pfd. Blei, 1 Pfd. Kreide und 1 Pfd. Milch in einen heißen Ofen bringen, werden sich alle drei stufenweise zum Wärmegrad des Ofens erhitzen, aber das Blei wird ihn zuerst erreichen, dann die Kreide, zuletzt die Milch.

Caroline.

Das ist die natürliche Folge ihres verschiednen Umfanges: Blei ist ja der kleinste und Milch der größte Körper.

Mrs. B.

Dagegen bedenken Sie, daß, wenn Blei den geringsten Umfang hat, es auch dem Wärmestoff die kleinste Oberfläche zur Einwirkung darbietet, und deshalb im gleichen Zeitraum die kleinste Menge davon es durchdringen kann.

Emilie.

Warum erlangen denn da nicht die drei Körper zur selben Zeit den Hitzgrad des Ofens?

Mrs. B.

Man nimmt an, sie besäßen nicht den gleichen Raum, um Wärmestoff zu fassen.

Caroline.

Wie meinen Sie das?

Mrs. B.

Ich verstehe darunter eine gewisse Einrichtung der Körper, die mehr oder weniger Wärmestoff fordert, um deren Temperatur zu irgend einem Hitzgrade zu erhöhen. Vielleicht wird Ihnen meine Meinung auf folgende Weise deutlich:

Wir wollen so viel kleine Kugeln in dies Glas thun als hineingehn und dann Sand darauf werfen. Sehen Sie, wie bald er die vielen Lücken ausfüllt. Nun wollen wir ein andres Glas mit Kieselsteinchen füllen und ebenfalls Sand darüber schütten. Geben Sie Acht, die Steinchen haben sich weit enger eingeschichtet als die Kugeln, die wegen ihrer Form nicht so viel Berührungspunkte bieten: folglich gehört mehr Sand dazu, die Lücken des einen Glases zu füllen, als die des andern.

Caroline.

Das verstehe ich sehr gut. Die Kugeln und Steinchen stellen Körper von abweichender Art vor, und der Sand den eindringenden Wärmestoff; jetzt scheint es mir klar, daß nicht jeder Körper gleich viel Wärmestoff zuläßt, oder wie Sie sich ausdrücken, Raum dafür hat.

Emilie.

Mir ist es unbegreiflich, daß nicht der Körper, der den meisten Wärmestoff enthält, die höchste Temperatur haben, d. h. sich heißer anfühlen sollte, im Verhältniß zu der Menge Wärmestoff, die er faßt.

Mrs. B.

Der Wärmestoff, der dazu verwendet wird, den innern Raum eines Körpers zu füllen, ist nicht frei, sondern gleichsam in dem Körper gefangen und darum unwahrnehmbar; denn wir können nur den Wärmestoff empfinden, den ein Körper hergiebt, und nicht den, welchen er zurückhält.

Caroline.

Es scheint mir sehr sonderbar, daß Wärme dergestalt in einem Körper eingeschlossen sein sollte, daß man sie nicht mehr wahrnehmen könnte.

Mrs. B.

Wenn Sie Ihre Hand auf einen heißen Körper legen, fühlen Sie nur den Wärmestoff, der ihn verläßt und in Ihre Hand dringt, denn es ist unmöglich, daß Sie denjenigen empfinden, der im Körper bleibt. So wird auch das Thermometer allein von der freien Wärme erregt, die ein Körper ihm überträgt, und durchaus nicht von derjenigen, die der Körper nicht hergiebt.

Caroline.

Ich fange an zu begreifen; aber die Vorstellung von unwahrnehmbarer Hitze ist mir so neu und wunderlich, daß es Zeit kostet, mich damit vertraut zu machen.

Mrs. B.

Nennen Sie es unwahrnehmbaren Wärmestoff und die Schwierigkeit wird weniger groß scheinen. Es ist freilich ein scheinbarer Widerspruch, etwas Hitze zu nennen, was diese Empfindung nicht hervorbringt. Gewöhnlich heißt diese Form des Wärmestoffs spezifische Wärme.

Emilie.

Weshalb gebraucht man hier den Ausdruck spezifisch?

Mrs. B.

Er bezeichnet die eigenthümliche Menge Wärmestoff, die jeder einzelne Körper, seiner innern Einrichtung gemäß, räumlich zu fassen vermag. Man nennt dies Vermögen die Capacität oder die Fassungskraft für die Wärme.

Jetzt werden Sie begreifen, weshalb Blei und Milch nicht zu gleicher Zeit heiß werden.

Emilie.

Ja, Milch und Kreide haben mehr Raum für Wärmestoff als Blei, deswegen wurde bei ihnen eine größere Menge davon unwahrnehmbar und ihre Temperatur daher langsamer erhöht.

Caroline.

Könnte das nicht auch darin seinen Grund haben, daß diese drei Körper ungleich Wärme leiten, da nothwendig der beste Leiter zuerst die Temperatur des Ofens erreichen müßte?

Mrs. B.

Dieser Einwurf wäre nicht zu besiegen, wenn wir nicht durch Umkehren des Experimentes beweisen könnten, daß Milch, Kreide und Blei auch wirklich abweichende Quantitäten Wärmestoff aufnehmen. Wenn der längere oder kürzere Zeitraum, den sie zu ihrer gleichmäßigen Erhitzung bedurften, nur eine Folge ihres verschiednen Leitvermögens wäre, so müßte jeder dieselbe Quantität Wärmestoff erhalten haben.

Caroline.

Wie können Sie denn das Experiment umkehren?

Mrs. B.

Indem ich die Körper einzeln zu demselben Wärmegrade abkühle, mittelst eines Apparates, der so eingerichtet ist, daß er den von jenen ausgegebnen Wärmestoff empfängt und mißt. So dürfen sie diese Körper nur in 3 gleiche Quantitäten Wasser derselben Temperatur schütten und dieses nachher untersuchen, denn sie werden jetzt dieselbe Menge Wärmestoff hergeben als sie früher aufnahmen. Nun ergiebt sich aber, daß die Portion Wasser, worin das Blei gelegt worden, am wenigsten warm ist und die am meisten, die die Milch aufnahm. Lavoisier hat eine Maschine erfunden, um die spezifische Wärme der Körper genauer zu schätzen, ich kann Ihnen aber keine Erklärung davon geben, bis Sie auch die letzte Modifikation des Wärmestoffs kennen.

Emilie.

Je dichter ein Körper ist, je weniger Raum hat er gewiß für Wärmestoff?

Mrs. B.

Nicht immer. Eisen z. B. enthält mehr spezifische Wärme als Zinn, obgleich es dichter ist. Dies ist wohl ein Zeichen, daß die spezifische Wärme nicht allein von den Räumen zwischen den besondern Theilchen abhängt, sondern wahrscheinlich von einer eigenthümlichen Bildung der Körper, die wir noch nicht verstehn.

Emilie.

Aber, Mrs. B., wäre es nicht besser, die Körper nach dem Maaß zu vergleichen, statt nach dem Gewicht, um ihre spezifische Wärme zu ermitteln? Denn gleiche Gewichte können aus sehr verschiednen Quantitäten bestehen.

Mrs. B.

Sie irren sich: das gleiche Gewicht muß stets die gleiche Menge Stoff enthalten, wenn auch in einem höchst verschiednen Umfang. Ein Pfund Federn enthält nicht ein Atom mehr wirklichen Stoff als 1 Pfd. Blei.

Caro-

Caroline.

Ich habe noch einen Zweifel. Wenn die Temperatur der drei Körper nicht gleichmäßig im Ofen stieg, so können sie vielleicht nie denselben Hitzgrad erlangen: das Blei hat am Ende stets einen Vorrang vor der Kreide und der Milch, und würde kochen, schmelzen, ehe die andern den Hitzgrad des Ofens erreichten. Ich dächte, Sie könnten eben so leicht aufstellen, Sie und ich würden einmal von gleichem Alter sein.

Mrs. B.

Ihr Vergleich ist nicht richtig, Caroline. Sobald das Blei die Temperatur des Ofens erreicht hat, ändert es die seinige nicht mehr, weil es alsdann soviel Wärme ausgiebt als empfängt; Sie kennen ja das Gesetz der strahlenden Wärme. Es würde demnach unmöglich sein, daß das Blei mehr Hitze anhäufte, und so müßte es erwarten, daß Kreide und Milch es einholten und auch so heiß würden wie der Ofen.

Emilie.

Ich denke, ich habe einen passenden Vergleich gefunden. Wenn zwei Menschen von gleichem Umfange und gleichem Gewicht, die aber einer ungleichen Portion Nahrung bedürfen um satt zu werden, sich zu Tische setzten und gleich hungrig wären, so würde der eine weit mehr verzehren als der andre, um seinen Hunger zu stillen. —

Caroline.

Das Thermometer kann also nicht die spezifische Wärme der Körper anzeigen?

Mrs. B.

Eben so wenig als Sättigung ein Beweis ist, daß man so und soviel Nahrung genossen hat. Ich muß Ihnen noch einmal wiederholen, das Thermometer kann nur von freier Wärme erregt werden, weil nur diese den Wärmegrad der Körper erhöht. Doch giebt es eine andre Art, das Dasein der spezifischen Wärme zu beweisen und die Sache genügend zu erläutern. Ich fürchte nur, es wird Ihnen etwas verwickelt erscheinen. Wenn Sie zwei Flüssigkeiten zusammenthun, die eine z. B. von 8° R., die andere von 30° R., welche Temperatur wird das Gemenge haben?

Caroline.

Nun, gewiß das Mittel zwischen beiden, 19° R.

Mrs. B.

Nur in dem Falle, daß zufällig beide gleichen Raum für Wärmestoff hätten, sonst bekommen Sie ein verschiednes Resultat. Wenn Sie z. B. 1 Pfd. Wasser zu 8° R. erwärmt, zu 1 Pfd. Quecksilber gießen, was zu 30° R. erhitzt wäre, so wird die Temperatur des Gemenges statt 19° R. etwa 9° R. sein; so daß das Wasser nur 1° R. gewonnen, das Quecksilber aber 7° R. verloren haben wird. Daraus können Sie schließen, daß der Raum für Wärme beim Quecksilber geringer ist als beim Wasser, und zwar in dem Verhältniß von 2 : 48, oder 1 : 24.

Caroline.

Ich wundre mich, daß Quecksilber so wenig spezifische Wärme hat. Es ist doch ein so viel besserer Wärmeleiter als Wasser.

Mrs. B.

Gerade aus dem Grunde hat es weniger spezifische Wärme. Da das Leitvermögen der Körper von der Leichtigkeit abhängt, mit der sie Wärme empfangen und abgeben, so läßt sich natürlich erwarten, daß die schlechtesten Leiter den meisten Wärmestoff aufnehmen, ehe sie geneigt sind, ihn mit andern Körpern zu theilen. — Wir wollen aber zur latenten Wärme übergehn. Dies ist eine andere Abart der gebundenen Wärme und der spezifischen so ähnlich, daß die meisten Chemiker keinen Unterschied zwischen ihnen machen; allein Pictet hat in seinem „Versuch über das Feuer" sie so klar geschieden, daß wir seiner Ansicht beitreten. Wir nennen also latente Wärme denjenigen unwahrnehmbaren Wärmestoff, der beiträgt, den Zustand der Körper zu verändern.

d. h. feste Körper in flüssige, flüssige in luftförmige umzugestalten. Wenn ein Körper sich aus einem festen in einen flüssigen u. s. f. verwandelt, verursacht seine Ausdehnung eine plötzliche und bedeutende Vermehrung des Raumes für Wärme, in dessen Folge er sogleich eine Menge Wärmestoff aufnimmt, der in dem, durch ihn umgebildeten, Körper feststehend, bleibend wird, und da er sich so unsern Sinnen ganz verbirgt, hat er den Namen latente (verborgene) Wärme erhalten.

Sie müssen jedoch nicht glauben, daß das eigentliche Wesen der Wärme durch solche Modifikationen verändert wird, denn wenn spezifische und latente Wärme nicht dieselbe Empfindung hervorbringen wie freie Wärme, so liegt das nur daran, daß sie zu eng eingeschlossen sind, um auf unsre Organe einzuwirken; sobald sie dem Körper entzogen werden, der sie gefangen hielt, kehren sie in den Zustand der freien Wärme zurück.

Emilie.

So recht sehe ich noch keinen Unterschied zwischen spezifischer und latenter Wärme: beide sind eingesperrt und versteckt.

Mrs. B.

Spezifische Wärme füllt den Raum für Wärmestoff, der in einem Körper in dem Zustande vorhanden ist, in dem er sich gerade befindet; latente Wärme bringt eine Veränderung in diesem Zustande hervor, d. h. verwandelt einen festen Körper in einen flüssigen u. s. f. Vielleicht könnten beide Abweichungen unter dem Namen räumliche Wärme zusammengefaßt werden, da in beiden Fällen der Wärmestoff den innern Raum der Körper ausfüllt.

Ich werde Ihnen nun ein Experiment zeigen, was Ihnen hoffentlich einen klaren Begriff von dem geben wird, was man unter latenter Wärme versteht.

Der Schnee und das Eis, die Sie hier in dieser Flasche sehen, sind durch chemische Mittel zu mehreren Graden unter dem Gefrierpunkt kalt gemacht worden, wie Ihnen das darin hängende Thermometer zeigt. Wir wollen sie der Hitze einer Lampe aussetzen und Sie werden sehen, wie das Thermometer steigt, bis es den Eispunkt erreicht.

Emilie.

Aber da bleibt es stehn, obgleich die Lampe immer fort brennt. Warum theilt sich die Wärme dem Thermometer nicht mit, der Schnee schmilzt ja doch?

Mrs. B.

Die Wärme wirkt nicht mehr auf das Thermometer, weil sie ganz allein damit in Anspruch genommen wird, das Eis in Wasser zu verwandeln. So wie das Eis schmilzt, wird der Wärmestoff in der sich neubildenden Flüssigkeit latent und kann daher die Temperatur nicht erhöhen. Demzufolge wird das Thermometer sich nicht rühren, bis alles Eis geschmolzen ist und dann erst wieder durch frei werdende Wärme in Thätigkeit gesetzt werden.

Caroline.

So weit ist es jetzt, und richtig, das Thermometer steigt.

Emilie.

Aber es scheint mir, als wäre es im Eis schneller gestiegen als jetzt im Wasser, trotz der eben so großen Flamme darunter.

Mrs. B.

Dieser Unterschied ist durch die abweichende spezifische Wärme von Eis und Wasser begründet. Wasser besitzt mehr Raum für Wärmestoff als Eis, bedarf also mehr Wärme, um seine Temperatur zu erhöhen.

Emilie.

Ach ja, Sie sagten, wenn ein Körper flüssig werde, so fasse er mehr Wärme als vorher und das ist ein Beispiel davon.

Mrs. B.

Ja, und die Wärme, die in Folge dessen aufgenommen wird, um den größern Raum dafür zu füllen, ist latent.

Ich muß Ihnen nun eine merkwürdige Berechnung auseinandersetzen, die sich auf diese Erfahrung stützt. Sie entsinnen sich meiner Bemerkung, daß jedes Thermometer uns nur die Wärme der Körper nach ihrem Verhältniß zu einander anzeigt, und uns in den Stand setzt, denselben Punkt zu verschiednen Zeiten und an verschiednen Orten zu bestimmen, uns aber keine Vorstellung von der absoluten Menge Wärme in irgend einem Körper giebt. Wir wissen nicht, wie tief das Thermometer bei vollständiger Wärmeentziehung fallen könnte; doch hat man versucht, folgendermaßen darauf zu schließen. Die Erfahrung hat dargethan, daß die Fassungskraft oder Capacität des Wassers für Wärme, verglichen mit der des Eises, ist wie 10 zu 9, so daß bei gleicher Temperatur das Eis $\frac{1}{10}$ Wärmestoff weniger enthält als Wasser. Ebenso hat man gefunden, daß, um Eis zu schmelzen, man demselben soviel Wärme beifügen muß, als nöthig wäre seine Temperatur um 48° R. zu erhöhn, wenn es nicht schmölze. Diese Quantität Wärme wird also vom Eis aufgenommen, wenn es sich in Wasser verwandelt, und dann enthält es $\frac{1}{9}$ mehr Wärmestoff als vorher. Also ist 48° R. ein Neuntel der Wärme, die Eis von 1° R. unter 0 enthält, folglich müßte der Punkt absoluter Wärmeentziehung 560° R. unter dem Gefrierpunkte sein.

Die Frage wäre auf diese Weise sinnreich gelöst, aber die Richtigkeit ist noch nicht durch gleiche Berechnuugen bei andern Stoffen erwiesen. Die Punkte absoluter Kälte wären nach dieser Methode bei verschiednen Körpern sehr entfernt von einander; möglicherweise trägt aber die Ungenauigkeit der Experimente die Schuld dieser Abweichung.

Caroline.

Lassen Sie uns zu unserm vorgenommenen Experiment zurückkehren. Das Wasser fängt an zu sieden und das Thermometer bleibt, nachdem es bei 80° R. angelangt ist, wieder stehn.

Mrs. B.

Nun erklären Sie mir diese Erscheinung.

Caroline.

Der Wärmestoff ist hier thätig aus Wasser Dampf zu bilden, in welchem er sich gleichsam versteckt und unwahrnehmbar wird. Dies ist ein andres Beispiel von latenter Wärme bei Umformung der Körper. Erst verwandelte sie einen festen Körper in einen flüssigen und nun macht sie die Flüssigkeit luftförmig.

Mrs. B.

Wenn wir jetzt die umgekehrte Verwandlung vornähmen und Dampf zu Wasser, Wasser zu Eis verdichteten, würde die latente Wärme vollständig als freie Wärme wieder erscheinen.

Emilie.

O, zeigen Sie uns das!

Mrs. B.

Zu diesem Behufe brauchen wir nur ganz einfach die Dämpfe durch diese Röhre in ein Gefäß mit kaltem Wasser zu leiten, wo sie ihre latente Wärme abgeben und in den flüssigen Zustand zurückkehren werden.

Emilie.

Wie geschwinde der Dampf das Wasser erhitzt!

Mrs. B.

Das geschieht eben, weil er nicht allein seine freie, sondern auch seine gebundene Wärme hergiebt. Diese Art Flüssigkeiten zu erhitzen, ist bei vielen häuslichen Einrichtungen angewendet worden. Die Dampfküchen, die so allgemein eingeführt werden, sind nach demselben Grundsatze gebaut. Der Dampf wird durch ein Rohr, auf ähnliche Weise wie hier, den verschiednen Gefäßen zugeführt, in denen die Speisen bereitet werden, theilt ihnen seine latente Warme mit und kehrt in den Zustand des Wassers zurück. Rumford wendet diesen Grundsatz auch sehr bei seiner Heizmethode an. Seine Hauptregel ist, jede unnütze Verschwendung des Wärmestoffs zu vermeiden; zu diesem Zweck schließt er die Wärme so ein, daß nicht ein Theilchen unnöthig entweicht, und er benutzt ebenso die latente wie die freie Wärme. So ist er im Stande einen höhern Hitzgrad hervorzubringen, als bei gewöhnlicher Heizung möglich ist, und doch braucht er weniger Brennmaterial.

Emilie.

Wenn die Vortheile solcher Einrichtungen so offenbar und klar sind, warum führt man sie nicht überall ein?

Mrs. B.

Es gehört lange Zeit dazu, ehe Neuerungen die gemeinen Vorurtheile überwinden, die dadurch an Stärke gewinnen, daß sie leider nicht immer grundlos sind. Die vortrefflichsten Erfindungen erfüllen nicht immer die Hoffnungen auf allgemeine Nützlichkeit, die man berechtigt schien darauf zu bauen, öfters deshalb, weil sie Sachkenntniß voraussetzen, die Unkundige nicht besitzen können.

Der wichtigste Gebrauch, den wir vom Dampf machen, ist die Dampfmaschine. Der außerordentliche Vortheil, den sie fast jedem Zweige des Wissens schafft, macht sie zum Gegenstande des allgemeinsten Antheils, und ich will Ihnen daher eine genaue Erklärung dieser Maschine geben, sobald wir die Geschichte des Wärmestoffs beendet haben. Kehren wir zur latenten Wärme zurück: Wir verdichteten Dampf zu Wasser und wollen dieses nun in Eis verwandeln, um die latente Wärme wahrnehmbar zu machen, so wie sie dem Wasser entweicht, wenn es fest wird. Zu diesem Zweck müssen wir erst einen Grad von Kälte hervorbringen, der Wasser gefrieren macht.

Caroline.

Das wird in der warmen Stube schwer halten.

Mrs. B.

Nicht so schwer als Sie glauben. Gewisse chemische Mischungen veranlassen in den sich verbindenden Stoffen einen so schnellen Uebergang aus dem festen in den flüssigen Zustand oder umgekehrt, daß in Folge dieses Wechsels die latente Wärme entweder entwickelt oder eingesogen wird.

Emilie.

Das verstehe ich nicht recht.

Mrs. B.

Sie sehen, der Schnee und das Salz, die ich hier zusammenmenge, schmelzen sehr rasch, also muß die Mischung Wärme einsaugen und Kälte erzeugen.

Caroline.

Es fühlt sich kälter an als Eis und doch ist der Schnee geschmolzen. Das ist wunderbar!

Mrs. B.

Die Ursache der gesteigerten Kälte dieser Mischung muß der Verwandlung eines festen Körpers in einen flüssigen zugeschrieben werden. Die Verbindung des Schnees mit dem Salze erzeugt eine neue Anordnung ihrer Theilchen, in deren Folge sie flüssig werden, und die, zu dieser Veränderung erforderliche, Quantität Wärmestoff wird von der Mischung ergriffen, wo sie ihrer habhaft werden kann. Das Verlangen der Mischung nach Wärmestoff ist während der Schmelzung so heftig, daß sie einen Theil der eignen freien Wärme latent macht und dadurch fällt die Temperatur.

Emilie.

Was Sie also in diese Mischung legen, muß gefrieren?

Mrs. B.

Ja, wenigstens jedes Flüssige, was bei dieser Temperatur fest werden kann. Ich habe diese Mischung bereitet um Wasser zu gefrieren, weil Sie wünschen, das Entweichen der latenten Wärme bei diesem Prozeß zu sehen. Ich habe ein Thermometer in das Glas Wasser gestellt, was gefrieren soll, damit Sie den Temperaturwechsel bemerken können.

Caroline.

Das Thermometer fällt; aber das Wasser verliert jetzt *freie* und nicht *latente* Wärme?

Mrs. B.

Gewiß. Es entäußert sich der latenten Wärme nicht eher, bis es seinen Zustand ändert und Eis wird.

Emilie.

Wunderlich! Das Thermometer ist unter dem Frierpunkt gefallen und das Wasser noch nicht gefroren!

Mrs. B.

Das ist immer der Fall, ehe das Wasser gefriert, sobald es nur im Zustande der Ruhe ist. Nun fängt es an sich zu verdicken und Sie können bemerken, das Thermometer steigt wieder zum Eispunkte.

Caroline.

Ist denn das Wasser kälter, ehe es friert, als wenn es Eis wird?

Mrs. B.

Gewiß, und nach unsrer langen Verhandlung über diesen Umstand hätte ich nicht gedacht, daß er Sie so in Verwunderung setzen würde.

Caroline.

Der Grund dieser Temperaturerhöhung im Augenblick des Gefrierens muß also in der Entwickelung der latenten Wärme liegen.

Mrs. B.

Natürlich, und ein Blick auf das Thermometer wird Sie belehren, daß es nur momentan stieg, gerade nur während des Freiwerdens der latenten Wärme. Nun alles Wasser gefroren ist, fällt es wieder und wird so fortfahren, bis das Eis und die Mischung von gleicher Temperatur sind.

Emilie.

Können Sie uns wohl Experimente zeigen, bei denen Flüssigkeiten fest werden und latente Wärme entwickeln, wenn man sie vermischt?

Mrs. B.

Ich könnte Ihnen mehrere zeigen, aber Sie sind noch nicht genug vorgeschritten, um sie gehörig zu verstehn. Ich will jedoch eins versuchen, was ein schlagender Beweis für die Thatsache ist. Die Flüssigkeit hier in dieser Flasche besteht aus einem Salze, Chlorcalcium genannt, in Wasser aufgelöst. Wenn ich einige wenige Tropfen Schwefelsäure darauf gieße, wird das Ganze, oder beinah das Ganze, sogleich eine feste Masse werden.

Emilie.

Wie weiß es wird! Ich fühle das Entweichen der gebundenen Wärme, denn die Flasche ist warm geworden, und die Flüssigkeit in eine feste, weiße Substanz wie Kreide verwandelt.

Caroline.

Aber bitte, was ist das für ein weißer Dampf, der aus der Mischung aufsteigt?

Mrs. B.

Sie wissen noch zu wenig von der Chemie, um das zu begreifen. — Nehmen Sie sich in Acht, Caroline, kommen Sie dem Dinge nicht zu nah, es hat einen sehr durchdringenden Geruch.

Ich will Ihnen nun noch ein Beispiel von Temperaturerhöhung beim Frieren zeigen. In dieser Flasche befindet sich die Auflösung eines Salzes, was man schwefelsaures Natron oder Glaubersalz nennt, sehr stark gemacht, fest verschlossen als sie heiß war, und in höchster Ruhe gehalten, bis sie erkaltete. Wenn ich nun den Kork herausziehe und Luft darauf strömen lasse (denn da sie im Sieden verschlossen wurde, ist jetzt der obere Raum luftleer), so wird das Salz augenblicklich krystallisiren. Jetzt fühlen Sie die Flasche an, die vorher, wie Sie wissen, kalt war.

Emilie.

Sie ist ganz warm. Also muß sich viel latente Wärme entwickelt haben.

Mrs. B.

Das Löschen des Kalks ist auch ein merkwürdiges Beispiel von Entwickelung gebundener Wärme. Haben Sie nie bemerkt, wie der ungelöschte Kalk raucht, wenn Wasser darauf gegossen wird, und wieviel Wärme er dann verbreitet?

Caroline.

Ja, doch verstehe ich nicht recht, welche Veränderung mit dem Kalk vorgeht, die eine Entwickelung latenter Wärme veranlassen könnte; denn, soviel ich weiß, wird der feste Kalk durch das Löschen zu Pulver zerkrümelt und also eher ausgedehnt als verdichtet.

Mrs. B.

Aus dem Wasser und nicht aus dem Kalk wird die gebundene Wärme frei. Der Kalk nimmt das Wasser auf und macht es fest; demzufolge entwickelt sich die Wärme, die das Wasser flüssig erhielt, und entweicht in wahrnehmbarer Form.

Caroline.

Ich dachte immer, die Hitze käme aus dem Kalk. Es ist so sonderbar, daß kaltes Wasser so viel Wärme enthalten soll.

Emilie.

Nach solcher Entwickelung von Wärmestoff muß das Wasser als Eis im Kalk vorhanden sein, da es die Wärme hergegeben hat, die es flüssig machte.

Mrs. B.

Eis kann es nicht gut genannt werden, da dieser Ausdruck einen bestimmten Kältegrad voraussetzt. Da Wasser bei der Verbindung mit Kalk noch mehr Wärme hergiebt als beim Gefrieren, so muß es im Kalk sogar einen noch höhern Grad von Dichtigkeit besitzen als in der Form von Eis; und Sie werden bemerkt haben, daß es den Kalk nicht im Geringsten feucht oder flüssig macht.

Emilie.

Aber, Mrs. B., der dabei aufsteigende Rauch ist weiß, wenn das blos entweichender Wärmestoff wäre, könnte man ihn nur fühlen, nicht sehen.

Mrs. B.

Die weiße Farbe dieses Rauches entsteht von kleinen Kalktheilchen, die der Wärmestoff als Staub mit entführt.

Emilie.

Bei allen Veränderungen der Zustände nimmt also ein Körper latente Wärme auf, oder entwickelt sie?

Mrs. B.

Sie können eigentlich nicht von Aufnahme latenter Wärme sprechen, da die Wärme nur dadurch latent wird, daß ein Körper sie einschließt; sagen Sie lieber, daß im Allgemeinen jeder Körper bei dem Uebergang in eine der drei Hauptbildungen entweder Wärme aufnimmt oder entwickelt. Später werden Sie finden, daß diese Regel nicht immer an die oben angegebene Ordnung gebunden ist, denn so nehmen bei der Explosion von Schießpulver mehrere feste Stoffe plötzlich die Form von Gas oder Luft an, und doch entwickelt sich dabei eine beträchtliche Hitze.

Emilie.

Jetzt, denke ich, vermögen wir die Ursache anzugeben, weshalb bei gleicher Temperatur Aether im luftleeren Raume kochte und Wasser gefror. Die latente Wärme, die das Wasser beim Gefrieren hergab, ward sogleich vom Aether aufgenommen, der sie zur Dampf oder Dunstbildung nöthig hatte und darum wurde sie im Aether gleich wieder latent.

Mrs. B.

Das erklärt nur zum Theil das Ergebniß dieses Experiments: es bleibt noch übrig den Grund anzugeben, weshalb die Temperatur des Aethers beim Sieden zu der des gefrierenden Wassers heruntersank. Bei dem Prozeß des Verdunstens wird jedesmal die Temperatur der verdunstenden Flüssigkeit herabgestimmt, weil die sich verflüchtigenden Theilchen mehr Wärmestoff zu ihrer Umgestaltung brauchen, als die Umgebung ihnen so schnell abgiebt. Deshalb entziehen sie auch der Flüssigkeit Wärme, die so latent wird. Je schneller also die Verdunstung vor sich geht, je schneller sinkt die Temperatur und dies ist der Grund, weshalb bei diesem Experiment das Gleichgewicht der Temperatur nicht gestört wird, obgleich das Wasser gefriert und der Aether anscheinend kocht.

Emilie.

Aber Wasser wird doch sonst beim Verdunsten nicht kälter.

Mrs. B.

O ja, nur viel langsamer als Aether. So z. B. wird Ihnen nicht entgangen sein, wie man im heißen Sommer irgend einen Raum dadurch abkühlen kann, daß man den Boden mit Wasser begießt, wenn dieses auch so warm wie die Luft ist. Welchen Grad von Kälte Wasserverdunstung hervorbringen kann, mag Ihnen folgendes Beispiel sagen. Die Bewohner Ostindiens setzen sehr flache, irdene Schalen mit Wasser die Nacht über auf Strohbündel. Hier erfolgt die Verdunstung so rasch, daß dem Wasser so viel freie Wärme entzogen, im Dunst latent, wird, daß des Morgens die Schalen mit einer dünnen Eiskruste überzogen sind.

Emilie.

Vermehrt nicht die Wärmestrahlung, die während der Nacht stattfindet, sehr die Kälte des verdunstenden Wassers?

Mrs. B.

Ohne Zweifel, besonders wenn der Himmel völlig klar ist, wie gewöhnlich in Tropenländern.

Caroline.

Könnten wir das Experiment nicht versuchen?

Mrs. B.

Auf dem Lande, zweifle ich nicht, würde es uns durch dieselben Mittel unter ähnlichen Umständen gelingen. Aber wir können es hier gleich im verjüngten Maßstabe unternehmen, obgleich das Thermometer 17° R. zeigt. Wir brauchen nur etwas Wasser in einem Schälchen unter die Glocke der Luftpumpe zu bringen. Was wird damit geschehn, wenn wir alsdann die Luft herausziehn?

Caroline.

Das Wasser wird rascher verdunsten, wenn kein atmosphärischer Druck mehr auf der Oberfläche ruht, reicht das hin, es zu gefrieren?

Mrs. B.

Wahrscheinlich nicht, weil der Dunst nicht schnell genug entfernt wird. Doch hierzu können wir Rath schaffen. Wir stellen ein andres flaches Gefäß mit starker Schwefelsäure unter die Glocke, dieser Stoff zieht gewaltig alles Wasser an, mag es flüssig oder luftförmig sein. Deshalb wird die Säure sogleich alle Feuchtigkeit einsaugen, die aus dem Wasser aufsteigt, also schnell für neue Dunstbildung Raum machen und so den Prozeß beschleunigen. Die durch das rasche Verdunsten des Wassers entstandene Kälte wird wenige Minuten bedürfen, um die Oberfläche zu gefrieren.

Jetzt wollen wir die Luft aus der Glocke pumpen.

Emilie.

Tausende von kleinen Bläschen steigen schon von der innern Fläche der Schale durch das Wasser. Woher entstehen die?

Mrs. B.

Das sind Luftbläschen, die theils am Gefäße hingen, theils im Wasser vertheilt waren, sich nun ausdehnen und aufsteigen, weil der Druck der Luft aufhört.

Caroline.

Wie schnell das Thermometer in der Schale fällt, es steht schon auf 4° R.

Emilie.

Das Wasser scheint hin und wieder an der Oberfläche heftig bewegt, als ob es kochte, und doch sinkt das Thermometer immer mehr.

Mrs. B.

Erinnern Sie sich an das Experiment mit dem Aether: die schnelle Verdunstung bewirkt ein Kochen von der Oberfläche. — Nun schießen Eiskrystalle über die ganze Fläche.

Caroline.

Das Wasser hat jetzt eine vollständige Eisdecke bekommen, — aber das Thermometer bleibt auf dem Gefrierpunkt.

Mrs. B.

Zufolge unsrer Lehre von der gebundnen Wärme wird es auf diesem Punkte bleiben, bis das ganze Wasser fest geworden ist. Dann aber wird es fallen, weil die Verdunstung von der Oberfläche des Eises nicht aufhört.

Emilie.

Das Experiment ist sehr anziehend, würde es aber noch mehr sein, wenn die Schwefelsäure nicht nöthig wäre.

Mrs. B.

Dr. Wollaston hat ein Instrument erfunden, durch welches Wasser zu Eis verdichtet werden kann ganz allein durch eigne Verdunstung, ohne Beihülfe der Schwefelsäure.

Diese Röhre, an jedem Ende mit einer Kugel geschlossen, ist inwendig gänzlich luftleer, und deshalb das Wasser, was die eine Kugel halb füllt, sehr zum Verdunsten geneigt. Diese Verdunstung geschieht aber nur dann rasch genug um das Wasser zu gefrieren, wenn man die leere Kugel durch künstliche Mittel so sehr kalt macht, daß augenblicklich die, in ihr sich sammelnden Wasserdünste verdichtet werden. Wollaston nannte dies Werkzeug Cryophorus.

Caroline.

Die Kälte scheint hierbei dieselbe Rolle zu spielen, als bei den andern Experimenten die Schwefelsäure?

Mrs. B.

Gerade so. Versuchen wir die Sache.

Emilie.

Wie wollen Sie das Instrument abkühlen? Sie haben weder Eis noch Schnee hier?

Mrs. B.

Man hat andre Mittel, dies zu bewerkstelligen. Sie entsinnen sich, welche gesteigerte Kälte das Verdunsten des Aethers im luftleeren Raume hervorbringen konnte. Wir wollen die leere Kugel in dies Beutelchen von feinem Flanell einschließen, was ich ganz mit Aether durchnäßt habe und sie so unter die Luftpumpe bringen. Sobald wir die Luft herausgezogen haben, wird das Wasser in der Kugel außerhalb der Pumpe in weniger als einer Minute gefrieren.

Emilie.

Die Kugel sieht schon ganz trübe aus und kleine Wassertropfen verdichten sich auf der Oberfläche. Jetzt schießen Krystalle über das ganze Wasser.

Mrs. B.

Nach einer ähnlichen Methode kann man sogar Quecksilber gefrieren. Wir dürfen uns aber jetzt keine weitern Abschweifungen erlauben.

Da wir nun in der Kenntniß des Wärmestoffs so weit vorgeschritten sind, kann ich Ihnen eine Erklärung von Lavoisier's Calorimeter geben, ein Instrument was er nach den eben dargelegten Grundsätzen erfand, um die spezifische Wärme der Körper zu schätzen. Es besteht aus einem Gefäße, dessen innere Wände mit Eis belegt sind, so daß eine Art hohler Globus von Eis gebildet wird, wohinein man den Körper stellt, dessen spezifische Wärme bestimmt werden soll. Das Eis nimmt so lange Wärmestoff von dem Körper auf, bis er zum Frierpunkt heruntergebracht ist. Dieser Wärmestoff schmelzt einen Theil des Eises zu Wasser, welches durch eine Oeffnung am Boden des Gefäßes abläuft. Die Menge zu Wasser verwandeltes Eis ist eine Probe von der Quantität Wärmestoff, die der Körper hergegeben hat, während seine Temperatur zum Gefrierpunkt herabsank.

Caroline.

In diesem Apparat würden also Milch, Kreide und Blei verschiedne Quantitäten Eis schmelzen, im Verhältniß zu ihrer abweichenden Capacität für Wärmestoff?

Mrs. B.

Gewiß, und dies setzt uns in Stand, mit Genauigkeit zu bestimmen, wieviel Wärme sie aufnehmen können. Doch die-

bietet uns der Calorimeter eben so wenig eine Vorstellung von der absoluten Menge Wärme, die ein Körper enthält, als das Thermometer. Wir entziehen zwar durch ihn freie und gebundene Wärme, doch gelingt dies nur bis zu einem gewissen Grade: dem Eispunkte, und wir wissen nicht, wieviel ein Körper unterhalb dieses Punktes davon enthält.

Emilie.

Nach der Theorie von der latenten Wärme sollte eigentlich das Wetter warm sein, wenn es friert, und kalt, wenn es thaut, denn aus jedem gefrierenden Stoffe wird latente Wärme frei, und ein solcher Zuschuß von Wärmestoff muß die Atmosphäre erwärmen; bei Thauwetter hingegen muß eine gleiche Menge Wärme der Luft entzogen werden und im latenten Zustande in die aufthauenden Körper zurückkehren.

Mrs. B.

Ihre Bemerkung ist sehr natürlich, bedenken Sie aber, daß beim Frostwetter die Atmosphäre viel kälter als die Erde ist und daher aller Wärmestoff, den sie von gefrierenden Körpern empfängt, nicht hinreicht, ihre Temperatur über den Eispunkt zu steigern, sonst müßte der Frost aufthauen. Obgleich aber die Entwickelung so vieler latenten Wärme den Frost nicht aufhebt, so dient sie doch dazu, das Plötzliche im atmosphärischen Temperaturwechsel zu mäßigen, sowohl beim Beginn des Frost- wie des Thauwetters.

Caroline.

Was sind denn die allgemeinen Ursachen, die so plötzliche Wechsel im Wetter hervorbringen, namentlich von der Hitze zur Kälte, wie wir sie oft erfahren?

Mrs. B.

Dies würde zu meteorologischen Untersuchungen führen, denen ich keinesweges gewachsen bin. Einen Umstand können wir jedoch leicht begreifen. Wenn die Luft über kalte Erdstriche geweht hat, wird sie wahrscheinlich in einer weit niedrigeren Temperatur uns zukommen als die unsrige ist, und muß dann einem jeden Gegenstande, auf den sie trifft, Wärme entziehen, was natürlich ein allgemeines Sinken der Temperatur veranlaßt.

Caroline.

Da wir nun jetzt soviel von den Wirkungen der Wärme wissen, wollen Sie uns nicht auch belehren, ob sie wirklich ein bestimmter Körper ist, oder, wie ich gehört habe, eine, in den Körpern erzeugte, besondere Art von Bewegung?

Mrs. B.

Wie ich Ihnen schon früher sagte, es herrscht viele Unsicherheit über das Wesen dieser subtilen Naturkraft. Ich bin geneigt, Wärme nicht blos für eine Art Bewegung, sondern für einen besondern Stoff zu halten. Die neusten Experimente machen sogar einen zusammengesetzten Körper daraus, der aus den beiden Elektrizitäten bestehen soll.

Fünfte Unterhaltung.

Ueber die Dampfmaschine.

Mrs. B.

Ich habe versprochen, dieses Gespräch der Erklärung der Dampfmaschine zu widmen. Seit der ursprünglichen Erfindung, die in die Mitte des 17ten Jahrhunderts fällt, hat sie durch eine lange Reihe von Verbesserungen eine solche Vollkommenheit erlangt, daß sie nicht allein in allen unsern Werkstätten und Fabriken thätig ist, sondern auch deren Erzeugnisse zu Land und Wasser weiter befördert. Dampfschiffe sind allgemein in Gebrauch, Dampfwagen führten längst die Kohlen der englischen Bergwerke nach den Ladeplätzen, und seitdem die Eisenbahn zwischen Manchester und Liverpool Reisende und Güter mit wunderbarer Schnelligkeit auf solchen sich selbstbewegenden Fuhrwerken fortschaffte, hat man überall angefangen, dieses Verkehrmittel einzuführen.

Caroline.

Man hat in den letzten Jahren soviel von Dampfmaschinen gehört und gesehen, daß ich mich recht schäme zu bekennen, wie unbekannt mir die Gesetze sind, worauf sie beruhen. Die Einrichtung ist gar zu verwickelt, da giebt es so viel Röhren und Ventile und Kessel und Kühlfässer und was Alles noch, daß man ganz verwirrt wird.

Mrs. B.

Hier ist ein ganz einfacher Apparat, der mir hoffentlich beistehen wird, Ihnen das Prinzip zu erklären, woraus die Thätigkeit der Dampfmaschine hervorgeht. (Taf. 2. Fig. 1.) Sie sehen hier einen Glascylinder, der in eine Kugel ausläuft, und einen Stempel, der so in den Cylinder hineinpaßt, daß er darin auf und niedergleiten kann. Wir wollen etwas Wasser in die Kugel gießen, den Stempel auf den Boden des Cylinders stoßen und das Wasser über der Lampe zum Kochen bringen. Was wird dann geschehn?

Emilie.

Der aus dem Wasser steigende Dampf wird den Stempel in die Höhe drängen — gerade so — nun sich Dampf bildet, steigt der Stempel.

Caroline.

Oh, nun verstehe ich es: wenn die Glasröhre ein großer eiserner Cylinder wäre und ein dicker Balken als Hebel daran befestigt, wie ich es bei wirklichen Dampfmaschinen gesehn habe — wenn die Kugel ein geräumiger Kessel und die Lampe ein Ofen wäre, so würden wir im Stande sein, recht was Schweres damit zu heben.

Mrs. B.

Wenn man einmal die Kraft des Dampfes in seiner Gewalt hat, kann man sie zu sehr vielen Zwecken benutzen und damit stoßen, ziehen, heben, schlagen, kurz alle mechanischen Kräfte in Bewegung setzen. Aber wir haben jetzt nur den Stempel gehoben und müssen ihn auch wieder herunterbekommen, um den Stoß wiederholen zu können. Sobald ich das Glas von der Lampe nehme, wird der Dampf wieder Wasser, es bildet sich durch die Verdichtung ein leerer Raum und der Stempel fällt durch das Gewicht der Atmosphäre nieder, die mit einer Schwere von 15 Pfd. auf jeden Quadratzoll des Stempels drückt.

Caroline.

Dieser kleine Zylinder ist leicht von der Lampe zu nehmen, aber ein solches Verfahren läßt sich doch nicht bei einem großen Kessel anwenden?

Mrs. B.

Darum müssen wir versuchen, den Dampf auf andre Weise zu verdichten, sonst zwingt der Druck der Atmosphäre den Stempel nicht zum Niedersteigen. Anfangs geschah dies durch Einspritzen von kaltem Wasser in den Cylinder.

Emilie.

Der Dampf muß natürlich dem kalten Wasser seine gebundne Wärme hergeben und so aus dem thatkräftigen elastischen Zustande in den unthätigen der Flüssigkeit zurücksinken.

Mrs. B.

Dies ist eine Folgerung, die sich bei dem heutigen Standpunkte der Wissenschaft leicht ziehen läßt, im 17ten Jahrhundert waren aber die Eigenschaften der Wärme und des Dampfes in Dunkel gehüllt. Als der Marquis von Worcester zuerst den Bau einer Dampfmaschine versuchte, spritzte er wahrscheinlich nur deshalb kaltes Wasser ein, um den Kessel wieder zu füllen, und gewahrte weder, daß dadurch der Dampf verdichtet wurde, noch daß diese Verdichtung nöthig war um den Stempel niederzudrücken. Der Marquis wird allgemein als der erste Erfinder der Dampfmaschine betrachtet; Savary und Newcomens stellten diese Maschine aber zuerst hinreichend verbessert dar, um wirklichen Nutzen daraus ziehen zu können. Fig. 2. zeigt ein also verbessertes Werk, zu einer Wasserpumpe benutzt.

Der aus dem Kessel B steigende Dampf hebt den Stempel P im Cylinder und folglich auch das Ende des Hebels L, an den er durch die Stange R befestigt ist. Da ein Ende des Hebebalkens so in die Höhe gegangen ist, muß nothwendig das andre sich senken, und drängt die Stange r und den Stempel p in den Brunnen W.

Caroline.

Jetzt ist der große Stempel P an der Spitze des Cylinders und der kleine p auf dem Grunde des Brunnens, um aber das Wasser heraufzubringen, muß der Hebel umgekehrt wirken. Wie machen wir das?

Mrs. B.

Sobald der Stempel P den obern Theil des Cylinders erreicht, schließt sich der Hahn oder das Ventil V, so daß kein Dampf mehr hinein kann; zugleich öffnet sich das Ventil Q, durch welches ein Strom kalten Wassers aus dem Behälter R eindringt. Dieses verdichtet den Dampf, der den Cylinder füllte und bildet einen leeren Raum. Da so der Stempel nicht länger unterstützt wird, nöthigt ihn der Druck der äußern Luft zum Sinken, wodurch der Hebel eine andre Stellung einnimmt und mit dem Stempel p das Wasser hebt, was bei m herausfließt.

Caroline.

Wenn dann der Stempel P den Boden des Cylinders erreicht, schließt sich das Ventil Q, und hemmt das Zufließen des kalten Wassers, dagegen öffnet sich das Ventil V und Dampf strömt ein. Das hätte nicht geschickter eingerichtet werden können.

Emilie.

Es ist aber doch schade, daß der Dampf bei jedem Stoß des Stempels zerstört wird. Was für Feuerung würde man sparen, wenn man den Dampf verwahren und wieder brauchen könnte.

Mrs. B.

Das ist nicht der einzige Einwand gegen das Einspritzen von kaltem Wasser in den Cylinder; es bringt auch noch die Unannehmlichkeit mit sich, daß der Cylinder auskühlt, so daß es einer bedeutenden Menge Dampfes bedarf, um die Temperatur herzustellen, ehe der Stempel wieder steigen kann. Bei allen diesen Nachtheilen erwies sich diese Dampfmaschine dennoch als ein gewaltiges Werkzeug. Im Lauf der Jahre wurden viele Veränderungen, aber wenig wahre Verbesserungen damit vorgenommen, bis der berühmte Watt Mittel entdeckte, um die genannten Mängel zu vermeiden. Seine erste Verbesserung war, daß er den Dampf in einem besondern Gefäß verdichtete, von ihm Verdichter genannt; hierdurch beugte er wirksam der Auskühlung des Cylinders vor.

Dann leitete er den Dampf aus dem Kessel abwechselnd über und unter dem Stempel in den Cylinder, um nicht blos sein Steigen, sondern auch sein Fallen zu bewirken, und schloß gänzlich die äußere Luft aus, deren Druck unnöthig wurde und die mit das Auskühlen des Cylinders veranlaßte.

Emilie.

Da muß er eine Verbindung zwischen dem Verdichter und dem obern und untern Theil des Cylinders eingerichtet haben, um abwechselnd über und unter dem Stempel den Dampf zu entfernen und leere Räume zu bilden.

Mrs. B.

Dies that er mittelst Röhren und Ventile, die nach Belieben geöffnet und geschlossen werden können.

Caroline.

Also, wenn unten der Dampf in den Verdichter strömt, drückt der Dampf über dem Stempel diesen nieder, und wenn oben der Dampf in den Verdichter fließt, nöthigt der unten zuströmende Dampf den Stempel zum Steigen. Es ist daher wesentlich, der äußern Luft jeden Zugang zu versperren, sonst könnte kein leerer Raum gebildet werden, weil Luft die Stelle des Dampfes einnehmen würde, sobald dieser verdichtet wäre. Ist es aber nicht schwer, die Luft gänzlich auszuschließen, und doch Raum zum Auf- und Niedergehen des Pumpenstocks zu behalten?

Mrs. B.

Um den Cylinder luftdicht zu machen, gleitet der Pumpenstock auf und nieder durch eine enge Kapsel, die so mit Leder und Hanf verstopft ist, daß keine Luft eindringen kann.

Diese Bewegungen werden Ihnen verständlicher sein, wenn sie die Tafel 3. betrachten, die eine Dampfmaschine darstellt, wie sie jetzt gebräuchlich ist; alle wesentlichen Verbesserungen Watt's sind beibehalten, nur eine einfachere und bequemere Anordnung des Mechanismus ist an die Stelle seiner mühsameren und verwickelteren Einrichtung getreten. AA ist der Kessel, die Feuerstelle BB, die ihn heizt, und die Rauchfänge XX umgeben ihn. Wenn das Wasser in Dampf verwandelt ist, geht dieser durch die Röhre CC in eine Art Kapsel DD. Wegen der Erklärung von dem Bau dieser Kapsel muß ich Sie auf Tafel 4. verweisen, wo sie in größerem Maßstabe gezeichnet ist, da diese Tafel nur den Cylinder ZZ darstellt und die Röhren, die ihn mit der Kapsel verbinden. Aus dieser Kapsel kann der Dampf entweder durch die Röhre EE in den obern Theil des Cylinders über den Stempel YY gelangen, um diesen herabzudrängen, oder er geht durch die Röhre FF und tritt unterhalb des Stempels in den Cylinder, um ihn zu heben.

Caroline.

Wenn aber der Dampf an dem einen Ende in den Cylinder tritt, muß er ihn am andern verlassen und sich in den Verdichter zurückziehn; wie findet er den Weg? Die beiden Röhren hängen nur mit der Dampfkapsel und dem Cylinder zusammen.

Mrs. B.

Zu diesem Behufe führt eine besondere Röhre aus der Dampfkapsel nach dem Verdichter. Nur die Mündung dieser

Röhre ist bei G sichtbar, weil sie sich erst zurückwendet, ehe sie abwärts geht; doch ist sie angegeben und mit GG bezeichnet da, wo sie in den Verdichter ausläuft.

Emilie.

Und wodurch wird der Dampf verhindert, nicht durch beide Röhren zu gleicher Zeit in den Cylinder zu treten?

Mrs. B.

Durch eine sehr einfache und sinnreiche Vorrichtung: ein Schieber, der sich auf- und niederbewegt und abwechselnd den Eingang zur obern oder untern Röhre offen läßt. So wie er jetzt (Tafel 4.) steht, ist er so weit als möglich in die Höhe gegangen und versperrt die Verbindung zwischen der Dampfkapsel und den Röhren E und G, so zwar, daß die Mündung G der Röhre E offen bleibt.

Caroline.

Der Dampf tritt dann am Boden unter dem Stempel in den Cylinder; wie werden Sie denn aber den Dampf los, der sich über dem Stempel befindet? — Ach ich sehe, er nimmt seinen Weg durch EE, und da der Schieber ihn hindert in die Dampfkapsel zu kommen, geht er durch G nach dem Verdichter.

Mrs. B.

Und wenn der Schieber herabgeschoben wird, schließt er den Zugang der Dampfkapsel nach der Röhre F und öffnet die Verbindung zwischen F und G, so daß der Dampf unterhalb des Stempels in den Verdichter getrieben wird, wenn der obere ihn herabdrängt.

Emilie.

Aber während der Zeit, daß sich der Schieber von der Oeffnung einer Röhre zu der andern bewegt, müssen beide zugleich theilweise geöffnet bleiben, so daß weniger Dampf in die eine hinein und aus der andern heraus kann, als wenn eine völlig offen, die andre fest zu ist.

Mrs. B.

Das ist sehr wahr und der Stoß des Stempels ist während dieser Zeit weniger kräftig. Einen Augenblick schließt auch der Schieber alle drei Zugänge: das ist, wenn der Stempel die Spitze des Cylinders erreicht, wie auf Taf. 3.

Caroline.

Die Verbindung zwischen der Dampfkapsel und der verdichtenden Röhre G ist also durch das Ventil stets versperrt?

Mrs. B.

Gewiß; es wäre große Verschwendung, wenn der Dampf unmittelbar aus der Kapsel in den Verdichter fließen könnte, wohin er nur kommen darf, wenn er im Cylinder seine Dienste gethan hat. Das Ventil JJ ist nicht wie die übrigen flach, sondern gehöhlt, in Form einer Büchse ohne Deckel, denn es ist nöthig, die Verbindung zwischen den Röhren E und G innerhalb der Ausbiegung des Schiebers offen zu halten, sonst würde der Dampf nicht in die Verdichtungsröhre entweichen können. So wird die Bewegung des Pumpenstocks durch das einfache Auf- und Niedergleiten des Schiebers willkührlich fortgesetzt.

Emilie.

Durch welche Einrichtung bewegt sich der Schieber? Ich bemerke keine Stange, die ihn an den Hebel befestigte?

Mrs. B.

Nein, dies bewirken die Kurbeln V und W, die in rechten Winkeln von einander stehen. V ist mit dem Schieber verbunden und W mit dem Nebenrade X, das von dem Schaft U des Schwungrades in Bewegung gesetzt wird.

Emilie.

Aber der Dampf geht dennoch verloren, Mrs. B.; ich hoffte immer man habe Mittel gefunden, Nutzen daraus zu ziehen.

Mrs. B.

Wenn er auch nicht länger als Dampf zu brauchen ist, giebt er doch dem Wasser im Verdichter seine gebundne Wärme her, dieses Wasser wird ausgepumpt und in den Kessel geleitet, wo es sich von Neuem zu Dampf verflüchtigt, wozu es weit weniger Brennmaterial bedarf, als wenn es kalt wäre. Der Verdichter H steht, wie Sie sehn, in einem Behälter mit kaltem Wasser L L, und stellt den Hahn vor, durch den beständig ein Strom dieses Wassers in den Verdichter fließt, um den Dampf zu condensiren.

Caroline.

Aber wie wird dies Wasser in den Kessel geführt, um wieder Dampf zu bilden?

Mrs. B.

Der Boden des Verdichters steht mit einer Luftpumpe M M in Verbindung, die das so erwärmte Wasser in einen kleinen Behälter N hebt, von wo die Kraft einer andern Pumpe es durch eine hier nicht angegebne Röhre in einen Behälter P führt, der unmittelbar über dem Kessel gelegen ist, in den es sich durch die Röhre Q ergießt. — Um stets genau die richtige Quantität Wasser im Kessel zu haben, ist ein kleiner Hebel an dem Behälter P befestigt, von dessen einem Ende ein Gewicht, von dem andern eine Stange mit einem leichten Stück Holz herabhängt, was auf dem Wasser schwimmt. In der jetzigen Stellung des Balkens ist die Quantität gerade richtig, füllte sich aber der Kessel mehr, so würde das Schwimmholz R und die daran befestigte Stange mit dem Wasser steigen, und den Arm des Balkens heben, an dem sie bestigt ist; demzufolge würde der andre Arm fallen und ein Ventil S, das an diesem Arme hängt, die Röhre Q schließen, um das Zufließen des Wassers in den Kessel zu hindern. Sobald aber im Kessel der Ueberfluß an Wasser zu Dampf geworden und in den Cylinder geflossen ist, nimmt das Wasser seine frühere Höhe an, das sinkende Schwimmholz bringt den Balken wieder in die wagerechte Lage, hebt den Schieber S, und öffnet dem aus dem Verdichter zuströmenden Wasser den Zugang wieder.

Emilie.

Das ist eine höchst sinnreiche Vorrichtung, allein mich dünkt, die Erfindung eines besondern Gefäßes zur Verdichtung des Dampfes war die glücklichste Idee und so einfach, daß ich mich wundre, wie man nicht früher darauf verfallen ist. Da es aber wesentlich ist, die hohe Temperatur des Cylinders zu erhalten, so dächte ich, müßte es gut sein, ihn mit Flanell oder einem andern schlechten Wärmeleiter zu umwickeln, um das Ausstrahlen der Wärme zu hindern. Warum macht man ihn überhaupt aus Metall, was so gut Wärme leitet?

Mrs. B.

Metall ist, wie Sie wissen, zwar ein guter Leiter, aber ein schlechter Strahler; überdies würde kein andrer Körper so viel Stärke und Haltbarkeit haben. Statt in Flanell, schließt man bei großen Werken den Cylinder in ein weiteres Metallgehäuse ein, Mantel genannt, und man hält den Zwischenraum mit Dampf gefüllt, so daß der Cylinder selbst in einem Dampfbade steht, und keine Verringerung der Temperatur erleidet.

Die Bauart des Hebels TT bei dieser Dampfmaschine ist sehr verschieden von der bei Newcomens. Statt aus einem unbequemen Holzbalken besteht er aus einer Eisenplatte, durch drei eiserne Ribben oder Barren verstärkt. An dem mittelsten derselben sind die Stangen 1, 2, 3, 4 befestigt, die den Stempel des Cylinders und die übrigen Pumpen in Bewegung setzen, und endlich die Stange 5, welches die wirkende Kraft der Maschine ist. Dies war eine andre Verbesserung Watt's, er fügte auch noch ein Schwungrad W hinzu, durch welches stets die Bewegung einer Maschine gleichförmig gemacht wird.

Caroline.

Das mag bei der Dampfmaschine besonders nothwendig sein, denn wenn frische Feuerung in den Ofen gelegt wird, muß die Bewegung schneller werden, und nachlassen, wenn jene verzehrt ist.

Mrs. B.

Noch einer andern Ungleichmäßigkeit wird durch das

Schwungrad vorgebeugt. Bei jedem Stoß des Stempels tritt für einen Augenblick der Umstand ein, daß die Kurbelstange und die Kurbel sich in derselben Richtung befinden. Auf Tafel 3. ist der Stempel am obern Ende des Cylinders, und die Thätigkeit des Dampfes würde die Kurbel aufwärts ziehen, ohne sie vorher umzudrehen. Ebenso, wenn der Stempel am Boden des Cylinders ist und die Kurbel den halben Kreis beschrieben hat, kann die Wirkung des Dampfes die in senkrechter Stellung sich befindende Kurbel nur in grader Linie niederstoßen. In solchen Momenten könnte leicht die Maschine stillstehen, wenn nicht die Schwungkraft des Rades die Bewegung erhielte und gleichmäßig machte.

Jetzt will ich Ihnen die Vorrichtung erklären, durch welche das Zuströmen des Dampfes aus dem Kessel in den Cylinder nach dem Bedürfniß geordnet wird: b ist ein Ventil in der Dampfröhre c, Kehlventil genannt, weil es den Schlund oder Zugang erweitert oder verengt, um stets die richtige Menge Dampf zuzulassen, die erforderlich ist, um dem Stempel die nöthige Schnelligkeit der Bewegung mitzutheilen.

Caroline.

Da müßte man ja dem Ventil Einsicht und Ueberlegung zutrauen, wenn es seine Oeffnung nach der gerade erforderlichen Menge Dampf abmessen soll.

Mrs. B.

Wenn dies auch gerade nicht möglich ist, so vermag doch der Mensch so für den unbelebten Stoff zu denken und zu berechnen, daß dieser zu leben scheint. — Watt erfand zuerst ein solches selbstthätiges Kehlventil und richtete es so ein, daß, wenn der Pumpenstock mit zu großer Schnelligkeit arbeitete, es sich zusammenzog und weniger Dampf in den Cylinder ließ, so die Eile der Maschine verringernd. Wenn im Gegentheil der Stempel sich zu langsam bewegte, mußte es sich ausdehnen, mehr Dampf einlassen und die Schnelligkeit befördern.

Die beiden Kugeln aa sind so befestigt, daß sie sich nach der Bewegung des Pumpenstocks um die Spindel b drehen. Wenn sich der Stempel mit der gehörigen Schnelligkeit bewegt, bleiben die kreisenden Kugeln in der auf der Tafel dargestellten Entfernung von einander und von der Spindel; was wird aber geschehen, wenn sich die Geschwindigkeit der Stempelbewegung vermehrt?

Emilie.

Durch Vergrößerung der Ursache wird die Wirkung verhältnißmäßig stärker: die Kugeln werden rascher laufen, natürlich ihre Centrifugalkraft dadurch sich vermehren, so daß sie weiter auseinander fliegen.

Mrs. B.

Diese Kugeln sind mittelst der Stangen cd dergestalt mit dem Kehlventil verbunden, daß, sobald sie sich mehr von der Spindel entfernen, die Stangen cd sich etwas heben und das Ventil, eine dünne Klappe, die sich auf einer Angel dreht, dadurch die Fläche dem Dampfstrom entgegenstellt, der aus dem Kessel kommt; da das Ventil fast ganz die Röhre schließt, hemmt es großentheils das Weiterströmen. Wenn im Gegentheil der Pumpenstock zu langsam arbeitet und demzufolge die Kugeln sich der Spindel mehr nähern, werden die Stangen cd niedergedrückt, das Ventil dreht sich auf der Angel, kehrt dem Dampfstrom nur die Kante zu und läßt ihm freien Durchzug. Dieser Apparat, der das Kehlventil richtet, heißt der Lenker.

Emilie.

Noch Eines macht mich ganz irre. Die Enden des Hebebalkens bewegen sich in krummer Linie, der Pumpenstock muß aber ganz senkrecht auf- und niederstoßen — wie kann nun eine Kraft, die sich in gebogner Linie bewegt, bei andern Körpern eine gradlinigte Bewegung hervorbringen?

Mrs. B.

Dies war mit Schwierigkeiten verknüpft, aber der unermüdliche Scharfsinn Watt's fand ein Mittel, sie zu überwinden: die Parallelbewegung. Er verband mehrere Hebel e f g h auf solche Weise, daß, obgleich der Hebebalken beim Steigen und fallen den Bogen eines Zirkels beschreibt, dennoch die Bewegung des Pumpenstocks rechtlinig ist. Es würde uns aber zu viel Zeit rauben, wollte ich Ihnen das auseinandersetzen. —

Emilie.

Bitte, wie sind die Werke mit hohem Druck gebaut, die man für so gefährlich hält?

Mrs. B.

Nach denselben Grundsätzen wie das, was wir eben betrachteten; aber statt mit Verdichter und Luftpumpe versehen zu sein, entweicht der Dampf aus dem Cylinder in die freie Luft. Diese Verbindung mit der Atmosphäre macht es nöthig, daß der Dampf eine größere Gewalt bekömmt, weil er nicht eher auf den Stempel wirken kann, bis er den Druck der Luft überwiegt. Die Erfahrung lehrt, daß der aus dem Wasser steigende Dampf dem Druck der Luft gleichkommt, wenn er bis zum Siedepunkt oder 80° R. erhitzt ist, oder mit andern Worten, er drückt dann mit einer Kraft von 15 Pfd. auf jeden Quadratzoll des Stempels. Ein Druck von 17 Pfd., also 2 Pfd. mehr, wird bei Werken mit Verdichter oder mit niedrigem Druck angewendet, aber bei solchen Maschinen, die keinen Verdichter haben, wird das Wasser im Kessel weit über den Siedepunkt erhitzt, erlangt eine sehr große Dehnkraft und übt einen verhältnißmäßigen Druck auf den Pumpenstock aus. Es wird zuweilen so weit getrieben, daß der Stempel mit einem Druck von 60 — 80 Pfd. auf den Quadratzoll arbeitet. Dieser höchst elastische Dampf tritt abwechselnd an beiden Enden des Cylinders ein, und treibt den Stempel rück- und vorwärts trotz des atmosphärischen Druckes, und entweicht dann durch ein Ableiterohr. Es ist leicht begreiflich, daß je größer die Elastizität des Dampfes, desto größer die Wahrscheinlichkeit, daß der Kessel springen kann, allein diese Maschinen sind ihres einfachen Baues wegen so wohlfeil und nehmen im Verhältniß so geringen Raum ein, daß sie doch öfters angewendet werden.

Emilie.

Wenn auch die Anschaffung des Werkes viel weniger kostet, so dächte ich doch, der Vortheil würde dadurch weit überwogen, daß man weit mehr Feuerung braucht, um dem Wasser eine so hohe Temperatur zu geben und daß aller Dampf verloren geht.

Mrs. B.

Man bediente sich ihrer besonders in Kohlenminen, wo die Menge Brennmaterial kaum in Betracht kommt.

In den letzten Jahren hat Wolfe ein Werk gebaut, was aus der Vereinigung dieser beiden Maschinen besteht. Der Dampf ist hier nicht verloren, sondern wird aus der Maschine mit hohem Druck in eine mit niederm Druck geleitet, da die Cylinder beider Maschinen ganz einfach durch ein Rohr verbunden sind, was auf diese Weise das Ableiterohr der einen und das Dampfrohr der andern zugleich vorstellt. Er hat überdies die Gefahr des hohen Druckes sehr gemindert, da er die Kessel statt aus Gußeisen aus Kupfer oder Schmiedeeisen macht, da diese nicht mit so heftiger Explosion, sondern langsamer auseinandergehen, während erstere plötzlich springen. Außer den gewöhnlichen Schutzventilen aus dünnem Kupfer und ohne äußere Mündung, treibt man auch Pflöcke in den Boden des Kessels, die aus einer sehr leicht schmelzbaren Mischung von Blei, Wismuth und Zinn bestehn, und die schmelzen, sobald die Hitze die erforderliche Temperatur übersteigt.

Die eben beschriebenen Maschinen wurden von Wolfe zu den Arbeiten in den Minen von Cornwall verwendet, und die Ersparung an Brennmaterial ist so bedeutend, daß man diese Combination beider Maschinen für eine der nützlichsten Verbesserungen hält, die seit Watt gemacht wurden.

Caroline.

Warum nennt man die Dampfmaschine von Watt, die Sie uns ausführlich erklärt haben, eine doppelte Dampfmaschine?

Mrs. B.

Um sie von solchen zu unterscheiden, wie er sie zuerst baute und die den Namen einfacher Dampfmaschinen tragen, weil bei ihnen der Dampf nur über dem Stempel in den Cylinder geführt wurde, um ihn niederzudrücken, und dabei den atmosphärischen Druck zu ersetzen, der mit der Unbequemlichkeit verbunden war, daß der Cylinder auskühlte; der Stempel ward dann durch ein Gegengewicht am entgegengesetzten Ende des niedrigeren Hebels gehoben. Der Dampf wirkt hier nur bei jeder neuen Senkung des Hebels, es bedarf aber nur der halben Quantität, die freilich auch nur die halbe Kraft und noch weniger bewirkt, und deshalb nennt man eine solche Maschine, wo der Dampf an beiden Enden des Cylinders thätig ist und doppelte Wirksamkeit ausübt, eine doppelte Dampfmaschine.

Sechste Unterhaltung.

Ueber die chemisch wirkenden Kräfte der Elektrizität.

Mrs. B.

Es wird jetzt nöthig sein, Sie über gewisse Eigenschaften der Elektrizität zu belehren, da man entdeckt hat, daß sie im wesentlichen Zusammenhange mit den Erscheinungen der Chemie sind. Ich meine die Voltasche Batterie oder galvanische Säule, wovon Sie solche Wunder gehört haben.

Emi-

Emilie.

Elektrizität ist ja wohl das dritte unwägbare Agens der ersten Klasse?

Mrs. B.

Ich stellte die Elektrizität in diese Klasse mehr aus der Nothwendigkeit, ihr überhaupt eine Stelle anzuweisen, als aus der Ueberzeugung, daß sie ein Recht zu diesem Platze hat, denn wir wissen noch so gar nichts über ihr eigentliches Wesen, daß sich nicht einmal bestimmen läßt, ob sie einfach oder zusammengesetzt, ja ob sie in der That eine materielle Kraft ist oder nur eine der Materie inwohnende Eigenthümlichkeit.

Caroline.

Was wollen wir uns denn aber viel mit einer Sache abgeben, von der man so gar nichts weiß. Das ist mir immer an der Elektrizität zuwider gewesen, daß mir niemand die Erscheinungen zu erklären vermochte, die sie hervorruft. Nun hoffte ich doch, die neuern Entdeckungen hätten ein so helles Licht darüber verbreitet, daß man endlich was Ordentliches darüber erfahren könnte, und Alles klar wäre.

Mrs. B.

So weit sind wir leider noch nicht, allein die Wichtigkeit und Neuheit des Gegenstandes wird Sie reichlich für die Mangelhaftigkeit unserer Theorien entschädigen. Die Zahl neuer, schon bestätigter Thatsachen ist so groß und eröffnet eine so ungeheure Aussicht auf Entdeckungen, daß sie hoffentlich zuletzt zur vollständigen Aufklärung und Verständniß dieses Zweiges der Naturlehre führen werden. Gegenwärtig müssen Sie sich aber begnügen, wenn ich Sie mit den Wirkungen bekannt mache und einigermaßen die Erscheinungen erkläre, ohne nach einer genauen Kenntniß von dem Ursprunge der Elektrizität zu verlangen.

Nach der Ansicht der bedeutendsten Gelehrten nehmen wir zwei Arten von Elektrizität an: die glasige oder positive und die harzige oder negative. Man vermuthet, diese Stoffe oder Kräfte durchdringen alle Körper; so lange sie vereint bleiben, scheinen sie sich gegenseitig unwirksam zu machen, zu neutralisiren; sobald man sie trennt, wird Elektrizität erregt. Diese Trennung wird erstens durch Reibung bewirkt: z. B. wenn Sie Glas und Wollenzeug zusammen reiben, geht die negative Elektrizität in das Zeug und von da nach dem Fußboden, und die positive bleibt allein in dem Glase. So isolirt, ist ihre Anziehungskraft für die entgegengesetzte Elektrizität so stark, daß sie dieselbe allen Umgebungen zu entziehen strebt und sehr leichte Körper werden daher ganz vom Glase angezogen, um ihnen negative E. zu entziehen und dafür vom Uebermaß der positiven mitzutheilen. Diese Art elektrischer Erscheinungen ist aber so bekannt, daß ich mich alsbald zu denen wende, die durch Berührung und chemische Einwirkung hervorgebracht werden.

Dieser Zweig des Wissens verdankt einem geringen zufälligen Umstande seine Entstehung. Galvani, Professor der Naturlehre zu Bologna, bemerkte bei Experimenten über Muskelreizbarkeit, daß, wenn er ein Stück Metall auf den Nerv eines kurz vorher getödteten Frosches legte, während das Glied, welches der Nerv durchläuft, auf einem andern Metall ruhte, dieses Glied sich bewegte, sobald beide Stücke Metall in Verbindung gebracht wurden.

Emilie.

Wie geschah das?

Mrs. B.

Entweder durch unmittelbare Berührung, oder durch einen sie verbindenden metallischen Leiter. Ich kann Ihnen diese Art elektrischer Thätigkeit deutlich machen, ohne einen Frosch grausamen Experimenten zu unterwerfen. Hier ist ein Stück Zink (wie Sie wissen ein einfacher Körper), legen Sie es unter die Zunge und dies Stück Silber auf die Zunge, doch so, daß beide Metalle ein wenig über die Zungenspitze hinausstehn. Nun lassen Sie beide Stücke sich berühren, und Sie werden sogleich eine eigenthümliche Empfindung bemerken.

Emilie.

Ja, ein ganz sonderbarer Geschmack, und ich dächte ein Grad von Hitze, aber es läßt sich nicht beschreiben.

Mrs. B.

Die Einwirkung der beiden Metalle auf die Zunge ist genau dieselbe wie die auf den Nerv des Frosches. Galvani suchte diese Thatsache durch eine Theorie zu erklären, die spätere Experimente bald widerlegten und bewiesen, daß der Galvanismus (wie man diese Kraft nannte) nichts anderes sei als Elektrizität. Galvani glaubte, die Kraft dieses neuen Agens wäre in den Nerven des Frosches enthalten; allein Volta, der mit größerm Gelingen diesen Gegenstand verfolgte, zeigte, daß die Erscheinungen nicht davon, sondern von der elektrischen Einwirkung der Metalle abhingen, welche die thierische Feuchtigkeit erregte, und daß die Organe des Frosches nur ein zartes Erkennungsmittel von dem Vorhandensein elektrischen Einflusses abgeben.

Volta bewies durch vielseitige Experimente, daß, wenn man 2 Metalle erst in Berührung setzt und dann trennt, das Gleichgewicht der beiden Elektrizitäten gestört worden und ein Theil der positiven in das eine, ein Theil der negativen in das andere Metall übergegangen ist. Es scheint jedoch, daß zu dieser Wirkung die Zwischenkunft einer Flüssigkeit nothwendig ist, denn, geschieht die Berührung der Platten im völlig trocknen, luftleeren Raume, so entwickelt sich keine Elektrizität.

Emilie.

Ist denn die Luft schon hinreichend, um Elektrizität zu entwickeln?

Mrs. B.

Vielleicht eher die Feuchtigkeit und Kohlensäure, die die Atmosphäre enthält.

Caroline.

Da war es also die Feuchtigkeit des Mundes, wodurch die Elektrizität der Silber- und Zinkplatten erregt wurde, mit denen Emilie das Experiment auf der Zunge machte?

Mrs. B.

Sicherlich. Wasser und sehr durch Wasser verdünnte Säuren findet man am wirksamsten um Elektrizität aus Metallen zu locken. Demzufolge bestand der ursprüngliche Apparat Volta's aus Zink- und Kupferplatten, die er in genau gleichmäßiger Folge in Form einer Säule aufeinanderhäufte, und jedes Paar Metallstücke trennte er durch eine eben so große Tafel Pappe oder Tuch, die mit Wasser getränkt war. Auch dieses Werkzeug ist so verändert und vervollkommnet worden, daß es weit mächtiger wirkt und nicht mehr Säule genannt werden sollte, da man jetzt die Platten seitwärts aneinanderreiht. Die galvanische Batterie, die wir hier betrachten wollen, besteht aus einer Reihe von Kupfer- und Zinkplatten, die paarweise aneinandergelöthet und in bestimmter gleicher Entfernung in irdene, mit Flüssigkeit gefüllte Tröge gestellt sind. (Tafel 5. Fig. 1.)

Um die Wirksamkeit der galvanischen Batterie verständlicher zu machen, wollen wir erst die Thätigkeit zweier Platten (Tafel 5. Fig. 2.) beobachten. Wenn eine Platte Zink einer Kupferplatte gegenübergestellt und der Zwischenraum mit saurer Flüssigkeit gefüllt wird, so lösen sich die beiden Elektrizitäten von den entgegengesetzten Flächen: das Kupfer giebt die negative her und das Zink die positive. Diese, durch die chemische Einwirkung der Säure entwickelten Elektrizitäten werden durch dieselbe auch der entgegengesetzten Platte übertragen, so daß die Kupferplatte positiv, die Zinkplatte negativ elektrisch wird.

Emilie.

Dies gleicht sehr dem Vorgange bei der gewöhnlichen Elektrisirmaschine, aber da ist blos Reibung nöthig, um die beiden Elektrizitäten der Glasscheibe zu trennen, denn indem sich letztere dreht, verläßt die negative Elektrizität das

Glas und geht in den Reiber, die positive bleibt und wird in den Leiter geführt.

Mrs. B.

Wird aber keine Verbindung zwischen dem Reiber und Fußboden eingerichtet, so kann man nur eine geringe Menge Elektrizität entwickeln, denn der Reiber faßt nur eine sehr beschränkte Portion des elektrischen Fluidum.

Caroline.

Diese dünnen Metallplatten müssen noch weniger Raum haben.

Mrs. B.

Sehr wahr. Wenn sie ihre Elektrizität nicht andern Körpern mittheilen können, werden sie auch nicht viel davon zu entwickeln vermögen. Die Platten müssen also in Stand gesetzt werden, sich der Elektrizität sogleich wieder zu entledigen, sobald sie sie erhalten, sonst wird die Thätigkeit unterbrochen. Könnten Sie mir ein Mittel angeben, um dies auszuführen?

Caroline.

Man muß mehr Platten anreihen, in die das elektrische Fluidum übergehen kann, sobald es entwickelt ist, und ohne Zweifel ist die Volta'sche Batterie so gebaut.

Mrs. B.

Es ist wahr, die innere Kraft der Batterie ist desto größer, je mehr Platten sie zählt, denn die Elektrizität wird von einer Platte zur andern geführt, bis sie sich ganz in den beiden Endplatten anhäuft: die positive in der letzten Kupferplatte, die negative in der ersten Zinkplatte.

Diese beiden Endpunkte nennt man die Pole der Batterie, die Kupferplatte ist der positive Pol, die Zinkplatte der negative, und jede dieser Platten trägt die ganze Ladung ihrer bezüglichen Elektrizitäten. So lange diese Platten sich aber nicht der Ladung zu entäußern vermögen, kann nicht weiter Elektrizität entwickelt werden und die Thätigkeit der Batterie muß aufhören.

Emilie.

Würden nicht zwei Ketten oder Dräthe, von jeder Endplatte nach dem Boden führend, dem Zweck entsprechen und die Elektrizität in die Erde leiten?

Mrs. B.

Abgeleitet würde freilich die Ladung, allein auf diese Weise ginge die Kraft ganz verloren, die zu erlangen wir uns bemühten. Also statt nach der Erde wollen wir die Dräthe zusammenführen. Die beiden Pole begegnen sich so, verbinden und neutralisiren sich, und so lange diese Kommunikation dauert, wird die Batterie frei und ungestört thätig sein, weil die sich entwickelnde Elektrizität einen Ausweg findet.

Caroline.

Wie hoch steht diese Erfindung über der Elektrisirmaschine, bei der eine der beiden Elektrizitäten stets verloren geht. Aber ist es auch ganz gewiß, daß die elektrische Kraft der galvanischen Säule genau von derselben Natur ist wie die der Elektrisirmaschine?

Mrs. B.

Ohne allen Zweifel. Schlagende Beweise dafür sind: die Erschütterung, die sie dem menschlichan Körper verursacht, der Funke, der Umstand, daß beide die gleichen Leiter und Nichtleiter haben 2c. Ueberdies ist erwiesen, daß eine Leidner Flasche und eine gewöhnliche elektrische Batterie mit Elektrizität aus der galvanischen Säule gefüllt werden können und genau dieselben Wirkungen hervorbringen. Eben so vermögen beide Werkzeuge die gleichen chemischen Zerlegungen zu bewirken, und die Experimente der berühmtesten Chemiker haben die Identität der Kräfte völlig bewiesen.

Caroline.

Warum gebraucht man denn da nicht die Elektrisirmaschine zu chemischen Zersetzungen?

Mrs. B.

Weil sie zu solchen Zwecken ungleich schwächer wirkt.

Man sah sich genöthigt zu dergleichen Experimenten mit der Elektrisirmaschine nur die allerkleinsten Mengen der Stoffe zu nehmen, und der Erfolg war nur insofern befriedigend, daß man die Gleichheit der Wirkungen beider Werkzeuge darthat; allein zur praktischen Benutzung eignet sich nur die Volta'sche Batterie.

Caroline.

Wie furchtbar muß der Schlag einer galvanischen Batterie sein!

Mrs. B.

Nicht so stark als Sie sich vorstellen. Die Ueberlegenheit der Volta'schen Säule über die Elektrisirmaschine liegt nicht in der größern Kraft, sondern in der fortwährenden Thätigkeit. Sobald in der gewöhnlichen Maschine die beiden Elektrizitäten vereinigt sind, ist das Gleichgewicht hergestellt und die Wirksamkeit hört auf: die Reibung muß wiederholt werden, um von Neuem die Pole zu trennen und eine zweite Ladung hervorzubringen. Bei der Volta'schen Batterie hingegen vermehrt die Vereinigung der Pole die Kraft, statt die Thätigkeit zu stören.

Emilie.

Gewiß, denn sie öffnet der Freiwerdung von mehr Elektrizität den Weg; gerade wie die Kette, die mit dem Fußboden in Verbindung steht, es der negativen Elektrizität möglich macht den Reiber zu verlassen und so die Anhäufung der positiven in der Glasscheibe befördert.

Mrs. B.

Die beiden Elektrizitäten in der Batterie wirken in einer fortlaufenden Reihenfolge von kleinen Ladungen und bilden einen dauernden elektrischen Strom. Darum, wo es einer fortgesetzten Wirksamkeit gilt, wie bei chemischen Zersetzungen, ist die Kraft der Batterie bei Weitem überlegen, obgleich die einfache, augenblickliche Wirkung der gewöhnlichen Elektrisirmaschine weit stärker ist.

Caroline.

Wäre es nicht möglich die galvanische Säule so stark zu machen, daß sie auch darin die gewöhnliche Maschine ersetzte?

Mrs. B.

Man kann es so weit bringen, daß sie eine schwache Elektrisirmaschine nachahmt und sichtbare Funken hervorbringt, wenn man damit eine Leidner Flasche ladet.

Wenn Sie die Zahl der Platten vermehren, wird die Intensität einer Batterie erhöht und die Quantität durch Vergrößerung der einzelnen Platten. Erst glaubte man, zur Krafterhöhung seien größere Dimensionen der Platten wesentlicher als deren Anzahl. Bei der Prüfung fand sich aber, daß eine Batterie von nicht sehr großen Platten Quantitäten von Elektrizität erzeugt, die vollkommen zu chemischen Zersetzungen hinreichen, und daß der Hauptvortheil dieses Apparates in der Fortdauer seiner Thätigkeit besteht.

Caroline.

Jetzt verstehen wir nun die Natur der Wirksamkeit der Volta'schen Batterie, nun verlangt mich recht, die chemischen Entdeckungen kennen zu lernen, die sich darauf gründen.

Mrs. B.

Sie müssen Ihre Ungeduld zügeln, liebe Caroline, denn ich kann nicht eher von diesen Entdeckungen sprechen, bis wir im Laufe unsrer Studien dazu kommen. Eine neuere Entdeckung, die sich hierauf bezieht, kann ich jedoch nicht mit Stillschweigen übergehen, obgleich sie nicht unmittelbar mit der Chemie zusammenhängt. Es betrifft den Einfluß der Elektrizität auf den Magnetismus. Sie wissen schon etwas von der wunderbaren Eigenschaft der Magnetnadel, eine ihrer Spitzen nach Norden zu richten, und Sie werden leicht begreifen wie anziehend für die Wissenschaft jede neue Thatsache sein muß, die auf diese wahrhaft geheimnißvolle Naturkraft Bezug hat. Wenn man eine galvanische Batterie so stellt, daß ihr negativer Pol nach Süden, der positive nach

Norden gekehrt ist, und zugleich mittelst eines Metalldrathes oberhalb der Batterie eine Verbindung zwischen ihnen errichtet, und dann eine Magnetnadel in paralleler Richtung gerade über den Drath hängt, so dreht sich die Nadel alsbald rund um ihren Stift und richtet ihre nördliche Spitze mehr oder weniger nach Westen, je nachdem die Batterie stark ist. Wird aber die Magnetnadel unter den Volta'schen Leiter gestellt, so fängt sie auch gleich an sich zu drehen, aber ihr Nordpol zeigt dann gegen Osten.

Emilie.

Und wie erklärt man sich diese sonderbare Wirkung?

Mrs. B.

Es ist einer der verwickeltsten Punkte der Naturlehre und die Gelehrten sind noch nicht ganz darüber einig. Einige der vorzüglichsten Köpfe sind jedoch ernstlich beschäftigt, diesen Gegenstand aufzuklären, und das, was sie schon gefunden haben, macht es äußerst wahrscheinlich, daß das elektrische Fluidum und das magnetische identisch d. h. dieselben sind, und daß man dem Eisen und Stahl die magnetischen Eigenschaften durch einen galvanischen Strom mitzutheilen vermag. Aber die Experimente, welche diese Thatsache darlegen, sind viel zu schwierig, um mich daran zu wagen, und gehören überdies mehr zur Physik als zur Chemie.

Da wir jetzt die drei unwägbaren wirkenden Kräfte — Wärme, Licht und Elektrizität — untersucht haben, wollen wir zur zweiten Klasse übergehen und uns zunächst mit dem Sauerstoff beschäftigen.

Siebente Unterhaltung.

Ueber Sauerstoff und Stickstoff.

Mrs. B.

Heute wollen wir die chemischen Eigenschaften der Atmosphäre untersuchen.

Caroline.

Ich denke, Sie wollten uns zuerst das Wesen des Sauerstoffs erklären?

Mrs. B.

Das will ich auch: da aber die Atmosphäre aus zwei Grundstoffen besteht, Sauerstoff und Stickstoff, so wollen wir die Luft zerlegen und ihre Bestandtheile einzeln betrachten.

Es weicht freilich von unsrer Eintheilung ab, Sauerstoff und Stickstoff gleichzeitig vorzunehmen, aber ihre Vereinigung in der Atmosphäre ist so anziehend, daß beide verlieren würden, wenn man sie unabhängig von einander behandelte.

Emilie.

Ich dachte, die Atmosphäre wäre ein sehr complicirtes Fluidum, aus allen verschiednen Erdausdünstungen zusammengesetzt?

Mrs. B.

Solche Stoffe sind eher als fremdartig und zufällig anzusehen, als daß sie Bestandtheile bilden, und ihr Verhältniß zu der ganzen Masse ist sehr gering.

Die atmosphärische Luft besteht aus zwei Gasarten, bekannt unter den Namen: Sauerstoffgas und Stickstoffgas.

Emilie.

Bitte, was ist ein Gas?

Mrs. B.

Schon bei der Wärme habe ich Ihnen das erklärt. Gas nennt man jeden luftförmigen Körper, der fähig ist unter dem Druck und in der Temperatur der Atmosphäre in diesem luftförmigen Zustande dauernd zu bestehen.

Caroline.

Nennt man Wasser oder jede andre Substanz, die man durch Hitze verdampft, nicht Gas?

Mrs. B.

Nein, Dampf ist in der That ein elastisches Fluidum und hat viel Aehnlichkeit mit Gas, jedoch in mehr als einem Punkte weichen sie so wesentlich ab, daß man sie stets unterscheiden kann. Sichtbarer und unsichtbarer Dampf verdankt seine Elastizität immer allein einer erhöhten Temperatur, die der des kochenden Wassers gleichkommt, und unterscheidet sich nur dadurch von letzterem, daß er mit mehr Wärmestoff verbunden ist, der sich im latenten Zustande befindet. Wenn Dampf abkühlt, wird er sogleich wieder Wasser, allein der größte Theil der Luft- oder Gasarten hat nie durch irgend einen Kältegrad flüssig oder fest gemacht werden können. Nach neueren Versuchen scheint es zwar, daß man manche Körper für permanente Gase gehalten hat, die man flüssig machen kann, wenn man sie in Glasgefäßen einem starken Druck unterwirft. Unter diesen Umständen werden flüssig und erscheinen als klare, höchst bewegliche Flüssigkeiten unter andern: das Kohlensäuregas, das Schwefelwasserstoffgas und das Ammoniackgas.

Emilie.

Ist es da nicht wahrscheinlich, daß noch andere Gasarten auf ähnliche Weise verdichtet werden können, und daß Stickstoff, Sauerstoff, ja selbst Wasserstoff flüssig würden, wenn man nur einen hinreichend kräftigen Druck anwendete?

Mrs. B.

Sehr wahrscheinlich. Perkins versichert, daß die atmosphärische Luft unter einem Druck von tausend Atmosphären sich zur Flüssigkeit verdichtet, und daß selbst einige Zeit nach Entfernung des Druckes ein Theil im flüssigen Zustande bleibt. Er fand auch, daß Essigsäure unter diesem ungeheuren Drucke krystallisirt.

Emilie.

Aber verdankt Gas nicht, ebenso wie Dampf, seine Elastizität dem Wärmestoff?

Mrs. B.

Das ist die vorherrschende Meinung; man glaubt die Verschiedenheit von Gas und Dampf läge in der abweichenden Art der Verbindung des Wärmestoffs mit der Grundlage dieser elastischen Flüssigkeiten: im Dampf betrachtet man den Wärmestoff mechanisch gebunden (latent), im Gas hält man ihn für chemisch verbunden.

Emilie.

Wenn Sie also von den einfachen Körpern Sauerstoff und Stickstoff sprechen, so meinen Sie damit die Grundstoffe dieser beiden Gasarten?

Mrs. B.

Ja, im strengsten Sinne. Sie können erst Gase genannt werden, wenn sie zum luftförmigen Zustande gebracht sind.

Caroline.

In welchen Verhältnissen sind sie in der atmosphärischen Luft verbunden?

Mrs. B.

Das Sauerstoffgas bildet etwas mehr als ein Fünftheil und das Stickstoffgas etwas weniger als vier Fünftheile. Wenn man sie trennt, findet man, daß sie ganz verschiedne Eigenschaften besitzen: Sauerstoffgas ist wesentlich zum Athmen und zur Verbrennung, und keiner dieser Prozesse kann mit Stickstoffgas hervorgebracht werden.

Caroline.

Wenn Stickstoffgas das Athmen hindert, warum macht es einen so großen Theil der Luft aus?

Mrs. B.

Wir würden zuviel, also mehr einathmen als unsre Lungen vertragen, wenn wir allein Sauerstoff athmeten. Der Stickstoff ist kein Hinderniß der Respiration und entspricht im Gegentheil manchen nützlichen Zwecken, obgleich wir nicht wissen, auf welche Weise er bei diesem Vorgange thätig ist.

Emilie.

Und durch welche Mittel kann man die beiden Gase trennen?

Mrs. B.

Dazu giebt es mehrere Wege. Einer der anziehendsten ist die Verbrennung.

Emilie.

Wie ist es möglich, daß Verbrennung die beiden Gase trennen sollte?

Mrs. B.

Körper, die noch nicht mit Sauerstoff verbunden sind, nehmen ihn bei einer gewissen Temperaturerhöhung aus der Luft auf, in welchem Falle das Stickgas allein zurückbleibt und so im getrennten Zustande erhalten werden kann.

Caroline.

Ich verstehe nicht, wie ein Gas aufgenommen werden kann.

Mrs. B.

Nur der Sauerstoff, die Basis des Gases, wird aufgenommen, und der Wärmestoff, der ihn gasförmig machte, entweicht.

Emilie.

Und was wird aus dem Wärmestoff?

Mrs. B.

Dies Stückchen trocknes Holz soll Sauerstoff aus der Luft anziehen, und Sie werden sehn, was aus dem Wärmestoff wird.

Caroline.

Sie scherzen, Mrs. B. Es kann nicht ernstlich Ihre

Absicht sein, mit einem trocknen Stocke die Atmosphäre zu zerlegen.

Mrs. B.

Die ganze Atmosphäre gewiß nicht, aber wenn wir es dahin bringen, daß dies Stück Holz ihr irgend eine Quantität Sauerstoff entzieht, so wird eine verhältnißmäßige Menge Luft zersetzt.

Caroline.

Wenn Holz eine so starke Anziehungskraft für Sauerstoff besitzt, warum zersetzt es die Luft nicht ohne Weiteres?

Mrs. B.

Ich sagte Ihnen, daß eine Temperatnrerhöhung dazu erforderlich sei, zu welchen Zwecken wissen wir nicht; vielleicht um die Cohäsionskraft des Holzes zu vermindern, was den Sauerstoff leichter in Stand setzt es zu durchdringen und sich damit zu verbinden.

Was für ein Mittel können wir wohl anwenden, um den Wärmegrad des Holzes so zu erhöhn, daß es fähig wird, Sauerstoff aus der Luft zu ziehn?

Caroline.

Ich dächte, wenn wir es nahe ans Feuer hielten?

Mrs. B.

Aber auch recht nah, denn es bedarf schon eines beträchtlichen Hitzgrades.

Caroline.

Es fängt an zu brennen und doch hat es nicht die Kohlen berührt; aber ich hielt es so dicht daran, daß ich glaube, es fing Feuer, blos weil die Hitze so groß war.

Mrs. B.

Oder mit andern Worten, der Wärmestoff, den das Holz einsaugte, erhöhte seine Temperatur dergestalt, daß es im Stande war, der Luft sehr rasch Sauerstoff zu entziehen.

Emilie.

Nimmt das Holz Sauerstoff auf während es brennt?

Mrs. B.

Ja, und in Folge der Verbindung des Sauerstoffs mit dem Holz wurden die Wärme und das Licht frei, die ihn im gasförmigen Zustande erhielten.

Caroline.

Wie, die Hitze eines brennenden Körpers geht also eben so sehr von der umgebenden Luft aus, als von dem Körper selbst?

Mrs. B.

Der bei Verbrennungen sich entwickelnde Wärmestoff rührt ganz oder beinah ganz von der Zersetzung des Sauerstoffgases her.

Emilie.

Nun wird mir Vieles klar. Ich wunderte mich erst, daß die Brennbarkeit eines Körpers mit seiner Verwandtschaft zum Sauerstoff im Zusammenhange stehen sollte, aber nun glaube ich, das vollkommen zu begreifen.

Mrs. B.

Sie sehen, Verbrennung ist nichts weiter als die rasche Verbindung eines Körpers mit Sauerstoff, und die daraus folgende Entwickelung von Licht und Wärme.

Emilie.

Aber giebt es keine brennbarenn Körper, deren Anziehungskraft für Sauerstoff so stark ist, daß sie sich ohne Anwendung von Hitze damit verbinden?

Caroline.

Das kann nicht sein, sonst sähe man Köper von selbst brennen.

Mrs. B.

Es giebt einige Beispiele von dieser Art, wie Phosphor, Kalium und einige zusammengesetzte Körper, mit denen ich Sie später bekannt machen will. Diese Körper werden jedoch künstlich bereitet, denn im Allgemeinen haben alle natürlichen Verbrennungen, die bei der Temperatur der Atmosphäre vorfallen könnten, schon stattgefunden; daher können keine neuen

Verbrennungen geschehen, wenn nicht vorher der Wärmegrad des Körpers erhöht worden ist. Einige Körper brennen aber schon bei weit geringerer Temperatur als andre.

Caroline.

Nicht wahr, es ist nicht der gewöhnliche Weg einen Körper anzuzünden, wenn man ihm einen schon brennenden blos nähert, sondern eigentlich muß man beide in wirkliche Berührung bringen, wie ich z. B. dies Stück Papier in die Flamme halte.

Mrs. B.

In je engere Berührung ein Körper mit der Quelle des Wärmestoffs geräth, je eher wird seine Temperatur zu dem Grade erhöht, den er zum Brennen bedarf. Halten Sie ihn nur nahe an das Feuer, wird dieselbe Wirkung hervorgebracht, aber erst nach längerer Zeit, wie Ihnen das Stück Holz bewies.

Emilie.

Warum ist während der Dauer des Verbrennunsprozesses keine weitere Hinzufügung von Wärmestoff nöthig, um die Temperatur des Holzes so erhöht zu halten, wie erforderlich ist, wenn es die Verbindung mit Sauerstoff eingehen soll?

Mrs. B.

Sobald einmal die Verbrennung begonnen hat, entwickelt sich nach und nach so viel Wärmestoff, daß es keines äußern Hülfsmittels bedarf, um die erhöhte Temperatur zu erhalten.

Caroline.

Ich kann mich nicht enthalten, immer in das Feuer zu blicken, seitdem Sie uns die wunderbare Lehre von der Verbrennung erklären, und mir fällt es schwer zu begreifen, daß Licht und Wärme, die, wie ich glaubte, allein von der Feuerung ausgingen, wirklich nur durch die Zersetzung der Luft entstehen sollen.

Emilie.

Wenn man das Feuer anbläst, beschleunigt man die Verbrennung, weil man, so denke ich, den Kohlen eine größere Menge Sauerstoff zuführt.

Mrs. B.

Gewiß, indessen würde kein Anblasen eine Verbrennung hervorbringen, wenn nicht vorher die Temperatur erhöht wäre. Dagegen ist zuweilen ein einzelner Funke hinreichend, diese Wirkung hervorzubringen, denn, wie gesagt, hat einmal die Verbrennung begonnen, so reicht der sich entwickelnde Wärmestoff hin, die Temperatur des übrigen Körpers zu erhöhen, vorausgesetzt, daß der Sauerstoff freien Zugang hat. Mitunter geht aber doch ein schlecht gemachtes Feuer aus, ehe alle Feuerung verzehrt ist, und dies allein deswegen, weil die Verbrennung so langsam von Statten geht, daß sich nicht genug Wärmestoff entwickeln kann; denn zur Verbrennung sind drei Dinge wesentlich nothwendig: ein brennbarer Körper, Sauerstoff und eine Temperatur, in der jene Beiden sich zu verbinden vermögen.

Emilie.

Sie sagten, Verbrennung sei die eine Art, atmosphärische Luft zu zerlegen und Stickgas im einfachen Zustande zu gewinnen — wie versichern Sie sich nun dieses Gases und hindern es, sich mit der übrigen Luft zu vermengen?

Mrs. B.

Man muß zu diesem Zweck den Körper in einem verschlossnen Gefäße verbrennen, was sehr leicht ist. Wir wollen z. B. ein kleines brennendes Licht unter eine Glasglocke bringen, die in einem Becken über Wasser steht, und also keine Verbindung mit der äußern Luft zuläßt.

Caroline.

Wie trübe brennt schon das Licht. Jetzt geht es aus!

Mrs. B.

Können Sie mir sagen, warum es verlöscht?

Caroline.

Ich will überlegen. — Die Glocke war voll atmosphärischer Luft; das Licht, was darunter brannte, muß sich mit dem darin enthaltenen Sauerstoff verbunden haben, und das Freiwerden des Wärmestoffes brachte das Leuchten der Kerze hervor. Als aber aller Sauerstoff aufgenommen war, konnte sich kein Wärmestoff mehr entwickeln, das Licht hörte auf zu brennen und die Flamme verlöschte.

Mrs. B.

Ihre Erklärung ist völlig richtig.

Emilie.

Da so beide Bestandtheile des Sauerstoffgases verbraucht sind, muß das, was unter der Glocke zurückblieb, reines Stickstoffgas sein.

Mrs. B.

Gewisse Umstände verhindern, daß auf diese Weise reines Stickgas gewonnen werden kann; ob aber der Sauerstoff gänzlich verschwunden ist, können wir leicht untersuchen, indem wir ein andres brennendes Licht unter die Glocke stellen. Sie sehen, es verlöscht augenblicklich aus Mangel an Sauerstoff, und brächten Sie ein Thier darunter, so würde es sogleich ersticken.

Emilie.

Sehen Sie, Mrs. B., die Glocke ist voll von weißem, dicken Rauch. Ist das Stickgas?

Mrs. B.

Nein, Stickgas ist völlig durchsichtig und unsichtbar, wie die gewöhnliche Luft. Dies Unklare entsteht von den Ausdünstungen der brennenden Kerze, was Sie jetzt noch nicht verstehen können.

Caroline.

Das Wasser ist jetzt so unter die Glocke gedrungen, daß es mit dem im Becken eine Fläche bildet, ja beinah höher steht. Wie kommt das?

Mrs. B.

Mit geringer Ueberlegung hätten Sie sich diese Frage selbst beantworten können. Durch die Verbrennung ist das Sauerstoffgas, was in der Glocke war, zerstört, oder vielmehr zersetzt worden.

Caroline.

Warum stieg denn da das Wasser nicht gleich, so wie das Gas verzehrt war?

Mrs. B.

Weil die Wärme des brennenden Lichtes die Luft im Gefäße ausgedehnt hatte und Kohlensäure erzeugte.

Ein anderer Weg die Atmosphäre zu zerlegen ist die Sauerstoffung gewisser Metalle. Dieser Vorgang ist dem des Verbrennens sehr verwandt, und in der That nur ein umfassenderer Ausdruck, um die Verbindung eines Körpers mit Sauerstoff zu bezeichnen.

Caroline.

Worin unterscheiden sich beide Begriffe?

Mrs. B.

Die Verbindung des Sauerstoffs bei der Verbrennung ist stets von einer Entwicklung von Licht und Wärme begleitet, während dieser Umstand keine nothwendige Folge der einfachen Sauerstoffung ist.

Caroline.

Wie kann ein Körper gasförmigen Sauerstoff aufnehmen, ohne daß Licht und Wärme entwickelt würde?

Mrs. B.

Sauerstoff stellt sich nicht immer gasförmig dar; er ist ein Bestandtheil einer großen Menge flüssiger und fester Körper, in denen er in weit dichterem Zustande vorhanden ist als in der Luft, und von diesen Körpern kann man ihn ohne bedeutende Wärmeentwicklung gewinnen. Bisweilen kann er auch aus der Atmosphäre abgesondert werden, ohne auf irgend bemerkliche Weise Licht und Wärme zu erzeugen, weil dann der Prozeß langsam vor sich geht und der Wärmestoff dabei in geringen Quantitäten und sehr allmählig frei wird. In allen diesen Fällen nennt man die Verbindung mit Sauerstoff Sauerstoffung oder Oxydation statt Verbrennung.

Emilie.

Ich wundre mich, daß sich Metalle mit Sauerstoff verbinden können. Bei ihrer Dichtigkeit muß ihre Cohäsionskraft sehr groß sein, und ich hätte nie geglaubt, daß Sauerstoff sie durchdringen könne.

Mrs. B.

Ihre starke Anziehungskraft für Sauerstoff hält diesem Hinderniß das Gegengewicht. Die meisten Metalle müssen jedoch glühend gemacht werden, ehe sie den Sauerstoff in bedeutender Menge anzuziehn vermögen. Durch diese Verbindung verlieren sie ihre meisten metallischen Eigenschaften und zerfallen in eine Art Pulver, was man sonst Metallkalk nannte, jetzt aber richtiger den Namen Sauerstoffmetall oder Metalloxyd trägt. So haben wir ein Sauerstoffblei oder Bleioxyd, ein Sauerstoffeisen oder Eisenoxyd ꝛc.

Caroline.

Das Wort Oxyd bedeutet also ganz einfach ein mit Sauerstoff verbundnes Metall?

Mrs. B.

Ja, aber der Ausdruck ist nicht allein auf Metall beschränkt, obgleich besonders von ihnen gebräuchlich: jeder Körper, der sich mittelst Oxydation oder Verbrennung mit einer gewissen Menge Sauerstoff verbunden hat, heißt ein Oxyd, und man sagt von ihm er ist oxydirt oder gesauerstofft. Hier dieses schwarze Pulver ist ein Oxyd des Manganmetalls, bekannt unter dem Namen Braunstein. Das Manganmetall hat eine so starke Verwandtschaft zum Sauerstoff, daß es diesen Stoff bei jeder gekannten Temperatur der Luft entzieht und daher nie in der Metallform gefunden wird, sondern immer als Oxyd, wo es wenig das

Ansehn eines Metalles hat. Es ist nun schwerer als vor der Oxydation, in Folge des Gewichtes des Sauerstoffs, mit dem es verbunden ist.

Caroline.

Es ist mir recht lieb das zu hören, denn ich gestehe, ich konnte einige Zweifel nicht unterdrücken, ob Sauerstoff auch ein wirklicher Stoff sei, da er doch nicht einfach und handgreiflich darzustellen ist, sein Gewicht scheint mir aber ein überzeugender Beweis dafür.

Mrs. B.

Man kann sein Gewicht leicht schätzen, indem man ihn vom Mangan trennt, das Zurückbleibende Metall ist viel leichter.

Emilie.

Wenn Sie den Sauerstoff aus dem Metall herausziehen können, werden wir ihn da endlich im einfachen Zustande zu sehn bekommen?

Mrs. B.

Nein, ich kann ihn nur vom Mangan trennen, wenn ich ihn mit einem andern Stoffe zusammenbringe, zu dem er noch eine größere Verwandtschaft hat. Dies ist der Wärmestoff, und indem er sich mit diesem verbindet, wird er luftförmig. Ich habe etwas Braunstein in eine Retorte gethan (ein irdener Kolben mit gebogenem Halse) und diese Retorte in einem Ofen glühend gemacht. Um Ihnen das Entweichen des Gases deutlich zu zeigen, befestige ich ein gebogenes Glasrohr an den Hals der Retorte, und leite dessen Ende in ein Gefäß mit Wasser. Sehen Sie die Luftblasen durch das Wasser steigen?

Caroline.

Ja. Das ist also reines Sauerstoffgas? Wie schade, daß es verloren geht!

Mrs. B.

Wir wollen es in einer Glocke auffangen. Zu diesem Zweck fülle ich erst die Glocke mit Wasser, um die Luft auszuschließen, und stelle sie dann auf eine durchlöcherte und vom Wasser bedeckte Bank dicht über die Mündung des Rohres, so daß die Bläschen durch das Wasser nach dem obern Theile der Glocke steigen müssen.

Emilie.

Gewiß vermöge ihrer spezifischen Leichtigkeit?

Mrs. B.

Ja. Sauerstoff bildet zwar eine schwere Gasart, allein gegen Wasser ist er doch leicht. Sie sehen, wie es nach und nach das Wasser aus der Glocke treibt. Jetzt ist sie voll Gas, und ich kann es auf der Bank im Wasser so lange aufbewahren, bis ich es brauche. Dieser Apparat, der zu allen Experimenten mit Gas unumgänglich nöthig ist, heißt eine pneumatische Wanne.

Nun will ich Ihnen ein Experiment zeigen, was auf schlagende Weise darthut, wie wesentlich Sauerstoff zur Verbrennung ist. Sie sollen sehen, daß selbst Eisen in diesem Gase sehr rasch und glänzend brennt.

Caroline.

Ich hätte wirklich nicht gedacht, daß dies überhaupt möglich wäre.

Mrs. B.

Eisen verbindet sich, gleich allen andern Metallen, in atmosphärischer Luft mit Sauerstoff, brennt darin aber nur bei äußerster Temperaturerhöhung; in reinem Sauerstoffgase ist es hingegen in hohem Grade brennbar und — was Sie noch mehr in Verwunderung setzen wird — es kann ohne bedeutenden Hitzgrad in Feuer gesetzt werden. Ich befestige diesen gewundenen Eisendrath an einen Kork, der genau in die Oeffnung oben an der Glasglocke paßt.

Emilie.

Ich sehe, daß die Glocke oben eine Oeffnung hat, aber sie ist genau mit einem geschliffnen Glasstöpsel verschlossen.

Mrs. B.

Dies geschieht, um dem Entweichen des Gases vorzubeugen. Ich werde den Stöpsel herausziehn und den Kork hineinstecken, an dem der Drath hängt, um diesen im Sauerstoffgase zu verbrennen, wozu ein wenig brennender Schwamm hinreicht, den ich an das Ende des Drathes stecke. Nun wollen wir die Stöpsel wechseln.

Caroline.

Befürchten Sie nicht das Entweichen des Gases beim Oeffnen?

Mrs. B.

Sauerstoffgas ist etwas schwerer als atmosphärische Luft, und vermengt sich daher nicht sehr schnell damit, überdies lasse ich die Oeffnung nicht unbedeckt.

Caroline.

O, welche schöne, glänzende Flamme!

Emilie.

Weiß und glänzend wie Sonnenlicht! Da fällt ein Stück geschmolznen Drathes auf den Boden, ich fürchte die Flamme ist verlöscht. Nein, da brennt sie wieder so hell und glänzend wie vorher.

Mrs. B.

Der Drath wird brennen, bis er ganz verzehrt ist, wenn nicht das Sauerstoffgas eher ein Ende nimmt, denn Sie wissen, dies ist zum Brennen durchaus nothwendig.

Caroline.

Ich sah nie ein schöneres Licht. Meine Augen können es kaum ertragen! Wenn ich bedenke, daß all dieser Wärmestoff in der kleinen Quantität Gas und Eisen enthalten war, und doch vorher keine bemerkliche Wärme von sich gab!

Emilie.

Wie wunderbar schnell die Verbrennung in reinem Sauerstoffgase vor sich geht. Ist nichts von dem Drathe verzehrt, und sind diese Tropfen verbrannten Eisens so schwer, als der Drath vorher war?

Mrs. B.

Sogar schwerer, denn das Eisen erleidet durch das

Brennen keinen Verlust, sondern gewinnt noch das Gewicht des Sauerstoffs, der verschwunden ist und sich mit ihm verbunden hat. Es ist jetzt Eisenoxyd geworden oder das, was man gewöhnlich Hammerschlag nennt.

Caroline.

Sie sagen, der Sauerstoff ist verschwunden, er wra ja aber erst gar nicht sichtbar?

Mrs. B.

Der Ausdruck war nicht ganz richtig, allein, wenn Sie auch das Sauerstoffgas nicht sehen konnten, zweifelten Sie hoffentlich nicht an seinem Vorhandensein, da die Wirkung auf den Drath überzeugend war.

Caroline.

Natürlich, aber es war ja der Wärmestoff und nicht das Gas selbst, was uns so blendete.

Mrs. B.

Wärmestoff ist unsichtbar und berührt nur den Sinn des Gefühls. Das Licht blendete Sie.

Caroline.

Nun ja, aber Licht und Wärme sind so beständig beisammen, daß man sie selbst in Gedanken schwer trennen kann.

Mrs. B.

Je leichter man sie verwechselt, desto genauer muß man auf den Unterschied merken.

Caroline.

Warum ist nun das Wasser gestiegen und füllt einen Theil der Glocke? — Ach ich weiß schon. — Der Sauerstoff hat sich mit dem Drath verbunden, der Wärmestoff ist entwichen, folglich ist nichts mehr in der Glocke und das Wasser füllt den leeren Raum.

Emilie.

Ich wünschte, wir hätten vorher den Drath und das Gas gewogen, dann könnten wir jetzt sehen, ob in dem Oxyde das Gewicht beider enthalten ist.

Mrs. B.

Ich kann Ihnen versichern, aus jedem solchen, mit Genauigkeit ausgeführtem, Versuche ergiebt sich, daß das Oxyd gerade um so viel schwerer ist, als der Körper Sauerstoff angezogen hat, es mag dies nun mittelst Verbrennung oder durch einfache Sauerstoffung geschehen sein.

Caroline.

Das ist aber doch beim Verbrennen im Allgemeinen nicht der Fall, denn wenn man irgend eine Substanz in gewöhnlicher Luft verbrennt, wird ihr Gewicht statt vermehrt, augenscheinlich vermindert, ja oft ganz verzehrt.

Mrs. B.

Was verstehen Sie unter dem Ausdruck verzehren? Sie können nicht annehmen, daß das kleinste Theilchen irgend eines Stoffes in der Natur wirklich zerstört werden könne. Ein zusammengesetzter Körper wird durch Verbrennung zersetzt, einige seiner Bestandtheile verfliegen in Gasform, andere bleiben als schwerere Masse zurück; erstere nennt man flüchtige, letztere feste Produkte der Verbrennung. Wenn wir alle diese Bestandtheile sammeln, finden wir stets, daß sich das Gewicht des Ganzen um so viel vermehrt hat, als der Sauerstoff beträgt, mit dem sie sich während der Verbrennung verbunden haben.

Emilie.

Bei einem Kohlenfeuer wäre also die Asche das feste Produkt und der Rauch das flüchtige?

Caroline.

Wenn aber das Feuer recht gut brennt, und daher die Menge flüchtiger Produkte am größten sein sollte, giebt es keinen Rauch, wie erklären Sie das?

Emilie.

Du hast recht, da habe ich die Sache doch nicht richtig aufgefaßt.

Mrs. B.

Nicht ganz. Asche ist, wie Sie sagten, ein festes Produkt der Verbrennung, aber Rauch, im eigentlichen Sinne, ist kein flüchtiges Produkt, denn er besteht aus kleinen unzersetzten Kohlentheilchen, die — ohne gebrannt zu haben — von der erhitzten Luft entführt, und entweder als Ruß abgesetzt oder vom Winde zerstreut werden. Rauch kann also gar nicht als Verbrennungsprodukt betrachtet werden, da seine Bestandtheile diesem Prozesse nicht unterworfen waren. Deshalb ist es leicht begreiflich, daß, je stärker das Feuer ist, je weniger bildet sich Rauch, weil alsdann kein Theilchen der Verbrennung entgeht. Auf diesem Grundsatze beruht die Erfindung der Argandischen Lampen: durch die Höhlung des cylindrischen Dochtes geht ein Luftzug, der ihn so reichlich mit Sauerstoff versieht, daß alles Oehl verbrennt und also kein Rauch entsteht.

Emilie.

Was sind denn da die flüchtigen Produkte der Verbrennung?

Mrs. B.

Verschiedentliche neue Zusammensetzungen, die Ihnen noch unbekannt sind und die man nicht sehen kann, weil sie vom Wärmestoff in unsichtbare Dämpfe oder Gase verwandelt werden; man kann sie aber sammeln und wir wollen sie später untersuchen.

Caroline.

Es giebt also noch mehr Gasarten als Sauerstoff- und Stickstoffgas?

Mrs. B.

Ja, verschiedene. Jeder Stoff, der in der Temperatur der Atmosphäre die Form eines elastischen Fluidum annehmen und festhalten kann, wird Gas genannt; wir werden die einzelnen Gase immer gehörigen Orts vornehmen, jetzt müssen wir uns allein mit denen beschäftigen, aus welchen die Atmosphäre besteht.

Nun will ich Ihnen eine andre sehr einfache Art zeigen, die Luft zu zerlegen. Beim Einathmen behalten wir einen

Theil Sauerstoff zurück und athmen das Stickgas aus, so daß, wenn wir eine gewisse Zeitlang in ein verschloßnes Gefäß athmen, die Luft darin alles Sauerstoffgases beraubt wird.

Caroline.

Lassen Sie mich das versuchen.

Mrs. B.

Gut. Athmen Sie wiederholt durch diese Glasröhre in die Glocke, bis Sie fühlen, daß Ihnen die Luft ausgeht.

Caroline.

Ich kann schon gar nicht mehr athmen!

Mrs. B.

Nun wollen wir das Gas mit einem brennenden Lichte prüfen.

Emilie.

Es ist ganz reines Stickgas, denn das Licht verlöscht augenblicklich.

Mrs. B.

Das ist nur ein Beweis von dem Nichtvorhandensein des Sauerstoffes, des Grundstoffes der Verbrennung, denn das Stickgas hier ist keinesweges rein.

Emilie.

So oft Sie uns hier die Luft zerlegten, verließ immer der Sauerstoff den Stickstoff, geht es nicht auch umgekehrt den Stickstoff zu entfernen, so daß der reine Sauerstoff zurückbleibt?

Mrs. B.

Um den Sauerstoff aus der Luft zu ziehen, muß man durchaus das Sauerstoffgas zersetzen. Dasselbe läßt sich nicht mit dem Stickstoffgase thun, weil der Stickstoff eine stärkere Verwandtschaft zum Wärmestoff hat, als zu irgend einem bekannten Urstoffe. Es scheint daher unmöglich, den Stickstoff durch die Kraft der Verwandtschaften von der Atmosphäre zu trennen. Können wir aber das Sauerstoffgas nicht auf diesem Wege gewinnen, so hat es doch keine Schwierigkeit es in dieser Form solchen Substanzen zu entziehen, die Sauerstoff aus der Luft aufgenommen haben, wie der Braunstein.

Emilie.

Kann man atmosphärische Luft wieder bereiten, wenn man die nöthigen Verhältnisse von Sauerstoff- und Stickstoffgas mischt?

Mrs. B.

Ja. Wenn etwa 1 Theil Sauerstoffgas mit ungefähr 4 Theilen Stickgas gemengt wird, erzeugt sich atmosphärische Luft.

Emilie.

So muß die Luft ein Oxyd von Stickstoff sein?

Mrs. B.

Nein, liebe Emilie. Es bedürfte einer chemischen Verbindung zwischen Sauerstoff und Stickstoff, um ein Oxyd hervorzubringen: in der Luft sind beide Stoffe abgesondert mit Wärmestoff verbunden und bilden zwei verschiedne Gasarten, die nur zusammengemengt sind.

Wir wollen für jetzt die Untersuchung dieser beiden Stoffe beendigen, da wir fortwährend Gelegenheit haben werden uns auf sie zu beziehen. Beide sind in der Natur in Fülle vorhanden: der Stickstoff am reichlichsten in der Luft, aber auch in allen thierischen Stoffen; Sauerstoff macht einen Bestandtheil des Thier- und Pflanzenreiches aus, von denen er durch mannigfache chemische Mittel gewonnen werden kann.

Caroline.

Der Stickstoff spielt doch im Vergleich zum Sauerstoff eine recht unbedeutende Rolle, obgleich er einen weit größern Theil der Luft ausmacht.

Mrs. B.

Vielleicht ist das zusammengesetzte Wesen des Stickstoffes an dieser Unbedeutenheit schuld. Ich habe ihn zwar bisher als einfachen Stoff angeführt, weil man keinen chemischen Prozeß kennt, der ihn zerlegte, allein man hat Ursache, in ihm einen zusammengesetzten Körper zu vermuthen, wie wir später sehen werden. Selbst im einfachen Zustande wird er Ihnen bei näherer Bekanntschaft etwas anziehender vorkommen; denn obgleich er in der Luft eine müßige Rolle zu spielen scheint und keine auffallenden Eigenschaften zeigt, wenn man ihn für sich betrachtet, werden Sie doch bald einsehen, daß er in Verbindung mit andern Körpern ein mächtiges Agens wird. Ich habe ihn in die zweite Abtheilung der 3ten Klasse gestellt, an die Spitze der Körper, die in Verbindung mit Sauerstoff Säuren bilden; wir haben uns also viel zu früh mit ihm beschäftigt, und werden erst bei den Säuren auf ihn zurückkommen.

Achte Unterhaltung.

Ueber Wasserstoff.

Caroline.

Wir müssen zur 2ten Klasse zurückkehren, denn von den Naturkräften, die Verbrennung bewirken, haben wir nur den Sauerstoff durchgenommen: von Chlor, Jod, Brom und Fluor haben Sie uns noch nichts gesagt. Was für Substanzen sind das? sind sie auch unsichtbar?

Mrs. B.

Nein, Chlor hat in der Gasform eine bestimmte grünliche Färbung, und Jod im selben Zustande ist schön weinroth. Ich habe Sie schon unterrichtet, daß diese Körper gleich dem Sauerstoffe fähig sind, die Verbrennung entzündlicher Stoffe zu bewirken, allein zur nähern Erklärung ihrer Eigenschaften gehören viele Beziehungen, die Ihnen noch unverständlich sein müssen. Wir werden sie daher später untersuchen und jetzt zur 3ten Klasse übergehen.

Wasserstoff, der allein die erste Abtheilung dieser Klasse füllt, kann eben sowenig als Sauerstoff handgreiflich dargestellt werden, wir kennen auch ihn nur im gasförmigen Zustande.

Caroline.

Dann kann man ihn auch nicht einen einfachen Stoff nennen, da er als Gas mit Wärme verbunden ist.

Mrs. B.

Sehr wahr, da wir aber gar keinen Stoff kennen, der nicht mehr oder weniger mit Wärmestoff verbunden wäre, so nimmt man gewöhnlich an, daß die Substanz, die allein mit demselben vereint ist, im Elementarzustande sei.

Der Wasserstoff wurde sonst brennbare Luft genannt, weil er im hohen Grade entzündlich ist und mit großer Flamme brennt. Jetzt heißt er Wasserstoff oder Hydrogen, was einen Stoff bedeutet, der Wasser erzeugt.

Emilie.

Und wie erzeugt Hydrogen Wasser?

Mrs. B.

Durch seine Verbrennung. Wasser besteht aus 89 Gewichttheilen Sauerstoff und 11 Gewichttheilen Wasserstoff, oder aus 2 Raumtheilen Wasserstoffgas und 1 Raumtheile Sauerstoffgas.

Caroline.

Wirklich? Ist es möglich, daß Wasser aus zwei Gasarten besteht, deren eine gar entzündlich ist? Wasserstoff muß ein ganz außerordentliches Gas sein, daß es Wasser und Feuer hervorbringt.

Emilie.

Sagten Sie nicht früher, Verbrennung könne in keinem andern als im Sauerstoffgase stattfinden?

Mrs. B.

Erinnern Sie sich, worin der Verbrennungsprozeß besteht?

Emilie.

In der Verbindung eines Körpers mit Sauerstoff bei Licht- und Wärmeentwicklung.

Mrs. B.

Wenn ich daher den Wasserstoff brennbar nenne, so meine ich, er hat Verwandtschaft zum Sauerstoff; allein gleich jedem andern Brennstoffe, kann er nur brennen, wenn er mit Sauerstoff in Berührung zur gehörigen Temperatur erhitzt wird.

Caroline.

Wenn man also 11 Theile Wasserstoffgas und 89 Theile Sauerstoffgas blos zusammenmengt, so wird kein Wasser daraus?

Mrs. B.

Nein. Da Wasser eine weit dichtere Flüssigkeit ist als Gas, so ist es nöthig, um letzteres flüssig zu machen, die Quantität Wärmestoff zu verringern, die es in elastischer Form erhält.

Emilie.

Das, dächte ich, geschähe, sobald man Sauerstoff und Wasserstoff chemisch verbände, denn dabei würden sie ihren Wärmestoff hergeben und sich demzufolge verdichten.

Caroline.

Du vergißt, Emilie, daß man dazu erst ihre Temperatur erhöhen müßte, was den Wärmestoff vermehrt, statt ihn zu vermindern.

Mrs. B.

Emilie hat dennoch recht, denn obgleich Erhöhung der Temperatur nothwendig ist, um ihre Mischung herbeizuführen, so verschafft ihnen auch wieder diese Verbindung das Mittel, sich ihres Wärmestoffs zu entäußern und verursacht so ihre Verdichtung.

Caroline.

Was, Feuer soll Wasser hervorbringen?

Mrs. B.

Wenigstens thut dies gewiß die Verbrennung von Wasserstoffgas. Sie scheinen, die Lehre von der Verbrennung nicht so gut aufgefaßt zu haben als Sie vermeinten. Was geschieht beim Verbrennen von Wasserstoffgas?

Caroline.

Der Wasserstoff verbindet sich mit Sauerstoff und der Wärmestoff wird frei. — Ja, nun glaube ich zu verstehn: Durch den Verlust an Wärmestoff werden die Gase zur Flüssigkeit verdichtet.

Emilie.

Wenn nun Wasser verdunstet und in die Atmosphäre übergeht, wird es da zersetzt und in die beiden Gasarten umgestaltet?

Mrs. B.

Nein, die Zersetzung des Wassers ist gänzlich von seiner Verdunstung verschieden, denn im letztern Falle (wie Sie sich besinnen werden) ist das Wasser nur in die kleinsten Theile zertheilt und, ohne irgend eine chemische Verbindung der Atmosphäre beigemengt. Da auf diese Weise seine Bestandtheile nicht geschieden sind, ist und bleibt es Wasser, gleichviel ob flüssig, oder dunstförmig, oder fest wie Eis. Bei unsern Experimenten über gebundne Wärme ließen wir das Wasser der Reihe nach diese drei Formen annehmen, nur allein durch Vermehrung oder Verminderung des Wärmestoffs.

Caroline.

Giebt es kein Mittel, das Wasser in seine Bestandtheile zu zerlegen?

Mrs. B.

Ja, mehrere. Holzkohlen und Metalle, glühend gemacht, ziehen den Sauerstoff auf dieselbe Weise aus dem Wasser wie aus der Luft.

Caroline.

Ich sehe schon, der Wasserstoff ist, wie der Stickstoff, ein armer abhängiger Freund des Sauerstoffs, und wird beständig, größerer Günstlinge wegen, verlassen.

Mrs. B.

Mrs. B.

Die Vereinigung, oder wie Sie es nennen Freundschaft, zwischen Sauerstoff und Wasserstoff im Wasser ist weit inniger als die des Sauerstoff und Stickstoff in der Luft. Erstere ist eine chemische Verbindung und Verdichtung der zwei Substanzen, letztere ist nur ein Gasgemenge. In einigen Fällen werden Sie aber dennoch den Stickstoff eben so innig mit dem Sauerstoff verbunden finden wie den Wasserstoff.

Emilie.

Wasser ist also ein Oxyd, die Luft aber nicht?

Mrs. B.

Man gebraucht hierbei diese Benennung nicht, obgleich sie nach unserer Ableitung richtig wäre.

Caroline.

Ich möchte gar zu gern die Zerlegung von Wasser sehen.

Mrs. B.

Ich kann Ihre Neugier durch einen viel leichtern Prozeß befriedigen, als die Oxydation von Holzkohlen oder Metallen wäre: die Zerlegung auf diesem Wege nimmt viel Zeit fort und ist sehr umständlich. Wir können dieselbe Wirkung durch die Thätigkeit der Volta'schen Batterie erlangen, die ich auf diese Weise zuerst in Anwendung bringen kann.

Zu diesem Zwecke fülle ich dies Glasrohr mit Wasser und verstopfe es an beiden Enden. Durch den einen Kork stecke ich den Drath der Batterie, der die positive Elektrizität leitet und durch den andern den mit der negativen Elektrizität, so daß beide Dräthe sich hinreichend nähern, um ihre Ladung herzugeben.

Caroline.

Mir scheint, Sie nähern die beiden Dräthe nicht in dem Grade wie bei dem Versuch mit der Batterie für sich allein.

Mrs. B.

Wasser ist ein besserer Leiter für Elektrizität als Luft, die Dräthe werden deshalb in größerer Entfernung auf einander wirken.

Emilie.

Nun zeigt sich die elektrische Wirkung: ich sehe von jedem Drath sehr kleine Luftbläschen ausgehen.

Mrs. B.

Jeder Drath zerlegt das Wasser, der positive zieht den Sauerstoff an und der negative den Wasserstoff.

Caroline.

Was sind die Luftbläschen?

Mrs. B.

Die beiden Bestandtheile des Wassers, die getrennt und frei geworden in der Form von Luft- oder Gasbläschen erscheinen: der Sauerstoff am positiven Drath und Wasserstoff am negativen.

Ich darf nicht vergessen zu bemerken, daß die bei diesem Experiment gebrauchten Dräthe von Platin sind, einem Metall, was keine starke Verwandtschaft zum Sauerstoff hat, sonst würde sich dieser mit dem Drath verbinden und nur Wasserstoff entwickelt werden.

Caroline.

Würde das Wasser nicht zerlegt werden, wenn auch der elektrische Kreis nicht vollständig wäre? Wenn Sie z. B. nur den positiven Drath in das Wasser tauchten, würde er sich nicht mit dem Sauerstoff verbinden und der Wasserstoff ausscheiden?

Mrs. B.

Nein, denn die Batterie tritt erst in Thätigkeit, wenn der Kreis geschlossen ist.

Caroline.

Nun verstehe ich. — Aber sehen Sie, Mrs. B., die Zerlegung des Wassers geht schon seit einiger Zeit vor sich, und doch verringert sich die Quantität nicht. Was ist die Ursache davon?

Mrs. B.

Weil äußerst wenig zersetzt ist. Das Wasser ist so viel

dichter als die Gase, in die es zerlegt wird, daß ein einziger Tropfen tausende solcher Bläschen entstehen läßt.

Caroline.

Bei diesem Experiment erhalten wir die beiden Gase zusammengemengt, kann man sie sich nicht einzeln verschaffen?

Mrs. B.

Man kann sie sehr leicht getrennt sammeln, wenn man das Experiment etwas abändert. Wir dürfen nur statt einer, zwei Glasröhren nehmen, die an einem Ende geschlossen, am andern offen sind. Wir füllen sie mit Wasser und stellen sie mit dem offnen Ende unten in ein Glas Wasser, durch das geschlossene Ende ziehen wir Dräthe, und sobald wir diese mit den beiden Polen der Batterie verknüpfen, wird die Zerlegung des Wassers in den beiden Röhren beginnen: das Sauerstoffgas wird sich rund um den Drath sammeln, der mit dem positiven Pole der Säule zusammenhängt, und das Wasserstoffgas um den andern, und zwar genau in den oben erwähnten Verhältnissen, nämlich doppelt soviel Wasserstoffgas als Sauerstoffgas dem Raume nach. Wir wollen jetzt das Experiment beginnen, allein es wird einige Zeit vergehen, ehe sich eine bemerkliche Menge Gas entwickelt.

Emilie.

Die Zerlegung des Wassers auf diesem Wege ist sehr interessant, doch gestehe ich, würde es mir Freude machen, könnten Sie uns diesen Vorgang im größern Maßstabe und auf schnellere Weise zeigen. Es thut mir leid, daß die Zersetzung durch Holzkohle oder Metalle so viel Unbequemes hat.

Mrs. B.

Durch Metalle kann Wasser ohne Schwierigkeit zerlegt werden, man bedarf dazu nur der Vermittlung einer Säure. Wenn wir dem Metall, welches das Wasser zerlegen soll, etwas Schwefelsäure beifügen, so wird es dadurch in Stand gesetzt, sich so leicht und reichlich mit dem Sauerstoff des Wassers zu verbinden, daß keine Hitze nöthig ist, um den

Prozeß einzuleiten. Ich thue in diese Flasche Wasser, das Metall, welches dessen Zerlegung herbeiführen soll, und die Säure, welche die Verbindung des Metalls mit dem Sauerstoff erleichtert. Sie werden sehen, mit welcher Heftigkeit diese auf einander wirken.

Caroline.

Was für ein Metall nehmen Sie dazu?

Mrs. B.

Eisen, und zwar Feilspäne, weil diese der Säure eine größere Oberfläche darbieten als ein festes Stück Metall; denn da die Säure nur von außen auf das Metall einwirken und es vorbereiten kann, den Sauerstoff des Wassers aufzunehmen, so muß nothwendig die Wirkung von der Größe der äußern Fläche abhängen. Die jetzt aufsteigenden Bläschen sind Wasserstoffgas.

Caroline.

Wie unangenehm das riecht.

Mrs. B.

Allerdings, doch halte ich den Geruch nicht für schädlich; es soll jedoch nichts mehr entweichen, da wir es zu Experimenten brauchen. Ich werde es durch ein gebogenes Glasrohr in eine Glocke leiten, die in der pneumatischen Wanne steht, gerade wie bei der Bereitung des Sauerstoffgases.

Emilie.

Wie äußerst geschwinde das Gas sich entwickelt! Es ist vollständig durchsichtig und farblos. — Nun ist die Glocke voll.

Mrs. B.

Wir wollen sie daher weiter schieben und durch eine andere ersetzen: Bemerken Sie aber, daß ihre Oeffnung unter Wasser bleiben muß, sonst entweicht das Gas. Ich stelle daher die Glocke unter dem Wasser auf eine Schale, so daß sie darauf herausgenommen und beliebig fortgebracht werden kann, da das Wasser in der Schale das Entweichen des Gases verhindert.

Emilie.

Ich bin erstaunt über die große Menge Wasserstoffgas, die sich aus der kleinen Quantität Wasser entwickelt, besonders da Sauerstoff der Hauptbestandtheil des Wassers ist.

Mrs. B.

Nur dem Gewicht, nicht dem Raum nach. Das Verhältniß ihrer Mischung ist freilich 8 Theile Sauerstoff auf ein Theil Wasserstoff, aber letzterer nimmt dabei einen doppelt so großen Raum ein als ersterer.

Caroline.

Wovon ist das Gefäß so heiß, in dem das Wasser zerlegt wird? Da es aus dem flüssigen in den gasförmigen Zustand übergeht, sollte es eher kälter als wärmer werden.

Mrs. B.

Es wird zwar einer der Bestandtheile des Wassers in ein Gas umgewandelt, allein der andere wird fest durch die Verbindung mit dem Metall.

Emilie.

Dann sollte weder Wärme noch Kälte bemerklich werden.

Mrs. B.

Sehr wahr; auch rührt die bei dieser Operation erzeugte Wärme nicht von der Zerlegung des Wassers her, sondern von einer Wärmestoffentwickelung, die aus der Mengung von Wasser und Schwefelsäure entsteht. Um Sie davon zu überzeugen, will ich in diesem Glase die eben genannten Flüssigkeiten mengen. Jetzt nehmen Sie das Glas in die Hand.—

Caroline.

Das geht nicht, es ist so heiß wie kochendes Wasser. Man sollte glauben, es wäre so viel Wärme frei geworden, daß die Flüssigkeit zur festen Masse werden müßte.

Mrs. B.

Da dies nicht geschieht, müssen wir annehmen, es sei diese Hitze nicht latente Wärme gewesen. Als gebundene Wärme müssen wir sie aber doch betrachten, da ihr Verlust jedenfalls die Flüssigkeit verdichtet, denn wiederhielten Sie den Versuch in einer in Grade getheilten Röhre, würde sich ergeben, daß beide Flüssigkeiten vereint einen kleinern Raum einnehmen, als einzeln. Wir wollen dies für eine andere Gelegenheit aufsparen, und uns dem bereiteten Wasserstoffgase zuwenden.

Wenn ich das in dieser Glocke enthaltene Wasserstoffgas auf einmal freilasse und es anzünde, so wie es mit der äußern Luft in Berührung kömmt, zersetzt es deren Sauerstoffgas so schnell und plötzlich, indem es sich mit der Basis desselben verbindet, daß eine Explosion oder, wie es die Chemiker nennen, eine Verpuffung erfolgt. Zu diesem Zwecke brauche ich blos die Glocke aufzuheben und schnell die Oeffnung dem Lichte zu nähern — so —

Caroline.

Es war nur eine Art zischendes Geräusch mit einem lebhaften Lichtschein, ich hätte einen weit stärkern Knall erwartet.

Mrs. B.

Das wäre geschehen, wenn ich die Gase im Augenblick des Entzündens eng eingeschlossen hätte. Wenn wir z. B. diese Flasche mit einem Gemenge von Wasserstoffgas und atmosphärischer Luft füllten, sie zukorkten und dann das Gemenge durch eine kleine Oeffnung entzündeten, so müßte durch die plötzliche Ausdehnung der Gase im Moment ihrer Verbindung entweder die Flasche in Stücke springen oder der Kork mit bedeutender Heftigkeit ausgestoßen werden.

Caroline.

Wenn Sie nun bei dem eben gezeigten Experimente das Wasserstoffgas nicht anzündeten, hätte es sich nicht ebenso mit dem Sauerstoff der Luft verbunden?

Mrs. B.

Gewiß nicht. Wie ich Ihnen schon erklärt habe, es ist nöthig, daß Wasserstoffgas und Sauerstoffgas zusammen brennen, um sich chemisch zu verbinden und Wasser zu erzeugen.

Caroline.

Das ist wahr, ich hielt das aber für eine andre Mischung, denn ich sehe nicht, daß Wasser entsteht.

Mrs. B.

Durch diese Verpuffung entstand eine so geringe und so fein zertheilte Quantität Wasser, daß sie unsichtbar war. Sauerstoff kann sich aber nur allein in solchen Verhältnissen mit Wasserstoff mischen, wie die oben angegebenen, und das Resultat ihrer Verbindung muß daher stets Wasserbildung sein.

Statt das Wasserstoffgas auf solche Weise in plötzliche Berührung mit der Luft zu bringen, wodurch das Ganze im Augenblick der Entzündung verpufft, wollen wir immer nur eine kleine Gasfläche der Luftberührung aussetzen, dann geht die Verbrennung ruhig und allmählig ohne Verpuffung vor sich, weil die zusammenkommenden Flächen zu klein sind zu einer plötzlichen Mischung der Gase. Das Experiment ist sehr leicht. Diese enghalsige Flasche ist voll Wasserstoffgas und sorgfältig verschlossen. Wenn ich den Propfen herausziehe, ohne die Flasche zu erschüttern und schnell ein Licht an die Oeffnung halte, sollen Sie sehen, wie verschieden der Erfolg ist.

Emilie.

Wie hübsch es mit blauer Flamme brennt! Die Flamme sinkt nach und nach in der Flasche, nun verschwindet sie. — Bringt diese Verbrennung nicht auch Wasser hervor?

Mrs. B.

Ohne Zweifel. Um Ihnen die Wasserbildung deutlich zu zeigen, will ich von Neuem Gas bereiten, und zu diesem Ende Feilspähne, Wasser und Schwefelsäure wie vorher in der Flasche zusammenthun. Ich stecke ein Stück Glasröhre durch den Kork, der sie verschließt, damit das Gas schnell und dauernd herausströmen kann.

Caroline.

Ich höre schon das Zischen des Gases in der Röhre und fühle einen starken Luftzug gegen meine Hand.

Mrs. B.

Ich will den Gasstrom anzünden. Sehen Sie, wie lebhaft er brennt.

Emilie.

Wie ein Licht mit großer Flamme. Warum dauert hier die Verbrennung so viel länger als bei dem vorigen Experimente.

Mrs. B.

Sie währt ohne Unterbrechung fort, so lange neues Gas entwickelt wird. Nun stürze ich diese Glocke über die Flamme und Sie werden bald bemerken, daß sich die Innenseite mit einem feinen Thau bedeckt, der reines Wasser ist.

Caroline.

Richtig: das Glas ist schon ganz trübe von Feuchtigkeit. Ich bin recht froh, daß ich das Wasser sehen kann, was diese Verbrennung erzeugt.

Emilie.

Ja, ich muß gestehn, daß ich schon etwas ungläubig wurde.

Mrs. B.

Hätte ich nicht die Glasglocke über die Flamme gehalten, würde das Wasser in Form von Dämpfen entwichen sein, wie bei den früheren Experimenten. Es ist freilich nur eine sehr geringe Menge Wasser, aber es ist so schwer sich geeignete Apparate und hinlängliche Gasquantitäten zu verschaffen, daß ich es Ihnen nicht in größerem Maßstabe zeigen kann. Die Zusammensetzung des Wassers ward gleichzeitig von Cavendish und Lavoisier entdeckt. Letzterer erfand eine sehr sinnreiche und zweckmäßige Vorrichtung, um mit der größten Genauigkeit Wasser durch die Mischung von Sauerstoff- und Wasserstoffgas im großen Maßstabe zu bilden. Zwei Röhren, die beide Gasarten in richtigen Verhältnissen ausströmen, sind in die entgegengesetzten Enden einer großen Glaskugel eingesetzt, aus der vorher die Luft gezogen ist. Der elektrische Funke entzündet die beiden Gasströme, da wo sie sich berühren, sie brennen zusammen, d. h. verbinden sich, der Wärmestoff wird frei und eine Quantität Wasser erzeugt, deren Gewicht genau dem der beiden Gase gleich ist.

Caroline.

Und was war die größte Quantität, die jemals in diesem Apparat gebildet wurde?

Mrs. B.

Mehrere Unzen, ja sogar ein Pfund, wenn ich mich recht besinne, aber die Operation dauerte viele Tage.

Emilie.

Wenn man nun unrichtige Verhältnisse der Gase zusammenmengte und anzündete, was geschähe dann?

Mrs. B.

Es würde sich gleichfalls Wasser bilden, aber von einem oder dem andern Gase ein Ueberschuß zurückbleiben, weil sich wie gesagt Sauerstoff und Wasserstoff nur in den zur Wasserbildung erforderlichen Mengen vereinigen.

Emilie.

Sehen Sie, Mrs. B., unser Versuch mit der Voltaschen Batterie hat große Fortschritte gemacht, in jeder Röhre hat sich eine Quantität Gas gesammelt, in der einen gerade noch einmal so viel als in der andern.

Mrs. B.

Was meine Angabe bestätigt, daß Wasser aus 1 Raumtheil Sauerstoffgas und 2 Raumtheilen Wasserstoffgas zusammengesetzt sei. Wollten wir die gesammelten Gase durch einen elektrischen Funken entzünden, so würden sie gänzlich verschwinden und wieder Wasser werden.

Noch eine andre eigenthümliche Wirkung bringt die Verbrennung von Wasserstoffgas hervor, aber ehe ich sie Ihnen zeige, muß ich voraussagen, daß ich den Grund davon nicht gut erklären kann. Ich muß aber erst wieder Feilspähne und Säure in die Flasche thun, um Gas zu bereiten. — So, nun löst sich schon genug auf und strömt durch die Röhre — ich will es anzünden.

Emilie.

Es brennt gerade wie vorher — was für eine eigenthümliche Wirkung meinen Sie denn nun?

Mrs. B.

Statt der Glocke wollen wir ein Stück Röhre über die Flamme halten, die an beiden Enden offen ist und etwa 2 Fuß Länge und 1 Zoll Durchmesser hat.

Emilie.

Was das für ein sonderbares Geräusch macht! Beinah wie eine Aeolsharfe, nur nicht so sanft.

Caroline.

Mir scheint der Ton zu mächtig, um angenehm zu sein. Und das Geräusch läßt sich nicht erklären?

Mrs. B.

Es ist nichts Außerordentliches, daß die Erschütterung des Glases bei dem raschen Durchströmen des Gases einen Klang hervorbringen sollte; hier aber hat er das Besondere, daß kein anderes Gas die gleiche Wirkung hat. Vielleicht entsteht der Ton durch die lebhaften Schwingungen des Glases, und deren Veranlassung ist wohl die aufeinanderfolgende Gestaltung und Verdichtung kleiner Wassertropfen an den Wänden der Röhre und das Hereindringen der Luft zur Füllung der dadurch gebildeten leeren Räume.

Caroline.

Wie gleicht dies Licht dem einer Kerze!

Mrs. B.

Das Brennen einer Kerze wird durch dieselben Mittel hervorgebracht. Talg- und Wachslichte enthalten sehr viel Wasserstoff, der durch die Hitze des brennenden Dochtes gasförmig wird und sich mit dem Sauerstoff der Luft verbindet, wodurch Flamme und Wasser entsteht. Also rührt in der That die Flamme eines Lichtes von der Verbrennung von

Wasserstoffgas her. Für die nöthige Temperaturerhöhung wird durch den brennenden Docht gesorgt, der den ersten Antrieb zur Verbrennung giebt. Mehr bedarf es nicht, da die Gase während dieses Prozesses genug Wärmestoff ausgeben, um den erforderlichen Hitzgrad zu erhalten. Das Brennen von Lichten und Lampen ist jedoch außerdem mit andern Umständen verknüpft, die ich Ihnen aber nicht eher erklären kann, bis sie den Kohlenstoff kennen, der einer ihrer Bestandtheile ist. Im Allgemeinen können Sie jede Flamme, die Sie erblicken, der Bildung und dem Brennen von Wasserstoffgas zuschreiben, denn die Form der Flamme ist die diesem Gase eigenthümliche Form zu brennen, die sonst, bis auf eine bis zwei anscheinende Ausnahmen, keinem andern brennbaren Stoffe gehört.

Emilie.

Sie setzen mich in Verwunderung! Ich verstand Sie früher so, daß Flamme der bei allen Verbrennungen freiwerdende Wärmestoff sei.

Mrs. B.

Ihr Begriff von Flamme ist wahrscheinlich sehr unbestimmt und unrichtig, und fließt mit dem von Licht und Wärme überhaupt zusammen. Flamme ist stets eine Wärmeentwickelung, denn sie entsteht durch Verbrennung von Wasserstoffgas, aber nicht aller Wärmestoff wird zur Flamme. Viele Körper brennen mit innerlicher, intensiver Hitze ohne Flamme zu geben, und diese ist keinesweges der höchste Grad von Wärme. Kohlen z. B. brennen so lange mit Flamme, bis aller Wasserstoff, den sie enthalten, verdampft ist; wenn sie aber später glühend werden, entwickelt sich weit mehr Wärmestoff, als wenn sie nur Flamme geben.

Caroline.

Der Eisendrath, den Sie im Sauerstoffgase verbrannten, schien mir doch Flamme auszuströmen, und konnte als einfaches Metall kein Hydrogen enthalten?

Mrs. B.

Er strahlte einen blendenden beweglichen Lichtschimmer aus, aber keine wirkliche Flamme.

Emilie.

Und was verschafft der Flamme eines Lichtes die regelmäßige Gestaltung?

Mrs. B.

Der regelmäßige Strom von Wasserstoffgas, den ihr Brennstoff ausdünstet.

Caroline.

Das Wasserstoffgas muß, vermöge seiner großen Leichtigkeit, zu den obern Regionen der Atmosphäre aufsteigen, warum wird es nicht von der Flamme begleitet?

Mrs. B.

Das Gas würde aufsteigen, wenn es nicht durch die Verbrennung aufgehalten würde. Das Aufsteigen ist da vorüber, wo die Flamme endet, dann hört es auf Wasserstoffgas zu sein und ist durch die Mischung mit Sauerstoff in wässerigen Dunst verwandelt, den man seiner feinen Zertheilung wegen nicht sehen kann.

Caroline.

Ich weiß nicht, wozu die Lichte erst Dochte häben, da das Wasserstoffgas ohnedem so gut brennt.

Mrs. B.

Der Brennstoff des Lichtes muß zersetzt werden, um Wasserstoffgas auszugeben und der Docht ist dazu behülflich. Seine Verbrennung schmilzt zuerst den Brennstoff und —

Caroline.

Bei Lampen ist der Brennstoff schon flüssig und auch da braucht man Dochte.

Mrs. B.

Ich wollte eben hinzufügen, daß nachher der brennende Docht (durch die Kraft der Haarröhrchen oder Capillarität) allmählig die Flüssigkeit zu dem Punkte heraufzieht, wo die

Verbrennung stattfindet, denn Sie werden bemerkt haben, daß der Docht immer nur oben brennt.

Caroline.

Ja, aber ich weiß den Grund davon nicht.

Mrs. B.

Die Luft hat keinen so freien Zutritt zu dem Theile des Dochtes, der in unmittelbarer Berührung mit dem Oele steht, als zu dem überstehenden, so daß dort die Hitze nicht stark genug ist, um seine Zersetzung zu bewirken: die Verbrennung beginnt daher etwas oberhalb dieses Punktes.

Caroline.

Bei dem schönen Gaslicht, womit jetzt die Straßen erleuchtet werden, ist gar kein Docht vorhanden. Wie behandelt man diese Lichte?

Mrs. B.

Ich freue mich, daß Sie mich veranlassen, einige Worte über diese nützliche und anziehende Einrichtung zu sagen. Bei dieser Beleuchtungsart wird das Gas selbst angezündet und brennt gerade so, wie wir es eben gesehen haben, als es aus der Flasche strömte. Man leitet es aus einem Behälter durch eine Röhre, an deren Ende es angezündet wird, und es brennt so lange man Gas zuführt. Da braucht man also keinen Docht, oder irgend ein anderes Brennzeug.

Emilie.

Wie verschafft man sich das Gas in so großen Massen?

Mrs. B.

Man gewinnt es durch Destillation aus Steinkohlen, zuweilen aus Oel. Wenn man Steinkohlen in einem verschlossenen Gefäße der Hitze aussetzt, werden sie zerlegt und Wasserstoff — einer ihrer Bestandtheile — steigt als Gas auf, verbunden mit einem andern ihrer Bestandtheile, dem Kohlenstoff, und bildet damit ein zusammengesetztes Gas, Kohlenwasserstoffgas genannt, von dessen Verhalten ich Ihnen mehr sagen werde, wenn wir zum Kohlenstoff kommen. Dieses Gas ist vollständig durchsichtig wie Wasserstoffgas, unsichtbar, leicht entzündlich und strahlt beim Brennen jenes lebhafte Licht aus, was Sie so oft bemerkt haben.

Caroline.

Und um es sich zu verschaffen, braucht man blos Steinkohlen zu erhitzen und das Gas durch Röhren zu führen?

Mrs. B.

Nur muß das Gas gleich nach seiner Bildung durch zwei oder drei große Gefäße mit Wasser getrieben werden, in denen es Wasser, Theer, Oehl und noch einige andere Ingredienzien absetzt, welche die Distillation der Steinkohlen mit sich bringt. Der Gaslicht-Apparat besteht also blos aus einem großen eisernen Gefäße, in dem die Kohlen der Hitze eines Ofens ausgesetzt sind, aus einigen Wasserbehältern zur Reinigung des Gases und — um es dahin zu führen, wo man es wünscht — aus Röhren, durch welche es mittelst über dem Behälter angebrachten Druckes, mit gleichförmiger Geschwindigkeit getrieben wird.

Emilie.

So hat man also bei der Gasbereitung noch den Vortheil, Theer und Oehl obenauf zu gewinnen, und das sind doch recht werthvolle Erzeugnisse.

Mrs. B.

Das wichtigste ist aber der Rückstand der Steinkohlen selbst, die, nachdem sie das Gas mit einer gewissen Menge Theer und Oehl ausgegeben haben, in einen Körper verwandelt werden, den man Kok nennt, der aus Kohlenstoff und etlichen erdigen und salzigen Theilen besteht und ohne Flamme und Rauch brennt. Man bedient sich der Koks sehr viel in Fabriken und soll sie zu manchen Zwecken den Steinkohlen vorziehn.

Zur Erleuchtung von Straßen, Werkstätten, Läden und öffentlichen Orten übertrifft das Gaslicht jede frühere Erfindung, allein für das Innere von Privathäusern hat man diese Beleuchtungsart doch nicht überall wünschenswerth gefunden. Indessen bleibt es immer eine der glücklichsten Anwendungen chemischer Experimente auf das praktische Leben, und in großen Städten ist es sogar als gute Polizei zu betrachten, weil es die dunkelsten Nächte so erhellt, daß lichtscheue Thaten dadurch sehr erschwert werden.

Ich muß Ihnen aber noch ein anderes Experiment mit Wasserstoffgas zeigen, was Sie amüsiren wird. Haben Sie jemals Seifenblasen gemacht?

Emilie.

O, sehr oft als Kind.

Mrs. B.

Wir wollen solche Blasen mit Wasserstoffgas füllen und Sie sollen sehn wie leicht sie davonfliegen, ohne daß wir unsere Lunge in Bewegung setzen. Machen Sie Seifwasser zurecht, ich will unterdessen diese Schweinsblase mit dem Gase füllen, was in der Wanne unter der Glocke steht.

Caroline.

Wozu ist oben an der Glocke der messingene Stöpsel mit dem Hahn?

Mrs. B.

Um das Gas nöthigenfalls herauszulassen. Sie sehen hier an der Blase dieselbe Einrichtung, die auf den Hahn an der Glocke paßt. Ich schraube sie zusammen und drehe nun die beiden Hähne auf, um das Gas in die Blase zu leiten, was ich dadurch bewirke, daß ich die Glocke langsam von der Bank auf den Boden der Wanne senke, wodurch das Wasser in der Glocke hineingedrückt und das Gas ausgetrieben wird.

Caroline.

Ich sehe, die Blase schwillt, je höher das Wasser in der Glocke steigt.

Mrs. B.

Ich glaube, wir haben schon genug Gas in der Blase, nun müssen wir sorgsam beide Hähne schließen, ehe wir die Blase abschrauben, sonst entweicht das Gas, und dann ein Mundstück an ihren Hals befestigen. Dieses tauche ich in das Seifwasser, und wenn einige Tropfen daran hängen, öffne ich den Hahn wieder und drücke die Blase, um Gas in diese Flüssigkeit zu treiben.

Emilie.

Da bildet sich ein Bläschen, aber es zerspringt, ehe es sich von der Mündung löst.

Mrs. B.

Wir müssen Geduld haben und nochmals versuchen, es ist nicht so leicht mittelst der Blase Seifenblasen zu bilden als durch den Athem des Mundes.

Emilie.

Das Seifwasser ist vielleicht noch nicht gut. — Kann aber kein Gas zwischen der Blase und dem Mundstück entweichen?

Mrs. B.

Nein, beide sind luftdicht verbunden. — Jetzt wird es gehn.

Caroline.

Ja, da steigt die Seifenblase schnell wie ein Ballon. Wie schön sie das Licht widerstrahlt!

Emilie.

Sie ist an der Zimmerdecke zerstoßen. Es gelingt Ihnen wunderschön, aber warum steigen sie Alle an das Gesims und platzen da?

Mrs. B.

Weil das Gas so sehr viel leichter ist als atmosphärische Luft, daß es in der dünnen Umhüllung möglichst hoch sich erhebt, die von der Kraft zerspringt, mit der sie gegen die Decke stößt. —

Man füllt die Luftballons mit diesem Gase, und wenn sie kein anderes Gewicht trügen als ihre Bedeckung, würden sie eben so schnell in die Höhe gehen, wie diese Seifenblasen.

Caroline.

Nun, die Hülle eines Luftballons ist doch viel schwerer.

Mrs. B.

Mrs. B.

Im Verhältniß zu der darin enthaltenen Quantität Gas nicht. Ich weiß nicht, ob Sie jemals bei der Füllung eines großen Luftballes zugegen waren. Die Vorrichtung ist sehr einfach. Es gehören dazu eine Anzahl Krüge oder Fässer, in denen die Materialien zur Gasbereitung gemengt sind, jedes derselben ist mit einem Rohre versehen, das mit einer biegsamen Röhre zusammenhängt, welche das Gas in den Ballon führt.

Emilie.

Die Feuerballons, die man zuerst erfand und dann ihrer Gefährlichkeit wegen wieder bei Seite stellte, waren wohl nach einem andern Grundsatz ausgeführt?

Mrs. B

Sie waren blos mit gewöhnlicher, durch Hitze bedeutend verdünnter Luft gefüllt, und das Gefährliche dabei lag in dem Umstande, daß man unterhalb des Ballons eines Feuers bedurfte, um die Luft darin so dünn zu erhalten.

Wenn Sie der Experimente noch nicht müde sind, habe ich noch eines vor. Es besteht darin, Seifenblasen mit einem Gemenge von Sauerstoff- und Wasserstoffgas zu füllen, in dem Verhältniß wo sie Wasser bilden, und sie dann anzuzünden.

Emilie.

Da giebt es einen Knall, nicht wahr?

Mrs. B.

Ja. Hier ist eine Blase, auf dieselbe Weise, wie ich Ihnen vorher zeigte, mit den beiden Gasarten gefüllt. Wir brauchen also nur gleich ans Werk zu gehen.

Caroline.

Da bildet sich eine schöne große Seifenblase, soll ich sie mit dem Lichte anzünden? — Was für ein Knall! als wenn eine Flinte losginge. Ich bin förmlich erschrocken, denn ich dachte mir es nimmermehr so arg.

Emilie.

Und dabei blitzte es förmlich.

Mrs. B.

Die Verbindung der beiden Gase findet während des Momentes statt, wo Sie das Licht sehen und den Knall hören.

Emilie.

Das hat viel Aehnlichkeit mit Donner und Blitz.

Mrs. B.

Donner und Blitz sind jedoch gewöhnlich elektrischer Natur. Indessen wäre manche meteorologische Erscheinung der zufälligen Verpuffung von Wasserstoffgas in der Atmosphäre zuzuschreiben, denn die Natur liefert diesen Stoff in Fülle; er ist ein bedeutender Bestandtheil der großen Wassermenge, die zu unserm Erdball gehört und aus dieser Quelle erhält ihn fast jeder andre Körper. Er hat Antheil an der Zusammensetzung aller thierischen Stoffe und einer großen Zahl von Mineralien, am reichlichsten aber findet man ihn in Pflanzenstoffen. Aus dieser ungeheuren Masse von Körpern entwickelt er sich häufig von selbst, steigt vermöge seiner großen Leichtigkeit zu den höhern Luftschichten empor und wenn er, entweder durch elektrische Funken oder zufällige Temperaturerhöhungen Feuer fängt, bringt er solche Lufterscheinungen hervor, wie man sie oft bemerkt. Von dieser Art ist gewiß das sogenannte Wetterleuchten, was so häufig an Sommerabenden stattfindet.

Emilie.

Und jedes solche Leuchten muß eine Portion Wasser erzeugen?

Caroline.

Was natürlich als Regen herabfällt?

Mrs. B.

Das ist wahrscheinlich öfters der Fall, wenn auch nicht eine nothwendige Folge, denn das Wasser kann auch beim Herabsinken in der Luft aufgelöst werden und als Wolken in den niedern Luftschichten verweilen. Die Anwendung elektrischer Anziehung auf chemische Erscheinungen führt uns wahrscheinlich noch zu vielen sehr interessanten Entdeckungen in der Wetterkunde, denn ohne Zweifel nimmt die Elektrizität den ersten Platz unter den atmosphärischen Wirkungskräften ein.

Ehe wir diesen Gegenstand verlassen, kann ich nicht umhin, einer sehr anziehenden Erfindung Davy's zu erwähnen, die mit dem Wasserstoff im Zusammenhange steht.

Caroline.

Sie meinen damit gewiß die Bergmannslampe, von der man soviel gesprochen hat. Ich habe schon lange gewünscht etwas darüber zu erfahren und was sie eigentlich bezweckt.

Mrs. B.

Es kömmt häufig in Kohlenbergwerken vor, daß Massen jenes Gases, was die Chemiker Kohlenwasserstoffgas und die Bergleute schlagende Wetter nennen (dasselbe was zur Gasbeleuchtung gebraucht wird), aus den Spalten der Kohlenlager strömt und die Klüfte füllt, wo die Leute arbeiten. Da dieses Gas entzündlich ist, so geräth es in Brand, sobald die Arbeiter sich solchen Stellen mit einem brennenden Lichte nähern und es erfolgen Explosionen, die tödtlich für die Menschen und Pferde sind, die in solchen Theilen der Gruben arbeiten.

Emilie.

Das muß furchtbar sein. — Aber woher entsteht das Gas?

Mrs. B.

Es ist ja das Hauptprodukt der Steinkohlenverbrennung und also kein Wunder, wenn entzündliches Gas da erscheint, wo sich Massen dieses Minerals finden, da es keinem Zweifel unterliegt, daß häufig tief unter der Erdoberfläche Verbrennungsprozesse vorgehen. Die Anhäufung dieses Gases ist also eine Folge von Verbrennungen, die entweder erst jetzt stattfinden oder längst stattgefunden haben und das Gas ist vielleicht schon Jahrhunderte dort eingeschlossen.

Caroline.

Und wie beugt Davy's Lampe diesen gräßlichen Explosionen vor?

Mrs. B.

Durch eine sehr einfache Vorrichtung. Man hat sich schon seit mehreren Jahren überzeugt, daß die Verbrennung des entzündlichen Gases nicht durch enge Röhren verbreitet werden kann, so daß, wenn man ein entzündliches Gasgemenge aus irgend einem Gefäße durch ein enges Rohr leitet und an dessen Mündung anzündet, die Flamme nie in das Innere des Gefäßes dringt. Darauf gründet sich der Bau der Sicherheitslampe.

Emilie.

Worauf gründet sich denn die eben erzählte Thatsache?

Mrs. B.

Das Gas wird ohne Zweifel bei dem Durchgange durch ein enges Rohr so abgekühlt, daß es zu brennen aufhört, ehe die Verbrennung den Behälter erreicht.

Caroline.

Auf welche Weise läßt sich diese Erfahrung zur Verfertigung einer Lampe benutzen?

Mrs. B.

Nichts ist leichter. Die Lampe braucht nur rings von Glas oder Horn umschlossen, Boden und Decke aber mit einer Anzahl von Röhrchen versehen zu sein, um die Luft ein und auszulassen. Wenn man eine solche Lampe in Knallluft bringt, geht die Explosion oder Verbrennung des Gases in der Lampe vor sich, und obgleich der durch die Röhren dargebotne Ausweg die Lampe vor dem Zerspringen schützt, so pflanzt dieser Ausweg doch die Verbremnung nicht auf die äußere Luft fort und das Vorhandensein des Lichtes hat keine weitern Folgen.

Emilie.

Ist dies das ganze Geheimniß der werthvollen Lampe?

Mrs. B.

Nein, was ich eben beschrieb, war nur die erste Anlage einer solchen Lampe, jetzt ist sie bedeutend verbessert. Nach vielen Versuchen und Aenderungen kam Davy auf den glücklichen Gedanken, die Lampe mit einem dichten Drathgewebe zu umgeben statt mit Glas oder Horn, wodurch die röhrenartige Vorrichtung ganz beseitigt wurde, da jeder Zwischenraum des Drathgewebes gleich einem Rohre wirkt und die Fortpflanzung der Verbrennung hindert. Dies metallische Gehäuse entspricht allen Anforderungen der Durchsichtigkeit, des freien Luftdurchzuges und des Schutzes gegen Explosionen und hat sich schon in vielen Kohlengruben bewährt. Man hat ihm die cylindrische Form gegeben und schraubt es über ein gewöhnliches Oehllämpchen mit Docht fest, wie man einen Glascylinder aufsetzen würde, nur daß dieser mit einer sogar doppelten Decke versehen ist.

Caroline.

Wie einfach und sinnreich. Aber ich sehe noch nicht recht ein, warum eine Explosion im Innern der Lampe sich nicht der äußern umgebenden Luft durch die Zwischenräume des Drathes mittheilen sollte.

Mrs. B.

Dies war und ist noch ein Gegenstand der Verwunderung für die Gelehrten. Die einzige Art und Weise es zu erklären ist die, daß Flamme oder Glut nicht durch ein feines Drathegwebe zu dringen vermag, weil der Metalldraht die Flamme so auskühlt, daß sie verlöscht ehe sie hindurchdringt. Jeder Zwischenraum des Drathgewebes ist wie ein sehr kurzes Rohr zu betrachten, welches einen sehr geringen Durchmesser hat.

Emilie.

Ich dächte, der Drath müßte oft glühend werden durch das Brennen des Gases im Innern der Lampe.

Mrs. B.

Dies geschieht auch häufig bei der Decke des Cylinders. Glücklicherweise hat sich ergeben, daß solche Gasgemenge, wie sie in Bergwerken vorkommen, nicht durch glühenden Drath entzündet werden können, sondern es bedarf dazu einer wirklichen Flamme und also schadet dieser Umstand nichts.

Emilie.

Das kann ich begreifen, allein wenn der Drath glüht, wie kann er da die Flamme kühlen und sie hindern durch das Gewebe zu dringen?

Mrs. B.

Wenn auch der Draht glüht, so ist er doch noch nicht so heiß wie die Flamme, und da Metalldrath ein guter Leiter ist, häuft sich nicht viel Wärme darin an, da sie sich bald der übrigen Lampe und den angrenzenden Körpern mittheilt.

Caroline.

Dies ist in der That eine der interessantesten Entdeckungen und zeigt den unermeßlichen Nutzen, welchen die praktisch angewendete Wissenschaft für die wichtigsten Zwecke haben kann.

Neunte Unterhaltung.

Ueber Schwefel und Phosphor.

Mrs. B.

Wir gehen nun zur zweiten Abtheilung der 3ten Klasse über, die solche Körper umfaßt, welche in der Verbindung mit Sauerstoff Säuren bilden. Von diesen haben wir schon den Stickstoff erwähnt.

Emilie.

Sie haben aber nichts von seinen Eigenschaften als Säure gesagt.

Mrs. B.

Weil wir ihn erst im einfachen Zustande betrachteten, wie wir mit allen einfachen Stoffen verfahren. Wenn wir dann die zusammengesetzten Körper vornehmen, werden wir ihre Verbindung mit Sauerstoff untersuchen und ihre Eigenschaften als Säuren beschreiben.

Schwefel ist der nächste Stoff, mit dem wir uns beschäftigen. Er unterscheidet sich in einem wesentlichen Punkte von den vorhergehenden, da er in der atmosphärischen Temperatur eine feste Gestaltung hat.

Caroline.

Ich bin froh, daß wir endlich zu einem Körper kommen, den man sehen und fühlen kann. Schwefel muß entzündlicher Natur sein, da die Spitzen der Zündhölzchen damit bedeckt sind.

Mrs. B.

Das ist er. — Man findet ihn selten unvermischt, so groß ist seine Verwandtschaft zu andern Stoffen. Gewöhnlich ist er mit Metallen in mannigfacher Form verbunden und wird durch ein sehr einfaches Verfahren von ihnen geschieden. Er ist auch in vielen Mineralwässern vorhanden und einige Pflanzen geben ihn in verschiedenen Verhältnissen her, namentlich die mit kreuzförmigen Blumen. Man findet ihn auch in thierischen Stoffen, kurz in allen drei Naturreichen.

Emilie.

Ich habe schon oft von Schwefelblumen sprechen hören, sind das Erzeugnisse irgend einer Pflanze?

Mrs. B.

Keineswegs. Sie bestehen blos aus gewöhnlichem Schwefel, der durch einen Prozeß, Sublimation genannt, in ein sehr feines Pulver verwandelt ist. — Sie sehen etwas davon hier in dieser Flasche; es ist genau dieselbe Substanz wie dies Stück Schwefel, nur die Farbe ist etwas blasser in Folge der feinen Zertheilung.

Emilie.

Bitte, was ist Sublimation?

Mrs. B.

Es ist die Verdunstung, oder richtiger die Verflüchtigung fester Substanzen, die beim Abkühlen sich wieder zu festen Massen verdichten. Dieser Prozeß muß in einem verschlossnen Gefäß vorgenommeu werden, erstens um Verbrennung zu verhindern, die stattfinden würde wenn Luft zuträte, und zweitens um den Stoff nach der Operation aufzufangen. Da dies ein langsames Verfahren ist, wollen wir es jetzt nicht versuchen. Sie werden es vollkommen begreifen, wenn ich Ihnen den Apparat dazu zeige (Taf. 6. Fig. 1.). Einige Stücke Schwefel werden in ein Gefäß gethan, was man Kolben nennt. Seine Form gleicht einigermaßen einer Birne und ist oben offen. Genau auf diese Oeffnung paßt der kegelförmige Deckel, Helm genannt. Der so mit dem Helmbedeckte Kolben wird in ein Sandbad gestellt, was nichts weiter ist, als ein Gefäß voll Sand, den ein darunter befindlicher Ofen heiß erhält, damit das Geräth in gleichförmiger mäßiger Temperatur bleibt. Der Schwefel fängt bald an zu schmelzen und gleich darauf erhebt sich ein dicker weißer Rauch, der nach und nach im Helm abgesetzt wird, wo er sich an den Wänden verdichte, ungefähr in Pflanzenform, wovon er den Namen Schwefelblumen bekommen hat. Dieser Brenn- oder Destillirkolben ist bei allen Arten von Destillationen höchst brauchbar, wie sie später sehen werden. Nicht immer werden Sie aber von Glas gemacht, wie dieser, der nur bei Destillationen in sehr kleinem Maßstabe zweckmäßig ist. Solche, die man in Fabriken und Brennereien anwendet, sind gewöhnlich von Kupfer und bedeutend größer. Im Allgemeinen ist jedoch die Form bis auf wenige Abweichungen stets dieselbe.

Caroline.

Wozu dient der Helm oder das Rohr, was sich von dem Helm herabbiegt?

Mrs. B.

Dieser Schnabel ist nur bei Destillationen nöthig, deren Zweck ist, die flüchtigen Theile zusammengesetzter Körper in verschlossenen Gefäßen durch Hitze zu verdampfen und dann wieder zu einer Flüssigkeit zu verdichten: der Schnabel führt die im Helm verdichteten Flüssigkeiten weiter, die sonst in den Kolben zurückfallen würden. Damit haben wir aber jetzt nichts zu thun, lassen Sie uns zum Schwefel zurückkehren. Sie begreifen nun hoffentlich vollkommen, was man unter Sublimation versteht.

Emilie.

Ich glaube ja. Sublimation scheint mir die Cohäsionskraft der Theilchen eines festen Körpers durch Hitze zu zerstören, sie also zu verflüchtigen, und sobald sie den Wärmestoff, der dies bewirkte, wieder verlieren, werden sie als feines Pulver abgesetzt.

Caroline.

Da gleicht also dieser Vorgang dem der Verwandlung des Wassers in Dampf, der auch durch Beraubung des Wärmestoffs zum flüssigen Zustande zurückgeführt wird.

Emilie.

Nur mit dem Unterschiede, daß der Schwefel nicht ganz in den frühern Zustand zurückkehrt, da er aus einem Stück zu feinem Pulver wird.

Mrs. B.

Chemisch gesprochen ist es genau derselbe Stoff, gleichviel ob in der Form von ganzen Stücken oder von Pulver. Denn wenn man dieses Pulver wieder durch Hitze schmelzt, wird es beim Abkühlen fest, wie vor der Sublimation.

Caroline.

Wenn aber durch die Sublimation keine wirkliche Veränderung hervorgebracht wird, wozu ist denn diese Operation?

Sie theilt den Schwefel in sehr kleine Theilchen und bereitet ihn auf diese Weise vor, leichter Verbindungen mit andern Körpern einzugehn.

Caroline.

Sublimation erscheint mir wie der Anfang von Verbrennung, zu deren Vollendung nur ein Umstand fehlt, die Aufnahme von Sauerstoff.

Mrs. B.

Allein der hauptsächlichste. Durch Sublimation wird im Schwefel keine wesentliche Veränderung bewirkt; bei der Verbrennung verbindet er sich mit Sauerstoff und bildet eine neue Mischung, die in jeder Hinsicht gänzlich verschieden vom reinen Schwefel ist. — Wir wollen jetzt etwas Schwefel verbrennen, damit Sie den verschiedenen Erfolg sehen. Zu diesem Zwecke thue ich etwas Schwefelblumen in eine Tasse und setze diese in ein Schälchen mit Wasser. Nun zünde ich den Schwefel mit der Spitze dieses heißen Drathes an, denn seine Verbrennung erfordert eine sehr erhöhte Temperatur. — Sie sehen, er brennt mit schwacher blauer Flamme und nun ich diese Glocke darüber stürze, erhebt sich ein weißer Dampf aus dem Schwefel und füllt das Glas. Sie werden bald bemerken, daß das Wasser ein wenig über seinen Stand in der Schale in der Glocke steigt. — Emilie, können Sie mir das erklären?

Emilie.

Ich glaube, der Schwefel hat den Sauerstoff aus der Luft in der Glocke angezogen und wir werden in der Tasse etwas oxydirten Schwefel finden. Allein ich bin nicht im Stande zu errathen, was der weiße Rauch ist.

Mrs. B.

Ihre erste Vermuthung war richtig, in der zweiten irren Sie: es wird nichts in der Tasse zurückbleiben. Der weiße Dampf ist gesauerstoffter Schwefel, der die Form einer elastischen Flüssigkeit von sehr scharfem, übelriechendem Geruch angenommen und eine starke Säure ist. Hier sehen Sie eine chemische Verbindnng von Sauerstoff und Schwefel, ein wahres Gas sich erzeugen, was unter dem Druck und bei der Temperatur der Atmosphäre als solches bestehen könnte, wenn es sich nicht mit dem Wasser in der Schüssel verbände, dem es seinen sauren Geschmack und alle Eigenschaften einer Säure mittheilt. — Sie sehen nun, von welchen merkwürdigen Wirkungen die Schwefelverbrennung begleitet ist.

Caroline.

Das ist ganz etwas Neues für mich; allein klar ist es mir noch gar nicht, warum der Schwefel zur Säure wird.

Mrs. B.

Weil er sich mit Sauerstoff verbindet, welcher ein Bestandtheil fast aller Säuren ist, was schon sein griechischer Name Oxygen: („Säure erzeugend") bedeutet.

Caroline.

Warum ist denn da Wasser keine Säure, es enthält doch den Sauerstoff in solcher Masse?

Mrs. B.

Sein andrer Bestandtheil, der Wasserstoff, ist der Säuerung nicht fähig. Daher bildet es für sich eine Abtheilung und wird nicht den säurefähigen Körpern beigesellt. Ich glaube, ehe wir weiter gehen, wird es nöthig sein, einige Worte über die Natur der Säuren im Allgemeinen zu sagen, obgleich dies eine Abweichung von unserm Plane ist, denn wir wollten eigentlich erst alle einfachen Stoffe einzeln untersuchen, ehe wir sie im gemischten Zustande betrachteten.

Man kann die Säuren als eine besondere Klasse von verbrannten Stoffen ansehen, die während ihrer Verbrennung oder Verbindung mit Sauerstoff sehr charakteristische Eigenschaften erlangt haben. Sie sind hauptsächlich an ihrem sauren Geschmacke erkennbar, und daran, daß sie fast jede blaue Pflanzenfarbe in roth verwandeln. Diese beide Eigenschaften sind der ganzen Klasse der Säuren eigen, aber jede einzelne unterscheidet sich durch andre eigenthümliche Beschaffenheiten. Jede besondere Säure besteht aus einem verschiedenen Stoffe, der ihre Grundlage bildet, und aus Sauerstoff. Im strengsten Sinne genommen ist der Sauerstoff nicht der einzige säurebildende, Chlor und Jod besitzen auch diese Fähigkeit, freilich in so unbedeutendem Grade, im Vergleich zum Sauerstoff, daß wir uns jetzt nur mit diesem beschäftigen wollen.

Emilie.

Ich sehe nicht recht klar den Unterschied zwischen Säuren und Oxyden.

Mrs. B.

Oxyd ist die erste Stufe der Sauerstoffung, und Säure die zweite. Ein zur Säurebildung befähigter Körper muß immer erst sich mit soviel Sauerstoff verbunden haben, als zur Oxydbildung erforderlich ist, also Oxyd geworden sein, ehe er die größere Quantität Sauerstoff aufzunehmen vermag, die ihn zur Säure macht.

Caroline.

Können alle Oxyde Säuren werden?

Mrs. B.

Nein, nur allein gewisse Substanzen, deren Anzahl im Verhältniß gering ist, sind fähig, in der Verbindung mit Sauerstoff die Säurengestalt anzunehmen: man kann aber alle verbrannten Stoffe entweder in die Reihe der Oxyde oder die der Säuren stellen. Wir werden uns künftig mehr über diesen Gegenstand verbreiten, für heute will ich Sie nur noch darauf aufmerksam machen, daß die meisten Säuren verschiedne Grade von Stärke erlangen können, die sich nach der Quantität Sauerstoff, mit der sich ihre Grundlage verbindet, richtet.

Emilie.

Wie unterscheiden sich diese Abstufungen?

Mrs. B.

Die Säure, die wir eben bereiteten, ist die erste oder schwächste Stufe der Sauerstoffung und heißt *schweflige Säure*; wenn sie gänzlich mit Sauerstoff gesättigt wäre, würde sie **Schwefelsäure** genannt werden. Dieser Unterschied der Bezeichnung deutet bei allen Säuren den Grad ihrer Sauerstoffung an.

Caroline.

Und wie bereitet man Schwefelsäure?

Mrs. B.

Indem man Schwefel über Wasser in reinem Sauerstoffgase verbrennt, und so diesen Prozeß weit vollständiger macht. Ich habe deshalb eine Flasche voll Sauerstoffgas hier; wir müssen es nun erst in die Glasglocke umgießen, die mit Wasser gefüllt auf der Brücke in der Wanne steht.

Caroline.

Darf ich das thun?

Mrs. B.

Gern. Halten Sie die Flasche ganz unter Wasser und richten die Mündung nicht eher aufwärts, bis sie unmittelbar unter der Oeffnung in der Bank ist, durch welche das Gas in die Glocke steigen muß. Nun kehren Sie die Flasche allmählig um. — Jetzt bringe ich durch die obere Oeffnung der Glocke ein kleines Gefäß, welches Schwefel mit etwas Salpeter vermengt enthält und zugleich ein Stückchen brennenden Zunders, um es in Brand zu stecken. — Dies muß sehr rasch bewerkstelligt werden, damit die atmosphärische Luft nicht mit eindringt und sich mit dem reinen Sauerstoffgase vermengt.

Emilie.

Wie schön es brennt!

Caroline.

Man sieht schon nichts mehr vor dem dicken Dampf. Das ist also wohl Schwefelsäure?

Emilie.

Sind diese Säuren immer gasförmig?

Mrs. B.

Schweflige Säure ist, wie schon gesagt, ein permanentes Gas und kann nur allein durch Verdichtung im

Wasser als Flüssigkeit dargestellt werden. Im unvermischten Zustande ist die schweflige Säure unsichtbar und erschien hier als Rauch durch die Verbindung mit Feuchtigkeit. Aber der Rauch der Schwefelsäure, den Sie eben während des Verbrennens aufsteigen sahn, ist kein Gas, sondern nur Dampf, der sich zur flüssigen Schwefelsäure verdichte, wenn er des Wärmestoffs beraubt wird. Es scheint, daß die Bildung und Verdichtung der Schwefelsäure die Gegenwart von Wasser erfordert, weshalb der Dampf in kaltem Wasser aufgefangen wird, von dem nachher die Säure durch Verdampfung geschieden werden kann.

Schwefel vermag sich mit einer großen Menge Stoffe zu verbinden, namentlich mit Wasserstoffgas.

Emilie.

Was! kann Gas eine feste Substanz auflösen?

Mrs. B.

Ein fester Stoff kann durch Hitze so klein zertheilt werden, daß er in Gas auflöslich ist; es giebt hiervon mehrere Beispiele. Im vorliegenden Falle wird aber eine chemische Verbindung des Schwefels mit Wasserstoffgas hervorgebracht. Um dies auszuführen, muß der Schwefel in Berührung mit dem Gase stark erhitzt werden. Die Hitze drängt den Schwefel in so feine Theilchen auseinander, die sich über das ganze Gas zerstreuen, daß beide sich durchdringen und mischen. Zum Beweise, daß eine chemische Verbindung vorgegangen ist, bedarf es nur der Bemerkung, daß Gas und Schwefel nicht geschieden werden, wenn letzterer den Wärmestoff verliert, durch den er verflüchtigt wurde. Ueberdies bekundet der eigenthümliche strenge Geruch dieses Gases eine neue Mischung, gänzlich verschieden von jedem ihrer Bestandtheile. Sie heißt Schwefel-Wasserstoffgas und ist in großer Menge in Schwefelwässern enthalten.

Caroline.

Könnten solche Wasser nicht künstlich nachgemacht werden, wenn man gewöhnliches Wasser mit diesem Gase mischte?

Mrs. B.

Ja, man kann sie so gut nachmachen, daß sie den natürlichen gleich kommen. Schwefel verbindet sich auch mit Phosphorus und mit den Alkalien und alkalischen Erden, Stoffe die Ihnen noch unbekannt sind und die wir also jetzt nicht näher berühren können. Wir wenden uns daher zum Phosphor.

Emilie.

Ich kann nicht leugnen, der Schwefel ist mir nicht so anziehend gewesen als die übrigen einfachen Körper.

Mrs. B.

Vielleicht gefällt Ihnen der Phosphor besser. Es würde nichts taugen, wollte ich nur das Unterhaltende heraussuchen, statt in geordneter Folge fortzuschreiten, um einen allgemei- Ueberblick zu erlangen.

Der Phosphor wird zu den einfachen Körpern gerechnet, obgleich man vermuthet, er enthalte Wasserstoff. Den frühern Chemikern war er nicht bekannt und später wurde die Art, ihn zu gewinnen, lange geheim gehalten. Sie sehen hier in dem Fläschchen ein Stück Phosphor, man formt ihn gewöhnlich in solche kleine Stäbchen von gelblicher Farbe.

Caroline.

Es mag eine geheime Art und Weise geben, künstliche Mischungen zu bereiten, aber wie können Sie in den gleichen Ausdrücken von einem Stoffe sprechen, der natürlich vorhanden ist?

Mrs. B.

Ein Körper kann in der Natur so innig mit andern Substanzen verbunden sein, daß es lange dauert, ehe die Chemiker ihn entdecken und es äußerst schwer ist, ihn für sich rein darzustellen. Dies ist mit dem Phosphor der Fall. Er findet sich in allen thierischen Stoffen und wird jetzt hauptsächlich durch ein chemisches Verfahren aus Knochen gezogen. Er ist auch ein Bestandtheil einiger Pflanzen, die in ihrer chemischen Zusammensetzung starke Aehnlichkeit mit den thierischen Stoffen haben.

Emilie.

Findet man ihn nie im reinen, unvermischten Zustande?

Mrs. B.

Niemals; dies ist der Grund, weshalb er so lange unentdeckt blieb. Phosphor ist außerordentlich leicht entzündlich; er schmilzt und fängt Feuer bei einer Temperatur von 30° R. und nimmt während seiner Verbrennung soviel Sauerstoff auf, daß er beinah anderthalbmal sein Gewicht beträgt.

Caroline.

Wie? 1 Pfd. Phosphorus sollte $1\frac{1}{2}$ Pfd. Sauerstoff verzehren?

Mrs. B.

So ergiebt es sich nach genauen Experimenten. Ich kann Ihnen zeigen, mit welcher Heftigkeit er den Sauerstoff anzieht, indem ich etwas in diesem Gase verbrenne. Wir müssen bei diesem Experimente auf gleiche Weise zu Werke gehen, als bei der Verbrennung von Schwefel. Ich bin genöthigt, dies Stückchen Phosphor unter Wasser zu zerschneiden, sonst laufe ich Gefahr, daß es sich von der Wärme meiner Finger entzündet. Ich thue es nun in die Glocke und nähere ihm einen heißen Drath.

Emilie.

Wie das blendet. Ich kann kaum hinsehn. Thun Dir die Augen nicht auch weh, Caroline?

Caroline.

Ja, ich kann sie aber nicht wegwenden. Es muß wirklich eine ungeheure Menge Sauerstoff absorbirt werden, da soviel Licht und Wärme sich entwickeln.

Mrs. B.

Nach Versuchen mit dem Calorimeter hat man berechnet, daß bei der Verbrennung von 1 Pfd. Phosphor so viel Wärmestoff frei wird, daß man damit über 100 Pfd. Eis schmelzen könnte.

Emilie.

Ist das Ergebniß dieser Verbrennung wie bei dem Schwefel eine Säure?

Mrs. B.

Ja, Phosphorsäure. Hätten wir Phosphor und Sauerstoff gehörig abgemessen, so würden sie ganz und gar zu Phosphorsäure geworden sein, deren Schwere genau die Summe des Gewichtes beider Bestandtheile betragen müßte. Der entstandene leere Raum hätte das Wasser in die Glocke gezogen und sie ganz damit gefüllt; denn hier wie bei der Schwefelverbrennung, wird der Säurendampf im Wasser der Glocke abgesetzt und verdichtet. Wird diese Verbrennung ohne Gegenwart von Wasser oder Feuchtigkeit vorgenommen, so erscheint die Säure in der Gestalt fester, weißlicher Flocken, die jedoch bei dem geringsten Zutritt von Feuchtigkeit sehr leicht schmelzen.

Emilie.

Erzeugt das Brennen von Phosphor in atmosphärischer Luft, gleich dem des Schwefels, eine schwächere Säure?

Mrs. B.

Nein, denn er brennt in gewöhnlicher Luft beinah in derselben Temperatur wie im reinen Sauerstoffgase, und ist in beiden Fällen so sehr geneigt sich mit Sauerstoff zu verbinden, daß die Verbrennung vollkommen und das Erzeugniß gleich ist; nur geht der Prozeß in gewöhnlicher Luft langsamer vor sich, weil der Phosphor wegen des vorhandenen Stickgases weniger schnell den Sauerstoff aufnimmt.

Caroline.

Giebt es aber kein Mittel, den Phosphor im geringeren Grade zu säuern, so daß er phosphorige Säure bildete?

Mrs. B.

O ja. Wenn er unentzündet der Luft ausgesetzt wird,

erleidet er doch noch eine Art langsamer Verbrennung, und zwar bei jeder Temperatur bis zu 15° R. unter 0.

Emilie.

Ist dieser Vorgang nicht eher eine Oxydation? Denn wenn der Sauerstoff langsam aufgenommen wird, ohne bemerkliche Entwickelung von Licht und Wärme, so kann es doch keine rechte Verbrennung sein.

Mrs. B.

Der Fall liegt nicht so, wie Sie voraussetzen: es strahlt ein schwaches Licht aus, im Dunkeln leicht erkennbar; aber die sich entwickelnde Wärme ist zu gering, um bemerklich zu werden. Dieser Verbrennung entsteigt ein weißlicher Dampf, der, wenn er sich mit Wasser vereinigt, zu flüssiger phosphoriger Säure verdichtet.

Caroline.

Es ist recht sonderbar, daß Phosphor bei so niedriger Temperatur in der Luft brennen soll, und im reinen Sauerstoffgase sich nicht ohne Anwendung von Hitze entzündet.

Mrs. B.

Wahrscheinlich ist dieser Umstand dem Stickstoffgase der Luft beizumessen. Dieses Gas löst Phosphortheilchen auf, die, auf diese Weise in der atmosphärischen Luft zerflossen, sich mit dem Sauerstoff verbinden und eine langsame Verbrennung erleiden. Diese Wirkung findet im Sauerstoffgase nicht statt, weil dies nicht fähig ist, den Phosphor aufzulösen, deshalb ist es nöthig ihn durch Hitze zu zertheilen, da kein Stickstoff vorhanden ist.

Emilie.

Man kann ja auch mit Phosphor Briefe schreiben; am Tage sieht man da nichts von der Schrift, aber im Dunkeln ist sie ganz feurig; allein zu brennen schienen die nicht, die ich gesehen habe.

Mrs. B.

Und doch ist es eine langsame Verbrennung, wodurch dieses Licht ausströmt und ihr Resultat ist phosphorige Säure.

Man bedient sich zuweilen des Phosphors als einer Probe von der Reinheit der atmosphärischen Luft. Zu diesem Zweck verbrennt man ihn in einem in Grade getheilten Cylinder, der ein Endiometer (Taf. 6. Fig. 2.) heißt, und man schließt auf das Verhältniß des Sauerstoffs in der zu untersuchenden Luft nach der Quantität, welche der Phosphor aufnimmt, denn dieser zieht ihn ganz an, so daß nur Stickstoff zurückbleibt.

Emilie.

Je mehr Sauerstoff die Luft enthält, desto reiner ist sie, nicht wahr?

Mrs. B.

Gewiß. — Geschmolzner Phosphor verbindet sich mit einer großen Menge von Substanzen. Mit Schwefel bildet er eine äußerst entzündliche Mischung, die Feuer fängt, sobald sie mit der Luft in Berührung kömmt. Mit dieser Mischung bereitet man die Phosphorzündhölzchen, die brennen, so wie man sie aus dem Kästchen nimmt und der Luft aussetzt.

Emilie.

Ich habe eine Schachtel voll solcher merkwürdiger Zündhölzer, allein, wenn es sehr kalt ist, entzünden sie sich nicht, wenn man sie nicht vorher reibt.

Mrs. B.

Durch das Reiben erhöhn Sie ihre Temperatur. Sie wissen, Reibung ist eines von den Mitteln, Wärme zu entwickeln.

Emilie.

Verbindet sich Phosphor, wie der Schwefel, mit Wasserstoffgas?

Mrs. B.

Ja, und das gemischte Gas, was hierdurch entsteht, hat einen noch übleren knoblauchartigen Geruch. Das Phosphorwasserstoffgas hat die bemerkenswerthe Eigenthümlichkeit, daß es in atmosphärischer Luft bei jeder Temperatur von selbst Feuer fängt. Auf diese Art erzeugen sich wahrscheinlich jene hüpfenden Flammen, die unter dem Namen Irrlichter bekannt sind, und die häufig auf Kirchhöfen, Torfmooren und an solchen Orten erscheinen, wo die Verwesung thierischer Stoffe vor sich geht.

Noch andre Verbindungen des Phosphor haben höchst sonderbare Eigenschaften, besonders die mit Calcium.

Emilie.

Wie bezeichnet man die Verbindung zweier Stoffe, wie Phosphor und Calcium, deren keiner Sauerstoff ist und die also weder ein Oxyd noch eine Säure hervorbringen können?

Mrs. B.

Die Benennungen solcher Verbindungen werden aus denen ihrer Bestandtheile zusammengesetzt. So heißt die Verbindung von Schwefel und Calcium Schwefelcalcium, und die des Phosphors mit Calcium Phosphorcalcium. Letztere Mischung besitzt die sonderbare Eigenheit, das Wasser blos dadurch zu zersetzen, daß sie hineingeworfen wird. Das Phosphorcalcium zieht den Sauerstoff des Wassers an, und in Folge dessen steigen Bläschen Wasserstoffgas auf, die kleine Quantitäten aufgelösten Phosphors enthalten.

Emilie.

So sind diese Bläschen also Phosphorwasserstoffgas.

Mrs. B.

Ja, und es entsteht die wunderliche Erscheinung feuriger Blitze, die aus dem Wasser kommen, da die Bläschen — in dem Momente, wo sie mit der Atmosphäre in Berührung treten — sich entzünden und an der Oberfläche des Wassers verpuffen.

Caroline.

Ist diese Wirkung nicht ziemlich derjenigen gleich, welche die Verbindung von Phosphor und Schwefel hervorbringt?

Mrs. B.

Ja, aber das Phänomen erscheint in diesem Falle außerordentlicher durch die Gegenwart des Wassers und durch die Gasform der brennbaren Mischung. Ueberdies überrascht das Experiment durch seine große Einfachheit. Sie werfen nur ein Stück Phosphorcalcium in ein Glas Wasser, und sogleich tauchen feurige Bläschen auf.

Caroline.

Können wir das nicht versuchen?

Mrs. B.

Sehr leicht, aber nur in freier Luft, denn der Geruch des Phosphorwasserstoffgases ist so abscheulich, daß er im Hause unleidlich sein würde. Wir wollen fürs Erste durch ein andres Verfahren einige Bläschen desselben Gases erzeugen, die weniger unangenehm sind.

Hier in dieser kleinen gläsernen Retorte ist eine Auflösung von Kali in Wasser. Ich thue ein Stück Phosphor dazu und erhitze dann die Retorte über der Lampe, nachdem ich ihren Hals in Wasser gesteckt habe. Sie sehen, es fängt an zu kochen und in wenigen Minuten werden Bläschen erscheinen, die Feuer fangen und verpuffen, so wie sie aus dem Wasser hervorkommen.

Caroline.

Da ist eins — da ein andres. Wie hübsch das ist! — Ich verstehe aber nicht, wie das zugeht.

Mrs. B.

Es sind dabei zu verwickelte Verwandtschaften im Spiele, als daß ich sie Ihnen jetzt schon verständlich machen könnte. In kurzen Worten, die gegenseitige Einwirkung von Kali, Phosphor, Wärmestoff und Wasser ist von der Art, daß et. was Wasser zersetzt wird und das dabei gebildete Wasserstoffgas feine Theilchen Phosphor mit fortreißt und mit ihnen Phosphorwasserstoffgas bildet.

Emilie.

Was ist der kreisförmige Ring von Rauch, der langsam aus jedem Bläschen nach der Verpuffung steigt.

Mrs. B.

Er besteht aus Wasser und Phosphorsäure in Dampfform und ist ein Produkt der Verbrennung von Wasserstoff und Phosphor.

Zehnte Unterhaltung.

Vom Kohlenstoff.

Caroline.

Heute, Mrs. B., glaube ich, werden wir das Wesen und die Eigenschaften des Kohlenstoffs kennen lernen. Was versteht man denn unter dieser Bezeichnung?

Mrs. B.

Vollkommen reine Holzkohle, d. h. solche, der gar keine fremdartigen Bestandtheile beigemischt sind.

Caroline.

Aber Holzkohle wird ja künstlich bereitet, Mrs. B., da kann sie doch kein einfacher Stoff sein.

Mrs. B.

Sie verwechseln wieder die Begriffe: es ist ganz etwas andres, einen einfachen Körper schaffen zu wollen, als ihn aus einer Mischung abzuscheiden. Das chemische Verfahren, wodurch ein einfacher Körper im Zustande der Reinheit gewonnen wird, erreicht diesen Zweck durch Zerstörung der Verbindung, die einen solchen Stoff enthält. Bei näherer Prüfung werden Sie sich überzeugen, daß die Bereitung der Holzkohlen auch nichts andres ergiebt.

Der Kohlenstoff macht einen bedeutenden Theil der festen Masse aller organischen Körper aus, vorzugsweise ist dies in dem Pflanzenreich der Fall und vor Allem gewinnt man ihn aus Holz. Wenn das Oelige und Wässerige (die übrigen Bestandtheile der vegetabilischen Materie) verdampft sind, bleibt ein schwarzer, poröser, spröder Stoff zurück: die Kohle.

Caroline.

Um Oeliges und Wässeriges zu verdampfen, muß man Hitze anwenden, wird dann nicht die Temperatur der Kohle so erhöht, daß sie anfängt zu brennen? und wenn sie sich mit Sauerstoff verbindet, kann man sie dann noch rein nennen?

Mrs. B.

Ich wollte eben hinzufügen, daß bei diesem Vorgange die Luft ausgeschlossen werden muß.

Caroline.

Wie kann da Oel- und Wasser-Dampf verfliegen?

Mrs. B.

Um Kohle möglichst rein zu erlangen (obgleich sie immer nur eine unreine Art Kohlenstoff ist), muß die Operation in einer irdenen Retorte vorgenommen werden. Wenn man diese erhitzt, entweichen die flüchtigen Theile des Holzes durch den Hals der Retorte, in den keine Luft zu dringen vermag, so lange der heiße Dampf ihn füllt. Wünscht man diese flüchtigen Produkte zu sammeln, so bringt man den Hals der Retorte unter das Wasser in der Wanne.

Die Bereitung der gewöhnlichen Holzkohlen für Küchen und Werkstätten geschieht natürlich in weit größerm Maßstabe und durch ein leichteres und weniger kostspieliges Verfahren.

Emilie.

Ich habe das mit angesehn. Das Holz wird auf der Erde pyramidenförmig aufgestellt, Feuer darunter angemacht, das Ganze mit Lehm bedeckt und nur einige Oeffnungen zum Luftzuge gelassen.

Mrs. B.

Diese Löcher werden geschlossen, sobald das Feuer hell brennt, so daß die Verbrennung gehemmt wird, oder wenigstens nur sehr unvollkommen fortgeht. Die dabei entwickelte

Hitze reicht hin, den größten Theil der öligen und wässerigen Grundstoffe des Holzes zu verflüchtigen und durch die Lehmdecke hinauszutreiben, obgleich sie das Holz nicht in Asche verwandeln kann.

Emilie.

Ist reiner Kohlenstoff schwarz wie Kohle?

Mrs. B.

Der reinste, den wir bereiten können, sieht so aus, allein dieser ist immer noch wasserstoffhaltig. Nach Davy's Angabe enthält er 5 Prozent Wasserstoff, und er ist der Meinung, Kohlenstoff würde metallisch sein wie andre einfache Substanzen, wenn man ihn gänzlich von fremden Bestandtheilen befreien könnte.

Die Holzkohle findet sich noch in einer Form, die Sie überraschen wird. Hier mein Ring verdankt seinen Glanz einem Stückchen Kohlenstoff.

Caroline.

Ist das denn kein Diamant?

Mrs. B.

Ja wohl. Diamant ist nichts anderes als krystallisirter Kohlenstoff.

Emilie.

Ist es möglich! Es giebt kaum zwei, dem Aussehn nach verschiednere Dinge als Diamant und Kohle.

Mrs. B.

Noch viele andre Substanzen von ausgezeichneter Weiße bestehn hauptsächlich aus Kohlenstoff, z. B. Baumwolle.

Caroline.

Das hätte ich nie gedacht! — Aber, Mrs. B., da es bekannt ist, aus welchen Stoffen Baumwolle und Diamanten zusammengesetzt sind, so sollte man doch versuchen, sie durch irgend ein chemisches Verfahren nachzuahmen.

Mrs. B.

Sie könnten eben so gut vorschlagen, durch chemische Prozesse Blumen und Früchte hervorzubringen, denn man weiß auch, woraus diese Körper bestehen, da Alles, was wir von der Natur kennen, aus den verschiednen einfachen Stoffen gebildet ist, die wir aufgezählt haben. Es ist aber weit weniger schwierig, Körper zu zerlegen und die Materialien aufzusuchen, als sie wieder zusammenzusetzen. Der erste Prozeß heißt Analysis, Zerlegung, der andere Synthesis, Wiedervereinigung. Wenn wir im Stande sind, das Wesen einer Verbindung nach beiden Untersuchungsweisen festzustellen, und durch das Ergebniß der einen das der andern zu bestätigen, so erlangen wir die vollendetste Kenntniß davon, deren wir fähig sind.

Caroline.

Da muß man also einen Körper in Theile zerlegen und wieder ganz herstellen?

Mrs. B.

Ja, und dies ist der Fall mit Wasser, Luft, den meisten Säuren, Oxyden, Neutralsalzen und mit vielen andern Mischungen. Allein die verwickelteren Combinationen der organischen Natur, selbst des Mineralreiches, sind im Allgemeinen uns unerreichbar und jeder Versuch sie nachzuahmen fruchtlos: ihre Gestaltung bleibt das Geheimniß des Schöpfers. Wozu brauchen wir auch unsre Ungeschicklichkeit in solchen Dingen zu bedauern, da die Natur sie uns in Ueberfluß und vollkommenster Zusammenstellung bietet.

Caroline.

Ich bildete mir auch nicht ein, daß die Chemie das Prinzip des Lebens nachahmen könnte, allein die unbelebte Natur vollkommen nachzubilden glaubte ich, müsse dieser Wissenschaft gelingen.

Mrs. B.

Es ist auch in sehr vielen Fällen gelungen, allein immer nur bis zu einem gewissen Punkt: selbst nur die feine innere Organisation des Pflanzenreiches ist ein Geheimniß, was die Forschungen aller Gelehrten wohl nie ergründen werden.

Emilie.

Aber der Diamant, der nur aus einem einfachen unorganischen Stoffe bestehen soll, könnte doch nachgemacht werden?

Mrs. B.

Zuweilen geht es eben so über unsre Kräfte, einen einfachen Körper vollkommen rein darzustellen, als eine komplizirte Mischung nachzuahmen; denn die Operationen, wodurch die Natur Körper scheidet, sind häufig eben so unnachahmlich als diejenigen, wodurch sie Verbindungen herbeiführt: so ist es mit dem Kohlenstoff. Alle Bemühungen der Chemiker, ihn gänzlich von andern Substanzen zu trennen, sind fruchtlos gewesen, es bleibt immer etwas Wasserstoff zurück und wahrscheinlich noch andre fremdartige Beimischungen. Wir kennen die Mittel nicht, wodurch die Natur ihn krystallisirt. Möglicherweise ist es das Werk von Jahrhunderten, Theilchen Kohlenstoff zu reinigen, zusammenzustellen und zu der Gestaltung eines Diamanten zu vereinigen.

Hier ist etwas so gereinigte Holzkohle, wie wir im Stande sind, sie uns zu verschaffen. Sie sehen, es ist eine schwarze, spröde, leichte, schwammige Substanz, völlig geschmack- und geruchlos. Hitze, ohne Zutritt der Luft, verändert sie gar nicht, da sie nicht flüchtig ist, sondern sie bleibt unabänderlich auf dem Boden des Gefäßes zurück, nachdem alle übrigen Theile der Pflanze verdampft sind.

Emilie.

Der Kohlenstoff ist aber doch brennbar, denn Sie sagten, die Holzkohle würde Sauerstoff aufnehmen, wenn die Luft während ihrer Bereitung zutreten könnte.

Caroline.

Ohne alle Frage. Du weißt ja, Emilie, wie oft sie in der Küche gebraucht wird. Aber warum brennt Holzkohle ohne Rauch, Holz raucht doch so?

Mrs. B.

Weil bei der Umbildung von Holz in Kohlen die flüchtigen Theile verdampft sind.

Caroline.

Ich habe doch oft Kohlen mit Flammen brennen sehn, folglich müssen sie Wasserstoff enthalten.

Mrs. B.

Ich habe schon mehrmals wiederholt, daß die gewöhnlichen Holzkohlen nicht rein sind und selbst die möglichst gereinigten wasserstoffhaltig sind.

Caroline.

Was wird aber während der Verbrennung aus dem Kohlenstoff selbst?

Mrs. B.

Er verbindet sich allmählig mit dem Sauerstoff der Luft auf demselben Wege wie Schwefel und Phosphor, und gleich diesen Substanzen, verwandelt er sich in eine Säure, die in Gasform verfliegt. Diese Säure ist aber nicht, wie bei den letzterwähnten beiden Beispielen, ein der Verdichtung fähiger Dampf, sondern eine Luft- oder Gasart, die bei gewöhnlichem Druck und in gewöhnlicher Temperatur im gasigen Zustande beharrt.

Neuere Entdeckungen machen es möglich, daß kohlensaures Gas durch sehr starken Druck zu einer Flüssigkeit verdichtet werden kann. Früher nannte man dieses Gas fixe Luft, jetzt führt es die passendere Benennung: kohlensaures Gas oder Kohlensäuregas.

Emilie.

Der Kohlenstoff kann also durch Brennen verflüchtigt werden, obgleich die Hitze allein diese Wirkung nicht hervorbringt?

Mrs. B.

Ja, aber es ist dann nicht mehr einfacher Kohlenstoff, sondern eine Säure, deren Grundlage er bildet. In diesem Zustande verliert er, gleich den Grundlagen andrer Gase, jedes Ansehen körperlicher Gestaltung und Festigkeit, und ich denke, dieses Beispiel wird Ihre Vorstellung von dem Grundstoff des Sauerstoffs, Wasserstoffs und Stickstoffs berichtigen.

Emilie.

Das ist wahr, ich kann mir jetzt vorstellen, daß die Grundlagen der oben genannten Gase feste, schwere Substanzen sein mögen, wie der Kohlenstoff, und daß sie durch den Wärmestoff zur Unsichtbarkeit ausgedehnt sind.

Caroline.

Ist das kohlensaure Gas nicht vom Kohlenstoff schwarz gefärbt?

Mrs. B.

Nicht im Mindesten. Sie wissen, die schwarze Farbe gehört nicht wesentlich zum Kohlenstoff, und die Grundlage der Kohlensäure ist nicht Holzkohle, sondern reiner Kohlenstoff. Wir wollen etwas Kohlensäure bereiten, und um den Vorgang zu beschleunigen, verbrennen wir den Kohlenstoff in Sauerstoffgas.

Emilie.

Das heißt, Sie wollen doch keinen Diamant verbrennen?

Mrs. B.

Holzkohle wird noch zweckdienlicher sein, weil sie weicher ist und leichter brennt; überdem sind Experimente mit Diamanten etwas kostspielig.

Caroline.

Lassen sie sich denn überhaupt verbrennen?

Mrs. B.

O ja, man muß nur den gehörigen Hitzgrad anwenden, wozu man nur ein Blaserohr und einen Strom Sauerstoffgas nöthig hat. Durch das Verbrennen wurde die chemische Natur des Diamanten erwiesen: man kannte ihn schon lange als brennbare Substanz, allein erst seit den letzten 30 Jahren hat man sich überzeugt, daß sein Verbrennungsprodukt reine Kohlensäure ist.

Also nun zu unsrer Bereitung der Kohlensäure. — Emilie, gießen Sie etwas Sauerstoffgas aus dem Kruge in die Glocke, ich werde dann dies Stückchen gereinigte Holzkohle mit etwas brennendem Zunder hineinbringen, denn dieser ist nöthig, um den ersten Antrieb zur Verbrennung zu geben.

Emilie.

Wie kann nur das bischen Zunder, was nur eben glimmt, die Temperatur der Kohle bis zum Brennen erhöhen? Es vermag kaum bemerkliche Wärme hervorzubringen und berührt die Kohle beinah gar nicht.

Mrs. B.

Der Funke hat nur gerade so viel Macht, um die Verbrennung des Zunders zu beginnen, die jedoch im Sauerstoffgase so rasch vor sich geht, daß die Temperatur der Kohle hinreichend erhöht wird, um in Brand zu gerathen, wie Sie jetzt sehen.

Emilie.

Ich bin erstaunt, daß sie nicht heller brennt, der Phosphor und auch der Schwefel geben ein weit glänzenderes Licht. Der Kohlenstoff verbindet sich doch mit einer solchen Menge Sauerstoff, sollte sich nicht in Folge der Zersetzung des Sauerstoffgases und der Vereinigung seiner Elektrizität mit derjenigen der Kohle eine verhältnißmäßige Quantität Licht und Wärme entwickeln?

Mrs. B.

Bei dieser Verbrennung müssen weniger Licht und Wärme frei werden, als bei fast jeder andern, da der Sauerstoff hier nicht, wie bei der Verbindung mit Phosphor oder Schwefel, eine feste oder flüssige Mischung erzeugt, sondern ein Gas bildet, wozu er mehr Wärmestoff bedarf.

Emilie.

Wahr; und bei näherer Ueberlegung überrascht es sogar, daß der Sauerstoff aus der Kohlenverbrennung noch so viel Wärmestoff rettet, um beide Substanzen gasförmig zu erhalten.

Caroline.

Also, nach der Quantität Wärmestoff, die während einer Verbrennung frei wird, können wir auf den Grad von Innigkeit schließen, mit der der Sauerstoff im verbrannten Körper verbunden ist?

Mrs. B.

Ja, vorausgesetzt, daß Sie die Quantität Sauerstoff mit in Anschlag bringen, die der brennende Körper anzieht, und das Verhältniß betrachten, in dem der Wärmestoff dazu steht.

Caroline.

Warum steigt das Wasser nach der Verbrennung des Kohlenstoffs in die Glocke, obgleich das Gas darin luftförmig bleibt?

Mrs. B.

Weil das Wasser nach und nach die Kohlensäure anzieht. Man könnte diese Wirkung befördern, wenn man die Glocke schüttelte.

Emilie.

Die Kohle ist nun erloschen, aber nicht ganz verzehrt; gewiß zieht sie den Sauerstoff so gierig an, daß die Glocke nicht genug für das Ganze enthielt.

Mrs. B.

Ganz richtig. Um keinen Rückstand zu behalten, muß man 28 Theile Kohlenstoff in 72 Theilen Sauerstoff verbrennen, beide geben dann 100 Theile Kohlensäure.

Caroline.

Kohlensäure muß eine sehr starke Säure sein, da sie so bedeutend viel Sauerstoff enthält.

Mrs. B.

Das ist eine sehr natürliche aber irrige Folgerung, denn die Kohlensäure ist die schwächste von allen. Die Stärke einer Säure scheint eben so sehr von der Natur ihrer Grundlage und der Art ihrer Zusammensetzung abzuhängen, als von dem säurebildenden Stoff selbst. Die gleiche Quantität Sauerstoff, die einige Körper in starke Säuren umschafft, vermag andre nur einfach zu oxydiren.

Caroline.

Da diese Säure so schwach ist, hätten die Chemiker sie kohlige Säure nennen sollen, statt Kohlensäure.

Emilie.

Ich denke mir, kohlige Säure ist noch schwächer und bildet sich, wenn Kohlenstoff in atmosphärischer Luft verbrennt.

Mrs. B.

Durch Verbindung mit einer geringeren Menge Sauerstoff kann der Kohlenstoff ebenfalls in ein Gas verwandelt werden; da dieses Gas aber gar nicht die Beschaffenheit einer Säure besitzt, stellt man es in die Reihe der Oxyde und nennt es gasiges Kohlenoxyd oder Kohlenoxydgas.

Caroline.

Kohlensäure muß sehr gesund zum Einathmen sein, weil sie so viel Sauerstoff enthält.

Mrs. B.

Im Gegentheil sehr schädlich. Der Sauerstoff verliert in der Verbindung mit andern Substanzen fast immer alle für das Einathmen nöthigen Eigenschaften und seinen wohlthätigen Einfluß auf die Athmungsorgane. Kohlensäuregas ist nicht allein untauglich zum Athmen, sondern äußerst verderblich für die Lungen.

Emilie.

Du weißt, Caroline, wie ungesund der Rauch brennender Holzkohlen sein soll.

Caroline.

Ja, ich gestehe, ich überlegte nicht, daß Kohlenfeuer kohlensaures Gas erzeugte. — Kann dieses Gas zur Flüssigkeit verdichtet werden?

Mrs. B.

Ja, wie ich Ihnen schon vorher sagte. Auch Wasser kann eine gewisse Menge dieses Gases aufnehmen, und sogar — mittelst Bewegung und Druck — stark damit gesättigt werden. Ich will etwas Kohlensäure in diese Flasche bringen, die ich vorher mit Wasser fülle, um die atmosphärische Luft zu entfernen. Das Gas findet seinen Weg durch das Wasser und verdrängt es, denn es vermischt sich durchaus nicht damit, bis es stark geschüttelt wird, oder einige Zeit darüber stehen bleibt. Die Flasche ist jetzt ungefähr halb voll Kohlensäure und halb voll Wasser. Dadurch, daß ich sie zukorke und heftig schüttle, kann ich das Gas und das Wasser zusammen mischen. Wollen Sie nun kosten?

Emilie.

Es hat offenbar einen sauren Geschmack und scheint voll kleiner Bläschen zu sein.

Mrs. B.

Es besitzt auch alle andern Eigenschaften einer Säure, nur in geringerem Grade als das kohlensaure Gas, da es hier so sehr durch das Wasser verdünnt ist. Dies ist eine Art künstliches Selterwasser. Aus der Analyse des natürlichen ergiebt sich, daß es fast einzig aus gewöhnlichem Wasser und einer gewissen Menge kohlensaurem Gase besteht. Hier sehen Sie ein Beispiel, wie man durch chemische Prozesse die Wirksamkeit der Natur genau nachahmen kann: das künstliche Selterwasser ist in jeder Hinsicht dem natürlichen gleich und hat noch den Vorzug, daß man es nach dem Erforderniß des Augenblicks stärker oder schwächer bereiten kann.

Caroline.

Was macht dieses Wasser so unruhig und sprudelnd?

Mrs. B.

Dieses Sprudeln, oder richtiger Aufwallen, wird stets durch das Entweichen eines Gases aus einer dichteren Flüssigkeit erzeugt. Im künstlichen Selterwasser ist es die Kohlensäure, die leichter als das Wasser, in dem sie stark zusammengepreßt war, beim Oeffnen der Flasche mit großer Schnelligkeit verfliegt; weshalb man rasch trinken muß. Hier diese Flasche enthält zu wenig Kohlensäure, um stark zu sprudeln.

Es

Es erfordert einen besondern Apparat, um gashaltige Mineralwasser künstlich zu bereiten.

Emilie.

Wenn also eine Flasche Selterbrunnen eine Zeitlang offen steht, bleibt am Ende nur gewöhnliches Wasser darin?

Mrs. B.

Das ganze, oder beinah das ganze kohlensaure Gas wird bald verschwinden, allein dieses Wasser hält auch noch eine kleine Menge kohlensaures Natron und einige andre salzige und erdige Ingredienzien, die darin bleiben, wenn die Flasche noch so lange offen steht.

Caroline.

Bitte, was ist denn das Sodawasser, was in England so viel getrunken wird?

Mrs. B.

Es ähnelt sehr dem Selterwasser, außer der Kohlensäure ist aber noch eine besondere salzige Substanz, Soda oder Natron genannt, darin aufgelöst, die dem Wasser einige medizinische Eigenschaften mittheilt.

Caroline.

Wie können diese Wässer nur gesund sein, da Kohlensäure so schädlich ist?

Mrs. B.

Ein Gas kann sehr nachtheilig auf die Lunge wirken und doch dem Magen sehr wohlthätig sein. — Es wäre aber unnütz, dies jetzt weiter zu verhandeln.

Caroline.

Sind nie andre Gasarten in Mineralwässern aufgelöst?

Mrs. B.

Ja, es giebt mehrere Sorten gashaltiger Brunnen. Man hat sogar welche bereitet, die mit Sauerstoff und Wasserstoff gesättigt waren: in der Natur findet man letztere nie sie sollen aber medizinisch jetzt oft angewendet werden.

Emilie.

Wenn ich mich recht erinnere, Mrs. B., so sagten Sie

uns, der Kohlenstoff vermöge Wasser zu zerlegen, er muß also eine größere Verwandtschaft zum Sauerstoff haben als der Wasserstoff?

Mrs. B.

Ja, aber nur dann, wenn ihre Temperatur zu einem bestimmten Grade erhöht ist. Der Kohlenstoff muß rothglühend sein, wenn er Sauerstoff und Wasserstoff scheiden soll. Wenn man daher eine kleine Portion Wasser in ein starkes Feuer gießt, erhöht es die Glut, statt den Brand zu löschen; denn Kohlen oder Holz (beide enthalten Kohlenstoff) zerlegen das Wasser und versehen auf diese Weise das Feuer mit Sauerstoff und Wasserstoff. Wenn hingegen eine große Masse Wasser in das Feuer gegossen wird, verringert sich die Hitze so, daß der Brennstoff das Vermögen verliert, das Wasser zu zerlegen, und das Feuer verlöscht.

Emilie.

Feuerspritzen sollen zuweilen das Uebel ärger machen und das Feuer vermehren, wenn sie nicht genug Wasser darauf spritzen können, um es zu unterdrücken. Daran ist also die Zerlegung des Wassers durch Kohlenstoff während der Feuersbrunst schuld?

Mrs. B.

Gewiß. — Der Apparat, den Sie hier sehen (Tafel 6. Fig. 3.) mag das eben Gesagte erläutern. Er besteht aus einer Art offenem Ofen, durch welchen ein Porzellanrohr geht, was Holzkohle enthält. An einem Ende des Rohres ist eine gläserne Retorte angebracht, in der etwas Wasser ist, und das andere Ende steht mit der Glocke in der Wanne in Verbindung. Eine unter der Retorte brennende Lampe bringt das Wasser zum Kochen, der Dampf wird durch die glühenden Holzkohlen getrieben, von ihnen zerlegt und das Wasserstoffgas in der Glocke aufgefangen. Dieses so gewonnene Gas ist aber keineswegs rein, es enthält Kohlenstoff aufgelöst und auch Kohlensäure beigemengt. Dadurch wird es schwerer als reines Wasserstoffgas und erlangt besondere Eigenheiten: man unterscheidet es durch den Namen Kohlenwasserstoffgas.

Caroline.

Wie kömmt es zu der Kohlensäure?

Emilie.

Ich glaube das zu wissen. — Der Kohlenstoff im Porzellanrohr verbindet sich mit dem Sauerstoff des zerlegten Wassers, und dadurch wird Kohlensäure erzeugt.

Mrs. B.

Jetzt sind Sie auf richtigem Wege.

Der Kohlenstoff wird sehr häufig im festen Zustande mit Wasserstoff verbunden gefunden, namentlich als Steinkohle, die ihre Brennbarkeit diesen beiden Grundstoffen verdankt.

Emilie.

Bringt denn der Wasserstoff die Flamme der Steinkohlen hervor?

Mrs. B.

Ja, und wenn aller Wasserstoff verzehrt ist, brennt der Kohlenstoff ohne Flamme fort. Ich wiederhole aber, was ich bei Gelegenheit der Gaslichte sagte, das auf solche Art erzeugte Wasserstoffgas ist nicht rein, denn während der Verbrennung verflüchtigen sich auch Theilchen Kohlenstoff, und bilden Kohlenwasserstoffgas.

Kohlenstoff ist ein sehr schlechter Wärmeleiter, aus diesem Grunde gebraucht man ihn (mit andern Ingredienzien gemengt) zur Ausfütterung von Oefen und andern chemischen Geräthen.

Emilie.

Bitte, weshalb füttert man die Oefen aus?

Mrs. B.

Meistens bedient man sich eines Ofens, um einen sehr hohen Hitzgrad hervorzubringen und zu erhalten, zu welchem Zwecke man alle möglichen Mittel anwendet, um das Entweichen der Hitze und ihr Fortpflanzen auf andre Körper zu verhindern. Dies erreicht man dadurch, daß man das Innere des Ofens mit einer Art Teig überzieht, der aus Materialien zusammengesetzt ist, die schlechte Wärmeleiter sind.

Kohlenstoff mit einer kleinen Menge Eisen verunreinigt ist ein Mineral, das man Graphit oder Wasserblei nennt und woraus die Bleistifte gemacht werden.

Emilie.

Weshalb heißt es denn da Wasserblei?

Mrs. B.

Unwissende Leute haben diese Mischung ihres glitzernden metallischen Ansehns wegen so genannt, sie enthält aber nicht ein Theilchen Blei. Graphit wird an manchen Orten gefunden, in England giebt es ein einziges Bergwerk dieses Minerals: in Cumberland. Dieser englische Graphit soll eben so reinen Kohlenstoff liefern, als die bestbereitete Holzkohle, da er nur 5 pCt. Eisen enthält und gar keine andere fremde Bestandtheile.

Es ist aber keine wirkliche Verbindung mit Eisen; eine solche, ein wirklich gekohltes Eisen, bei dem das Eisen sehr merkwürdige Eigenschaften erlangt, obgleich es nur in äußerst geringen Verhältnissen mit Kohlenstoff verbunden ist, ist der Stahl.

Caroline.

Wirklich? Stahl ist doch viel härter als Eisen?

Mrs. B.

Kohlenstoff ist nicht biegsam wie Eisen und macht deshalb den Stahl spröder und härter. Ob nun der Kohlenstoff dadurch das Metall härter und schwerer macht, daß er in die Poren des Eisens dringt und sie ausfüllt, oder ob diese Veränderung von einer chemischen Ursache abhängt, wage ich nicht zu entscheiden. Durch eine spätere Operation härtet man den Stahl noch viel mehr, und diese besteht blos darin, daß man ihn rothglühend in kaltes Wasser wirft. — Außer den eben erwähnten Verbindungen hat der Kohlenstoff Theil an der Zusammensetzung einer großen Masse Naturerzeugnisse, z. B.

bei allen Oelen, denn sie bestehen aus Wasserstoff, Sauerstoff und Kohlenstoff in verschiednen Verhältnissen.

Emilie.

Ich dachte, diese drei Substanzen bildeten Kohlenwasserstoffgas.

Mrs. B.

Nur dann, wenn eine gewisse Menge Kohlenstoff im Wasserstoffgas aufgelöst bleibt. Verschiedne Verhältnisse derselben Grundstoffe unter abweichenden Umständen verbunden, geben sehr verschiedne Resultate: Sie werden zahllose Beispiele davon kennen lernen. Jetzt unterhalten wir uns aber nicht von Gasen, sondern von Kohlenstoff und Wasserstoff in alleiniger Verbindung mit Quantitäten Wärmestoff, die hinreichen, jene zur Consistenz von Oel oder Fett zu verdicken.

Caroline.

Oel und Fett sind doch nicht von gleicher Dichtigkeit?

Mrs. B.

Fett ist nur geronnenes Oel, oder Oel geschmolzenes Fett; das eine bedarf etwas mehr Hitze um flüssig zu bleiben als das andre. Haben Sie nie bemerkt, wie das Fett von Fleischspeisen durch den am Feuer eingesognen Wärmestoff zu Oel wird?

Emilie.

Aber die Oele im Allgemeinen, z. B. Baumöl und Rüböl werden beim Erkalten nicht zu Fett.

Mrs. B.

Nein, weil sie zuviel Wärmestoff enthalten, um bei gewöhnlicher Temperatur zu gerinnen; das gefrorne Oel zeigt aber, daß man ihnen nur ihre latente Wärme zu entziehen braucht, um sie zu fetten festen Substanzen zu verdicken.

Die Pflanzensäuren bestehen auch aus verschiednen Verhältnissen von Kohlenstoff und Wasserstoff, die durch Sauerstoff gesäuert sind. Gummi, Zucker und Stärke sind auch nur aus diesen Bestandtheilen zusammengesetzt, da aber ihr Sauerstoff nicht zureicht, sie in Säuren umzugestalten, gestellt man sie den Oxyden bei und nennt sie Pflanzenoxyde. Für jetzt bleibt mir wenig vom Kohlenstoff zu sagen, er ist aber sehr wichtig für die meisten chemischen Vorgänge.

Caroline.

Das kommt wohl daher, daß er ein Bestandtheil so vieler Körper ist?

Mrs. B.

Gewiß. Sie haben gesehen, er ist die Grundlage aller Thier- und Pflanzenstoffe, also auch unserer Nahrungsmittel und daher wesentlich zum Verdauungsprozeß. Auch im Mineralreich werden wir ihn oft, namentlich als Kohlensäure, mit mannigfaltigen Substanzen verbunden antreffen.

Bei chemischen Arbeiten ist der Kohlenstoff hauptsächlich sehr nützlich, wegen seiner großen Anziehungskraft für Sauerstoff, den er aus sehr vielen oxydirten und verbrannten Körpern auszieht und sie so entsauerstofft zu ihrem frühern brennbaren Zustande zurückführt.

Caroline.

Ich verstehe nicht, wie man einen Körper wieder so zurichten kann, als wenn er nicht verbrannt wäre. Z. B. dieser Zunder könnte doch nie wieder Leinwand werden, wenn man auch allen Sauerstoff auszöge, denn das Gewebe ist durch das Brennen zerstört. So muß es mit allen organischen und ausgearbeiteten Substanzen gehn, wie Sie auch selbst in einem früheren Gespräche anführten.

Mrs. B.

Ein zusammengesetzter Körper wird durch Verbrennung auf einem Wege zersetzt, der im Allgemeinen die Möglichkeit abschneidet, ihm den frühern Zustand wiederzugeben. Der Sauerstoff z. B. wird im Zunder nicht festgehalten, sondern verbindet sich mit den flüchtigen Theilen und entflieht in Gestalt von Gas oder wässerigen Dämpfen. Daher würde jeder Versuch, solche Körper wiederherzustellen vergeblich sein. Allein bei einfachen Körpern und bei solchen, deren Bestandtheile durch die Prozesse der Sauerstoffung oder Entsauerstoffung nicht zerstreut werden, ist es oft möglich, nach der Verbrennung den frühern Zustand wiederherzustellen. Metalle, z. B., erleiden bei der Verbrennung keine andere Veränderung als die einer Verbindung mit Sauerstoff, und sie nehmen daher die reine metallische Form wieder an, wenn er ihnen entzogen wird. Ich enthalte mich jetzt aller weitern Erläuterungen, da wir uns nächstens mit den Metallen beschäftigen werden.

Elfte Unterhaltung.

Ueber Metalle.

Mrs. B.

Nach der von uns angenommenen Eintheilung müßten wir mit den Metallen der 2ten und 3ten Abtheilung der dritten Klasse beginnen; da diese einfachen Körper aber neue Entdeckungen sind, und sich unserm Blick bisher unter der Form von Laugensalzen und Erden entzogen haben, will ich sie einstweilen bei Seite stellen, und die Uebersicht der einfachen Körper mit ihnen beschließen, nachdem wir die bekannteren betrachtet haben.

Die Metalle, denen wir uns jetzt zuwenden, machen die 5te Abtheilung der 3ten Klasse aus. Sie sind entweder natürlich metallisch, oder der mit ihnen verbundne Sauerstoff weicht dem Kohlenstoff oder der bloßen Hitze; sie zerfallen in die Unterabtheilungen der geschmeidigen und spröden Metalle. Ihr Wesen ist sehr verschieden von dem der Stoffe, die Sie bis jetzt kennen gelernt haben, und von denen sich nur wenige der unmittelbaren Beobachtung unsrer Sinneswerkzeuge nicht entzogen: diese hingegen sind die glänzendsten, schwersten und handgreiflichsten Stoffe der Natur.

Caroline.

Ich zweifle jedoch, ob sie uns so anziehend erscheinen und so schön unterhalten werden als jene geheimnißvollen Elemente. Ueberdies können sie uns nicht soviel Neues bieten, wir kennen sie ja längst.

Mrs. B.

Eine große Menge Metalle ist Ihnen unbekannt, aber lassen Sie uns fürs Erste mit denen anfangen, die Sie so genau zu kennen vermeinen. Die Metalle bilden einen so höchst wichtigen Zweig der praktischen Chemie, daß ein ganzes Buch erforderlich wäre, um diesen Gegenstand erschöpfend zu behandeln; wir müssen uns daher mit dem Allgemeinsten begnügen. Die Natur stellt diese Körper selten in metallischer Form dar, gewöhnlich sind sie mehr oder weniger oxydirt oder mit Schwefel versetzt, und oft sind verschiedne Metalle untermischt. Man findet sie tief vergraben im Kern der Erde, hauptsächlich in gebirgigen Gegenden, wo die Oberfläche unsers Planeten durch Erdbeben, Vulkane und andre Erschütterungen aufgewühlt ist. Sie sind in Schichten oder Lagern ausgebreitet, die man Adern nennt, in denen eine gewisse Menge Metall mit verschiednen erdigen Substanzen vermischt ist, mit denen es eine Art von Mineralien bildet, die man Erze nennt.

Caroline.

Ach ja, bei uns wird viel von Bleierz gesprochen und vom Rösten und Schmelzen des Bleies, allein die Bedeutung dieser Worte kenne ich nicht.

Mrs. B.

Der Prozeß, wodurch die flüchtigen Bestandtheile des Erzes verdampft werden, heißt Rösten, und Schmelzen derjenige, wodurch nachher das reine Metall von den erdigen Beimischungen geschieden wird. Dies geschieht, indem man das Ganze ineinen Ofen wirft und mit gewissen Substanzen mengt, mit denen die erdigen Theile und andre fremdartige Ingredienzien des Erzes sich verbinden; das Metall als am schwersten fällt zu Boden, wo es durch eigne Oeffnungen im reinen metallischen Zustande abläuft.

Emilie.

Verbindet sich das Metall bei der starken Hitze nicht mit Sauerstoff und kommt als Oxyd aus dem Ofen?

Mrs. B.

Nein, die Schlacke oder das Oxyd, was sich bald auf der Oberfläche der geschmolzenen Masse bildet, hält, wenn diese der Oxydation fähig ist, jeden weitern Einfluß der Luft ab, so daß weder Verbrennung noch Sauerstoffung stattfinden kann.

Caroline.

Sind alle Metalle gleich verbrennlich?

Mrs. B.

Nein, ihre Anziehungskraft für Sauerstoff ist höchst verschiedenartig. Einige verbinden sich damit nur bei sehr starkem Hitzgrade oder durch Beihülfe von Säuren, andre oxydiren sich von selbst und bei der niedrigen Temperatur, wie z. B. das Mangan, welches kaum als Metall existirt, weil es augenblicklich Sauerstoff einsaugt, sobald es von der Luft berührt wird und daher in wenig Stunden zu einem Oxyde zerbröckelt.

Emilie.

Hieß dieses Oxyd nicht Braunstein und Sie benutzten es zur Entwickelung von Sauerstoffgas?

Mrs. B.

Ja. Sie sahen, wie es, stark erhitzt, den Sauerstoff wieder hergab.

Emilie.

Giebt es noch mehr Metalle, die sich in der atmosphärischen Temperatur oxydiren?

Mrs. B.

Das thun alle, Gold, Silber und Platin ausgenommen.

Kupfer, Blei und Eisen oxydiren sich langsam in der Luft, und setzen eine Art Rost an, der eben das Oxyd des Metalles ist. Die rostige Oberfläche schützt das Metall darunter vor der Luftberührung und also vor weiterer Sauerstoffung. Streng genommen versteht man unter Rost nur das Oxyd, was sich auf der Oberfläche des Eisens bildet, wenn es der Luft und Feuchtigkeit ausgesetzt ist: dies Oxyd scheint etwas Kohlensäure zu enthalten.

Emilie.

Wenn sich Metalle ohne Temperaturerhöhung in der Luft oxydiren, muß doch auch etwas Licht und Wärme frei werden, wenn auch nicht in solcher Menge, um bemerklich zu werden.

Mrs. B.

Ohne Zweifel; äußerst gering kann aber diese Wärmeentwickelung nur sein, da die meisten Metalle unter solchen Umständen nur sehr langsam Sauerstoff anziehen. Die Quantität Sauerstoff, mit der Metalle sich zu verbinden fähig sind, hängt von dem Wärmegrade ab, dem sie ausgesetzt werden, und jedes fordert nach seiner Beschaffenheit einen andern.

Wenn das Metall sich so schnell oxydirt, daß Licht und Wärme bemerklich werden, findet wirkliche Verbrennung statt, die aber nur bei sehr hoher Temperatur erfolgt und deren Produkt dennoch nur ein Oxyd ist, weil — mit Ausnahme von fünfen — die Metalle nicht der Säurebildung fähig sind.

Metalle verändern die Farbe während der verschiednen Stufen der Sauerstoffung, die sie erleiden. Wenn man Blei in Berührung mit der Luft erhitzt, wird es erst grau, bei vermehrter Hitze gelb und dann roth. Es ist sogar für einen noch stärkern Grad der Oxydation empfänglich, wobei das Oxyd dunkelbraun wird. Eisen wird nach der Reihe zu blauem, schwarzem und rothem Oxyd, Kupfer zu rothem und schwarzem 2c.

Emilie.

Bitte, bereitet man das Bleiweiß zum Häuseranstreichen aus oxydirtem Blei?

Mrs. B.

Nicht aus allein oxydirtem, sondern auch mit Kohlensäure versetztem Blei: es ist kohlensaures Bleioxyd. Das einfache oder gelbe Bleioxyd heißt Bleiglätte. Ein anderes, rothes Bleioxyd, was mehr Sauerstoff hält, ist die Mennige. Fast alle Metalloxyde werden als Farben gebraucht. Die verschiednen Ockerfarben bestehn hauptsächlich aus weniger oder mehr oxydirtem Eisen. Es ist ein bemerkenswerther Umstand, daß, wenn man Metalle rasch verbrennt, das Licht oder die Flamme, die sie während dieses Prozesses ausströmen, dieselbe Farbenveränderung durchmacht, wie das Oxyd, indem es nach und nach mehr Sauerstoff aufnimmt.

Caroline.

Worauf gründet sich das, Mrs. B.? Das Licht entwickelt sich ja nicht aus dem brennenden Körper, sondern aus dem Sauerstoffgase.

Mrs. B.

Die Uebereinstimmung unter den Farben des Lichtes und des Oxydes entsteht wahrscheinlich daher, daß einige Metalltheilchen vom Wärmestoff verflüchtigt und mit fortgerissen werden.

Caroline.

Da ist es also eine Art Metallgas.

Emilie.

Warum hält man es für so ungesund, die Luft solcher Orte einzuathmen, wo Metalle geschmolzen werden?

Mrs. B.

Es ist oft nur Vorurtheil, doch ist es wahr, man muß sehr vorsichtig sein, um die verflüchtigten Oxydtheilchen von Blei und noch einigen schädlichen Metallen nicht einzuathmen, was sehr gefährliche Folgen haben kann.

Ich muß Ihnen einige Beispiele von Metallverbrennungen zeigen: in gewöhnlicher Luft würde die Hitze eines Ofens dazu nöthig sein, allein ein Strom Sauerstoffgas hat dieselbe Wirkung.

Caroline.

Temperaturerhöhung wird aber doch wohl nöthig sein.

Mrs. B.

Dies ist im kleinen Maßstabe leicht ausführbar. — Ich beginne damit, dies Stückchen Holzkohle an einem Lichte anzuglimmen, und dann die Schnelligkeit seiner Verbrennung durch Anblasen mittelst eines Rohres zu vermehren.

Emilie.

Das verstehe ich nicht, denn nicht jede Luftart, sondern nur Sauerstoffgas erzeugt Verbrennung. Nun haben Sie aber gesagt, wir athmeten Sauerstoff ein, aber nicht aus, wie kann da das Blasen mit dem Munde die Verbrennung der Holzkohle befördern?

Mrs. B.

Ist die Luft nur einmal durch die Lungen gegangen, so ist sehr wenig Sauerstoffgas zerstört, so daß der Luftstrom des Blaserohrs noch mächtig genug ist, wie Sie sehen werden.

Emilie.

Ja, in der That, die Kohle brennt weit heller.

Mrs. B.

Nun sie rothglühend ist, will ich etwas Eisenfeilspähne darauf streuen und der Kohle eine solche Lage geben, daß das Gas sie trifft, das aus diesem Gasbehälter strömen soll. Dies Geräth besteht ganz einfach aus einem verschlossenen cylindrischen Zinngefäße, hier mit Sauerstoffgas gefüllt, was zwei mit Hähnen versehene Oeffnungen hat. Durch die obere gießt man mittelst eines langen Trichters Wasser in das Gefäß, welches das Gas zur Seitenöffnung heraustreibt, an der eine Art Blaserohr befestigt ist. Nun ich Wasser in den Trichter gieße und die Hähne öffne, können sie das Pfeifen des Gases im Rohre hören — ich bringe die Kohle ganz nah an die Strömung, werfe die Feilspähne darauf —

Caroline.

Sie leuchten auf dieselbe Weise wie der brennende Eisendrath im Sauerstoffgase.

Mrs. B.

Der Vorgang ist auch derselbe, nur auf andre Weise ausgeführt. — Wir wollen ebenso etwas Zinn verbrennen. Sie sehen, es ist gleichfalls brennbar. — Nun versuchen wir es mit Kupfer.

Caroline.

Es brennt mit grünlicher Flamme, das hängt gewiß mit der Farbe des Oxydes zusammen.

Emilie.

Können wir nicht auch etwas Gold verbrennen?

Mrs. B.

Das ginge über unsre Kräfte, wenigstens auf diesem Wege. Gold, Silber und Platin oxydiren sich bei der größten Hitze nicht, die wir auf gewöhnliche Art hervorzubringen vermögen. Deshalb haben sie den Beinamen edle Metalle erhalten. Aber selbst diese haben Verwandtschaft zum Sauerstoff, nur kann ihre Sauerstoffung allein durch Säuren oder durch Elektrizität zu Stande gebracht werden.

Der Funke der galvanischen Säule erzeugt am Berührungspunkte einen höhern Hitzgrad, als man durch irgend einen andern Prozeß erlangen kann, und nur bei solcher Temperatur sind diese Metalle der Verbindung mit Sauerstoff fähig.

Es thut mir leid, Ihnen dieses Verfahren nicht zeigen zu können, aber es gehört eine bedeutende Volta'sche Batterie dazu. Allein ich will Ihnen ein andres sinnreiches Werkzeug zur Hervorbringung sehr starker Hitze vorführen, das beinahe die größte Volta'sche Batterie in diesem Punkte einholt. Es besteht aus einem starken Kasten von Eisen oder Kupfer, an dem oben diese Luftverdichtungspumpe angebracht ist und seitwärts sich ein Hahn mit enger Mündung (gleich der eines Blaserohrs) befindet. Durch das Auf- und Niederschieben des Pumpenkolbens wird eine Menge Luft in dem Gefäße zusammengepreßt, die unendlich vermehrt werden kann, so daß, wenn wir jetzt den Hahn umdrehen, ein Strahl verdichteter Luft von bedeutender Stärke hervordringt. Ich will die Flamme der Lampe der Strömung entgegenstellen; sehen Sie, mit welcher Heftigkeit sie nach einer Seite getrieben wird.

Caroline.

Das ist ein tüchtiges Blaserohr, und man braucht obenein die Lunge nicht anzustrengen.

Mrs. B.

Dennoch wäre es von sehr beschränktem Nutzen, könnte man seine Kraft nicht auf andere Weise sehr bedeutend vermehren.

Emilie.

Wenn man es z. B. mit reinem Sauerstoff füllte, statt mit gewöhnlicher Luft?

Mrs. B.

Das war es, was ich meinte. Um dies zu bewerkstelligen, verbindet man eine Blase voll Sauerstoffgas mit der Luftpumpe, und treibt durch die Bewegung des Kolbens das Gas aus der Blase in das Verdichtungsgefäß. Mit diesem einfachen Apparate lassen sich noch auf andere Weise mächtige Wirkungen hervorbringen. Wenn man in diesem Gefäße Sauerstoff- und Wasserstoffgas verdichtet, genau in den zur Wasserbildung nöthigen Verhältnissen gemengt, und den Strahl der gemengten Gase entzündet, so entwickelt sich bei ihrer Verbrennung eine Hitze, die vielleicht die stärkste bisher gekannte ist, und man hat damit Resultate erlangt, die alle Erwartungen übertreffen.

Caroline.

Warum versuchen wir dies Experiment nicht?

Mrs. B.

Weil es nicht gefahrlos ist. Die Verbrennung kann (trotz aller Vorkehrungen gegen solche Unfälle) in das Innere des

Gefäßes dringen, was eine gefährliche Explosion zur Folge hätte.

Wenn man Platin mit dem aus Salpetersäure gebildeten Salze und Ammoniak erhitzt, wird dieses Metall zu einer Art Schwamm auseinandergetrieben, und man hat entdeckt, daß es alsdann die sonderbare Eigenschaft besitzt, die Verbrennung des Wasserstoffs in atmosphärischer Luft zu bewirken und dabei selbst glühend wird. Das Experiment ist leicht gemacht, indem man einem Strahl Wasserstoffgas ein Stück Platinschwamm in solcher Entfernung entgegenstellt, daß der Wasserstoff sich mit gewöhnlicher Luft vermengen kann. Mengt man 2 Theile Wasserstoff und 1 Theil Sauerstoff, so erzeugt die Berührung des Platinschwammes Verpuffung und Wasserbildung.

Geschlagenes Platin zusammengerollt in das Gemenge gethan wirkt ebenso ein, während es in der Form von Drath oder Pulver wirkungslos ist. Mehrere andre Metalle, wie Eisen, Palladium, Gold und Silber, besitzen auch diese Eigenschaft, nur in geringerem Grade.

Caroline.

Meinen Sie damit, daß Metalle durch die Berührung eines Wasserstoffstrahles glühend werden sollen, ohne vorher erhitzt zu sein?

Mrs. B.

Wenigstens alle solche Metalle, die mit rohem Platina vermengt gefunden werden; die andern, selbst Gold und Silber, müssen über die gewöhnliche Temperatur erhitzt werden, um diese Wirkung hervorzubringen. Man hat sich überzeugt, daß Platin, einem Wasserstoffgasstrom ausgesetzt, glühend wird, selbst wenn die Temperatur des Metalles durch künstliche Mittel bis zu 20° R. unter Null herabgestimmt ist. (Das zu diesem Experiment gebrauchte Platin war folgendermaßen bereitet: man tränkte braunes Papier mit Chlorplatin-Auflösung, trocknete es in gelinder Wärme und verbrannte es dann in einem kleinen Schmelztiegel zu Asche; das Chlor entwich, und das Platin blieb in sehr porosem Zustande zurück). — Diese sonderbare Erscheinung bleibt noch immer ohne genügende Erklärung.

Wir wollen jetzt weiter gehn.

Caroline.

Sagten Sie nicht, Metalloxyde könnten wieder zu Metallen hergestellt werden?

Mrs. B.

Ja, diese Operation nennt man die Reduktion der Metalle. Gewöhnlich besitzt glühende Holzkohle diese Kraft, weil sie eine größere Anziehungskraft zum Sauerstoff hat als die Metalle. Sobald Sie aber das Oxyd zerlegen, d. h. seines Sauerstoffs berauben, wird das Metall wieder als solches hergestellt.

Emilie.

Verbrennt der Kohlenstoff bei diesem Vorgange und wird zu Kohlensäure umgewandelt?

Mrs. B.

Ja. Es giebt noch einige andre brennbare Substanzen, die bei hoher Temperatur den Metallen ihren Sauerstoff entziehen. Der Sauerstoff geht auch aus einem Metall in das andre über, wenn das erstere geringere Anziehungskraft für ihn besitzt als das zweite, und dieser Uebergang ist mit einer verhältnißmäßigen Wärmeentwicklung verbunden, wenn der Sauerstoff dabei in einen dichteren Zustand tritt.

Caroline.

Können die Oxyde von Gold, Silber und Platin, die durch Säuren gebildet sind, ihrem metallischen Zustande nicht zurückgegeben werden?

Mrs. B.

Ja, und zwar ohne Vermittlung eines brennbaren Körpers: Hitze allein nimmt ihnen den Sauerstoff, gestaltet diesen zu Gas um und stellt das Metall als solches her.

Emilie.

Sie sagten, Rost wäre ein Eisenoxyd, wie kömmt es

denn

denn, daß Wasser oder blos feuchte Luft ihn erzeugt, wie man es täglich bei allen möglichen eisernen Geräthen sieht.

Mrs. B.

In solchen Fällen zerlegt das Metall das Wasser oder die wässrigen Dünste und zieht daraus den Sauerstoff an.

Caroline.

Ich dachte, Metalle müßten erst sehr erhitzt werden, ehe sie Wasser zu zerlegen vermöchten?

Mrs. B.

Nur wenn der Prozeß schnell vor sich gehen soll. Zur Rostbildung gehören manchmal Monate und dann ist auch nur die Oberfläche des Metalles oxydirt.

Emilie.

Also Metalle, die nicht rosten, sind nicht fähig sich ohne Weiteres durch Luft oder Wasser zu oxydiren?

Mrs. B.

Nein, und darum erhalten die edlen Metalle ihren Glanz so lange.

Emilie.

Vermögen alle Metalle Wasser zu zerlegen, wenn ihre Temperatur genugsam erhöht wird?

Mrs. B.

Nein, ein gewisser Grad von Anziehungskraft ist außer der Hitze noch erforderlich: sobald die Verwandtschaft des Metalles zum Sauerstoff nicht stärker ist als die des Wasserstoffs, mag man noch so sehr die Temperatur erhöhen, der Sauerstoff scheidet sich doch nicht vom Wasserstoff. Eisen, Zink, Zinn und Antimon besitzen diese Eigenschaft und vermögen Wasser zu zerlegen. Da aber der Wasserstoff über alle andern Metalle den Vortheil einer innigern Verwandtschaft zum Sauerstoff hat, so hält er diesen nicht allein von jenen zurück, sondern zieht ihn sogar unter gewissen Umständen aus den Oxyden dieser Metalle.

Emilie.

Ich gestehe daß mir nicht klar ist, wie der Wasserstoff

denjenigen Metallen, die das Wasser nicht zerlegen, den Sauerstoff entziehen kann.

Caroline.

Ich denke mir es so: z. B. das Blei zerlegt nicht Wasser, weil ihm keine so starke Anziehungskraft zum Sauerstoff beiwohnt als dem Wasserstoff. Nun stelle dir das Blei als Oxyd vor; der Wasserstoff wird ihm den Sauerstoff entziehen, sich damit verbinden und Wasser bilden, eben aus dem Grunde, weil er stärkere Verwandtschaft zum Sauerstoff besitzt als dieser zum Blei — und so mag es mit allen Metallen sein.

Emilie.

Aha, darum nimmt man gewöhnlich Blei zu Wasserleitungsröhren.

Mrs. B

Gewiß; gerade allein wegen seiner geringen Verwandtschaft zum Sauerstoff kann man das Blei zu diesem Zwecke verwenden, denn übrigens sind alle Bleioxyde so äußerst schädlich, daß man ihren nachtheiligen Einfluß auf das Wasser fürchten müßte. —

Zur Oxydation der Metalle sind die Säuren am wirksamsten. Diese halten bekanntlich weit mehr Sauerstoff als Luft oder Wasser, und geben ihn meistens bereitwillig den Metallen her.

So werden die Zinkplatten der galvanischen Säule viel wirksamer durch sehr verdünnte Säure oxydirt als durch bloßes Wasser.

Caroline.

Mir ist es oft aufgefallen, daß es fast augenblicklich einen Rostfleck gab, wenn nur ein Tropfen Essig oder Zitronensaft auf ein Messer oder eine Scheere fiel.

Emilie.

Metalle erhalten also den Sauerstoff auf drei Wegen: aus der Luft, aus dem Wasser und aus den Säuren.

Mrs. B.

Die beiden ersten kennen Sie schon. Nun will ich Ihnen

zeigen, wie Metalle den Sauerstoff aus einer Säure ziehn. Diese Flasche enthält Salpetersäure, ich will etwas davon auf das Stückchen geschlagenes Kupfer träufeln ....

Caroline.

Pfui, was für ein übler Geruch!

Emilie.

Woher kommt dies Aufbrausen und der dicke gelbe Dampf?

Mrs. B.

Von der Säure, die größtentheils ihres Sauerstoffs beraubt, zu einer schwächern Säure wird und in Form von Gas entweicht.

Caroline.

Und die sich dabei entwickelnde Wärme entsteht daher, daß der Sauerstoff im Metalle dichter wird, als er in der Säure existirte. Es braust nun nicht mehr, also wird das Metall wohl schon oxydirt sein.

Mrs. B.

Ja. Es giebt noch eine andre wichtige Verbindung zwischen Metallen und Säuren, von der ich Sie unterrichten muß: nämlich oxydirte Metalle können von Säuren aufgelöst werden. Bei dieser Operation treten sie in eine chemische Verbindung mit der Säure und bilden einen neuen zusammengesetzten Körper.

Caroline.

Welcher Unterschied ist zwischen Oxydation und Auflösung eines Metalles durch eine Säure?

Mrs. B.

Im ersten Falle verbindet sich das Metall blos mit einer Portion Sauerstoff, den es der Säure entzieht und diese dadurch theilweise entsauerstofft. Im zweiten Falle wird das, vorher oxydirte, Metall in der Säure wirklich aufgelöst, ohne weitere Zersetzung oder Aufwallung hervorzubringen. Diese vollständige Verbindung eines Oxydes mit einer Säure bildet eine besondere und wichtige Klasse zusammengesetzter Salze (Metalloxydsalze.)

Emilie.

Also, ein Oxyd besteht aus einem Metall und Sauerstoff, ein zusammengesetztes Salz aus einem Oxyde und einer Säure?

Mrs. B.

Sehr gut. Wenn Sie daher ein Metall mit einer Säure in Berührung setzen, wird es erst oxydirt und dann aufgelöst, vorausgesetzt, daß hinreichende Quantitäten Säure zu beiden Operationen vorhanden sind.

Einige Metalle lösen sich leichter auf, wenn die Säure durch Wasser verdünnt ist; alsdann wird das Metall nicht durch die Säure, sondern durch das Wasser oxydirt, indem es dies zerlegt. In dem Verhältniß wie das Wasser die Oberfläche des Metalles oxydirt, verbindet sich die Säure mit dem Oxyde, wäscht es ab und überläßt der Einwirkung des Sauerstoffs eine reine Oberfläche, die sich immer wieder mit Oxyd überzieht, was von der Säure entfernt wird, bis das ganze Metall aufgelöst ist. Während dieses Prozesses wird das Wasserstoffgas des Wassers frei und verfliegt unter Aufbrausen.

Emilie.

War nicht auf dieselbe Weise die Schwefelsäure den Eisenfeilspähnen behülflich, das Wasser zu zerlegen?

Mrs. B.

Genau so und auf diese Art werden verschiedne Metalle durch Beihülfe einer Säure in Stand gesetzt Wasser zu zerlegen, was sie für sich allein nicht vermögen.

Caroline.

Die Säure hat hier das Amt einer Scheuerbürste. — Da wäre es am Ende eine gute Manier, metallne Geräthschaften zu reinigen?

Mrs. B.

Ja, zum Scheuern des Kupfers gebraucht man öfters

eine schwache Säure, wie Essig. Auch Eisenplatten werden mit verdünnter Salzsäure vom Rost befreit, ehe man Zinn aufträgt. Jedoch muß bei dieser Reinigungsart die Säure schnell wieder abgewischt werden, sonst erzeugt sie neues Oxyd.

Caroline.

Nun müssen wir aber aufpassen, wie sich das Kupfer in der Salpetersäure auflöst; ich bin so neugierig auf das daraus hervorgehende Salz. Das Gemisch hat jetzt eine wunderschöne blaue Farbe, allein von Salz läßt sich nichts merken — das scheint eine langwierige Operation zu sein.

Mrs. B.

Die Krystallisation des Salzes erfordert Zeit; mittlerweile kann ich Ihnen ein fertiges Metallsalz zeigen.

Caroline.

Es wäre mir doch viel lieber, wenn wir es selbst bereiteten.

Mrs. B.

Es soll auch ein selbst bereitetes sein. Als wir neulich durch Oxydation der Eisenfeilspähne mittelst Schwefelsäure Wasser zerlegten, worin bestand der Prozeß?

Caroline.

Nach Maßgabe wie das Eisen Sauerstoff aus dem Wasser anzog, verband sich die Säure mit dem neugebildeten Oxyde und der Wasserstoff wurde frei.

Mrs. B.

Sehr gut. Das Ergebniß war daher ein zusammengesetztes Salz, gebildet durch die Verbindung von Eisenoxyd und Schwefelsäure. Es liegt noch in dem damals gebrauchten Gefäße, holen Sie es, wir wollen es untersuchen.

Emilie.

Wie vielerlei Prozesse gehn bei der Zerlegung des Wassers durch Metalle und Säuren vor! 1stens, die Zerlegung des Wassers, 2tens die Oxydation des Metalles und 3tens die Gestaltung eines Metallsalzes.

Caroline.

Hier ist es. — Was für schöne grüne Krystalle! Bei der Auflösung von Kupfer in Salpetersäure sehe ich gar keine Krystalle.

Mrs. B.

Das Salz wird noch vom Wasser zurückgehalten, was in der Salpetersäure war; erst in Folge von Ruhe und Abkühlung wird es fest.

Emilie.

Ich wundre mich, daß ein so undurchsitiger Körper wie Eisen in so klare Krystalle übergehn kann.

Mrs. B.

Seine Vereinigung mit der Säure erzeugt diese Durchsichtigkeit, denn wollten Sie das Metall für sich allein schmelzen und nachher verkühlen und krystallisiren lassen, würden Sie es eben so undurchsichtig finden wie vorher.

Emilie.

Was versteht man eigentlich unter Krystallisation?

Mrs. B.

Sie erinnern sich, daß wenn ein fester Körper durch Wasser oder Wärmestoff aufgelöst wird, er nicht zerlegt, sondern nur zertheilt ist. Geschieht die Auflösung durch Wasser, so vereinigen sich die Theilchen, kraft ihrer gegenseitigen Anziehung, wieder zu einer festen Masse, sobald das Wasser verdampft. Ist aber der Körper nur vom Wärmestoff aufgelöst, so braucht man nur die Temperatur zu verringern, um die Theilchen wieder zu vereinigen. Wird ein oder das andere Auflösungsmittel langsam durch Verdampfung oder Verkühlung abgeschieden und Sorge getragen, daß die Theilchen während ihrer Wiedervereinigung keine Erschütterung erleiden, so sammeln sie sich in regelmäßigen, stetig wiederkehrenden Formen, von der unabänderlich immer nur eine jeder besondern Substanz eigenthümlich ist: dies nennt man Krystallisation.

Emilie.

Krystallisation ist also ganz einfach die Wiedervereinigung der Theilchen eines festen Körpers, der in einem flüssigen aufgelöst war.

Mrs. B.

Ganz richtig. Die lösenden Kräfte von Wasser und Wärmestoff können auch vereint wirken, und in diesem Falle wird die Krystallisation eben sowohl durch das Verkühlen beschleunigt als durch das Verdampfen der Flüssigkeit.

Caroline.

Wenn der aufgelöste Körper aber flüchtiger Natur ist, verdampft er dann nicht mit der Flüssigkeit?

Mrs. B.

Ein der Krystallisation fähiger Körper ist im Wasser aufgelöst fast nie so flüchtig wie dieses, man hat nur darauf zu achten, daß der Hitzgrad allein das Wasser zu verdampfen im Stande ist.

Ich darf nicht zu erwähnen unterlassen, daß krystallisirende Körper immer aus der wässerigen Auflösung etwas Wasser zurückbehalten, was im Krystall in feste Form geschlossen bleibt und nicht eher zum Vorschein kömmt, bis der Körper die Krystallgestalt verliert. Dies nennt man Krystallisationswasser. — Einem Metall kann aber sein Auflösemittel, die Säure, nicht so leicht entzogen werden; hierzu bedarf es der Kraft stärkerer Verwandtschaften, die Zersetzung bewirken.

Emilie.

Können die edlen Metalle auch durch Säuren aufgelöst und in Salze umgewandelt werden?

Mrs. B.

Auf Gold wirkt nur eine Säure ein, die Salpetersalzsäure, gemeinlich Königswasser genannt. Diese Säure besteht aus einem Gemisch von Salpetersäure und Salzsäure. Auch auf Platina wirkt allein diese Säure ein. Silber wird von Salpetersäure aufgelöst.

Caroline.

Sagten Sie nicht, einige Metalle könnten so viel Sauerstoff aufnehmen, daß sie zu Säuren würden?

Mrs. B.

Fünf Metalle, Arsenik, Molybdän, Chrom, Scheel und Tantal sind fähig, sich mit einer so großen Quantität Sauerstoff zu verbinden, daß sie zu Säuren umgewandelt werden.

Caroline.

Die Säuren haben so verschiedenartige Beziehungen zu den Metallen, daß ich fürchte, Alles untereinander zu mengen. — 1stens geben die Säuren den Metallen ihren Sauerstoff her, 2tens verbinden sie sich mit den Oxyden der Metalle zu Metallsalzen, und 3tens können mehrere Metalle selbst zu Säuren werden.

Mrs. B.

Die Metalle verbinden sich aber nicht allein mit dieser Klasse von Stoffen; im einfachen Zustande sind die meisten empfänglich für Verbindungen mit Schwefel, Phosphor, Kohlenstoff und auch mit andern Metallen.

Die Phosphormetalle bieten nichts Bemerkenswerthes dar. Die Schwefelmetalle bilden besondere Arten von Mineralien, Kiese genannt, von denen gewisse Mineralbrunnen hauptsächlich ihre chemischen Eigenschaften herleiten. Die Mischung von Schwefel und Eisen hat eine so starke Anziehungskraft für Sauerstoff, daß sie ihn aus Luft und Wasser zieht und, ihn zu fester Form verdichtend, die Hitze erzeugt, welche die Temperatur dieser Brunnen so bedeutend erhöht.

Emilie.

Wenn aber die Kiese den Sauerstoff aus dem Wasser ziehen, so erleidet dieses eine Zersetzung und es entwickelt sich Wasserstoffgas.

Mrs. B.

Das ist in der That so bei den heißen Quellen, von denen ich sprach, und sie geben ein äußerst übelriechendes

Gas aus, was aus Schwefel und Wasserstoff zusammengesetzt ist.

Eine merkwürdige Verbindung von Metallen hat schon lange die Aufmerksamkeit der gelehrten Welt auf sich gezogen: die aus der Luft fallenden Meteorsteine. Sie bestehen hauptsächlich aus Eisen, so rein oder gediegen, wie es nie im Innern der Erde gefunden wird, und einer kleinen Quantität Nickel und Chrom, ebenfalls eine im Mineralreich neue Zusammenstellung. Diese Umstände haben viele gelehrte Männer zu dem Glauben geführt, daß jene Substanzen aus dem Monde oder einem andern Planeten herabfallen, während rend Andre der Meinung sind, daß sie entweder in der Luft gebildet, oder aus irgend einem unbekannten Vulkane auf der Oberfläche unsrer Erdkugel herausgeschleudert werden.

Caroline.

Ich habe viel von diesen Steinen gehört und mir scheint, Viele sind der Meinung, daß sie sich auf der Erdoberfläche bilden und daß man über ihren vorgeblich himmlischen Ursprung lacht.

Mrs. B.

Die Thatsache ihres Herabfallens ist so unbestreitbar, daß Niemand, der dieser Erscheinung nachgespürt hat, einen Zweifel haben kann. Bruchstücke solcher Steine sind über den ganzen Erdboden zerstreut, und von jedem erhält sich eine Sage oder Geschichte seines Falles. Da nun die chemische Analyse aller dieser Bruchstücke genau dasselbe Resultat giebt, so ist dies ein starker Grund für die Vermuthung, daß alle desselben Ursprunges sind.

Caroline.

Aber, Mrs. B., wie können feste Massen von Eisen und Nickel aus der Luft gebildet werden, die aus zwei Luftarten, Stickstoff und Sauerstoff besteht?

Mrs. B.

Ich sehe auch nicht die Möglichkeit ein und halte es für wahrscheinlicher, daß sie aus dem Monde oder einem andern Himmelskörper herunterfallen. — Wir kommen aber ganz vom Wege ab.

Die Verbindungen der Metalle untereinander nennt man Legirungen; so ist Messing eine Legirung von Kupfer und Zink, Bronze von Kupfer und Zinn ꝛc.

Emilie.

Ist das in England gebräuchliche Zinngeschirr nicht auch eine solche Komposition?

Mrs. B.

Ja, das Zinn ist hierbei meistens mit etwas Zink und Blei versetzt.

Caroline.

Das weiße Blech ist wohl eine Art Zinn?

Mrs. B.

Dies ist eigentlich verzinntes Eisen. Das Zinn allein ist ein zu weiches Metall, um es zu den gewöhnlichen Geräthschaften und Gefäßen zu gebrauchen; man überzieht daher nur dünne Eisenbleche mit Zinn und beugt so dem Rosten des Eisens vor.

Caroline.

Sagen Sie lieber dem Oxydiren. Das Wort Rost sollte von der Chemie ausgestoßen werden.

Mrs. B.

Nehmen Sie sich in Acht, im gewöhnlichen Leben vom Oxydiren statt vom Rosten zu sprechen, man würde Sie nicht verstehen, oder der Ziererei beschuldigen.

Die Verwandtschaft der Metalle untereinander ist sehr verschiedenartig: einige verbinden sich durchaus nicht, andre sehr leicht, und auf dieser Beschaffenheit der Metalle beruht die Kunst des Löthens.

Emilie.

Was ist das?

Mrs. B.

Es bedeutet das Zusammenfügen zweier Stücke Metall durch das Dazwischenschieben eines leichter schmelzbaren Metalles. So ist Zinn eine Löthe für Blei; Messing, Gold oder Silber für Eisen ꝛc.

Caroline.

Ist das nicht dasselbe wie das Plattiren der Metalle?

Mrs. B.

Durch das Plattiren werden zwei Metalle ohne Vermittelung eines dritten zusammengefügt, indem eines das andre bedeckt, überzieht: so können Eisen oder Kupfer mit Gold und Silber überdeckt, vergoldet, versilbert werden.

Emilie.

Quecksilber scheint mir von ganz andrer Natur zu sein, als alle übrigen Metalle.

Mrs. B.

Eine seiner größten Sonderbarkeiten ist, daß es in der gewöhnlichen Temperatur der Luft flüssig bleibt. Alle Metalle sind bei verschiednen Hitzgraden schmelzbar, und eben so gefrieren sie oder werden fest bei einer gewissen bestimmten Temperatur. Quecksilber gefriert erst bei 32° R. unter dem Eispunkt.

Caroline.

Ist denn jemals die Temperatur der Luft so niedrig?

Mrs. B.

In Sibirien sehr oft, glücklicherweise bei uns nie. Hier können wir das Quecksilber nur durch künstliche Kälte festmachen, z. B. durch solche chemische Mittel, wie die schnelle Verdunstung des Aethers unter der Luftpumpe.

Caroline.

Kann Quecksilber auch zum Kochen und Verdunsten gebracht werden?

Mrs. B.

Ja, wie jede andre Flüssigkeit, nur bedarf es eines weit höhern Hitzgrades. Bei 428° R. fängt es an zu kochen und zu verdunsten gleich dem Wasser.

Wenn Quecksilber mit Gold, Silber, Zinn oder irgend einem andern Metall, womit es sich zu verbinden vermag, in zureichenden Verhältnissen gemengt wird, durchdringt es das feste Metall, erweicht es, verliert seine eigne Flüssigkeit und bildet ein Amalgam; dies ist der Name jeder Verbindung irgend eines Metalles mit Quecksilber zu einer mehr oder weniger festen Masse, je nachdem das Metall oder das Quecksilber das Uebergewicht hat.

Emilie.

Auf der Liste der Metalle finde ich viele Namen, die ich noch nie gehört habe.

Mrs. B.

Alle diese Ihnen noch gänzlich unbekannten Metalle: Titan, Tantal, Osmium, Irid, Pallad, Rhod und Selen sind erst in den letzten Jahren entdeckt, d. h. aus andern Substanzen ausgeschieden worden. Sie werden sich erinnern, daß ich Sie schon früher auf die Schwierigkeit aufmerksam machte, manche einfache Stoffe rein und unvermischt darzustellen, und daß sie aus diesem Grunde lange unbemerkt blieben: solche Stoffe sind die eben genannten.

Caroline.

Arsenik ist unter den Metallen aufgezählt. Dafür hätte ich das Pulver, was man mir als tödtliches Gift zeigte, nie angesehn.

Mrs. B.

Im rein metallischen Zustande ist es, glaube ich, weniger verderblich, es hat aber eine so starke Verwandtschaft zum Sauerstoff, daß es ihn bei der natürlichen Temperatur aus der Luft aufnimmt; Sie haben es daher als Oxyd kennen gelernt, nachdem es durch die Verbindung mit Sauerstoff höchst giftige Eigenschaften erlangt hatte.

Caroline.

Ist es möglich, daß der sonst so wohlthätige Sauerstoff so schlimme Eigenschaften ertheilen kann?

Mrs. B.

Die meisten Metalloxyde, z. B. Bleiweiß, sind giftig, und zwar in Folge der Verbindung mit Sauerstoff. Ueberhaupt scheint der Sauerstoff im festen Zustande vorzüglich zerstörende Wirkungen auf Fleisch und jeden thierrischen Stoff auszuüben. Oxyde von scharfem brennenden Geschmack sind am ätzendsten und dies kommt daher, weil solche Metalle nur geringe Verwandtschaft zum Sauerstoff besitzen, sich daher leicht von ihm trennen und ihn dem thierischen Stoff übertragen, den er verderbt und zerstört.

Caroline.

Aber sind Säuren nicht noch ätzender als Oxyde? Sie enthalten doch viel größere Mengen Sauerstoff?

Mrs. B.

Nur einige Säuren wirken stärker. Die ätzende oder kaustische Beschaffenheit eines Körpers hängt nicht allein von der in ihm enthaltenen Menge Sauerstoff ab, sondern auch von seiner schwachen Verwandtschaft zu diesem Stoffe und von der daraus entspringenden Leichtigkeit ihn herzugeben.

Emilie.

Weiß man den Grund von der zerstörenden Eigenschaft des Sauerstoffs?

Mrs. B.

Sie entsteht wahrscheinlich aus der starken Anziehungskraft des Sauerstoffs für Wasserstoff; denn wenn der eine den andern der thierischen Faser rasch entzieht, muß eine Auflösung der Substanz erfolgen.

Emilie.

Aetzmittel brennen also eigentlich in das Fleisch hinein, denn die Verbindung von Sauerstoff und Wasserstoff ist eine wirkliche Verbrennung.

Caroline.

Nun, ich dächte man könnte den Vorgang eher eine Oxydation nennen, da weder Licht noch Wärme entwickelt werden.

Mrs. B.

Die Einwirkung von Aetzmitteln bringt in der That die Empfindung von Hitze hervor.

Emilie.

Wenn Sauerstoff so ätzend ist, warum brennt uns der in der Luft enthaltene nicht?

Mrs. B.

Hier ist er im gasigen Zustande und wird stärker von seinem Wärmestoff angezogen als vom Wasserstoff unsrer Körper. Ueberdies, sollte die Luft ein wenig kaustisch sein, so schützt uns die Haut großentheils vor ihrer Einwirkung: Sie wissen, wie sehr die unbedeutendste Wunde schmerzt, wenn die Luft sie berührt.

Caroline.

Es ist doch eine komische Idee, daß wir in einem langsamen Feuer leben sollen. — Wenn die Luft ätzend wäre, müßte sie nicht auch einen scharfen Geschmack haben?

Mrs. B.

Das kann wohl sein, wenn auch in so geringem Grade, daß die Gewohnheit uns unempfindlich dafür macht.

Caroline.

Und warum ist Wasser nicht kaustisch? Obgleich es kalt ist, müßte es mich brennen, wenn ich die Hand hineintauche, weil so viel Sauerstoff darin enthalten ist.

Mrs. B.

Der Sauerstoff ist im Wasser weit reichlicher mit Wasserstoff versehen als irgend ein thierischer Stoff es im Stande wäre: hängt also sein Aetzvermögen von dem Verlangen nach Wasserstoff ab, so wird er gewiß nicht das Wasser verlassen um auf Ihre Hand einzuwirken. Vergessen Sie nicht, daß Oxyde in dem Verhältniß ätzender sind, als sie loser mit dem Sauerstoff zusammenhängen.

Emilie.

Da das Arsenikoxyd schon so giftig ist, mag die Arseniksäure es noch mehr sein?

Mrs. B.

Ja, sie ist eins der stärksten Gifte, die es giebt.

Emilie.

Wenn man Kupfer oder Messing nicht sehr rein hält, setzt sich ein Gift darauf an, was man Grünspahn nennt, und dies hat man gegen den Gebrauch dieser Metalle zu Küchengefäßen einzuwenden. Ist der Sauerstoff auch an diesem Gifte schuld?

Mrs. B.

Es wird durch die Zwischenkunft des Sauerstoffs hervorgebracht, denn Grünspahn ist ein Metallsalz, gebildet durch die Vereinigung von Essig und Kupfer. Es giebt eine schöne grüne Farbe, die viel zum Malen angewendet wird.

Emilie.

Aber ich dächte, es bildete sich oft Grünspahn auf Kupfer, wenn an gar keine Berührung mit Essig zu denken ist.

Mrs. B.

Die Einwirkung andrer Säuren auf Kupfer hat das Entstehen ähnlicher Salze, aber keines wirklichen Grünspahns zur Folge. — Die Auflösung von Kupfer in Salpetersäure giebt nach der Verdampfung ein Salz, das auf Zinn eine überraschende Wirkung ausübt, und ich habe deshalb etwas davon in Bereitschaft. Ich sprenge erst etwas Wasser auf dies Stück Staniol (ganz dünn geschlagenes Zinn), und streue dann etwas von diesem Salze darauf. — Nun geben Sie acht, wie ich den Staniol ganz schnell zusammenlege und in einen Klumpen drücke.

Caroline.

Was für ein ungeheurer Dampf kommt da heraus und gar feurige Funken!

Mrs. B.

Im Grunde genommen könnten Sie diese Wirkung leicht selbst erklären, da sie nur die Folge davon ist, daß der Sauerstoff des Salzes sehr schnell eine engere Verbindung mit dem Zinn eingeht.

Noch ein schönes grünes Salz ist zu merkwürdig, um übergangen zu werden; es entsteht aus der Verbindung von

Kobalt und Salzsäure, und hat die sonderbare Eigenschaft, das zu bilden was man sympathetische Tinte nennt. Was mit dieser Auflösung geschrieben wird, bleibt unsichtbar, bis man es mäßig erwärmt, wo es dann eine bläulichgrüne Farbe annimmt.

Caroline.

Damit lassen sich recht hübsche Sachen zu Stande bringen. So z. B. möchte ich mit Wasserfarben eine Winterlandschaft malen, und dann mit sympathetischer Tinte das Laub der Bäume und Gras und Sträucher zeichnen. Wollte ich nun Frühling haben, so brauchte ich das Blatt nur an das Feuer zu halten.

Mrs. B.

Ich habe versprochen, unsre Uebersicht der einfachen Körper damit zu beschließen, daß ich Sie mit den zum Theil vorhin angeführten neuentdeckten Metallen bekannt machte. Die Geschichte dieser außerordentlichen Substanzen liegt noch so im Dunkeln, daß ich mich auf einen ganz kurzen Bericht beschränken werde, denn die Hauptsache ist, Ihnen das weite und anscheinend unerschöpfliche Feld für neue Forschungen zu zeigen, das sich hier öffnet.

Caroline.

Ich habe gehört, diese Entdeckungen wären zwar glänzend und überraschend, aber wahrscheinlich von keinem großen Vortheil für die Welt, da sie mehr Gegenstände der Neugier als des Nutzens wären.

Mrs. B.

Das sind sehr engherzige Ansichten solcher Menschen, die keinen Begriff davon haben, welchen Gewinn es bringt, wenn der Gesichtskreis der Wissenschaft sich erweitert. Wer von einem höhern Standpunkte ausgeht, muß sich überzeugen, daß die Feststellung jeder neuen Thatsache, wenn sie auch anfangs ohne Zusammenhang mit praktischer Nützlichkeit zu sein scheint, zuletzt dem Menschengeschlecht zum Vortheil gereichen muß. Aber diese Bemerkungen sind kaum auf unsern gen Gegenstand anwendbar, denn einige der neuen Metalle haben sich schon als chemische Wirkungskräfte äußerst nützlich erwiesen und werden sehr bald auf Künste und Gewerbe Anwendung finden. Zur Aufzählung dieser Metalle muß ich Sie auf die 3te und 4te Abtheilung der 3ten Klasse der einfachen Stoffe verweisen: sie werden aus Alkalien, Erden und dreie aus Säuren ausgeschieden, die man früher für unzerlegbare oder einfache Körper gehalten hat.

Die Leichtigkeit, mit der zusammengesetzte Körper der elektrischen Einwirkung der galvanischen Säule nachgaben, brachte auf den Gedanken, auch mit solchen Stoffen Versuche anzustellen, die man bisher zu den einfachen zählte, ohne sich von der Wahrheit dieser Behauptung überzeugt zu haben. Das Experiment hatte den vollständigsten Erfolg.

Der Körper, den man zuerst einem solchen Versuche unterwarf und den man vorher nie zerlegt hatte, war eines der feuerbeständigen Alkalien, Kali genannt. Dieser Körper gab an dem positiven Drathe ein Gas aus, was man für Sauerstoff erkannte, und am negativen Drath kleine Kügelchen von sehr hohem metallischen Glanze, äußerlich dem Quecksilber ähnlich. So erwies sich, daß Kali, was man bisher für einen einfachen unverbrennlichen Körper gehalten hatte, in der That ein Metalloxyd ist, und daß seine Unverbrennlichkeit daraus hervorgeht, daß es schon mit Sauerstoff verbunden ist.

Emilie.

Ich vermuthe, man hat sich bei diesem Experimente auch des Platindrathes bedient, wie bei der Wasserzerlegung, denn sonst würde sich der Sauerstoff mit dem Eisen verbunden haben, statt gasförmig zu erscheinen.

Mrs. B.

Sicherlich, das Metall würde jedoch nichtsdestoweniger frei geworden sein. Dieser neue Stoff hat den Namen Kalium erhalten, seiner Abstammung von dem gleichnamigen Alkali wegen. Ich habe einige Stückchen dieses Metalles in diesem Fläschchen, Sie haben es schon gesehn, denn es ist dasselbe, was wir in Berührung mit Schwefel verbrannten.

Emilie.

Was ist das für eine Flüssigkeit, in der Sie es aufbewahren?

Mrs. B.

Es ist Naphta oder Steinöl, mit dem Sie später bekannt werden sollen. Dies ist fast die einzige Flüssigkeit, in der sich Kalium aufbewahren läßt, denn dies Metall besitzt eine so mächtige Anziehung für Sauerstoff, daß es ihn nicht allein aus der Luft, sondern auch aus dem Wasser und jedem andern Körper zieht, der sauerstoffhaltig ist.

Emilie.

Kalium ist also einer von den Körpern, die von selbst, ohne Anwendung von Hitze, oxydiren?

Mrs. B.

Ja, und es hat die merkwürdige Eigenheit, daß es den Sauerstoff weit rascher aus dem Wasser anzieht, als aus der Luft, so daß, wenn man es sogar in kaltes Wasser wirft, es buchstäblich in Flammen ausbricht. Ich will gleich ein Stückchen, so groß wie ein Nadelknopf, in einen Tropfen Wasser legen.

Caroline.

Es erfolgt augenblicklich ein Knall und Lichtstrahl! Das ist eine wunderbare Substanz!

Mrs. B.

Durch die Verbrennung wird sie wieder zu Kali, und da dies nun entschieden ein zusammengesetzter Körper ist, werde ich mich auf seine weitere Beschaffenheit nicht einlassen, so lange wir uns mit dem einfachen Körper beschäftigen, allein einige Bemerkungen über seine Grundlage, das Kalium, sind hier am rechten Orte. Wenn Kalium mit der Luft in Berührung gelassen wird, kehrt es rasch zum Zustande des Alkali zurück, aber es entwickelt sich nur Wärme und kein Licht.

Emilie.

Ist es nicht sehr sonderbar, daß es besser im Wasser brennt als in der Luft?

Caroline.

Ich denke nicht so, denn die Anziehung des Kalium für Sauerstoff ist so mächtig, daß es nicht mehr Schwierigkeit findet, ihn vom Wasserstoff zu scheiden, als aus der Luft zu ziehn, und so versieht das Wasser ihn reichlicher und schneller damit als die Luft.

Mrs. B.

Das kann doch nicht allein die Ursache sein, denn, wenn Kalium ohne daß die Luft es berührt, unter Wasser gebracht wird, geht die Verbrennung nicht so rasch und ohne Lichterscheinung vor sich: es arbeitet heftig, erregt viel Hitze, Kali wird gebildet und Wasserstoffgas entwickelt.

Kalium ist so äußerst verbrennlich, daß es, statt wie andre Metalle eine Temperaturerhöhung zu bedürfen, selbst unter dem Gefrierpunkte in Berührung mit Wasser rasch verbrennt. Sie können sich davon überzeugen, wenn Sie ein Stückchen auf diesen Eisklumpen werfen.

Caroline.

Es gab wieder eine Flamme und hat ein tiefes Loch in das Eis gemacht.

Mrs. B.

Diese Höhlung enthält aufgelöstes Kali, denn dieses sehr leicht auflösbare Alkali verbindet sich mit dem Wasser in demselben Augenblick wo es sich bildet. Sein Dasein kann aber bald erwiesen werden: die Laugensalze besitzen die Eigenschaft, mit Gelbwurz oder Curcuma gefärbtes Papier roth zu färben und Sie mögen gleich die Probe machen.

Caroline.

Die Farbe des Papiers hat sich beim Eintauchen gleich verändert und ist aus gelb roth geworden.

Mrs. B.

Dieses Metall brennt auch in kohlensaurem Gase, eine Luftart, in der man bisher Verbrennung für unmöglich hielt weil uns kein Stoff bekannt war, der eine größere Anziehungskraft für Sauerstoff hatte, als Kohlenstoff. Kalium aber zerlegt dies Gas sehr bald, indem es den Sauerstoff aufnimmt, wie ich Ihnen zeigen will. Diese Retorte ist mit kohlensaurem Gase gefüllt. Ich will ein Stückchen Kalium hineinthun, allein zu dieser Verbrennung ist eine leichte Temperaturerhöhung erforderlich, zu welchem Zweck ich die Retorte über die Lampe halte.

Caroline.

Nun fängt es Feuer und brennt heftig, da — es zersprengt die Retorte.

Mrs. B.

Hier ist das Stück neugebildetes Kali. Können Sie mir sagen, wovon es so schwarz aussieht?

Emilie.

Ohne Zweifel vom Kohlenstoff, der, als sein Sauerstoff mit dem Kalium in Verbindung trat, an der Oberfläche desselben abgesetzt wurde.

Mrs. B.

Ganz richtig. Kalium ist bei einer Temperatur von 30° R. vollständig flüssig, bei 15° R. ist es fest, aber weich und geschmeidig, am Gefrierpunkt hart und spröde und hat im Bruch das Ansehn verworrener Krystallisation. Es ist nicht viel über halb so schwer als Wasser, denn sein spezifisches Gewicht beträgt 6, wenn Wasser 10 gerechnet wird, so daß dies Metall wirklich leichter ist als jede bekannte Flüssigkeit, Aether nicht ausgenommen.

Kalium verbindet sich mit Schwefel und Phosphor zu Schwefelkali und Phosphorkali, bildet mit mehreren Metallen Legirungen und amalgamirt sich mit Quecksilber.

Caroline.

Kann man sich denn durch die Volta'sche Batterie hinreichende Quantitäten Kalium verschaffen, um alle seine Eigenschaften und Beziehungen zu andern Körpern festzustellen?

Mrs. B.

Nicht leicht. Man hat seitdem wieder eine Art entdeckt, dies Metall in bedeutenden Mengen zu gewinnen, indem man versuchte, das Kalium durch gewöhnliche chemische Mittel, ohne Beihülfe der Elektrizität, aus seiner Verbindung mit Sauerstoff auszuscheiden. Man ließ Kali mit Eisenfeile in einem eisernen Rohre weißglühen. Dies Experiment hatte den vollständigsten Erfolg, und man gewann bei einer einzigen solchen Operation mehr Kalium, als man bei der fleißigsten Benutzung der galvanischen Batterie in vielen Wochen gesammelt hätte.

Emilie.

Der Sauerstoff verließ also hier das Kalium, und verband sich mit der Eisenfeile?

Mrs. B.

Ja, und das Kalium wurde auf diese Weise im reinen Zustande gewonnen. Noch besser gelingt die Entsauerstoffung des Kalis bei Anwendung des Kohlenstoffs statt Eisenfeile.

Der nächste Stoff, den man der Einwirkung der Voltaschen Batterie aussetzte, war Natron, das andre feuerbeständige Alkali, welches gleichfalls auf diese Weise zerlegt wurde. Man gewann aus diesem Laugensalz auch eine metallische Substanz von sehr ähnlicher Beschaffenheit wie das Kalium, und nannte es nach seinem Alkali Natrium. Es ist etwas schwerer als Kalium — obgleich bedeutend leichter als Wasser — und nicht so leicht schmelzbar wie Kalium.

Nun ging man an das flüchtige Alkali Ammoniak, in dem man in Uebereinstimmung mit den beiden andern, auch Sauerstoff vermuthete. Hiervon überzeugte man sich auch, allein es gelang nicht, die Grundlage des Ammoniaks in einem getrennten Zustande zu gewinnen. Die Analogie mit den andern Laugensalzen, die Kraft des Ammoniaks im gasförmigen Zustande Eisen zu oxydiren, die Amalgame die man durch verschiedne Prozesse aus dieser Substanz gewinnen kann, liefern den Beweis, daß im Ammoniak ebenfalls ein Metalloxyd ist.

Die andern neuentdeckten Metalle wurden aus Erdarten gewonnen, die man nach den Alkalien untersuchte. Diese Körper waren noch nie zerlegt worden, obgleich man in ihnen nicht allein zusammengesetzte Körper, sondern mit mehr Genauigkeit sogar Metalloxyde vermuthete. Letzteres folgerte man aus ihrer Unverbrennlichkeit, indem man mit einiger Wahrscheinlichkeit voraussetzte, daß sie schon verbrannte, mit Sauerstoff verbundene Körper wären.

Caroline.

Ueberdies werden Metalle durch die Oxydation eine Art erdige Substanz.

Mrs. B.

Außerdem haben die Erdarten einige Züge von Aehnlichkeit mit den Metalloxyden und man hatte daher Ursache ihre Zerlegung zu versuchen. Es war aber nicht möglich die Grundlagen der Erden rein abzuscheiden, doch bilden sie mit andern Metallen Legirungen, die genügend das Dasein metallischer Grundlagen in den Erden beweisen.

Die letzte Abtheilung der neuen metallischen Körper erhielt man aus drei bisher unzerlegten Säuren: die Boraxsäure, die Fluor- oder Flußsäure, und die Salzsäure. Da Ihnen diese Körper aber noch gänzlich fremd sind, will ich erst von ihrer Zerlegung sprechen, wenn wir das Kapitel von den Säuren abhandeln.

Es ist unmöglich, jetzt schon die Folgen dieser Entdeckungen in ihrer ganzen Ausdehnung zu berechnen, doch läßt sich vieles voraussehn, da wir nun im Besitz der kräftigsten Mittel zu chemischen Zerlegungen sind, und von denen man früher nichts wußte. Aber nicht allein der Chemie, auch der Erdkunde eröffnen sich ganz neue Aussichten, die vielleicht eine gänzliche Umgestaltung dieser dunkeln und schwierigen Wissenschaft herbeiführen. Es ist schon erwiesen, daß alle

Erdarten, ja die ganze feste Oberfläche unserer Erdkugel aus Metallkörpern bestehn, die durch Sauerstoff zu Mineralien umgebildet sind. Da man überhaupt annimmt, daß der Kern unsers Planeten viel dichter sei als die Oberfläche, so läßt sich vernünftigerweise die Vermuthung darauf bauen, daß das Innere der Erde aus Metallmassen besteht, die nur durch den Zudrang der Luft und des Wassers zu Erdarten werden.

Die Ausbrüche der Vulkane lassen nun auch leichter eine Erklärung zu, denn wenn die Erde in ihren Tiefen alle diese neuentdeckten entzündlichen Körper birgt, so müssen Verbrennungen und Explosionen erfolgen, sobald Wasser durchdringt, und es ist bemerkenswerth, daß die ausgeworfene Lava gerade aus solchen Stoffen zuammengesetzt ist, die das Ergebniß dieser Verbrennung sein müßten.

Nächstens beginnen wir nun einen neuen Abschnitt und beschäftigen uns fortan mit den Verbindungen der einfachen Stoffe, die wir bisher einzeln kennen lernten. Ich habe Ihnen schon angedeutet, wie weit dies führt, und nehme mir vor, Ihnen auch von den Gestaltungen und der innern Einrichtung der organischen Natur möglichst viel mitzutheilen.

Zweite Abtheilung.

Zwölfte Unterhaltung.

Ueber die chemische Anziehungskraft.

Mrs. B.

Da wir nun alle einfachen Stoffe oder die sogenannten chemischen Elemente durchgenommen haben, wenden wir uns zu denen, welche sich aus ihrer Vereinigung bilden, also zu den zusammengesetzten Stoffen; allein ehe wir auf diesen umfassenden Gegenstand eingehen, wird es nöthig sein, Sie mit den hauptsächlichen Gesetzen bekannt zu machen, die den chemischen Mischungen zum Grunde liegen.

Hoffentlich haben Sie nicht vergessen, was ich früher über die chemische Anziehungskraft oder Verwandtschaft sagte?

Emilie.

Nein, es ist dies die Kraft, wodurch gewisse Stoffe von verschiedenartigem Wesen sich dergestalt anziehn, daß, wenn sie sich berühren, die Vereinigung zu einer chemischen Verbindung dadurch bewirkt wird.

Mrs. B.

Sehr gut. Ihre Erklärung begreift das erste Gesetz der chemischen Anziehungskraft in sich, nämlich, daß sie nur zwischen Stoffen verschiedenartiger Natur stattfindet, z. B. zwischen einer Säure und einem Alkali; zwischen Sauerstoff und einem Metalle &c.

Caroline.

Das verstehen wir nach gerade, denn die Anziehungskraft zwischen Theilchen von gleichartigem Wesen ist die des Zusammenhanges oder der Cohäsion, die von keiner chemischen Kraft abhängt.

Mrs. B.

Das zweite Gesetz der chemischen Anziehungskraft ist, daß sie nur zwischen den allerkleinsten Theilchen der Stoffe stattfindet: je feiner man daher die Körper zertheilt, die sich verbinden sollen, je leichter wirken sie aufeinander ein.

Caroline.

Darauf hätten wir auch wieder von selbst kommen können, denn in je mehr Theile die beiden Substanzen zertheilt sind, je inniger berühren sie sich, was nothwendig die Durchdringung erleichtern muß. Aus diesem Grunde nahmen Sie kein Stück Eisen oder Drath, sondern Feilspähne zur Zerlegung des Wassers.

Mrs. B.

Man glaubte früher, keine mechanische Kraft vermöge Körper fein genug zu zertheilen, um chemisch aufeinander einzuwirken, und es sei hierzu nothwendig, daß, wenn nicht beide, doch einer der Stoffe sich im flüssigen Zustande befinde. Es giebt jedoch einige Beispiele, daß zwei feste Körper, sehr fein pulverisirt, sich chemisch verbinden, doch gehört dies immer zu den Ausnahmen.

Emilie.

In allen den Mischungen, die wir bisher gesehen haben, war, glaube ich, einer der Bestandtheile flüssig oder luftförmig. Z. B. bei Verbrennungen wurde der Sauerstoff der Luft entzogen, in der er als Gas vorhanden ist, und so oft Sie Säuren mit Metallen oder Alkalien verbanden, waren jene flüssig oder luftförmig.

Mrs. B.

Das dritte Gesetz der chemischen Anziehungskraft ist, daß

sie zwischen zwei, drei, vier und selbst einer größern Anzahl von Stoffen stattfinden kann.

Caroline.

Oxyde und Säuren sind Stoffe, die aus zwei Bestandtheilen zusammengesetzt sind, ich besinne mich aber auf kein Beispiel einer Verbindung mehrerer Grundstoffe.

Mrs. B.

Die Metallsalze, die aus der Verbindung von Metallen mit Säuren entstehen, sind aus drei Grundstoffen zusammengesetzt, andere solche Salze bilden sich durch die Mischung von Alkalien und Erden und sind von ähnlicher Zusammensetzung.

Caroline.

Sind sie auch übrigens den Metallsalzen ähnlich?

Mrs. B.

Dem Wesen nach ja, sie weichen nur in vielen ihrer Eigenschaften ab.

Für die Salze ist eine gleiche methodische Bezeichnungsart festgestellt worden, wie für die Säuren, dergestalt, daß sich im Namen gleich die Abstammung kund giebt.

Die drei Laugensalze, die alkalischen Erden und die Metalle werden Basen genannt, aus deren Verbindung mit Säuren Salze entstehen. Der Name jedes Salzes ist aus denen der Säure und der Basis zusammengesetzt. So z. B. werden alle Verbindungen der Schwefelsäure mit irgend einer Basis mit schwefelsauer, und die der schwefligen Säure mit schwefligsauer bezeichnet. — Ist die Basis also Kali, so heißt das gebildete Salz im ersten Falle schwefelsaures Kali, im zweiten Falle schwefligsaures Kali; ist die Basis Ammoniak: schwefelsaures Ammoniak u. s. w.

Emilie.

Die Krystalle, die aus der Verbindung von Eisen und Schwefelsäure entstanden, waren also schwefelsaures Eisen?

Mrs. B.

Ja, und diejenigen, die wir durch Auflösung von Kupfer in Salpetersäure gewannen, salpetersaures Kupfer.

Emilie.

Da die Menge der Basen und Säuren so groß ist, müssen ja eine Unzahl zusammengesetzter Salze gebildet werden können.

Mrs. B.

Ihre Zahl nimmt alle Tage zu und kann daher nicht bestimmt werden. Aber wir können uns jetzt nicht weiter mit der Zusammensetzung der Salze befassen, bis wir die Natur ihrer Bestandtheile genauer untersucht haben.

Das vierte Gesetz der chemischen Anziehungskraft ist, daß stets im Augenblick der Mischung ein Temperaturwechsel stattfindet. Dies gründet sich darauf, daß immer Wärme entwickelt wird, wenn Körper sich verbinden. Auch ändert sich der Raum für Wärme in den Körpern, wenn die Mischung mit Verdichtung begleitet ist, besonders wenn die Körper aus einem flüssigen in einen festen Zustand übergehn. Ich will Ihnen sogleich ein schlagendes Beispiel von Temperaturwechsel bei chemischen Verbindungen zeigen, indem ich etwas Salpetersäure auf diese kleine Menge Terpentinöl gieße, — das Oel wird sich augenblicklich mit dem Sauerstoff der Säure verbinden, und dabei bedeutend die Temperatur verändern und brennen.

Caroline.

Wie das auflodert! Oel und Säure müssen tüchtig heiß geworden sein, um so eine heftige Verbrennung hervorzubringen.

Mrs. B.

Diese Verbrennung hat das Eigenthümliche, daß der Sauerstoff dazu nicht blos der Luft entnommeu, sondern hauptsächlich von der Säure selbst hergegeben wird.

Emilie.

Findet nicht eigentlich bei allen Verbennungen derselbe

Vorgang statt, daß durch die chemische Verbindung zweier Körper eine Temperaturveränderung erzeugt wird?

Mrs. B.

Ganz richtig. Der Sauerstoff hört auf, gasförmig zu sein, wenn er sich mit einem festen Körper verbindet, er wird verdichtet, und der freiwerdende Wärmestoff veranlaßt die Temperaturerhöhung. Zugleich wird das spezifische Gewicht der Körper durch eine chemische Verbindung verändert, denn mit dem Raum für Wärme ändert sich auch die Dichtigkeit der Körper.

Caroline.

So war es der Fall mit Schwefelsäure und Wasser, die, als wir sie mischten, sehr viel Wärme ausgaben und dann weniger Raum einnahmen.

Mrs. B.

Das fünfte Gesetz der chemischen Anziehungskraft ist, daß die Eigenschaften, welche die einzelnen Stoffe charakterisiren, durch ihre Verbindung aufgehoben, zerstört werden.

Caroline.

Gewiß, was kann dem Wasser unähnlicher sein als Wasserstoffgas und Sauerstoffgas?

Emilie.

Und was verschiedner vom schwefelsauren Eisen, als Schwefelsäure und Eisen?

Mrs. B.

Das sechste Gesetz ist, daß die Kraft der chemischen Verwandtschaft zwischen den Bestandtheilen eines Stoffes nach derjenigen geschätzt wird, die zu ihrer Trennung erforderlich ist. Diese Kraft steht nicht immer mit der Leichtigkeit im Verhältniß, womit die Stoffe sich durchdringen, denn das Mangan z. B., das, wie Sie wissen, so sehr geneigt ist, sich mit Sauerstoff zu verbinden, daß es nie als reines Metall gefunden wird, giebt diesen Stoff theilweise beim Glühen wieder her.

Emilie.

Die Kraft der Anziehung zwischen Stoffen soll nach der abgeschätzt werden, die zu ihrer Trennung nöthig ist; wie wollen Sie denn aber diese abmessen?

Mrs. B.

Abgemessen kann sie gerade nicht werden, aber man hat sie nach Erfahrungen vergleichweise bestimmt und durch Zahlen dargestellt, die wenigstens annähernd die bezüglichen Grade der Anziehungskraft ausdrücken.

Das siebente Gesetz ist, daß die Stoffe untereinander verschiedne Grade der Anziehungskraft besitzen. Auf diesem Gesetz beruht die ganze Wissenschaft der Chemie, denn mittelst der verschiedenen Verwandtschaftsgrade der Stoffe untereinander werden alle chemischen Mischungen und Zersetzungen bewirkt. Wird die Zerlegung einer Verbindung durch das Hinzuthun eines einzigen neuen Stoffes zu Stande gebracht, so sagt man, es sei durch einfache Wahlverwandtschaft geschehn. Oft kömmt es aber vor, daß kein einfacher Stoff eine Verbindung zu zersetzen vermag, und daß, um dies zu bewerkstelligen, der Mischung ein Stoff dargeboten werden muß, der selbst aus zwei oder gar drei andern Grundstoffen zusammengesetzt ist, deren jeder einzeln die Zerlegung nicht ausführen könnte. In diesem Falle bilden sich zwei neue Mischungen in Folge gegenseitiger Zerlegung und Wiederverbindung. Alle Beispiele dieser Art werden mit dem Ausdruck doppelte Wahlverwandtschaft bezeichnet.

Caroline.

Das ist mir noch etwas unverständlich.

Mrs. B.

Es wird Ihnen durch diese mathematische Figur klarer werden, in der die Wechselwirkung der verschiedenen Anziehungskräfte durch Zahlen dargestellt sind: —

Ursprüngliche Mischung,
schwefelsaures Natron.

Natron 8 Schwefelsäure

Ergebniß: salpetersaures Natron

7. Trennende Ruhende Anziehungskräfte Kräfte 6—13

Ergebniß: schwefelsaurer Kalk

Salpetersäure 4 Kalk

12

Ursprüngliche Mischung,
salpetersaurer Kalk.

Ich nehme an, daß wir schwefelsaures Natron zerlegen, d. h. die Säure vom Alkali abscheiden wollen; wenn wir zu diesem Endzwecke Kalk hinzuthun, um die Säure damit zu verbinden, wird unser Versuch fehlschlagen, weil das Natron und die Schwefelsäure sich mit einer höheren Kraft anziehn, die wir mit 8 bezeichnen, während die Verwandtschaft, welche den Kalk mit der Schwefelsäure binden würde, nur der Zahl 6 gleichkömmt. Natürlich wird also das schwefelsaure Natron nicht zersetzt werden, da eine Kraft = 8 nicht durch eine Kraft = 6 überwältigt werden kann.

Andrerseits, wenn wir versuchen, das Salz durch Salpetersäure zu zerlegen, werden wir ebensowenig zum Ziele kommen, da die Salpetersäure sich dem Natrum nur mit einer Kraft = 7 nähert. In beiden Fällen könnten wir unsern Zweck durch einfache Wahlverwandtschaft nicht erreichen. Wir wollen aber vorher Salpetersäure und Kalk zu salpetersaurem Kalk verbinden, einem Salze, dessen Bestandtheile eine

Kraft = 4 zusammenhält. Wenn wir diese Mischung dem schwefelsauren Natron darbieten, werden beide zersetzt werden, weil die Summe der Kräfte, welche beide Salze im gegenwärtigen Zustande zu erhalten streben, nicht der Summe der Kräfte gleich kömmt, die thätig sind sie zu zerlegen und neue Mischungen zu bilden. Die Salpetersäure wird sich daher mit dem Natron, und die Schwefelsäure mit dem Kalk verbinden.

Caroline.

Jetzt verstehe ich es sehr gut. Diese Doppelwirkung findet statt, weil die Zahlen 8 und 4, welche die Grade der Anziehung zwischen den Bestandtheilen der beiden ursprünglichen Salze bezeichnen, eine geringere Summe ausmachen, als die Zahlen 6 und 7, welche die Anziehungsgrade der beiden neuen Mischungen vorstellen, die sich demzufolge bilden.

Mrs. B.

Ganz richtig.

Caroline.

Aber was bedeuten die ruhenden und trennenden Kräfte, die in die Figur hineingeschrieben sind?

Mrs. B.

Ruhende Kräfte sind diejenigen, welche darauf hinwirken, die Mischungen im Zustande der Ruhe oder des Bestehens zu erhalten; trennende Kräfte sind diejenigen, die ihre Verbindung zu zerstören und neue Mischungen zu bilden streben.

Dies ist das Hauptsächlichste in Bezug auf die Lehre von den chemischen Anziehungskräften, so wie neuere Chemiker es als Regel aufgestellt haben. Ich könnte noch mehr anführen, was aber weniger wichtig ist und uns zu sehr von unserm Plane ableiten würde. Erwähnen muß ich aber, daß der französische Chemiker Berthollet die Ansicht aufgestellt hat, daß bei chemischen Verbindungen die stattfindenden Verwandlungen und die Verhältnisse, in denen Körper sich durchdringen, nicht allein von den Verwandtschaften abhängen, sondern auch einigermaßen von der vorhandenen Quantität der betreffenden Stoffe, von der bei dem Prozeß angewendeten Hitze und einigen andern Umständen.

Caroline.

In dem Falle könnte man kaum zwei Mischungen ganz gleich finden, wenn sie auch aus denselben Materialien bereitet wären.

Mrs. B.

Im Gegentheil läßt sich zwischen den Bestandtheilen der Verbindungen von gleicher Zusammensetzung eine erstaunenswerthe Gleichförmigkeit der Verhältnisse nachweisen. So werden Sie sich entsinnen, daß Wasser aus zwei Raumtheilen Wasserstoffgas und einem Raumtheile Sauerstoffgas zusammengesetzt ist: dieses Verhältniß bleibt unabänderlich dasselbe, wenn Sie auch Wasser aus den verschiedensten Quellen untersuchen. Dieselbe Gleichmäßigkeit herrscht bei den Salzen: man findet bei jeder Art von Salz stets, daß Säure und Alkali sich in denselben Verhältnissen verbinden. Zwar ist es wahr, daß dieselbe Säure mit demselben Alkali zwei unterschiedliche Salze bilden kann; aber dann findet man immer, daß eines der Salze genau zwei- oder dreimal so viel Säure oder Alkali enthält als das andre.

Emilie.

Wenn die Mischungsverhältnisse der Körper so durchgehend feststehen, wie kann Berthollet's Behauptung damit in Einklang gebracht werden?

Mrs. B.

So viel der Ausspruch dieses Gelehrten sonst auch gilt, so hält man jetzt doch allgemein seine Zweifel in diesem Punkte für grundlos und glaubt, es seien nur scheinbare Ausnahmen, die er beobachtet hat.

Emilie.

Das Gesetz bestimmter Mischungsverhältnisse scheint mir sehr begreiflich, und das Beispiel der beiden Gasarten, die

Sie anführten, ist mir sehr klar; allein hinsichtlich auf Säuren und Alkalien sehe ich doch nicht ein, wie man die Mischungsverhältnisse von festen und flüssigen Körpern nach dem Umfange richtig abmessen will.

Mrs. B.

Da haben Sie vollkommen Recht. Man verfährt auch bei festen und flüssigen Körpern auf andere Weise, und läßt den Umstand ihrer räumlichen Größe ganz außer Acht; die Verhältnisse, in denen sie sich verbinden, werden durch das Gewicht bestimmt. Demgemäß, wenn wir die sich verbindenden Stoffe im Zustande völliger Reinheit nehmen, und ein für allemal ihr Mischungsgewicht ermitteln und feststellen, so können wir sicher sein, daß sie sich nie in einem andern Verhältniß mit Körpern verbinden, sondern daß — sind sie in einem Körper in größerer Menge vorhanden — diese genau das Doppelte, Dreifache oder Vierfache ihres einfachen Mischungsgewichts beträgt.

Beispiele werden die Sache erläutern. Ich sagte, das Mischungsverhältniß elastischer, luftförmiger Flüssigkeiten würde nach dem Umfange bestimmt, z. B.: Stickstoffgas vermag sich in verschiedenen Verhältnissen mit Sauerstoffgas zu verbinden. So bildet 1 Raumtheil Sauerstoffgas mit 1 Raumth. Stickstoffgas: Stickoxydgas, mit 2 Raumth. Stickstoffgas: Stickoxydulgas u. s. w.

Was nun das Mischungsgewicht fester und flüssiger Stoffe betrifft, so kann ich das Salz, was Ihnen unter dem Namen schwefelsaures Kali bekannt ist, als Beispiel anführen, bei dem ein gegebenes Gewicht Kali sich mit zwei abweichenden Verhältnissen Schwefelsäure zu verbinden vermag, wobei in dem einen Falle das Salz grade noch einmal so viel Säure enthält, als im andern.

Emilie.

Was mag wohl die Ursache dieser merkwürdigen Gleichmäßigkeit in allen Mischungsverhältnissen sein?

Mrs. B.

Die Gelehrten sind noch nicht im Stande gewesen, einen genügenden Aufschluß über diesen Punkt zu geben, auf folgende Weise versucht man ihn zu erklären: da die chemische Verbindung zwischen den kleinsten Theilchen der Körper vor sich geht, läßt sich da nicht annehmen, daß diese chemischen Atome, wie wie sie nennen könnten, sich nur 1 zu 1, oder zuweilen 1 zu 2 oder 1 zu 3 zu verbinden vermögen, aber nicht in zwischenliegenden Verhältnissen?

Emilie.

Aber wenn ein Atom in zweie zerbrochen würde, erhielte man doch eine vermittelnde Verbindung?

Mrs. B.

Das Wesen eines Atoms ist unverträglich mit dem Begriff fernerer Zertheilung, und man versteht unter chemischen Atomen daher die kleinstmöglichen Theilchen eines Stoffes, die kein mechanisches Mittel nochmals zu theilen vermag.

Diese Feststellung der Mischungsverhältnisse setzt die Chemiker in Stand, sich eine Uebersicht aller der Körper zu verschaffen, deren Zusammensetzung man durch sorgfältige Analyse kennen gelernt hat, und augenblicklich zu wissen, wieviel von einem Körper nöthig ist, um eine bestimmte Menge eines andern zu zerlegen.

Caroline.

Bitte, Mrs. B., kann man Salze mittelst Elektrizität auf dieselbe Art zerlegen, wie es mit dem Wasser geschah?

Mrs. B.

Ohne Zweifel. Es ist mir lieb, daß Sie darauf kommen, weil Ihre Frage mir Gelegenheit giebt, Ihnen sehr anziehende Experimente zu zeigen.

Wenn wir eine auch noch so geringe Menge irgend eines Salzes in einem Glase Wasser auflösen und die Enden der beiden Dräthe der galvanischen Batterie hineinsenken, so wird das Salz allmälig zerlegt, die Säure vom positiven und das Alkali oder die Basis vom negativen Drath angezogen.

Emilie.

Wie kann man aber diese Zerlegung unsern Sinnen bemerklich machen?

Mrs. B.

Man bringt in Berührung mit den Drathenden Stückchen Papier in die Auflösung, die mit vegetabilischen Farben getränkt sind. Sie wissen, daß die Einwirkung von Säuren und Alkalien diese Farben verändern, und so wird dieses blaue Pflanzenpräparat, Lackmus genannt, durch die Berührung einer Säure roth, und der Veilchensaft grün durch ein Alkali. Man kann dies Experiment aber noch viel bestimmter einrichten, wenn man die Dräthe in verschiedne Gefäße mit derselben Auflösung steckt: dann erscheint die Säure in dem einen und das Alkali in dem andern Gefäße.

Caroline.

Wie kann diese Wirkung erfolgen, da unter solchen Umständen der elektrische Kreis nicht geschlossen ist?

Mrs. B.

Sie haben Recht, ich hätte hinzufügen sollen, daß zwischen den Flüssigkeiten der beiden Gefäße ein Zusammenhang stattfinden muß, der Art, daß die Elektrizität weitergeführt wird: ein Stück durchnäßten Baumwollendochtes entspricht dem Zwecke vollkommen. Es bildet die Brücke von einem Glase zum andern, und die Enden müssen in die Flüssigkeit hineinreichen. Ich thue in jedes dieser beiden Gläser etwas Glaubersalz — schwefelsaures Natron — was aus einer Säure und einem Laugensalze besteht, und fülle dann die Gläser mit Wasser. Nun setzen wir die Gläser durch die Dräthe mit den beiden Polen der Batterie in Verbindung.

Caroline.

Es zeigen sich Bläschen an den Dräthen, beginnt schon die Zerlegung des Salzes?

Mrs. B.

Nein, es wird etwas Wasser zersetzt, wie bei einem früheren Experimente. Um die Scheidung der Säure vom Alkali sichtlich zu machen, träufle ich einige Tropfen Lackmusauflösung in das Glas, was mit dem positiven Drathe zusammenhängt, und in das andere Veilchensaft. . . .

Emilie.

Die blaue Auflösung wird schon rings um den Drath roth, und die violette fängt an sich grün zu färben. Das ist merkwürdig!

Mrs. B.

Sie werden noch mehr erstaunen, wenn wir das Experiment auf folgende Weise abändern: — diese drei Gläser sind wie vorher mit Brücken von nasser Baumwolle versehen, aber nur das mittelste enthält Salzauflösungen, die andern sind blos mit destillirtem Wasser gefüllt, was mit Pflanzenstoffen gefärbt ist. Tauchen wir nun in diese Gläser mit Wasser die elektrischen Dräthe, so erscheint das Alkali im negativen Glase und die Säure im positiven, obgleich keines von beiden salzhaltig ist.

Emilie.

Da muß also die Säure und das Alkali rechts und links durch die nasse Baumwolle aus dem mittleren Glase den Seitengläsern zugeführt werden?

Mrs. B.

Gerade so, und das Experiment wird noch auffallender, wenn man in das mittlere Glas eine alkalische Auflösung gießt, das Glaubersalz in das negative Glas thut und das positive nur mit Wasser füllt. Die Säure wird von dem positiven Drath angezogen und erscheint wirklich in dem Gefäße mit Wasser, nachdem sie durch das mittlere gegangen ist, ohne sich mit dem Alkali in der Auflösung zu verbinden, wozu Säuren bekanntlich sehr geneigt sind.

Dreizehnte Unterhaltung.

Ueber Alkalien.

Mrs. B.

Da sie jetzt von den Gesetzen der chemischen Anziehungskraft einen Begriff haben, so können wir zu der Untersuchung derjenigen Körper übergehen, die sich durch diese Kraft bilden.

Wir werden von den einfachsten Zusammensetzungen stufenweise zu den verwickelteren aufsteigen, und so umfaßt deren 1ste Klasse solche Körper, die nur aus zwei Grundstoffen zusammengesetzt sind. Hierher gehören die Schwefel-, Phosphor- und Kohlenverbindungen, aber die zahlreichsten und wichtigsten dieser Zusammensetzungen sind die Verbindungen des Sauerstoffs mit verschiedenen einfachen Stoffen. Von diesen haben Sie schon viele kennen gelernt, es wird aber doch nöthig sein, noch genauer die Natur und die einzelnen Eigenschaften derjenigen zu betrachten, die am meisten Beachtung verdienen: namentlich sind es die Alkalien und Erden, die wir der Reihe nach vornehmen wollen.

Wir beginnen mit einer Uebersicht der Alkalien, deren es drei giebt: Kali, Natron und Ammoniak. Die beiden ersteren sind, wie Sie sich erinnern werden, Verbindungen der metallischen Substanzen Kalium und Natrium mit Sauerstoff, und werden feuerbeständige Alkalien genannt, weil sie nur in sehr starker Hitze verflüchtigt werden können und in gewöhnlicher Temperatur in fester Form bestehen. Neuerlich hat man noch ein drittes feuerbeständiges Alkali — Lithon — entdeckt, was zwar viel Aehnlichkeit mit den obengenannten hat, aber sich in manchen Eigenschaften unterscheidet, namentlich darin, daß es sich in weit größern Verhältnissen mit den Säuren verbindet.

Das Kali enthält auf 14 Theilen Sauerstoff 86 Th. Kalium, und das Natron 23 Th. Sauerstoff auf 77 Th. Natrium. Das dritte Alkali, Ammoniak, hat den Beinamen flüchtiges Alkali erhalten, weil seine natürliche Form die eines Gases ist. Seine Zusammensetzung ist verwickelter, und wir werden später darauf zurückkommen.

Einige Erden haben so viele Eigenschaften mit den Alkalien gemein, daß man in Verlegenheit geräth, wozu man sie rechnen soll, allein wir wollen bei der gewöhlichen Eintheilung bleiben und diese Erdarten mit dem Ausdruck alkalische Erden bezeichnen.

Die allgemeinen Kennzeichen der Alkalien sind ein scharfer brennender Geschmack, ein durchdringender Geruch und ätzende Einwirkung auf Haut und Fleisch.

Caroline.

Wie kommt es, daß sie ätzend sind, da sie so wenig Sauerstoff enthalten?

Mrs. B.

Jede Substanz, die zu irgend einem der Bestandtheile der thierischen Materie eine hinreichend starke Verwandtschaft besitzt, um sie zu zerlegen, darf ätzend genannt werden. Die reinen Alkalien haben eine sehr starke Anziehungskraft zum Wasser, zum Wasserstoff und zum Kohlenstoff, welche letzteren bekanntlich die Bestandtheile der Oele bilden, und sie bewirken hauptsächlich dadurch die Zerlegung der thierischen Materie, daß sie ihr diese Stoffe entziehen. Werden sie sattsam mit Wasser verdünnt, oder mit irgend einer öligen Substanz vermischt, so verlieren sie dies Aetzvermögen.

Kehren wir zu den allgemeinen Eigenschaften der Alkalien zurück: — sie verwandeln, wie Sie schon gesehn haben, rothe und blaue Pflanzenfarben in grüne, und haben eine große Neigung sich mit Säuren zu verbinden, obgleich diese beiden Klassen von Körpern Gegensätze bilden.

Das Ergebniß dieser Verbindung von Säuren und Alkalien wollen wir später untersuchen, für jetzt nur soviel, daß sobald Säuren mit Alkalien oder alkalischen Erden in Berührung kommen, sie sich mit bemerkenswerther Begier durchdringen und Mischungen bilden, die von ihren Bestandtheilen durchaus verschieden sind: die so entstandenen Verbindungen nennt man Neutralsalze oder gesättigte Salze.

Das trockne, weiße Pulver in diesem Fläschchen ist reines Aetzkali; es ist sehr schwer, es in diesem Zustande zu bewahren, da es sehr gierig die Feuchtigkeit der Luft anzieht, und daher würde es in sehr kurzer Zeit schmelzen, wenn das Gefäß nicht luftdicht verschlossen wäre.

Emilie.

Man findet es also gewöhnlich flüssig?

Mrs. B.

Nein, in der Natur ist es in mannigfaltigen Formen und Verbindungen vorhanden, wird aber nie rein gefunden. Mit Kohlensäure verbunden ist es im ganzen Pflanzenreiche verbreitet und wird gewöhnlich aus Pflanzenasche gewonnen, die bekanntlich allein zurückbleibt, nachdem alle übrigen Pflanzentheile durch die Verbrennung verflüchtigt sind, da vollständige Verbrennung auch den Kohlenstoff in kohlensaures Gas verwandelt.

Emilie.

Die Asche eines Holzfeuers muß also Kali geben, denn Holz ist ein Pflanzenstoff.

Mrs. B.

Diese Asche enthält immer mehr oder weniger Kali, oder wie es im gemeinen Leben heißt, Pottasche; allein die Holzasche ist zugleich ein Gemisch verschiedner Erden und Salze, die aus der Pflanzenverbrennung zurückbleiben und von denen das Alkali nicht leicht in reiner Form abzuscheiden ist. Das Verfahren Kali zu gewinnen, selbst in dem unvollkommnen Zustande in dem es zu gewöhnlichen Verbrauche benutzt wird, ist viel komplizirter als bloße Verbrennung, ja, man hielt es sonst für unmöglich, es gänzlich von allen fremdartigen Stoffen zu reinigen, und noch jetzt findet man nur in chemischen

Laboratorien reines Kali, wie dieses hier. Holzasche ist jedoch ihres Alkaligehaltes wegen sehr schätzbar, und wird zu einigen Zwecken ohne weitere Bereitung verwendet, so zum Reinigen der Wäsche, der Küchengefäße u. s. w. Zu einem gegewissen Grade gereinigt giebt sie die bekannte Perlasche, die zum Ausziehn von Fett und Schmutz beim Waschen von Leinenzeug ꝛc. vortreffliche Dienste leistet; denn Kali verbindet sich sehr leicht mit Oel oder Fett zu einer Mischung, die Ihnen unter dem Namen Seife bekannt ist.

Caroline.

Wirklich? Da sollte man ja lieber alles Leinenzeug mit Pottasche waschen, statt mit Seife, da im letzteren Falle das Alkali schon mit Oel oder Fett verbunden ist, und diese Stoffe also nicht so sicher aus dem Zeuge auszieht.

Mrs. B.

Es möchte bei feiner Wäsche zerstörend auf das Gewebe einwirken, darum behandelt man nur grobes Zeug auf diese Art. Aus demselben Grunde können Sie die Hände nicht mit bloßer Pottasche waschen, erst durch die Verbindung mit Oel wird sie weich und zu diesem Zwecke geeignet. Aetzkali greift, kraft seiner Verwandtschaft zum Wasser und zum Oel, die Haut und thierische Faser an und verwandelt sie in eine Art seifiger Gallert.

Emilie.

Wird Pottasche nur allein aus Pflanzenstoff gezogen?

Mrs. B.

Nein. Obgleich bei Weiten am reichlichsten in Pflanzen vorhanden, ist das Kali doch keinesweges auf diese Klasse von Körpern beschränkt; man findet es ebenfalls auf der Erdoberfläche mit verschiedentlichen Mineralien vermischt, namentlich mit Erden und Steinen, von wo aus man glaubt, daß es durch die Wurzeln den Pflanzen zugeführt werde. Man trifft es auch in einigen thierischen Substanzen, natürlich nur in sehr geringen Quantitäten. Die gewöhnlichste

Form ist das kohlensaure Kali. Verstehen Sie, was ich damit meine?

Emilie.

Ich kann mich zwar nicht entsinnen, daß Sie diesen Namen je genannt hätten, ich glaube aber, es kann nichts anderes sein, als ein zusammengesetztes Salz, entstanden aus der Verbindung von Kali mit Kohlensäure.

Mrs. B.

Da sehen Sie recht deutlich den Nutzen der neuen chemischen Bezeichnungsart, bei der sich aus der Benennung einer Mischung ganz sicher auf ihre Bestandtheile schließen läßt.

Caroline.

Wie ordnete und unterschied man denn sonst die Körper?

Mrs. B.

Jede Substanz hatte einen ganz willkührlichen Namen, der theils von dem ihres Entdeckers hergeleitet wurde, wie z. B. »Glaubers Salz«, theils von andern Umständen, aber ohne Zusammenhang mit ihrem eigentlichen Wesen, wie z. B. »Potasche.«

Diese Namen sind für einige einfache Körper beibehalten worden; da es deren nicht viele giebt und diese sich dem Gedächtniß wohl einprägen, hielt man es nicht für nöthig, sie zu ändern.

Emilie.

Wenn man einmal darüber ging, hätte man auch mit eins alle Bezeichnungen sinngemäß ändern und die Namen der einfachen Körper so einrichten sollen, daß ihr eigentlichstes Wesen oder ihre Haupteigenschaft dadurch ausgedrückt würde. Eine so durchgeführte methodische Benennungsart hätte eine weit klarere, deutlichere Uebersicht des Ganzen gegeben, so bleibt es immer Stückwerk.

Mrs. B.

Es galt viel zu berücksichtigen. Nicht allein, daß eine ganz neue Sprachweise alle Lehrer und Professoren gezwungen hätte von vorn anzufangen; daß sie in Künsten und Gewerden auf lange Zeit Verwirrung angerichtet hätte; daß nur von wenig Leuten soviel Ausdauer und Einsicht zu erwarten war, um alle scheinbaren Schwierigkeiten zu überwinden, die ein solches Verwerfen alles Gewohnten mit sich führt — so wären auch die Erfinder oft in große Verlegenheit gerathen. So vorsichtig Lavoisier und seine Mitarbeiter zu Werke gegangen sind, hat man doch bereits mancherlei ändern müssen, weil man z. B. jetzt schon viele Körper für zusammengesetzt erkennt, die man damals für einfach hielt, und die Natur mancher andern bleibt noch genauer zu bestimmen. In den wenigen Fällen, wo man zur Bezeichnung einfacher Körper neue Namen einführte, sind diese sehr gut gewählt; ich erinnere Sie an Sauerstoff und Wasserstoff, deren Wesen gewiß deutlich ausgedrückt ist. Wollten wir aber alle Elementarkörper auf diese Weise bezeichnen, so kämen wir bei den sich häufenden Entdeckungen in Gefahr, täglich die Namen zu ändern.

Aber wieder auf die Alkalien zu kommen, wollen wir jetzt versuchen, Aetzkali in etwas Wasser aufzulösen, da während seiner Auflösung sich ein sehr beachtenswerther Umstand ereignet. — Fühlen Sie, was für Hitze entsteht?

Caroline.

Ja, ist dies aber nicht der Lehre von der gebundnen Wärme gerade entgegen, nach der Wärmestoff frei wird, wenn Flüssigkeiten fest werden, und Kälte entsteht, wenn feste Körper zerfließen?

Mrs. B.

Das Letztere tritt wirklich bei allen Auflösungen ein, und wenn die Auflösung kaustischer Alkalien eine Ausnahme von der Regel zu sein scheint, so bildet das nicht einen gegründeten Einwurf gegen den Lehrsatz. Die Sache läßt sich folgendermaßen erklären: Wenn Wasser mit Kali in Berührung kommt, so bringt es zuerst eine dem Kalklöschen ähnliche Wirkung hervor, d. h. das Wasser wird im Kali fest, indem es dieses durchdringt, und verliert so seine gebundne

Wärme. Daher die Hitze, die Sie bemerken, und die also nicht durch das Zerfließen des festen Körpers, sondern durch das Festwerden des flüssigen hervorgebracht wird. Wenn aber mehr Wasser da ist, als das Kali einsaugen und festmachen kann, so weicht letzteres der lösenden Kraft des Wassers, und wir bemerken nur deshalb die beim Auflösen entstehende Kälte nicht, weil die vorher entwickelte Wärme ihr das Gegengewicht hält.

Eine sehr merkwürdige Eigenschaft des Kali ist, daß es, mit Kieselerde zusammengeschmolzen, Glas bildet. Von der Kieselerde wissen Sie noch weiter nichts, als daß ihr Hauptbestandtheil den einfachen Stoffen beigezählt wird. Sand und Kies bestehen hauptsächlich aus Kieselerde; für sich allein ist sie unschmelzbar, aber mit Kali gemengt der Hitze eines Glühofens ausgesetzt, schmilzt sie, verbindet sich mit dem Alkali und wird zu Glas.

Caroline.

Mir wäre es nie eingefallen, daß dieselbe Substanz, die klares Oel in undurchsichtige Seife verwandelt, die umgekehrte Wirkung auf Sand ausüben könnte.

Mrs. B.

Die Durchsichtigkeit oder Undurchsichtigkeit eines Körpers hängt mehr von der Anordnung seiner Theilchen ab, als von seinem innern Wesen. Das auffallendste Beispiel hiervon liefert gewiß der Kohlenstoff in seinen verschiedenen Zuständen: Sie kennen ihn schon als schwarze undurchsichtige Kohle und in der glänzenden klaren Krystallform des Diamanten.

Emilie.

Ich habe nicht geglaubt, daß Glas durch einen so einfachen Prozeß gebildet würde.

Mrs. B.

Es ist keinesweges eine leichte Mühe, fehlerfreies Glas darzustellen, denn wenn der Sand oder Kies, aus dem die Kieselerde gewonnen wird, mit Metalltheilchen oder andern

Substanzen vermengt ist, die sich nicht verglasen lassen, färbt sich das Glas oder bekommt dunkle Flecke.

Caroline.

Das ist wohl der Grund, weshalb Gegenstände öfters durch gewöhnliche Fensterscheiben entstellt und verzerrt erscheinen?

Mrs. B.

Dieser Umstand ist, glaube ich, einer andern Ursache zuzuschreiben. Es ist äußerst schwierig zu vermeiden, daß die Gefäße, in denen die Materialien zum Glase geschmolzen werden, nicht unterwärts eine dichtere Glasmasse enthalten als oberwärts, weil die schwereren Ingredienzien zu Boden sinken. Diese ungleiche Dichtigkeit veranlaßt das Vorkommen von Adern oder Wellen im Glase, und daraus entsteht die unregelmäßige Strahlenbrechung des Lichtes. Eine andre Unvollkommenheit wird dadurch verursacht, daß die geschmolzne Masse zu kurze Zeit in diesem Zustande unterhalten wurde, so daß die beiden Bestandtheile sich nicht vollständig verbinden konnten, oder dadurch, daß nicht sorgfältig genug das richtige Verhältniß zwischen Kali und Kieselerde beobachtet wurde. In solchen Fällen verändert sich das Glas durch die Einwirkung von Luft, von Salzen und besonders von Säuren, die alsdann seine Zersetzung herbeiführen, indem sie sich mit dem Kali zu zusammengesetzten Salzen verbinden.

Emilie.

Was für eine höchst brauchbare Substanz ist dies Kali!

Mrs. B.

Außer der großen Wichtigkeit des Kali zur Bereitung von Glas und Seife ist es auch noch anderweitig von bedeutendem technischen Nutzen, namentlich in seinen Verbindungen mit Säuren. So bildet es mit der Salpetersäure Salpeter.

Caroline.

Salpeter ist also eigentlich salpetersaures Kali? Von der Salpetersäure wissen wir aber noch gar nichts?

Mrs. B.

Deshalb übergehn wir auch diese Verbindung, bis wir zu einer allgemeinen Uebersicht der zusammengesetzten Salze kommen. Um Verwirrung zu vermeiden, beschränken wir uns jetzt auf die Alkalien.

Wir wenden uns jetzt zum Natron, im gewöhnlichen Leben auch wohl Soda genannt, was, trotz seiner Wichtigkeit, uns nur sehr kurze Zeit aufhalten wird, da es sehr viele Aehnlichkeit mit dem Kali hat. Man hat sie deshalb lange für dasselbe gehalten, und noch jetzt kann man sie kaum anders unterscheiden, als durch die Verschiedenartigkeit der Salze, die sie mit den Säuren bilden.

Ungeheure Massen dieses Alkali liefert das Meer, denn das Salz, womit alles Seewasser gesalzen ist, besteht aus einer Verbindung von Natron mit einer besondern Säure.

Emilie.

Ist das nicht unser Küchensalz?

Mrs. B.

Dasselbe, allein auch diese anziehende Mischung müssen wir bei Seite lassen, bis wir zu den Neutralsalzen kommen. Das Natron kann aus Kochsalz gewonnen werden, am leichtesten und gewöhnlich erhält man es aber durch die Verbrennung von Seepflanzen, ganz auf dieselbe Weise, wie man sich Kali verschafft.

Caroline.

Ist Natron ebenso nützlich zur Glas- und Seifebereitung wie Kali?

Mrs. B.

Ja, das Natron ist von gleicher Wichtigkeit und man zieht es für einige Zwecke sogar dem Kali vor. Sie sind aber nicht im Stande, die Beschaffenheit Beider zu unterscheiden, bis wir die zusammengesetzten Salze untersuchen. Wir gehen daher sogleich zum Ammoniak oder dem flüchtigen Alkali über.

Dieses Alkali wird meistens aus einem Neutralsalze gezogen, das man Salmiak nennt. Der Name des Alkali ist aus dem einer Gegend in Lybien, Ammonia, entstanden, woher der Salmiak früher eingeführt wurde. Die Krystalle in dieser Flasche sind Proben dieses Salzes, was aus einer Mischung von Ammoniak und Salzsäure besteht.

Caroline.

Dann sollte es salzsaures Ammoniak heißen.

Mrs. B.

Die Bezeichnung dieses Salzes durch Salmiak ist zu allgemein verbreitet, als daß es schon gelungen wäre, diesen Ausdruck abzuschaffen, die Chemiker nennen es aber salzsaures Ammoniak.

Emilie.

Wodurch kann das Ammoniak von der Salzsäure geschieden werden?

Mrs. B.

Durch chemische Anziehungskraft; doch ist diese Operation von der Art, daß Sie zu deren Verständniß erst besser mit der Thätigkeit der Verwandtschaften bekannt sein müßten.

Emilie.

Und wenn das Ammoniak aus dem Salz gezogen ist, was für eine Art von Substanz ist es dann?

Mrs. B.

In der Temperatur der Luft ist seine natürliche Form die eines Gases, und in diesem Zustande heißt es Ammoniakgas. Allein es verbindet sich sehr leicht mit Wasser und kann so in flüssiger Form gewonnen werden.

Caroline.

Sie sagten, Ammoniak sei von komplizirterer Zusammensetzung als die andern Alkalien. Aus welchen Grundstoffen besteht es denn?

Mrs. B.

Aus ungefähr 1 Theil Wasserstoff auf 4 Th. Stickstoff. Wenn man Ammoniakgas unter einer Glocke erhitzt, indem man wiederholentlich elektrische Funken hindurchführt, nimmt es sehr an Umfang zu, und verwandelt sich wirklich in Wasserstoffgas und Stickstoffgas. Nach genauen Experimenten ergiebt sich ein Verhältniß von 1 Raumtheil Stickstoffgas auf 3 Raumth. Wasserstoffgas.

Caroline.

Das Ammoniak hat also nicht, wie die andern Alkalien, eine metallische Grundlage?

Mrs. B.

Man glaubt dies dennoch, obgleich es sehr schwer ist, diese Vorstellung mit dem in Uebereinstimmung zu bringen, was ich Ihnen eben von seiner chemischen Natur mittheilte. Man ist nie im Stande gewesen, diese vermuthete metallische Grundlage des Ammoniak deutlich und abgeschieden zu gewinnen; aber es ist Thatsache, daß es gelungen ist, mit der Basis des Ammoniak eine Quecksilberverbindung zu bilden, die so sehr das Ansehn eines Amalgams hatte, daß dieser Umstand sehr in der aufgestellten Idee bestärkt hat.

Das Ammoniakgas ist bedeutend leichter als Sauerstoffgas und ungefähr halb so schwer als atmosphärische Luft. Es hat die meisten Eigenschaften mit den feuerbeständigen Alkalien gemein, kann aber seiner flüchtigen Natur wegen nicht so zu technischen Zwecken verwendet werden. Deshalb wird es auch nie zur Glasbereitung benutzt, vermag aber auch mit Oelen Seife zu bilden, gleich dem Kali und Natron; es gleicht ihnen auch in der starken Anziehungskraft für Wasser, aus welcher Ursache es nur über Quecksilber aufgefangen werden kann.

Caroline.

Das verstehe ich nicht.

Mrs. B.

Erinnern Sie sich, auf welche Art wir Gas in einer Glasglocke über Wasser auffingen?

Caroline.

Sehr genau.

Mrs. B.

Das Ammoniakgas hat eine so starke Neigung, sich mit Wasser zu vereinigen, daß, statt durch diese Flüssigkeit emporzusteigen, es augenblicklich davon verschluckt wird. Deshalb kann zu diesem Zwecke weder Wasser noch irgend eine wasserhaltige Flüssigkeit gebraucht werden, und man muß zum Quecksilber seine Zuflucht nehmen, worauf dies Gas nicht einwirkt, und sich dessen auf dieselbe Weise bedienen, wie sonst des Wassers in der pneumatischen Wanne. Der bekannte Hirschhorngeist oder Salmiakspiritus ist nichts weiter als mit Ammoniakgas gesättigtes Wasser; das aus dem Wasser entweichende Gas giebt ihm den durchdringenden Geruch.

Emilie.

Im Salmiakspiritus ist aber nichts von Aufwallen zu spüren.

Mrs. B.

Weil die aus dem Wasser aufsteigenden Gastheilchen zu fein sind, um sichtbar zu wirken.

Durch das Aufnehmen des Ammoniakgases wird die Dichtigkeit des Wassers verringert und mit dem Umfang auch der Raum für Wärmestoff vergrößert.

Emilie.

Wenn man also Wasser mit Ammoniak sättigt, muß durch das Latentwerden von Wärme die Flüssigkeit kälter werden?

Mrs. B.

Diese Wirkung würde stattfinden, wenn nicht ein andrer Umstand ihr entgegenarbeitete: das Gas wird im Wasser flüssig und giebt seine latente Wärme her. Die Verdichtung des Gases wiegt die Ausdehnung des Wassers reichlich auf, daher wird die Temperatur dennoch erhöht. Wenn Sie aber Ammoniakgas mit Eis oder Schnee auflösen, so entsteht Kälte. — Können Sie das erklären?

Emilie.

Das Gas giebt bei seiner Verdichtung zur Flüssigkeit

Wärme aus, andrerseits saugt das Eis oder der Schnee Wärme ein, wenn er zerfließt — eigentlich sollte ich meinen, auf diese Weise müßte die Temperatur unverändert bleiben.

Mrs. B.

Sie haben vergessen, die Ausdehnung des Wassers (oder des geschmolzenen Eises) mit in Anschlag zu bringen, und dies verursacht das Sinken der Temperatur.

Caroline.

Ist das flüchtige Salz, dessen Geruch so sehr dem des Salmiakspiritus gleicht, auch ein Präparat des Ammoniaks?

Mrs. B.

Es ist kohlensaures Ammoniak in Wasser aufgelöst, und wird im festen Zustande gewöhnlich Hirschhornsalz genannt. Ammoniak ist ätzend wie die andern Alkalien, und Sie wissen, daß Salmiakgeist so scharf ist, daß er weder innerlich, noch auf äußere zarte Theile anders angewendet werden kann, als sehr mit Wasser verdünnt. — Oele und Säuren sind vortreffliche Gegenmittel gegen alkalische Gifte; errathen Sie weshalb?

Caroline.

Vielleicht, weil das Oel sich mit dem Alkali zu Seife verbindet, und so seine Aetzkraft zerstört, die Säure aber verwandelt es in ein zusammengesetztes Salz, was, denke ich, nicht so schädlich sein mag, als kaustisches Alkali.

Mrs. B.

Ganz richtig.

Wenn man Ammoniakgas mit atmosphärischer Luft mengt, und ein brennendes Licht wiederholentlich hineintaucht, so brennt es mit großer Flamme von eigenthümlicher gelber Farbe.

Emilie.

Bitte, sagen Sie mir, kann man das Ammoniak nur aus Salmiak gewinnen?

Mrs. B.

Jeder thierische Stoff enthält Ammoniak, und man kann es ihm entziehen. Wasserstoff und Stickstoff sind zwei Hauptbestandtheile der thierischen Materie, es ist also kein Wunder, daß sie auch in solchen Verhältnissen zusammentreffen, wie zur Ammoniakbildung erfordert wird. Häufiger erzeugt sich dies Alkali bei der freiwilligen Zersetzung thierischer Substanzen: Wasserstoffgas und Stickstoffgas, die aus verwesenden Körpern aufsteigen, verbinden sich und bilden Ammoniak.

Jetzt wird das salzsaure Ammoniak, statt ausschließend aus Libien eingeführt zu werden, meistens durch chemische Prozesse in Europa bereitet. Die Hörner der Thiere, namentlich der Hirsche und Rehe, liefern sehr viel Ammoniak, woher die Benennung Hirschhorngeist entstanden ist, wie der Salmiakspiritus öfters genannt wird. Aber auch aus Wolle, Fleisch und Knochen, mit einem Worte, aus jedem thierischen Stoffe kann man diese Substanz ziehen.

So wichtig die Alkalien sind, müssen wir sie doch fürs Erste bei Seite stellen und die Erden betrachten.

Vierzehnte Unterhaltung.

Ueber Erden.

Die Erdarten, die wir heute untersuchen wollen, sind neun an der Zahl:

Kieselerde,
Thonerde,
Schwererde oder Baryt,
Kalkerde,
Talkerde.

Strontian,
Yttererde,
Glucina,
Zirkonerde,

Die drei letzten sind so neue Entdeckungen, daß man erst wenig von ihrer Beschaffenheit weiß, und da man sie daher noch nicht nutzbar gemacht hat, wird es überflüssig sein, sich auf Einzelnheiten einzulassen; wir werden unsre Bemerkungen deshalb auf die ersteren beschränken.

Sie bestehen, wie Ihnen schon bekannt ist, aus einer metallischen Grundlage mit Sauerstoff verbunden, und sind dieses Umstandes halber unverbrennlich.

Caroline.

Torf brennt doch sehr gut, die Erde wird glühend und giebt sehr viel Hitze aus.

Mrs. B.

Nicht die Erde brennt, sondern Wurzeln, Gras und andere Pflanzenreste, die damit vermengt sind. Der bei der Verbrennung dieser Pflanzen sich entwickelnde Wärmestoff macht die Erde glühend, und da sie ein schlechter Wärmeleiter ist, so hält sie den Wärmestoff lange zurück. Wenn Sie aber die Erde nach dem Verkühlen untersuchten, würde sich ergeben, daß sie nicht ein Theilchen Sauerstoff eingesaugt oder durch das Feuer eine Veränderung erlitten hat. Erde ist jedoch grade deswegen ein vortrefflicher Wärmestrahler und verdankt ihre Nutzbarkeit, wenn man sie mit Brennstoff mengt, allein dieser Eigenschaft. Von diesem Gesichtspunkt ging Rumford aus, als er rieth, Kugeln von unverbrennlichen Substanzen im Kamin zwischen die Kohlen zu legen; der bei der Verbrennung der letzteren freiwerdende Wärmestoff wird durch erstere vollständiger in das Zimmer gestrahlt und Feuerung gespart.

Emilie.

Ich erwartete eine weit längere Liste von Erden. Wenn ich die ungeheure Verschiedenheit des Erdbodens überdenke, so bin ich ganz erstaunt über die geringe Anzahl ursprünglicher Erdarten.

Mrs. B.

Eigentlich ließe sich die Anzahl fast auf vier beschränken,

denn Baryt, Strontian und die übrigen neuentdeckten sind so unbedeutend, daß sie nicht für wesentlich zum allgemeinen Bau der Erdkugel angesehen werden können. Sie müssen überhaupt Ihre Vorstellung von den Erdarten nicht auf die Bildung des Erdreichs beschränken, denn alle Felsarten, Marmor, Kalkstein, Schiefer, Quarz, alle Arten von Steinen vom kostbarsten Edelstein bis zum gemeinsten Kiesel, kurz alle die mannigfaltigen mineralischen Produkte, können diesen Erdarten zugeschrieben werden, entweder einer einzelnen im einfachen Zustande, oder mehreren verbundenen oder mit andern Stoffen versetzten.

Caroline.

Edelsteine aus Erde gebildet! Das scheint schwer zu begreifen.

Emilie.

Klingt das wunderlicher als daß der Diamant eine Kohle ist? Aber das ist wahr, der Diamant bildet also eine Ausnahme, denn er ist ein Stein der nicht aus Erde besteht.

Mrs. B.

Sie haben ganz recht. Uebrigens würde ich den Diamanten lieber ein Mineral nennen als einen Stein, letztere Bezeichnung setzt stets die Gegenwart von Erde voraus. Was Ihre vorhergehende Bemerkung anbelangt, Caroline, so halte ich die Bildung von natürlichen Krystallen, die wir Edelsteine nennen, nicht für eine der schwerbegreiflichsten Erscheinungen.

Diese Erden werden vielleicht in Jahrhunderten oder Jahrtausenden vom Wasser aufgelöst, und allmählig von ihrem Lösemittel im ungestörten Prozeß der Krystallisation abgesetzt Die regelmäßige Anordnung ihrer Theilchen während der Wiedervereinigung zu einer festen Masse verleiht ihnen den Glanz, die Klarheit und Schönheit, deretwegen man sie so bewundert, und welche sie so gänzlich verschieden von ihren rohen, ursprünglichen Bestandtheilen erscheinen lassen.

Caroline.

Wie sollten sie aber von selbst aufgelöst und dann krystallisirt werden?

Mrs. B.

Die Seltenheit vieler solcher Krystalle, als Rubine, Smaragde, Topase rc., zeigt, daß ihre Formation keine Arbeit ist, die von der Natur leicht ausgeführt wird. Aber können Sie sich nicht vorstellen, daß wenn Wasser, in dem Erdtheichen aufgelöst sind, durch die Ritzen von Hügeln und Bergen dringt und endlich in eine Höhlung sickert, dort jeder einzelne Tropfen langsam verdunsten und das Erdtheilchen zurücklassen kann, was er aufgelöst hielt? Sie wissen, daß die Krystallisation desto regelmäßiger und vollkommner ist, je langsamer und gleichmäßiger das Auflösemittel verdunstet; der Natur setzt die Zeit keine Schranken, und sie hat daher einen unendlichen Vortheil vor jedem andern Künstler voraus.

Emilie.

Ich begreife jetzt sehr wohl, daß die Zusammenstellung der Erdtheilchen bei der Krystallisation von der Art sein kann, daß sie einen hohen Grad von Durchsichtigkeit erlangen, allein wie kommen sie zu den schönen Farben, welche die meisten auszeichnen.

Mrs. B.

Nichts ist einfacher, als anzunehmen, daß ihre Theilchen sich dergestalt ordnen, daß sie einige der gefärbten Lichtstrahlen durchlassen, andre zurückwerfen, in welchem Falle der Stein die Farbe der Strahlen annimmt, die er zurückstrahlt. Außerdem verdankt aber der Stein häufig seine Farbe der Beimischung eines metallischen Stoffes.

Caroline.

Besteht jede Art von Edelstein aus einer besondern Erde, oder sind sie durch die Verbindung verschiedner Erden gebildet?

Mrs. B.

Die meisten sind aus sehr mannigfachen Materialien zusammengesetzt, nicht allein aus mehreren Erdarten, sondern auch aus Salzen und Metallen. Die Erden bilden aber auch für sich allein häufig sehr schöne Krystalle, und können nur als solche völlig rein gewonnen werden.

Darüber, daß wir die Erden in ihrer reinsten und angenehmsten Form betrachten, wollen wir aber den Zustand nicht aus dem Gesichte verlieren, in dem man sie gewöhnlich findet, und der zwar weniger gefällig für das Auge, dennoch durch seine Nutzbarkeit weit interessanter ist.

Alle Erden sind mehr oder weniger mit alkalischen Eigenschaften begabt; vier derselben: Schwererde, Talkerde, Kalkerde und Strontian werden aber besonders alkalische Erden genannt, weil sie diese Eigenschaften in hohem Grade besitzen. Sie verbinden sich auf dieselbe Weise wie die Alkalien mit den Säuren und bilden zusammengesetzte Salze, sind ebenfalls eines hohen Grades von Aetzvermögen fähig, und durch dieselben chemischen Proben erkennbar. Die übrigen Erdarten, Kieselerde und Thonerde und ein oder zwei neuentdeckte, sind einigermaßen mehr erdig, d. h. sie besitzen vollständiger die Eigenschaften, die allen Erden gemein sind: Schmacklosigkeit, Trockenheit, Unveränderlichkeit im Feuer, Unschmelzbarkeit 2c.

Caroline.

Sagten Sie uns nicht, daß Kieselerde mit Kali gemengt zu Glas zusammenschmölze?

Mrs. B.

Ja, aber die charakteristischen Eigenschaften, deren ich erwähnte, können nur die Erden im reinen, unvermischten Zustande treffen, in dem sie selten in der Natur angetroffen werden. Außer diesen allgemeinen Eigenschaften besitzt jede Erdart noch besondere, die sie von andern Substanzen unterscheidet. Wir wollen sie daher einzeln durchgehn.

Kieselerde ist im Ueberfluß vorhanden im Kies, Sand, Sandstein, Achat, Jaspis 2c.; sie bildet die Grundlage vieler Edelsteine, besonders derjenigen, die mit Stahl Feuer schlagen. Sie fühlt sich rauh an, schrammt Metalle und schleift sie ab, die Fluorsäure wirkt sehr stark auf sie ein und löst sie auf; andre Säuren und Wasser thun dieß nicht, oder nur äußerst schwierig. Die Natur muß aber doch Mittel und Wege kennen, dies zu bewerkstelligen, denn es giebt eine große Mannigfaltigkeit von Kieskrystallen, unter denen das sogenannte Bergkrystall die reinste Form dieser Erdart ist. Die Kieselerde scheint von der Vorsehung zur festen Grundlage unserer Erdkugel bestimmt zu sein, sie bildet das Fundament der Urgebirge, und verleiht ihnen die Härte und Dauerhaftigkeit, wodurch sie den vielen Umwälzungen der Erdoberfläche widerstehen konnten. Von diesen Gebirgen sind große Kiesfelsen im Laufe der Zeit durch Wasserströme losgerissen worden, die in der Heftigkeit und Schnelligkeit ihres Falles zuweilen zu Sand zerbröckelten, und in diesem Zustande die Betten der Flüsse und Seen bildeten, in denen auch größere Stücken sich zu Kieselsteinen abrundeten und glätteten.

Emilie.

Bitte, was ist denn die eigentliche Farbe der Kieselerde, die eine solche Menge verschiedenfarbiger Substanzen bildet?

Mrs. B.

Reine Kieselerde, wie sie nur im chemischen Laboratorium sich vorfindet, ist völlig weiß, und alle Farben, die sie in ihren verschiedenartigen Formen annimmt, stammen von fremdartigen Beimischungen.

Caroline.

Ich wundre mich, daß Kieselerde nicht mehr gilt, da sie die Basis so vieler Edelsteine ausmacht.

Mrs. B.

Vergessen Sie nicht, daß der Werth der Edelsteine großentheils von der Seltenheit abhängt, mit der die Natur sie darbietet, denn wären sie allgemein, oder künstlich nachzuahmen, so würden sie trotz ihrer Schönheit nicht so hoch geachtet werden. Von hohem Werth ist die Kieselerde für viele der nützlichsten Gewerbe. Mit Thon gemengt bildet sie die Basis aller irdnen Geschirre, sie mögen nun fein oder grob sein.

Emilie.

Und wie bedeutend ist sie bei der Glasbildung.

Mrs. B.

Unter andern ist Kieselerde ein Hauptbestandtheil der dauerhaftesten Kitte, des Mörtels 2c.

Ich erwähnte vorhin, daß Kieselerde sich mit keiner andern als der Flußsäure verbindet; deshalb wird Glas allein von dieser Säure angegriffen, die wegen ihrer starken Verwandtschaft zur Kieselerde diesen Stoff zwingt, die Verbindung mit Kali zu verlassen, und so das Glas zerstört. Nun wollen wir eilends die andern Erdarten betrachten. Dieser Gegenstand ist Ihnen vielleicht nicht sehr unterhaltend, allein es ist unumgänglich nothwendig, daß Sie damit bekannt werden, da sich so viele interessante und wichtige Zusammensetzungen darauf gründen.

Zunächst wenden wir uns zur Thonerde, die wir, um sie rein zu gewinnen, aus dem Alaun abscheiden, welcher — nach unsrer Nomenklatur — schwefelsaure Thonerde ist. Im unvermischten Zustande fühlt sie sich sanft an, macht mit Wasser einen Teig, und erhartet im Feuer. In der Natur findet man sie hauptsächlich im Lehm, der diese Erdart in bedeutenden Mengen enthält, auch sehr reichlich in der Walkerde, im Schiefer und in sehr vielen mineralischen Erzeugnissen. Als Lehm bildet sie große Erdschichten, und giebt dem Erdreich der Thäler und aller niedrigen und feuchten Orte, wie Sümpfen und Morästen, Festigkeit. Die Betten der Seen, Teiche und Quellen bestehen fast gänzlich aus Lehm. Statt daß der Sand das Wasser durchsickern läßt, bildet der Lehm einen undurchdringlichen Boden, und dadurch häuft sich das Wasser in dergleichen Höhlen an und erzeugt jene Behälter, aus denen die Quellen sich nach der Oberfläche hin Bahn brechen.

Emilie.

Ich dachte immer, diese unterirdischen Wasser wären von Steinen oder Felsen eingeschlossen, die sie nicht zu durchdringen vermöchten.

Mrs. B.

Das ist nicht der Fall, denn im Laufe der Zeit würde das Wasser die Kieselerde oder jeden andern Stein ausspühlen oder durchdringen, während Lehm oder Thonerde es wirksam zurückhält.

Das feste dichte Erdreich, wie es zum Getraidebau tauglich, erhält diese Beschaffenheit großentheils von der Thonerde; diese Erdart wird daher angewendet, um sandiges oder kalkiges Erdreich zu verbessern, weil letztere Erdarten die Feuchtigkeit nicht genug aufhalten, um die Vegetation zu befördern.

Thonerde ist der wesentlichste Bestandtheil aller Töpferwaare. Sie ist nothwendig zum Ziegelstein wie zum feinsten Porzellan. Der Zusatz von Kieselerde und Wasser härtet sie, macht sie empfänglich für einen Grad von Verglasung, und vollständig tauglich zu ihren verschiednen Zwecken.

Caroline.

Werden denn wirklich Backsteine und Porzellangeschirre aus demselben Material bereitet?

Mrs. B.

Ziegelsteine bestehen fast gänzlich aus gebacknem Lehm zur Verfertigung von irdener und Steinwaare ist eine gewisse Quantität Kieselerde nothwendig. In gewöhnlichen Töpfereien bedient man sich hierzu des Sandes; zur Komposition des Porzellans ist ein feinerer Thon und, glaube ich, auch reinere Kieselerde nöthig, wie es überhaupt weit sorgfältiger gearbeitet wird. Das Porzellan verdankt seine schöne Halbdurchsichtigkeit einer beginnenden Verglasung.

Emilie.

Das gewöhnliche Töpferzeug ist zwar nicht so durchsichtig, aber auch mit Glasur bedeckt.

Mrs. B.

Diese Vorsicht ist ebenso nöthig als schön, da die Geschirre leicht durch gar viele Substanzen verdorben und zerfressen würden, wenn sie nicht einen solchen Ueberzug hätten. Im Porzellan besteht er aus Schmelz, einem feinen weißen undurchsichtigen Glase, gebildet aus Metalloxyden, Sand, Salzen und andern dergleichen Materialien, die der Verglasung fähig sind. Die Glasur der gewöhnlichen Töpferwaare besteht hauptsächlich aus Bleioxyd, zuweilen bloß aus Salz, was, dünn über die Geschirre gestreut, in gewisser Hitze verglast.

Caroline.

Von welcher Art sind denn die Farben, die man zur Porzellanmalerei benutzt?

Mrs. B.

Sie sind alle aus Metalloxyden zusammengesetzt, so daß diese Farben, statt durch das Feuer zu leiden, sich durch dessen Einwirkung kräftiger entwickeln, wobei sie verschiedne Stufen der Sauerstoffung durchmachen.

Thonerde und Kieselerde werden nicht allein künstlich verbunden, sondern haben von Natur ein starkes Bestreben sich zu vereinigen, und man findet sie in verschiednen Verhältnissen zusammengemischt in mancherlei Edelsteinen und andern Mineralien, z. B. Rubin, orientalischer Saphir, Amethyst &c. bestehen hauptsächlich aus Thonerde.

Nun beschäftigen wir uns mit den alkalischen Erden. Vom Baryt, oder der Schwererde, werde ich nur wenig sagen, da sie fast nie anders als bei chemischen Versuchen gebraucht wird. Der Baryt ist bemerkenswerth wegen seiner großen Schwere und bedeutenden alkalischen Eigenschaften, als da sind: das Zerstören oder Auflösen thierischer Substanzen, das Verändern blauer und rother Pflanzenfarben, und eine mächtige Anziehungskraft für Säuren. Diese letztere Eigenschaft besitzt er in solchem Grade, besonders für die Schwefelsäure, daß er diese aus jeder Verbindung abscheidet und sich mit ihr sogleich zu schwefelsaurem Baryt verbindet. Darum ist er ein sehr schätzbares chemisches Entdeckungsmittel für die Schwefelsäure. Er kommt sehr häufig als kohlensaurer Baryt vor, aus dem die reine Erde leicht bereitet werden kann.

Die sich unsrer Betrachtung zunächst darbietende Erde ist die Kalkerde, eine Substanz von so großer und allgemeiner Wichtigkeit, daß wir nicht so leicht darüber hingehn können. Kalkerde ist stark alkalisch. In der Natur kommt sie nicht im einfachen Zustande vor, weil sie eine so große Verwandtschaft zum Wasser und zur Kohlensäure besitzt, daß man sie stets mit diesen Substanzen verbunden findet, mit denen sie den gemeinen Kalkstein bildet. Im Kalkofen werden diese Stoffe davon geschieden, die sich in gehöriger Hitze verflüchtigen.

Emilie.

Reiner Kalk ist also nichts weiter als Kalkstein, dem man im Kalkofen das Wasser und die Kohlensäure entzogen hat?

Mrs. B.

Ja, und in diesem Zustande nennt man ihn gebrannten Kalk; er ist so ätzend, daß er die Zersetzung todter Thierkörper sehr rasch zu Stande bringt, ohne daß sie den Prozeß der Fäulniß durchmachen. — Ich habe hier etwas gebrannten Kalk, den ich sorgfältig in eine Flasche eingeschlossen habe, um den Zutritt der Luft abzuhalten, aus der er bald Feuchtigkeit und kohlensaures Gas anziehn und gelöscht werden würde. Hier ist auch etwas Kalkstein, wir wollen auf beide Wasser gießen und das Ergebniß beobachten.

Caroline.

Wie der gebrannte Kalk zischt! Er ist sehr heiß geworden! Er schwillt, bricht von einander und zerbröckelt zu Pulver, während das Wasser im Kalkstein gar keine Veränderung hervorzubringen scheint.

Mrs. B.

Weil der Kalkstein mit Kohlensäure gesättigt ist, der gebrannte Kalk aber im Kalkofen deren beraubt wurde, und er nun begierig Wasser einsaugt, um sich damit zu verbinden. Woher die sich dabei entwickelnde Hitze entsteht, habe ich früher erklärt, besinnen Sie sich darauf?

Emilie.

Ja, Sie sagten, sie käme nicht aus dem Kalk, sondern aus dem Wasser, was fest würde und daher Wärme ausgäbe.

Mrs. B.

Sehr gut. Wenn wir ferner Quantitäten Wasser zum Kalk hinzuthun, nachdem er gelöscht und zerbröckelt ist, so zerfließt er, wie Sie sehen, allmählig in Wasser, bis er sich darin auflöst und gänzlich verschwindet: dazu gehört aber nicht weniger Wasser, als 700mal sein Gewicht beträgt. Diese Auflösung heißt Kalkwasser. Baryt läßt sich auch so auflösen, aber äußerst schwer, wenn er nicht krystallisch ist. Hier in dieser Flasche ist Kalkwasser. Es wird oftmals als Medizin gebraucht, hauptsächlich, glaube ich, in der Absicht, sich mit dem Uebermaß an Säure, die man im Magen vermuthet, zu verbinden und sie zu neutralisiren.

Emilie.

Ich wundre mich, daß es so klar aussieht und gar nichts von der weißen Farbe des Kalks verräth.

Mrs. B.

Haben Sie vergessen, daß bei Auflösungen der feste Körper durch die Flüssigkeit so fein zertheilt ist, daß er unsichtbar wird, und daher nicht im geringsten der Durchsichtigkeit des Auflösemittels Eintrag thut?

Ich sagte, der Kalk habe eine so große Anziehungskraft zur Kohlensäure, daß er sie aus der Luft einsauge. Diese Wirkung können wir beobachten, wenn wir ein Glas Kalkwasser der Luft aussetzen: der Kalk scheidet sich dann vom Wasser, verbindet sich mit der Kohlensäure und erscheint auf der Oberfläche als weißes Häutchen, was kohlensaurer Kalk ist, den wir gewöhnlich Kreide nennen.

Caroline.

Kreide ist also ein zusammengesetztes Salz! Ich hätte nie gedacht, daß die ungeheuren Kreidelager, die ich schon gesehen habe, Salz sein könnten. — Nun erscheint das weiße Häutchen auf dem Wasser, hat aber keine Aehnlichkeit mit harter, fester Kreide.

Mrs. B.

Das kömmt von der äußerst feinen Zertheilung her, in kurzer Zeit wird sie sich mehr verdicken und zu Boden sinken. — Wenn Sie in Kalkwasser hauchen, erfolgt dieselbe Wirkung, weil die Luft, die wir ausathmen, mit Kohlensäure vermengt ist. Es ist ein sehr leichtes Experiment; — ich gieße etwas Kalkwasser in diese Glasröhre, blasen Sie ein Paarmal hinein, und Sie werden bald das Erscheinen der Kreide bemerken.

Emilie.

Es bildet sich schon ein weißes Wölkchen!

Mrs. B.

Kohlensaurer Kalk oder Kreide ist, wie Sie sehen, im Wasser unlöslich, da der vorher aufgelöste Kalk wieder zum Vorschein kommt, wenn er in Kreide verwandelt wird. Ich muß Sie aber auf einen sehr sonderbaren Umstand aufmerksam machen: Kreide mit Kohlensäure gesättigt, ist in Wasser auflöslich.

Hier ist eine Flasche Selterswasser, was bekanntlich sehr viel Kohlensäure enthält — wir wollen etwas davon in das Kalkwasser gießen. Sie sehen, es bildet sich augenblicklich ein Niederschlag von kohlensaurem Kalk.

Ich gieße nun noch mehr Selterswasser hinein.

Emilie.

Wie sonderbar! Die Wolke löst sich wieder auf und die Flüssigkeit wird klar.

Mrs. B.

Das ganze Geheimniß hängt von dem Umstande ab, daß kohlensaurer Kalk in Kohlensäure auflöslich ist, im Wasser aber nicht. Die erste Quantität Kohlensäure, die ich in das Kalkwasser goß, bildete kohlensauren Kalk, der sichtbar blieb, bis eine zweite Menge Kohlensäure ihn auflöste. Sie sehen also, daß die weiße Wolke erscheint, sobald Kalk und Kohlensäure in dem zur Kreidebildung erforderlichen Verhältniß stehen, so wie aber die Säure überwiegt, löst sich die Kreide darin auf.

Caroline.

So steht die Sache nun. Wollen wir nicht versuchen, ob ein ferneres Hinzuthun von Kalkwasser wieder Kreide fällen wird?

Emilie.

Das geschieht in der That! Die Wolke erscheint wieder, weil gewiß jetzt nicht mehr Kohlensäure da ist, als zur Kreidebildung gehört.

Mrs. B.

Kalk verbindet sich mit den meisten Säuren, denen die Kohlensäure, als die schwächste, bereitwillig weicht, wir werden aber später Gelegenheit finden, dieser Verbindungen zu erwähnen. Kalk verbindet sich mit reinem Phosphor und reinem Schwefel, kurz von allen Erdarten ist Kalk diejenige, welche die Natur am häufigsten und reichlichsten zu zahllosen Kombinationen verwendet. Er ist die Grundlage aller kalkhaltigen Erden und Steine; ebenso finden wir ihn in der Thierwelt in den Knochen, Muscheln und Schalen, und auch in den Pflanzen.

Emilie.

Auch für die Gewerbe ist der Kalk von sehr großem Nutzen.

Mrs. B.

Kaum irgend ein andrer Stoff mehr als er. Sie wissen, daß er ein höchst wesentliches Erforderniß zum Bauen ist, da er die Basis aller Kitte, wie des Mörtels, des Stuck, des Gipses ꝛc. ausmacht.

Der Kalk ist auch von unendlicher Wichtigkeit für den

Ackerbau: zu kaltes und festes Erdreich wärmt er und lockert es auf, und so könnte ich noch lange fortfahren Ihnen die Nützlichkeit des Kalks auseinanderzusetzen. Da Sie aber schon genug davon wissen, um sich einen Begriff von seiner Bedeutendheit zu entwerfen, so will ich zur dritten alkalischen Erdart übergehn. Das ist die Magnesia oder Talkerde.

Caroline.

Die kenne ich schon sehr gut, es ist eine Medizin.

Mrs. B.

Die als Medizin gebrauchte Talkerde ist kohlensauer, im Aeußern aber sehr wenig von der reinen unterschieden: ein sehr feines, leichtes, weißes Pulver. Im Wasser löst sich nur der 2000ste Theil ihres Gewichts auf, aber mit Säuren bildet sie äußerst leicht lösliche Salze. Sie besitzt eine weniger große Anziehungskraft zu Säuren als der Kalk, und überläßt sie daher letzterem. Sie kommt in mannigfaltigen mineralogischen Kombinationen vor, wie z. B. im Magnesit, im Schiefer und in vielen Arten von Kalkstein. Sie zieht das Wasser nicht an und macht es nicht fest, wie der Kalk; wenn sie aber mit Wasser gemengt der Luft ausgesetzt wird, so zieht sie aus dieser die Kohlensäure an, und verliert dadurch das Aetzende. Ihr Hauptnutzen für die Medizin liegt, wie bei dem Kalk, darin, daß sie sich leicht mit der Magensäure verbindet und sie neutralisirt.

Emilie.

Sie sagten aber, sie wäre schon kohlensauer, wenn man sie einnähme.

Mrs. B.

Die Kohlensäure, als die schwächste unter allen Säuren rücksichtlich ihrer Verwandtschaft zu den Basen, scheidet aus der Verbindung aus, sobald die Magnesia mit einer andern Säure in Berührung tritt. Mit Schwefelsäure verbunden bildet sie eine andre stärkere Arznei, unter dem Namen Epsomsalz bekannt, welches man auch Bittersalz nennt.

Die letzte alkalische Erdart, die noch zu erwähnen bleibt,

ist die Strontianerde. Sie ähnelt sehr der Barnterde in ihren Eigenschaften, kömmt in der Natur sehr selten vor, und wird so selten gebraucht, daß es nicht nöthig scheint, sie näher zu beleuchten. Eine der merkwürdigsten charakteristischen Eigenheiten der Strontianerde ist, daß ihre Salze in Weingeist aufgelöst die Flamme blutroth färben.

Funfzehnte Unterhaltung.

Ueber Säuren.

Mrs. B.

Wir wenden uns nun zu den Säuren. Von der Sauerstoffung der Metalle haben Sie schon einen allgemeinen Begriff erlangt; die nähern Umstände sind zwar sehr interessant aber doch nicht wichtig genug für unsern kurzen Abriß der Chemie, um sie besonders vorzunehmen. Nothwendiger ist es, Sie mit den Säuren bekannt zu machen und mit deren Verbindungen mit den Alkalien, den aus drei Stoffen zusammengesetzten Neutralsalzen.

Die allgemeinen Kennzeichen aller Säuren sind das Verändern blauer Pflanzenaufgüsse in roth, der saure Geschmack und das Bestreben, sich mit den Erden, Alkalien und Metalloxyden zu verbinden. Sie wissen, die Basen oder Grundlagen der Säuren verbinden sich mit verschiednen Mengen Sauerstoff zu mehreren Graden der Säuerung; den höheren Grad bezeichnet man, indem man den Namen der Grundlage der Säure vorsetzt, während bei dem geringeren Grade dieser Name eine adjektive Endung bekömmt.

Mehrere dieser Grundlagen vermögen aber eine so kleine Quantität Sauerstoff aufzunehmen, daß ihnen dadurch nicht die Eigenschaften der Säuren ertheilt werden, und sie nur

Oxyde genannt werden können. So der Schwefel; setzt man ihn bei einem Hitzgrade, der nicht im Stande ist Entzündung zu veranlassen, der Luft aus, so saugt er etwas Sauerstoff ein, was ihn roth oder braun färbt. Dies kann man demnach als den 1sten Grad der Sauerstoffung des Schwefels betrachten; der 2te verwandelt ihn in schweflige Säure, der 3te in Schwefelsäure, und wäre er fähig noch mehr Sauerstoff aufzunehmen, so würde dieser 4te Grad übersaure Schwefelsäure genannt werden.

Emilie.

Sind diese verschiednen Abstufungen allen Säuren eigen?

Mrs. B.

Nein, sie weichen in dieser Hinsicht sehr von einander ab: einige sind nur für einen Grad der Sauerstoffung empfänglich, andre für zwei oder drei, und sehr wenige lassen mehr Grade zu.

Bis ganz vor Kurzem waren viele Säuren noch nicht zerlegt worden, und Viele stellten sie daher zu den einfachen Körpern, obgleich man durch Analogie wohl auf ihr Zusammengesetztsein schließen konnte, wie dieß auch spätere Versuche bewahrheitet haben.

Caroline.

Wieviel Säuren giebt es denn überhaupt?

Mrs. B.

Ich glaube, man rechnet jetzt über vierzig und ihre Zahl nimmt immer zu; einige wenige sind aber von besonderer Bedeutung, und diese wollen wir genauer untersuchen, nachdem ich Ihnen eine Uebersicht des Ganzen vorgelegt haben werde.

Man theilte früher die Säuren in mineralische, vegetabilische und animalische, nach den Substanzen, aus denen man sie gemeiniglich gewann; allein in vielen Fällen gab diese Eintheilung Anlaß zu Verwirrungen. In welche Klasse würden Sie z. B. die Kohlensäure stellen?

Caroline.

In der That, das wüßte ich nicht, denn, wie Sie uns lehrten, kömmt sie in allen drei Naturreichen vor.

Emilie.

Mit der Phosphorsäure würde es ebenso gehen, denn wenn man sie auch hauptsächlich aus Knochen gewinnt, so findet sie sich, nach Ihrer Angabe, auch in kleinen Quantitäten in Steinen und selbst in einigen Pflanzen.

Mrs. B.

Grund genug, eine andere Eintheilung einzuführen, und die jetzige giebt in der Benennung die Zusammensetzung und das Wesen jeder besondern Säure an. Man stellt die Säuren in drei Reihen.

1stens. Säuren die aus der Verbindung von einfachen Stoffen und Sauerstoff hervorgehen. Dies sind folgende:

Die Schwefel-	Säuren mit einfacher Grundlage.
Kohlen-	
Salpeter-	
Phosphor-	
Arsenik-	
Tunkstein-	
Molybdän-	
Borax-	
Fluß-	
Salz-	

Diese Abtheilung umfaßt die altbekanntesten und wichtigsten Säuren. Die Schwefel-, Salpeter- und Salzsäure wurden früher und werden noch jetzt häufig mineralische Säuren genannt.

2tens. Säuren, die doppelte Grundlagen haben und folglich aus dreifacher Mischung bestehen. Dies sind die Pflanzensäuren, deren Basis gewöhnlich eine Zusammensetzung von Wasserstoff und Kohlenstoff ist.

Caroline.

Wenn alle Pflanzensäuren dieselbe Grundlage haben, so

sollte diese blos eine Säure bilden dem Wesen nach, und alle andern könnten nur Abstufungen oder Grade derselben vorstellen, je nachdem eine größere oder kleinere Menge Sauerstoff damit verbunden wäre.

Mrs. B.

Die einzige Verschiedenheit in den Grundlagen der Pflanzensäuren besteht in den mannigfachen Verhältnissen des Wasserstoffs und Kohlenstoffs, aus denen sie zusammengesetzt sind. Dies verursacht das Entstehen einer Unzahl Säuren, die anscheinend sehr von einander abweichen. Daß sie jedoch nicht wesentlich von einander verschieden sind, wird durch ihre Empfänglichkeit bewiesen, sie durch Hinzuthun oder Entziehen einer Quantität Wasserstoff oder Kohlenstoff, aus einer in die andre umzugestalten. Die Namen dieser Säuren sind:

Die Essig-
Oxal- oder Sauerklee-
Weinstein-
Zitronen-
Apfel-
Gallus-
Schleim-
Benzoe-
Bernstein-
Kampher-
Kork-
brenzlichte Weinstein-
— — Zitronen-
— — Apfel-

} Säuren mit doppelter Grundlage und von vegetabilischem Ursprung.

Die 3te Abtheilung von Säuren besteht aus solchen, die dreifache Grundlagen haben, und daher von noch zusammengesetzterer Natur sind. Diese Klasse umfaßt die animalischen Säuren, wie folgt:

Die Milch- Käse- Blau- Ameisen- Raupen- Cetin- Fett- Stearin- Oel- Thier-	Säuren mit dreifacher Grundlage oder thierische Säuren.

Ich habe für gut gehalten, Ihnen auf einmal alle bekannten Säuren aufzuzählen, um Ihnen einen Begriff von der Ausdehnung des Gegenstandes zu geben; nun wollen wir uns auf die 1ste Abtheilung beschränken, die eine größere Aufmerksamkeit verlangt; die wenigen Bemerkungen, die ich über die andern zu machen habe, verspare ich, bis wir die Chemie der Pflanzen und Thiere abhandeln. — Die Säuren mit einfachen Grundlagen können in den meisten Fällen durch brennbare Körper zerlegt werden, denen sie ihren Sauerstoff abgeben. Wenn ich z. B. einen Tropfen Schwefelsäure auf dies Stück Eisen gieße und erhitze, wird ein Rostfleck entstehen. Sie wissen, was das ist?

Caroline.

Ja, es ist ein Oxyd, gebildet durch die Verbindung von Sauerstoff aus der Säure mit Eisen.

Mrs. B.

In diesem Falle, sehen Sie, setzt der Schwefel den Sauerstoff, durch den er zur Säure wurde, auf dem Metalle ab. Wiederum, wenn ich etwas Säure auf einen zusammengesetzten Brennstoff (ich nehme dies Stück Holz) träufle, verbindet er sich mit einem oder mehreren Bestandtheilen dieser Substanz und veranlaßt eine Zersetzung.

Emilie.

Das Holz ist davon schwarz geworden, wie kommt das?

Mrs. B.

Der von der Säure abgesetzte Sauerstoff hat es verbrannt; Sie wissen, daß Holz beim Brennen schwarz wird, ehe es zu Asche zerfällt. Die chemische Wirkung auf das Holz bleibt dieselbe, ob es den Sauerstoff aus der Luft, oder von irgend einem andern Körper erhält. Bei wirklichen Verbrennungen wird das Holz schwarz, weil die Verflüchtigung der andern Bestandtheile es in Kohle verwandelt. Können Sie mir aber die Ursache angeben, warum Holz bei Anwendung einer Säure schwarz wird?

Caroline.

Erst sagen Sie mir, aus was für Substanzen ist Holz zusammengesetzt?

Mrs. B.

Wasserstoff und Kohlenstoff sind die Hauptbestandtheile des Holzes wie aller andern Pflanzenstoffe.

Caroline.

Nun, dann wird sich wohl der Sauerstoff der Säure mit dem Wasserstoff zu Wasser verbinden, und der zurückbleibende Kohlenstoff deshalb wie gewöhnlich schwarz erscheinen.

Mrs. B.

Sehr gut, liebe Caroline.

Emilie.

Wäre das nicht eine gute Art, Kohle zu bereiten?

Mrs. B.

Diese Methode wäre sehr kostspielig und, ich glaube, auch sehr unvollkommen; denn die Einwirkung der Säure auf das Holz und die dabei erzeugte Hitze reichte lange nicht hin, das Holz aller flüchtigen Theile zu berauben.

Caroline.

Aus welcher Ursache bringen Essig, Zitronensaft und die Säure von Früchten nicht diese Wirkung auf Holz hervor?

Mrs. B.

Sie nennen lauter Pflanzensäuren, und deren Grundlage

ist aus Wasserstoff und Kohlenstoff zusammengesetzt; daher ist der Sauerstoff wenig geneigt, diese Basis zu verlassen, die ihn schon mit Wasserstoff verbindet. Die stärkste dieser Säuren giebt vielleicht dem Holz etwas Sauerstoff ab und hinterläßt einen Fleck, allein der Kohlenstoff wird doch nicht genugsam blosgestellt, um sich schwarz zu färben. Selbst die mineralischen Säuren besitzen in sehr verschiednen Graden die Kraft, Holz zu verkohlen.

Emilie.

Können Pflanzensäuren durch keine brennbaren Stoffe zerlegt werden?

Mrs. B.

Nein, weil ihre Grundlage aus zwei Substanzen zusammengesetzt ist, die größere Anziehungskraft zum Sauerstoff besitzen, als irgend ein bekannter Stoff.

Caroline.

Und sind jene starken Säuren, die das Holz verbrennen und zersetzen, im Stande, die gleiche Wirkung auf die Haut und das Fleisch der Thiere hervorzubringen?

Mrs. B.

Ja, alle mineralischen Säuren, ganz besonders eine derselben, besitzen mächtige kaustische Eigenschaften. Sie verderben und zerstören Haut und Fleisch, allein da die thierische Materie große Quantitäten Stickstoff und andere Substanzen enthält, welche eine so ersichtliche Ausscheidung des Kohlenstoffs verhindern, so bringt auch die Einwirkung dieser Säuren eine andere Veränderung im Thierstoff hervor als im Pflanzenstoff.

Sechzehnte Unterhaltung.

Ueber Schwefelsäure und Phosphorsäure und über die Verbindungen dieser Säuren mit andern Stoffen.

Mrs. B.

Ich denke, Sie werden jetzt Interesse daran finden, einige der wichtigsten Säuren einzeln zu betrachten, und ebenso ihre Hauptverbindungen mit den Akkalien, alkalischen Erden und Metallen. Die bedeutendste unter den Säuren ist die Schwefelsäure, oder wie man sie früher nannte, das Vitriolöl.

Caroline.

Diese beiden Namen habe ich oft gehört, aber nie geglaubt, daß sie dieselbe Flüssigkeit bezeichneten: unter Oel und Säure versteht man doch sehr verschiedne Dinge.

Mrs. B.

Vitriol ist die gewöhnliche Benennung von schwefelsaurem Eisen, ein Salz, was sich durch die Mischung von Schwefelsäure und Eisen bildet. Früher distillirte man die Schwefelsäure aus diesem Salze, und sie erhielt daher natürlich den Namen von der Substanz, aus der man sie gewann.

Caroline.

Nennt man sie aber noch jetzt Vitriolöl?

Mrs. B.

Sehr häufig, doch hat man alle Ursache anzunehmen, daß die neue Bezeichnung sehr bald allgemein verbreitet sein wird.

Emilie.

Diese Säure hat weder Farbe noch Geruch, scheint aber weit dicker zu sein als Wasser.

Mrs. B.

Sie ist beinah zweimal so schwer als Wasser und hat eine ölige Konsistenz.

Caroline.

Wahrscheinlich hat man sie dieses Umstandes wegen Oel genannt, denn wirklichen Anspruch auf diesen Titel kann sie nicht haben, da sie weder Wasserstoff noch Kohlenstoff enthält, welche die wesentlichen Bestandtheile von Oel sind.

Mrs. B.

Gewiß, und deshalb wäre es ungereimt, den alten Namen beizubehalten.

Reinste Schwefelsäure ist eine feste Substanz, aber ihre Anziehungskraft für Wasser ist so stark, daß man sie gewöhnlich in Verbindung damit gewinnt, daher sieht man sie immer in flüssiger Form wie hier. Eine der auffallendsten Eigenheiten der Schwefelsäure ist, daß sie eine bedeutende Menge Wärme entwickelt, wenn sie mit Wasser gemengt wird, wie ich Ihnen schon gezeigt habe.

Emilie.

Ja, ich besinne mich, aber genau weiß ich nicht den dabei erzeugten Hitzgrad.

Mrs. B.

Der Stand des Thermometers kann dadurch bis weit über den Siedepunkt erhöht werden.

Caroline.

Da könnte Wasser in dem Gemisch zum Kochen gebracht werden?

Mrs. B.

Nichts leichter als das, vorausgesetzt, daß Sie hinreichende Mengen Säure und Wasser im richtigen Verhältnisse anwenden. Die größte Hitze erzeugt ein Gemenge von 1 Theil Wasser auf 4 Theile Säure; wir wollen dergleichen bereiten und eine dünne Glasröhre voll Wasser hineintauchen.

Caroline.

Das Gefäß fühlt sich außerordentlich heiß an, aber das Wasser kocht noch nicht.

Mrs. B.

Sie müssen der Hitze einige Zeit lassen, um die Röhre zu durchdringen und die Temperatur des Wassers bis zum Siedepunkt zu steigern.

Caroline.

Nun kocht es — und mit steigender Heftigkeit.

Mrs. B.

Aber es wird nicht lange kochen, denn das Gemisch giebt nur Hitze aus, während die Theilchen des Wassers und der Säure sich durchdringen; sobald dieß bewirkt ist, kühlt die Mischung allmählig ab und das Wasser zugleich mit.

Sie haben gesehn, auf welche Weise die Schwefelsäure alle brennbaren Substanzen verändert, zu welchem Naturreich sie auch gehören mögen, und sie mittelst ihres Sauerstoffs verbrennt.

Caroline.

Ich habe ganz absichtslos das Experiment an meinem Kleide wiederholt, indem ich einen Tropfen Säure darauf fallen ließ, und ich fürchte, der Fleck kann nie ausgewaschen werden.

Mrs. B.

Gewiß nicht, denn ehe Sie Wasser darauf bringen können, wird aus dem Fleck ein Loch geworden sein, da die Schwefelsäure das Zeug buchstäblich verbrennt.

Caroline.

Ja wirklich! Ich will den Stöpsel festmachen und die gefährliche Flasche wegsetzen. — Da geht es mir noch schlimmer, ich bin mit den Fingern darangekommen!

Mrs. B.

Und haben sie verbrannt wie das Kleid, denn Sie wissen, Sauerstoff zerstört sowohl die thierische wie die Pflanzenmaterie. So weit die Haut angegriffen ist, kann ich Ihnen nicht helfen, waschen Sie die Hand aber sogleich in Wasser ab, das wird die Säure verdünnen und das tiefere Eindringen verhindern.

Caroline.

Es brennt tüchtig, kann ich versichern.

Mrs. B.

Sie haben nun erfahren, wie vorsichtig man mit dieser Säure umgehn muß. Sie werden bald eine andre, die Salpetersäure, kennen lernen, die zwar weniger auf der Haut brennt, sie aber noch schneller zerstört und unvertilgbare Flecke hinterläßt. Sie müssen nie eine Substanz dieser Art anfassen, ohne vorher die Finger in Wasser getaucht zu haben, was ihre beizende Wirkung verringert. Nun will ich selbst aber den Stöpsel auf die Flasche stecken, denn die Säure zieht Feuchtigkeit aus der Luft an und wird dadurch verunreinigt nnd geschwächt.

Emilie.

Bitte, wie kann man die Schwefelsäure durch Destillation aus schwefelsaurem Eisen abziehn?

Mrs. B.

Sie wissen, der Prozeß der Destillation scheidet Substanzen von einander mittelst ihrer verschiednen Grade von Flüchtigkeit durch das Zusetzen einer neuen chemischen Kraft, des Wärmestoffs. So, wenn man schwefelsaures Eisen in einer Retorte dem dazu nöthigen Hitzgrade aussetzt, wird es zerlegt und die Schwefelsäure verflüchtigt.

Emilie.

Da man jetzt aber weiß, daß sich die Säuren durch die Verbrennung ihrer Grundlagen bilden, sollte doch diese Methode zur Bereitung der Schwefelsäure vorgezogen werden.

Mrs. B.

Dies geschieht auch in den meisten Fabriken, aber man verbrennt den Schwefel nicht in Sauerstoffgas, wie wir bei unserm Experiment, sondern erhitzt ihn mit einer andern Substanz zusammen, dem Salpeter, der in solchen Fällen Sauerstoff ausgiebt, daß die Verbrennung in gewöhnlicher Luft schnell und vollständig vor sich geht.

Caroline.

Diese Substanz entspricht also demselben Zweck wie das Sauerstoffgas?

Mrs. B.

Genau. In Fabriken nimmt man die Verbrennung in einer Bleikammer vor, deren Boden mit Wasser bedeckt ist, um den Dampf aufzunehmen und dessen Verdichtung zu befördern. Die Verbrennung ist jedoch nie so vollständig, daß sich nicht zugleich eine Quantität schweflige Säure bildete, denn Sie erinnern sich, der Unterschied zwischen diesen beiden Formen besteht nur darin, daß die schweflige Säure weniger Sauerstoff hält als die Schwefelsäure.

Ihrer mächtigen Eigenschaften und der mannigfaltigen Verbindungen wegen, die Schwefelsäure eingeht, ist sie von großer technischer Wichtigkeit.

Auch medizinisch wird sie innerlich gebraucht, natürlich äußerst verdünnt, denn konzentrirt eingenommen, würde sie eins der gefährlichsten Gifte sein.

Caroline.

Ja, es würde sicher Kehle und Magen verbrennen.

Mrs. B.

Könnten Sie wohl ein wirksames Gegengift angeben?

Caroline.

Recht viel Wasser, um sie zu verdünnen.

Mrs. B.

Das würde gewiß die Aetzkraft der Säure schwächen, aber die Hitze zu einem unerträglichen Grade steigern. Besinnen Sie sich auf nichts, was ihre verderblichen Eigenschaften zerstören könnte?

Emilie.

Vielleicht ein Alkali, wenn es sich mit ihm verbände, aber ein reines Alkali ist schon für sich ein Gift, weil es so ätzend ist.

Mrs. B.

Das Alkali braucht gerade nicht ätzend zu sein. Seife, in der es mit Oel verbunden ist, oder Talkerde (Magnesia) mit Wasser angerührt, würden das beste Gegengift abgeben.

Emilie.

In solchen Fällen würden also Kali und Talkerde ihre Verbindungen verlassen, um mit der Schwefelsäure Salze zu bilden?

Mrs. B.

Gerade so.

Ich will nun einige Bemerkungen über die schweflige Säure einschalten, die Sie als das Produkt langsam und unvollständig verbrannten Schwefels kennen. Diese Säure unterscheidet sich durch ihren strengen Geruch und ihre Gasform.

Caroline.

Gasförmig ist sie wohl, weil die geringere Menge Sauerstoff sie leichter macht als Schwefelsäure?

Mrs. B.

Wahrscheinlich, denn durch einen Zusatz von Sauerstoff läßt sich die schwächere Säure in die stärkere umgestalten. Aber dieser Wechsel des Zustandes kann auch mit einer Aenderung der Verwandtschaft hinsichtlich des Wärmestoffs zusammenhängen.

Emilie.

Und kann man aus der Schwefelsäure schweflige Säure gewinnen, wenn man den Sauerstoffgehalt verringert?

Mrs. B.

Ja dies kann geschehn, wenn man irgend eine brennbare Substanz mit der Säure in Berührung setzt. Diese Zerlegung wird am leichtesten durch Metalle bewerkstelligt; diese ziehen eine Portion Sauerstoff aus der Säure an, die so in schweflige Säure umgewandelt wird und gasförmig verfliegt.

Caroline.

Kann nun wiederum die schweflige Säure zerlegt und zu Schwefel reduzirt werden?

Mrs. B.

Ja, wenn dieses Gas in Berührung mit Holzkohle erhitzt wird, verbindet sich der Sauerstoff mit letzterer, und der reine Schwefel erscheint wieder.

Die schweflige Säure wird begierig vom Wasser eingeschluckt, und in diesem flüssigen Zustande ist sie besonders nützlich zum Bleichen von Leinen und Wollenzeug, und man bedient sich ihrer in Fabriken häufig dazu. Ich kann Ihnen leicht zeigen, wie schnell sie Pflanzenfarben zerstört.

Emilie.

Wenn ich nicht fürchtete, daß es mir ginge wie Carolinen: — ich habe hier einen Maulbeerfleck in dem Tuche.

Mrs. B.

Die schweflige Säure ist nicht so gefährlich, aber das Experiment muß sehr vorsichtig betrieben werden, denn während der Bildung der schwefligen Säure durch Verbrennung, erzeugt sich auch immer zugleich etwas Schwefelsäure.

Caroline.

Sie haben ja aber gar keine schweflige Säure bei der Hand?

Mrs. B.

Die können wir leicht bereiten, wir dürfen nur ganz einfach einen Schwefelfaden anzünden: vorher müssen wir aber den Fleck mit Wasser erst naß machen, und ihn dann in geringer Entfernung über den brennenden Schwefelfaden halten: der von diesem aufsteigende Dampf ist schweflige Säure, und der Fleck verschwindet nach und nach, wie Sie sehen.

Emilie.

Auf diese Weise habe ich oft Flecke ausgemacht, ohne die eigentliche Ursache des Erfolgs zu kennen. Weshalb muß man aber den Fleck naß machen, ehe man ihn den sauren Dämpfen aussetzt?

Mrs. B.

Die Feuchtigkeit zieht die schweflige Säure an und saugt sie ein; zugleich verdünnt sie die beigemengten Theilchen Schwefelsäure, die zerstörend einwirken könnten.

Wenn der Schwefel ohne weitere Anwendung von Hitze der Luft ausgesetzt bleibt, so nimmt er auch so Sauerstoff auf, aber in zu geringen Verhältnissen, um ihn sauer zu machen. Bei dieser dritten Art von Verbindung mit Sauerstoff verändert der Schwefel nicht seine natürliche Form, sondern nur die Farbe in roth oder braun, und man kann ihn in diesem Zustande als ein Schwefeloxyd betrachten.

Nun noch einige Worte über die Hauptverbindungen der Schwefelsäure mit andern Substanzen. Sie verbindet sich mit allen Alkalien, alkalischen Erden und Metallen zu zusammengesetzten Salzen.

Caroline.

Verzeihen Sie, wenn ich Sie unterbreche: Sie haben nie andrer Salze erwähnt als der zusammengesetzten oder Neutralsalze, giebt es weiter keine?

Mrs. B.

Mit dem Ausdruck Salz bezeichnet man seit undenklichen Zeiten im Allgemeinen jede Substanz, die Geschmack und Geruch hat, im Wasser löslich und der Krystallisation fähig ist, sie mag nun von saurer, alkalischer oder zusammengesetzter Natur sein; in der neuern Chemie ist aber nur den zusammengesetzten Salzen diese Benennung geblieben.

Die wichtigsten der Salze, die sich durch Verbindungen der Schwefelsäure bilden, sind 1stens schwefelsaures Kali. Dies ist ein sehr bittres Salz, was medizinisch sehr viel gebraucht wird. Es kommt in der Asche der meisten Pflanzen vor, man kann es aber auch künstlich bereiten durch unmittelbare Verbindung von Schwefelsäure und Kali. Dies Salz löst sich in kochendem Wasser leicht auf. Ich sagte schon, daß alle Salze auflösbar sind und ihr Schmelzen bringt stets Kälte hervor.

Emilie.

Das muß daher kommen, daß sie Wärme einschlucken, wenn sie aus der festen Form in die flüssige übergehn.

Mrs. B.

Ohne Zweifel. Schwefelsaures Natron, gewöhnlich Glaubersalz genannt, ist ein andres medizinisches Salz, noch bittrer als das vorhergehende. Wir müssen einige solche Salze bereiten, damit Sie die Erscheinungen beobachten können, die während ihrer Bildung stattfinden. Wir brauchen nur etwas Schwefelsäure auf das Natron hier im Glase zu gießen.

Caroline.

Was für eine schreckliche Hitze entwickelt sich! Sie sagten doch, das Schmelzen der Salze bringe Kälte hervor?

Mrs. B.

Jetzt bereiten wir ja aber erst das Salz. Während der Bildung von Neutralsalzen entwickelt sich Hitze, und es strömt ein schwaches Licht aus, was sich zuweilen im Dunkeln bemerken läßt.

Caroline.

Soll dies schwefelsaure Natron fest werden?

Mrs. B.

Ich habe wahrscheinlich etwas zuviel Säure auf das Alkali gegossen; wäre das Verhältniß genau richtig, so würde die Mischung beinah augenblicklich zur festen Masse geworden sein. Um es in Krystallen zu gewinnen, müßte man es aber vorher mit Wasser verdünnen, und nachher das Wasser verdunsten lassen, wobei denn die Krystalle sich bilden.

Caroline.

Wozu muß denn erst Wasser zugethan werden, wenn es doch wieder verdunstet?

Mrs. B.

Säuren und Alkalien können im Wasser freier auf einander einwirken, ihre Vereinigung ist vollständiger, und das Salz nimmt bei der langsamen Verdunstung seines Lösemittels die regelmäßige Form von Krystallen an.

Schwefelsaures Natron wird in der Hitze flüssig und in der Luft verwittert es.

Emilie.

Bitte, was bedeutet hier das Wort verwittern?

Mrs. B.

Man sagt, ein Salz verwittert, wenn es, der Luft ausgesetzt, sein Krystallisationswasser verliert und nach und nach zu einem trocknen Pulver wird. Sie können an dem Salze hier in der Flasche bemerken, wie die Krystalle gar nicht so durchsichtig erscheinen, als sie sein sollten, was blos darin seinen Grund hat, daß sie der Luft ausgesetzt waren, die ihrer Oberfläche das Krystallisationswasser entzogen hat, wodurch sie mit einem weißen Pulver bedeckt wurden. Im Allgemeinen sind die Salze entweder zum Verwittern oder zum Zerfließen geneigt; sind sie von letzterer Beschaffenheit, so ziehen sie Feuchtigkeit aus der Luft an und zergehen dadurch allmählig, wie z. B. das Chlorcalcium.

Emilie.

Giebt es aber nicht Salze, die in demselben Grade, wie die Luft, Anziehungskraft für Wasser besitzen und es ihr aus diesem Grunde nicht entziehen?

Mrs. B.

Ja, sehr viele, z. B. Kochsalz, schwefelsaure Magnesia ꝛc. — Schwefelsaurer Kalk kommt häufiger vor und ist unter dem Namen Gips bekannt.

Schwefelsaure Talkerde, gewöhnlich Epsomsalz, Bittersalz genannt, ist eine sehr bittre Arznei, die aus Seewasser und mehreren Quellen gewonnen oder durch unmittelbare Mischung ihrer Bestandtheile bereitet wird.

Wir erwähnten früher der schwefelsauren Thonerde als einer unter dem Namen Alaun bekannten Mischung; man findet sie hauptsächlich in der Nachbarschaft von Vulkanen, und sie ist von großer technischer Nutzbarkeit, ihrer zusammenziehenden Eigenschaften wegen. Besonders bedienen sich Färber und Kattundrucker des Alauns zum Fixiren der

Far-

Farben, ebenso gebraucht man ihn zur Bereitung einiger Sorten Leder. —

Schwefelsäure verbindet sich auch mit Metallen.

Caroline.

Eine dieser Verbindungen, das schwefelsaure Eisen, kennen wir schon sehr gut.

Mrs. B.

Dies ist das wichtigste Metallsalz, was die Schwefelsäure bildet, und das einzige, dessen ich hier erwähnen kann. Es ist von großem Nutzen für die Gewerbe, und in der Arznei ist es ein sehr schätzbares Stärkungsmittel; die meisten der sogenannten Stahlmedizinen sind aus diesem Salze bereitet.

Caroline.

Kommt denn auch Kohlenstoff dazu, daß man es Stahl nennt?

Mrs. B.

Nicht ein Atom, es ist eine unpassende aber allgemein angenommene Bezeichnung, selbst Aerzte bedienen sich ihrer. Man kann schwefelsaures Eisen bereiten, indem man Eisen in Schwefelsäure auflöst, wie Sie gesehen haben. Gewöhnlich gewinnt man es aber aus einem Naturerzeugniß; dem Schwefelkies, ein Eisenerz, was als Schwefeleisen nur geröstet und der Luft ausgesetzt zu werden braucht, um sich zu oxydiren und dies Salz zu bilden: dies ist also bei Weitem der leichtere Weg, es sich im großen Maßstabe zu verschaffen.

Emilie.

Ich wundre mich recht, daß Säuren und Salze mehr aus solchen verschiedenartigen Verbindungen gewonnen werden, als durch unmittelbare Mischung ihrer Bestandtheile.

Mrs. B.

Wären die einfachen Körper immer zur Hand, so würde ihre Verbindung allerdings die bequemste Art sein, Zusammensetzungen zu bilden, allein gewöhnlich ist es mit vielen

Schwierigkeiten und Kosten verknüpft, um sie aus der Verbindung mit andern Stoffen auszuscheiden, und daher häufig weit vortheilhafter, zusammengesetzte Körper aus der Zersetzung andrer Mischungen zu bilden. — Eine gewisse Pflanzensäure, die Gallussäure, besitzt die merkwürdige Eigenschaft, das schwefelsaure Eisen schwarz zu fällen. — Ich will einige Tropfen dieser Säure in diese Auflösung von schwefelsaurem Eisen gießen. . . . .

Caroline.

Es wird so schwarz wie Dinte!

Mrs. B.

Es ist auch wirklich Dinte, und zwar unsre gewöhnliche Schreibdinte. Die schwarze Farbe entsteht durch die Bildung von gallussaurem Eisen, was unlöslich ist und in der Flüssigkeit schwimmt.

Diese Säure verändert auch die Farbe des Eisens im metallischen Zustande: Sie können diese Einwirkung oft an Messerklingen wahrnehmen, mit denen gewisse Früchte zerschnitten sind.

Caroline.

Das ist wahr, und darum zieht man wahrscheinlich die silbernen Messer zum Schälen der Früchte vor; die Gallussäure wirkt wohl nicht auf Silber ein. — Findet sich diese Säure in allen Früchten?

Mrs. B.

Sie ist mehr oder weniger in der Schale der meisten Früchte und Wurzeln enthalten, besonders im Rettig. Allein derjenige Pflanzenstoff der sie am reichlichsten darbietet, ist der Gallapfel, eine Art Auswuchs der auf Eichenlaube wächst, und woraus gewöhnlich diese Säure gewonnen wird.

Nun kommen wir zu der Phosphorsäure und phosphorigen Säure. Sie wissen schon, wie diese Säuren bei der Verbrennung des Phosphor entstehen.

Emilie.

Ja, aber es sollte mich wundern, wenn das die gewöhnliche Bereitungsart wäre, da es so schwer ist, sich reinen Phosphor zu verschaffen.

Mrs. B.

Sie haben Recht. Zu gewöhnlichen Zwecken wird die Phosphorsäure aus Knochen gezogen, in denen sie als phosphorsaurer Kalk vorhanden ist: aus diesem Salze scheidet man die Phosphorsäure mittelst Schwefelsäure ab, welche letztere sich mit dem Kalk verbindet. Im reinen Zustande ist die Phosphorsäure entweder flüssig oder fest, nach dem Grade ihrer Stärke.

Unter den durch diese Säure gebildeten Salzen ist der phosphorsaure Kalk das einzige interessante, und wie ich schon sagte, bildet er die Grundlage aller Knochen. Er kömmt auch in sehr kleinen Quantitäten in einigen Pflanzen vor.

Siebzehnte Unterhaltung.

Ueber Salpetersäure und Kohlensaure, und über die Verbindungen dieser Säuren mit andern Stoffen.

Mrs. B.

Ich scheue mich beinah, von der Salpetersäure zu sprechen, Caroline wird mich tadeln, daß ich früher nie etwas davon erwähnte.

Caroline.

Wie so, Mrs. B.?

Mrs. B.

Weil Sie ihre Grundlage längst kennen: es ist der Stickstoff.

Caroline.

Aus welcher Ursache mögen Sie nur bisher ganz von dieser Säure geschwiegen haben, auch damals, als Sie den Stickstoff abhandelten?

Mrs. B.

Sie erinnern sich, daß der Stickstoff einer von den ersten einfachen Körpern war, die wir untersuchten, Sie kannten damals die Lehre von der Verbrennung noch gar nicht, und es wäre also nicht angebracht gewesen, Ihnen bereits das Wesen und die Bildung der Säuren zu erklären.

Caroline.

Ich wundre mich dennoch, daß es uns nie eingefallen ist, Sie zu fragen, ob der Stickstoff nicht der Säurebildung fähig wäre. Da wir wissen, daß er unter die verbrennlichen Körper gehört, so wäre dies natürlich vorauszusetzen gewesen.

Mrs. B.

Das ist keine nothwendige Folge, er brauchte sich ja nur mit dem Sauerstoffe zu einem Oxyde zu verbinden. Sie werden aber finden, daß der Stickstoff verschiedner Grade der Sauerstoffung fähig ist: einige derselben verwandeln ihn nur in ein Oxyd, andre verleihen ihm ganz die Beschaffenheit einer Säure.

Die aus der Verbindung des Sauerstoffs mit dem Stickstoff hervorgehenden Säuren heißen salpetrige und Salpetersäure. Ich beginne mit der Salpetersäure, dem höchsten Grade der Sauerstoffung des Stickstoffs. Diese Säure hat eine so mächtige Anziehungskraft für Wasser, daß man sie noch nie ganz frei davon gewonnen hat. Aber Wasser kann so stark damit gesättigt werden, daß es eine überaus kraftvolle Säureauflösung bildet. Hier in dieser Flasche ist Salpetersäuer, die, wie Sie sehen, sehr klar ist.

Caroline.

Wie stark und unangenehm sie riecht!

Mrs. B.

Diese Säure enthält eine größere Menge Sauerstoff, als irgend eine andre, aber er ist nicht eben fest daran gebunden.

Emilie.

Dann muß sie ein sehr kräftiges Aetzmittel sein, weil sie so viel Sauerstoff darbietet und leicht hergiebt.

Mrs. B.

Sehr gut, Emilie, Ursache und Wirkung sind genau so, wie Sie beschreiben: Salpetersäure brennt und zerstört jeden organischen Stoff. Sie setzt sogar einige der leichtest entzündlichen Substanzen in Brand. — Ich will etwas davon auf diese trockne, warme Holzkohle gießen. — Sie sehen, sie entzündet sich augenblicklich; dasselbe würde sich mit Terpentinöl, Phosphor und verschiednen andern solchen Stoffen ereignen. Dies zeigt Ihnen, wie leicht diese Säure durch brennbare Körper zersetzt wird, indem sie ihr den Sauerstoff entziehen.

Seit undenklichen Zeiten hat die Salpetersäure technische Anwendung gefunden, aber erst in den letzten 25 Jahren ist ihre chemische Natur dargelegt worden. Cavendish entdeckte, daß sie aus 10 Raumth. Stickgas und 25 Raumth. Sauerstoffgas besteht. Diese Grundstoffe verbinden sich im gasigen Zustande bei einer hohen Temperatur, die man hervorbringen kann, indem man wiederholt elektrische Funken durch ein Gemenge dieser Gase treibt.

Emilie.

Das Stickgas und Sauerstoffgas der Luft verbinden sich wohl nicht, weil ihre Temperatur nie hinreichend erhöht wird?

Caroline.

Aber bei Gewittern, wo der Blitz oft genug durch die Luft fährt, bildet sich da nicht Salpetersäure? Wir würden in einer wunderlichen Lage sein, wenn bei einem heftigen Gewitter sich auf einmal die Luft in Salpetersäure verwandelte.

Mrs. B.

Damit hat es keine Gefahr, der Blitz kann nur auf einen sehr kleinen Theil der Atmosphäre wirken, und wenn sich auch gelegentlich ein wenig Salpetersäure erzeugte, könnte es doch nie so viel sein, um bemerkt zu werden.

Emilie.

Aber wie ging es zu, daß man diese Säure kannte und benutzte, ehe man entdeckte, auf welche Art ihre Bestandtheile verbunden werden können?

Mrs. B.

Vor dieser Entdeckung gewann man die Salpetersäure — und gewinnt sie auch jetzt noch zu gewöhnlichen Zwecken — aus dem Neutralsalze, welches sie mit Kali bildet und was man gewöhnlich Salpeter nennt.

Emilie.

Aber wie zieht man die Säure aus dem salpetersauren Kali?

Mrs. B.

Durch die Vermittlung der Schwefelsäure, die sich mit dem Kali verbindet und die Salpetersäure frei macht. Dies kann ich Ihnen leicht zeigen, wenn ich etwas salpetersaures Kali und Schwefelsäure in dieser Retorte über der Lampe erhitze. Die Salpetersäure wird in Dampfgestalt aufsteigen und wir wollen sie in einer Glasglocke auffangen. Diese Säure in Wasser aufgelöst, wird gewöhnlich Scheidewasser, aqua fortis, genannt.

Caroline.

Ich habe oft gehört, daß Scheidewasser fast alle Metalle auflöse, ohne Zweifel, weil es seinen Sauerstoff so leicht hergiebt.

Mrs. B.

Ja, und dieser Eigenschaft verdankt es den Namen. Entsinnen Sie sich noch, wie wir Kupfer in dieser Säure oxydirten und auflösten?

Emilie.

Ich dächte, salpetersaures Kupfer wäre das erste Neutralsalz gewesen, was Sie uns vorzeigten.

Caroline.

Kann die Salpetersäure vollständig zerlegt und in Stickstoff und Sauerstoff verwandelt werden?

Emilie.

Das kann nicht sein, Caroline, da die Säure nur durch die Verbindung ihrer Bestandtheile mit andern Körpern zerlegt werden kann.

Mrs. B.

Das ist wahr, aber Wärmestoff erfüllt diesen Zweck. Wenn man die Säure durch ein glühendes Porzellanrohr treibt, wird sie zerlegt, Stickstoff und Sauerstoff gewinnen den Wärmestoff wieder, den sie bei ihrer Mischung verloren, und kehren so in den gasförmigen Zustand zurück.

Die Salpetersäure kann auch theilweise zerlegt und hierdurch in salpetrige Säure verwandelt werden.

Caroline.

Diese Veränderung muß keine Schwierigkeiten haben, da der Sauerstoff so lose mit dem Stickstoff verbunden ist.

Mrs. B.

Die theilweise Zerlegung der Salpetersäure wird durch die meisten Metalle leicht bewirkt; man braucht diese Säure aber auch nur einem sehr starken Lichte auszusetzen, so giebt sie Sauerstoffgas aus und wird zu salpetriger Säure. Diese letztere erscheint in verschiednen Stärkegraden, je nach dem Verhältniß von salpetersaurem Gase und Wasser, aus denen sie zusammengesetzt ist: die stärkste ist von gelber Farbe, wie hier in der Flasche.

Caroline.

Wie es raucht, wenn man den Stöpsel aufzieht!

Mrs. B.

Die Säure ist eigentlich gasförmig und hier so stark im Wasser konzentrirt, daß sie beständig entweicht.

Hier ist eine andre Flasche mit salpetriger Säure, die orange aussieht: diese Säure ist schwächer, d. h. enthält eine geringere Menge saures Gas, mit einer noch kleinern Quantität ist sie olivengrün; kurz, je schwächer die Säure, desto dunkler ist ihre Farbe.

Salpetrige Säure wirkt auf einige entzündliche Substanzen noch mächtiger ein, als die Salpetersäure.

Emilie.

Das wundert mich, da sie weniger Sauerstoff enthält.

Mrs. B.

Andrerseits trennt sie sich auch noch bereitwilliger von ihm, erinnern Sie sich nicht, wie wir einmal Oel mit dieser Säure anzündeten.

Die nächsten Verbindungen von Stickstoff und Sauerstoff bilden nur Stickstoffoxyde, von denen das erste gewöhnlich Salpeterluft, oder besser Stickoxydgas genannt wird. Dies erhält man aus der Salpetersäure, wenn man sie der Einwirkung von Metallen aussetzt, da sie, indem sie diese auflöst, nicht all ihren Sauerstoff hergiebt, sondern genugsam davon zurückbehält, um sich in dieses eigenthümliche Gas zu verwandeln, von dem ich eine Probe bereitet und unter dieser Glasglocke aufbewahrt habe.

Emilie.

Es ist eine gänzlich unsichtbare elastische Flüssigkeit.

Mrs. B.

Man kann dies Gas auf diese Weise so lange, wie man will, über Wasser aufbewahren, da es nicht davon eingesaugt wird gleich der salpetrigen und Salpetersäure. Es ist beinah schwerer als atmosphärische Luft, und unbrauchbar zur Verbrennung und Einathmung. Ich will die Glocke seitwärts umbiegen, damit etwas Gas entweichen kann.

Emilie.

Wie wunderbar! — Das giebt einen rothgelben Rauch wie die salpetrige Säure. Das ist um desto merkwürdiger, da das Gas im Glase völlig unsichtbar ist.

Mrs. B.

Es würde mir Vergnügen machen, wenn Sie ohne meine Beihülfe die Ursache dieser Veränderung ausfindig machen könnten.

Caroline.

Der Farbe und dem Geruche nach zu urtheilen, scheint das Gas in salpetrige Säure verwandelt zu werden, dazu müßte es aber mehr Sauerstoff aufnehmen und wie kann das im Momente des Entweichens geschehn?

Emilie.

Die Luft giebt ohne Zweifel den nöthigen Sauerstoff her, nicht wahr, Mrs. B.?

Mrs. B.

Sie haben es getroffen. Sobald das Gas mit der Luft in Berührung tritt, zieht es so viel Sauerstoff an, als nöthig ist, um es in salpetrige Säure zu verwandeln. Wenn ich nun die Glocke ganz abhebe und so das ganze Gas auf einmal mit der Luft in Berührung setze, wird diese plötzliche Umgestaltung noch mehr in die Augen fallen.

Emilie.

Sieh, Caroline, der ganze Raum der Glocke färbt sich augenblicklich rothgelb!

Mrs. B.

Sie sehen, wie erstaunt leicht sich Stickoxydgas in salpetrigsaures Gas verwandeln läßt. Weil dieses gasförmige Oxyd ohne Temperaturerhöhung so sehr leicht Sauerstoff aus der Luft anzieht, gebraucht man es als Probe für die Reinheit der Luft. Ich will Ihnen zeigen auf welche Weise. Hier habe ich eine in Grade eingetheilte Glasröhre, die am einen Ende zugeschmolzen ist. Ich fülle sie erst mit Wasser und bringe dann ein gewisses Maaß Stickoxydgas hinein, welches, da Wasser es nicht anziehn kann, hindurchgeht und den obern Raum der Röhre einnimmt. Nun muß ich etwa zwei Drittheile Sauerstoffgas hinzuthun, was gerade hinreichen wird, um das Salpeteroxydgas in salpetrigsaures Gas umzugestalten.

Caroline.

Das ist geschehen. Ich habe gesehen, wie es rothgelb wurde, aber gleich darauf verschwand es gänzlich, das Wasser ist gestiegen und füllt die Röhre beinah ganz und gar.

Mrs. B.

Das kommt daher, weil salpetrigsaures Gas Anziehungskraft für Wasser besitzt: in dem Verhältnisse, wie das Gas in Wasser übergeht, steigt dieses in der Röhre. Wenn das Sauerstoffgas sehr rein und das Oxydgas genau abgemessen ist, wird das Ganze vom Wasser verschluckt; sonst bleibt von einem oder dem andern Gase ein Rest oder das fremdartige Gas zurück, was etwa dem Sauerstoff beigemengt war. — Bevor wir diesen Gegenstand verlassen, muß ich noch bemerken, daß salpetrige Säure durch das Auflösen von Stickoxydgas in Salpetersäure gebildet werden kann. Diese Auflösung wird ganz einfach dadurch bewirkt, daß man Bläschen Oxydgas in Salpetersäure treibt.

Emilie.

Das will sagen, daß Stickstoff im höchsten Grade der Sauerstoffung mit Stickstoff in einem niedrigeren Grade derselben gemischt, eine Art Mittelverbindung erzeugt, was die salpetrige Säure ist?

Mrs. B.

Sie haben die Thatsache sehr genau angegeben. — Es giebt verschiedne andre Methoden, Stickoxyd zu bereiten oder aus zusammengesetzten Körpern zu gewinnen, aber unsre Zeit ist zu kurz für solche Nebendinge. Erwähnen muß ich aber noch einer andern Modifikation von gesauerstofftem Stickstoff, die mit dem Namen gasförmiges Stickoxydul bezeichnet wird. Erst ganz kürzlich hat man dieses untersucht. Es hat auch den Namen fröhlichmachendes Gas bekommen, wegen der sonderbaren Eigenschaft, beim Einathmen in die

Lungen den Geist dergestalt aufzuregen, daß es zuweilen einem Rausche oder Delirium gleicht.

Caroline.

Also kann man es zum Athemholen brauchen?

Mrs. B.

Eigentlich wohl nicht, es würde das Leben nicht eine kleine Zeitlang erhalten; wenn es aber nur einige Augenblicke eingeathmet wird, bringt es keine andre Wirkung hervor, als die eben beschriebne. Es erregt übrigens die Menschen auf verschiedne Weise: einige werden heftig, sogar wüthend, andre empfinden Mattigkeit bis zur Ohnmacht, aber die meisten stimmen darin überein, daß die von diesem Gase erregten Empfindungen äußerst angenehm sind.

Caroline.

Ich möchte es versuchen. Wie stellt man es an, um es einzuathmen?

Mrs. B.

Man füllt es in eine Blase, an der ein kurzes Rohr mit einem Hahn angebracht ist, das Rohr hält man mit der einen Hand an den Mund und mit der andern hält man die Nase zu, damit die gewöhnliche Luft nicht zudringen kann; dann athmet man das Gas ein und aus, bis man seine Wirkung verspürt. Ich kann Ihnen aber dies Experiment nicht erlauben, weil es öfters die Nerven sehr angreift.

Emilie.

Schade, aber wie bereitet man dieses merkwürdige Gas?

Mrs. B.

Man gewinnt es aus salpetersaurem Ammoniak, einem künstlichen Salze, welches bei Anwendung von mäßiger Hitze dieses Gas ausgiebt. Ich habe etwas von diesem Salze in eine Retorte gethan und mit Hülfe der Lampe wollen wir das Gas ausziehen.

Caroline.

Es steigen schon Luftblasen durch den Hals der Retorte in die Wanne, wollen Sie sie nicht auffangen?

Mrs. B.

Das Gas, was zuerst übergeht, ist wenig mehr als gewöhnliche Luft, die in der Retorte war; überdem giebt es bei diesem Experiment eine Menge wässerigen Dunst, der erst entweichen muß, ehe das Stickoxydul erscheint.

Emilie.

Wässeriger Dunst? woher käme denn der? im salpetersauren Ammoniak ist kein Wasser.

Mrs. B.

Sie wissen, jedes Salz enthält eine Portion Krystallisationswasser, was bei mäßiger Hitze verdampft. Außerdem erzeugt sich bei diesem Experiment wirklich Wasser, wie Sie sogleich sehen sollen. Erst nennen Sie mir die Bestandtheile des salpetersauren Ammoniaks.

Emilie.

Ammoniak und Salpetersäure. Dieses Salz besteht demnach aus drei verschiednen Grundstoffen: Stickstoff und Wasserstoff bilden das Ammoniak, und Stickstoff und Sauerstoff die Säure.

Mrs. B.

Gut; bei diesem Prozesse wird nun das Ammoniak zerlegt, der Wasserstoff verläßt den Stickstoff, um sich mit einem Theil des Sauerstoffs aus der Salpetersäure zu verbinden, und bildet mit ihm die wässerigen Dünste, die jetzt übergehn. Wenn dies bewerstelligt ist, was erwarten Sie zu finden?

Emilie.

Salpetrige Säure statt Salpetersäure und Stickstoff statt Ammoniak.

Mrs. B.

Ganz richtig. Die salpetrige Säure und der Stickstoff verbinden sich und bilden Stickoxydulgas, in welchem das Verhältniß sich stellt wie folgt: 37 Th. Sauerstoff zu 63 Th. Stickstoff.

Sie haben vielleicht bemerkt, daß eine Weile lang keine Luftblasen übergingen und nur ein Dampfstrom sich im Wasser verdichtete, sobald er es erreichte. Nun zeigen sich wieder Luftblasen; ich glaube, jetzt werden alle wässerigen Dämpfe entfernt sein und wir können das Gas auffangen. Wir können erproben, ob es rein ist, wenn wir ein Fläschchen füllen und ein Licht hineintauchen.

Ja, es ist gut, denn das Licht brennt heller als in gewöhnlicher Luft und mit grünlicher Flamme.

Caroline.

Wie ist das? Ich dachte, Verbrennung könne nur in Sauerstoffgas vor sich gehen?

Mrs. B.

Oder in jedem Gase, was Sauerstoff hält und ihn leicht hergiebt, wie dies hier in bedeutendem Grade der Fall ist, daher kann es nicht überraschen, daß die Verbrennung des Lichtes beschleunigt wird.

Sie sehen, wir können jetzt große Quantitäten dieses Gases sammeln. Unterdessen wollen wir zu einer allgemeinen Uebersicht der wichtigsten Verbindungen der Salpetersäure und salpetrigen Säure mit den Alkalien schreiten.

Die erste darunter ist das salpetersaure Kali, gewöhnlich schlechthin Salpeter genannt.

Caroline.

Macht man damit nicht Schießpulver?

Mrs. B.

Ja. Schießpulver ist ein Gemenge von 5 Th. Salpeter auf 1 Th. Schwefel und 1 Th. Holzkohle. — Wegen seines großen Sauerstoffgehaltes und wegen der Leichtigkeit, mit der er sich davon trennt, ist der Salpeter die Grundlage fast aller knallenden Zusammensetzungen.

Emilie.

Dürften wir Sie wohl um eine genauere Erklärung bitten?

Mrs. B.

Eine Verpuffung, ein Knall kann durch zweierlei Ursachen veranlaßt werden: durch die plötzliche Bildung oder Zerstörung eines elastischen Fluidum. Im ersten Falle, wenn ein fester oder flüssiger Körper augenblicklich in einen elastischen umgestaltet wird, drängt die ungeheure und plötzliche Ausdehnung des Körpers die Luft mit großer Heftigkeit zurück, und diese Erschütterung verursacht den Knall.

Caroline.

Das ist mir sehr begreiflich, aber wie kann das Zerstören eines Gases dieselbe Wirkung hervorbringen?

Mrs. B.

Ein Gas kann nur durch Verdichtung zu einem flüssigen oder festen Körper zerstört werden. Wenn dies plötzlich geschieht, so entsteht ein luftleerer Raum, weil das Gas soviel an Umfang verliert als es an Dichtigkeit gewinnt, und die umgebende Luft dringt ungestüm herzu, um diesen leeren Raum zu füllen: diese schnelle, heftige Bewegung erzeugt den Knall. Bei jeder Verpuffung, jedem Knall, werden Gase entweder plötzlich gebildet oder zerstört. Können Sie mir sagen, welcher Fall bei der Entzündung des Schießpulvers eintritt?

Emilie.

Da Pulver eine feste Masse ist, müssen sich bei dem Knalle Gase bilden, aber wie, das kann ich nicht sagen.

Mrs. B.

Wenn die Bestandtheile des Schießpulvers zu einem gewissen Grade erhitzt werden, gehen sie eine Reihe neuer Verbindungen ein, und werden augenblicklich in verschiedne Gasarten verwandelt, durch deren gewaltsame Ausdehnung der Knall entsteht.

Caroline.

Nennen Sie doch auch ein Beispiel, wo Zerstörung oder Verdichtung von Gasarten einen Knall hervorbringt.

Mrs. B.

Ich kann ein sehr bekanntes Beispiel anführen: die plötzliche Verbindung von Sauerstoffgas und Wasserstoffgas.

Um wieder auf das salpetersaure Kali zurückzukommen,

dies Salz wird zersetzt, wenn man es in Berührung mit irgend einem brennbaren Körper — wie Kohlenstoff, Schwefel, Metalle — erhitzt, indem letztere dann sehr schnell auf Kosten der frühern Verbindung sich oxydiren. Ich muß Ihnen ein Beispiel davon zeigen. — Ich bringe etwas von diesem Salze in einem eisernen Löffelchen über Feuer, und wenn es heiß genug ist, thue ich gepulverte Holzkohle dazu: diese zieht den Sauerstoff aus dem Salz und bildet Kohlensäure.

Emilie.

Was veranlaßt denn das Knistern und den lebhaften Lichtschein dabei?

Mrs. B.

Diese Erscheinung, die man das Reinbrennen nennt, ist eine Folge der Schnelligkeit, mit der sich das kohlensaure Gas bildet.

Das salpetersaure Ammoniak haben wir schon aufgeführt, in Beziehung auf das Stickoxydulgas, was man daraus gewinnt.

Salpetersaures Silber ist unter dem Namen Höllenstein als Aetzmittel bekannt, was so merkwürdig die thierische Faser zerstört und häufig von Chirurgen gebraucht wird.

Wir kommen nun zur Kohlensäure, die schon viel von uns besprochen worden ist. Sie erinnern sich, daß sich bei der Verbrennung von Kohlenstoff, sowohl im unvollkommnen Zustande, der Holzkohle, als in der reinsten Form, dem Diamanten, diese Säure bildet. Auch ist es nicht nothwendig, diesen Prozeß im Sauerstoffgase vorzunehmen, wie wir früher thaten, sondern man braucht nur ein angezündetes Stück Kohle unter eine Glocke zu bringen, die über Wasser steht. Die Kohle verlöscht bald, und die Luft in der Glocke ist dann mit Kohlensäure gemengt. Doch ist der Prozeß weit förderlicher, wenn man die Verbrennung in reinem Sauerstoffgase vornimmt.

Caroline.

Wie zieht man aber denn die Kohlensäure aus dem Gasgemenge heraus?

Mrs. B.

Die leichteste Art ist, eine Quantität reinen Kalk oder Kali unter die Glocke zu bringen, was sogleich die ganze Kohlensäure anzieht und damit kohlensaure Verbindungen bildet. Es ergiebt sich dann, daß das Alkali an Gewicht zugenommen und die Luft an Umfang abgenommen hat, im Verhältniß zu der erst entwickelten und dann eingesogenen Kohlensäure.

Emilie.

Giebt es kein Mittel, aus der Kohlensäure reinen Kohstoff zu gewinnen?

Mrs. B.

Lange Zeit hielt man die Kohlensäure für unzerlegbar; jetzt bewerkstelligt man diese Zersetzung, indem man in einem verschlossenen Gefäße Phosphor mit kohlensaurem Natron oder kohlensaurem Kalk verbrennt. Der Phosphor entzieht dem Salze den Sauerstoff, und der Kohlenstoff wird in der Form eines schwarzen Pulvers abgeschieden. Diese Zersetzung wird jedoch nicht allein durch die Anziehungskraft des Phosphors zum Sauerstoff bewirkt, denn diese ist schwächer als die der Kohle, sondern die Verwandtschaft des Alkali oder des Kalks zur Phosphorsäure ist dabei mit thätig.

Caroline.

Können wir nicht das Experiment machen?

Mrs. B.

Nicht leicht, da es mit äußerster Behutsamkeit vollführt werden muß, wenn man eine irgend bemerkliche Quantität Kohlenstoff gewinnen will. Wir können aber an der Genauigkeit der Resultate nicht zweifeln. Demzufolge bestehn 100 Theile kohlensaures Gas aus ungefähr 28 Th. Kohlenstoff und 72 Th. Sauerstoff. Entsinnen Sie sich aber nicht

mehr,

mehr, daß wir neulich kohlensaures Gas zersetzten, indem wir Kalium darin verbrannten.

Caroline.

Das ist wahr, und der Kohlenstoff wurde an dem wiedergebildeten Kali abgesetzt.

Mrs. B.

Kohlensaures Gas kömmt in der Natur sehr häufig vor; man nimmt an, daß es den 1000sten Theil der Luft ausmacht. Der thierische Athem erzeugt es fortwährend; es zeigt sich in sehr mannigfaltigen Verbindungen, und dunstet bei vielen natürlichen Zersetzungen aus. Gewisse Höhlen enthalten es im Zustande großer Reinheit, z. B. die Hundsgrotte bei Neapel.

Emilie.

Ich erinnere mich, eine Beschreibung dieser Grotte gelesen zu haben, und daß mit den armen Hunden so grausame Versuche angestellt werden, um die Neugier der Fremden zu befriedigen. Allein der aus der Höhle aufsteigende Dunst wurde fixe Luft genannt.

Mrs. B.

Dies war die frühere Benennung der Kohlensäure. — Dies Gas ist mehr als jedes andre lebenzerstörend, und wenn man die armen Thiere, die seiner Einwirkung ausgesetzt werden, nicht in kaltes Wasser taucht, sobald ihnen die Sinne vergehen, erholen sie sich nicht wieder. — Die Flamme verlöscht augenblicklich in kohlensaurem Gase. Ich habe hier welches in dem Glase und will es auf das Licht gießen.

Caroline.

Das ist sehr sonderbar — das Licht verlöscht wie durch Zauber, denn das Gas ist unsichtbar. Ich hätte nicht gedacht, daß Gas sich wie Wasser gießen ließe.

Mrs. B.

Das geht auch nur mit der Kohlensäure, da kein andres Gas schwer genug ist, um in die atmosphärische Luft umgegossen zu werden, ohne sich damit zu vermengen.

Emilie.

Bitte, wie verschafften Sie sich das Gas?

Mrs. B.

Ich zog es aus Marmor. Kohlensaures Gas besitzt eine so starke Anziehungskraft für alle Alkalien und alkalischen Erden, daß diese in der Natur immer kohlensauer gefunden werden. Mit Kalk verbunden bildet diese Säure Kreide, die als Grundlage aller Marmor- und Kalksteinarten betrachtet werden kann. Aus diesen Substanzen läßt sich die Kohlensäure leicht abscheiden, da ihre Verbindung mit ihnen so lose ist, daß sie jeder andern Säure weicht. Ich will Ihnen zeigen, wie ich das Gas bereitete. Ich goß etwas verdünnte Schwefelsäure auf gepulverten Marmor hier in der Flasche, und das Gas entwich durch die damit verbundne Röhre. Es arbeitet noch, wie Sie bemerken können.

Emilie.

Ja, es gährt noch recht in dem Glasgefäße. War denn aber die Kohlensäure im Marmor gasförmig vorhanden?

Mrs. B.

Gewiß nicht, wenn sie sich mit andern Stoffen verbindet, vermag die Säure eine feste Gestalt anzunehmen.

Caroline.

Woher nahm sie denn den nöthigen Wärmestoff, um wieder gasförmig zu werden?

Mrs. B.

In dem vorliegenden Falle wohl aus der Mischung von Schwefelsäure und Wasser, welche eine noch größere Wärmeentwicklung hervorbringt, als zu diesem Behufe erforderlich ist. Sie brauchen nur das Glas anzufühlen, um sich zu überzeugen, welche bedeutende Menge Wärmestoff frei wird. Auch die Verringerung des Raumes für Wärme, welche die stattfindende neue Verbindung herbeiführt, veranlaßt Freiwerdung von Wärme, und dies muß der Fall sein, wenn man sich andrer Säuren bedient, um kohlensaures Gas zu entwickeln, da sie nicht, wie die Schwefelsäure, bei der Mischung mit

Wasser Hitze erzeugen. Ebenso kann die Kohlensäure auch blos durch Hitze aus ihren Verbindungen abgeschieden und gasförmig werden.

Caroline.

Es scheint mir sehr auffallend, daß dasselbe Gas, welches durch die Verbrennung von Holz und Kohlen erzeugt wird, auch in unverbrennlichen Körpern, wie Marmor und Kreide, sich vorfindet.

Mrs. B.

Sie mögen dies selbst beantworten: ist Kohlensäure brennbar?

Caroline.

Nein — denn sie ist ein Körper, der schon gebrannt hat, nur der Kohlenstoff, nicht die Säure, ist brennbar.

Mrs. B.

Gut; und welche Folgerung ziehen Sie daraus?

Caroline.

Daß Kohlensäure die Körper nicht brennbar machen kann, wohl aber der Kohlenstoff, und dieser ist im Elementarzustande in Holz, Kohlen und sehr vielartigen brennbaren Körpern vorhanden.

Mrs. B.

Jetzt begreifen Sie hoffentlich, wie Kohlensäure ebensowohl durch die Zerlegung von Kreide, als durch die Verbrennung von Kohlen erzeugt wird. Die beiden Vorgänge sind freilich von sehr verschiedner Natur: im ersteren Falle ist die Säure schon gebildet, und es bedarf nur der Hitze um ihr die Gasform wiederzugeben; im letzteren Falle entsteht sie erst durch den Verbrennungsprozeß.

Caroline.

Das verstehe ich jetzt vollkommen, aber mir fällt eben eine andre Schwierigkeit ein, die ich nicht zu beseitigen vermag. Wie kommt die ungeheure Menge Kalkerde, die über die ganze Erdkugel verstreut ist, zu der Kohlensäure, mit der sie verbunden ist?

Mrs. B.

Die Frage ist in der That nicht leicht zu beantworten; ich glaube, daß bei einer der Erdrevolutionen eine allgemeine Verbrennung stattfand, die eine ungeheure Menge Kohlensäure erzeugte, womit die Kalkmaterie gesättigt wurde. Vielleicht ist dies auch die Folge eines stetigen Auffsaugens der Kohlensäure aus der Luft. — Dies führt uns aber zu weit von unserm Thema ab.

Emilie.

Wie kömmt es, daß wir die schädliche Einwirkung der in der Luft schwebenden Kohlensäure nicht empfinden?

Mrs. B.

Weil sie in der Luft äußerst verdünnt ist. Können Sie mir aber sagen, Emilie, welches die Quellen sind, die der Luft beständig diese Säure zuführen?

Emilie.

Nun, die Verbrennung so vieler kohlenstoffhaltigen Substanzen.

Mrs. B.

Und der Athem der Thiere, denn obgleich Thiere nicht in kohlensaurem Gase athmen können, so bildet sich dieses Gas doch beim Athmungsprozeß in den Lungen, und die Luft, die wir ausathmen, oder die von den Lungen ausgestoßen wird, hält immer eine gewisse Menge Kohlensäure, welche diejenige weit übersteigt, die man gewöhnlich in der Atmosphäre findet.

Caroline.

Was macht denn die Kohlensäure zu einem so tödtlichen Gifte?

Mrs. B.

Das Lebenzerstörende dieses Gases scheint allein darin zu liegen, daß es den Zutritt athembarer Luft hindert; denn kohlensaures Gas dringt nicht in die Lungen, wenn es nicht sehr mit gewöhnlicher Luft verdünnt ist, weil sich die Luftröhre thatsächlich zusammenzieht und ihm den Zugang versperrt. — Wir müssen diese Untersuchungen aber jetzt aufgeben, bis wir zu den chemischen Funktionen der Thiere kommen.

Emilie.

Ist die Kohlensäure ebenso zerstörend für das Leben der Pflanzen wie für das der Thiere?

Mrs. B.

Wenn eine Pflanze ganz hineingetaucht wird, ist sie ihr, glaube ich, stets verderblich; aber in gewissen Verhältnissen mit atmosphärischer Luft gemengt ist sie im Gegentheil dem Wachsthum der Pflanzen sehr förderlich.

Sie erinnern sich wohl, daß ich von natürlichen und künstlichen Mineralwassern sprach, die kohlensaures Gas enthalten?

Caroline.

Sie meinen das Selterswasser?

Mrs. B.

Das ist eins der gebräuchlichsten, es giebt deren aber viele, die Kohlensäure enthalten; diese Wasser werden gewöhnlich Säuerlinge genannt.

Die Klasse der kohlensauren Salze ist in der Natur die zahlreichste; wir können sie nur sehr oberflächlich berühren, da wir uns nicht auf Einzelnheiten einlassen können. Eine große Anzahl Mineralien sind im natürlichen Zustande kohlensauer, vor Allen die Alkalien und alkalischen Erden, die eine so große Anziehungskraft zur Kohlensäure haben, daß man sie fast immer damit verbunden findet. Sie werden sich erinnern, daß sie erst bei der Scheidung von dieser Säure die Aetzkraft und übrigen auffallenden Eigenschaften erlangen, die sie charakterisiren. Alle Marmor- und Kreidearten, Muscheln, Kalkspathe und Kalksteine sind Neutralsalze, in denen der Kalk, ihre gemeinsame Grundlage, alle die Eigenschaften verloren hat, die er im reinen Zustande besitzt.

Emilie.

Wenn aber alle diese verschiednen Substanzen durch die

Verbindung von Kalk mit Kohlensäure gebildet werden, woher entsteht da die Mannigfaltigkeit in ihrer Form und Erscheinung?

Mrs. B.

Aus den verschiednen Verhältnissen ihrer Bestandtheile und aus den mancherlei fremdartigen Beimischungen. So z. B. giebt ein Gemisch metallischer Substanzen den Marmorarten die Adern und die verschiedne Färbung; auch Kiesel- und Thonerde kommen häufig in diesen Verbindungen vor. Die mannigfachen kohlensauren Verbindungen, die ich aufgezählt habe, können daher nicht als reine, unverfälschte Neutralsalze betrachtet werden, obgleich sie sicher zu dieser Klasse von Körpern gehören.

Achtzehnte Unterhaltung.

Von der Borax-, Fluor- und Salzsäure; über Chlor und salzsaure Verbindungen; über Jod und Jodsäure.

Mrs. B.

Wir kommen nun zu den drei übrigen Säuren mit einfachen Grundlagen. Die bedeutendste darunter ist die Salzsäure, auch Chlorwasserstoffsäure genannt, ich werde aber erst die beiden andern vornehmen.

Sie werden sich erinnern, daß ich schon der Boraxsäure erwähnte. Sie kommt in einigen Gegenden Europa's vor, aber sehr spärlich, und zum Gebrauch für die Gewerbe haben wir sie immer aus Thibet erhalten, wo sie in einigen Seen mit Natron verbunden gefunden wird. Durch Schwefelsäure scheidet man sie vom Natron ab, und sie erscheint dann in Form von glänzenden Schuppen, wie diese hier.

Caroline.

Es ist mir lieb, daß wir endlich auf Säuren treffen, denen wir ohne Furcht uns nähern dürfen, denn ich bemerke, diese ist nur in ein Stück Papier eingewickelt, das würden Sie nicht thun, wenn sie scharf wäre, wie die Schwefel- und Salpetersäure.

Mrs. B.

Gewiß, dafür besitzt sie auch nicht so interessante Eigenschaften. Jedoch, ihre Zerlegung und die glänzende Erscheinung, welche die Wiedervereinigung ihrer Grundlage mit dem Sauerstoff darbietet, sind doch anziehend genug.

Die Boraxsäure hat man jetzt auf verschiedne Art zerlegt. Man setzte sie der Einwirkung der Volta'schen Batterie aus und der positive Drath gab Sauerstoff aus, am negativen wurde eine schwarze Substanz abgesetzt, die im Aeußern der Holzkohle glich. Dies war die Grundlage der Säure, die man **Boracium** oder **Bor** genannt hat.

Dieselbe Substanz hat man in reichlichern Quantitäten gewonnen, wenn die Säure in einem Flintenlaufe sehr stark erhitzt wurde.

Eine dritte Art, die Boraxsäure zu zerlegen, besteht darin, daß man im luftleeren Raume Kalium in Berührung mit ihr verbrennt: das Kalium zieht den Sauerstoff aus der Säure und läßt die Grundlage allein zurück.

Die Wiederzusammensetzung dieser Säure muß ich Ihnen zeigen, indem ich etwas von ihrer Grundlage, dem Bor, in einer mit Sauerstoff gefüllten Retorte verbrenne. Diese Verbrennung erfordert nur die Hitze eines Lichtes.

Emilie.

Das ist ein prachtvolles Licht! und was für schöne Funken es auswirft!

Mrs. B.

Das Ergebniß dieser Verbrennung ist Boraxsäure, deren Wesen, wie Sie sehen, auf analytischem und synthetischem Wege bewiesen ist. Ihre Basis hat freilich kein metallisches

Ansehn, bildet aber mit andern Metallen sehr harte Legirungen.

Emilie.

Bitte, Mrs. B., welchen Nutzen hat die Boraxsäure für Gewerbe?

Mrs. B.

Hauptsächlich wird sie in Verbindung mit Natron, also als boraxsaures Natron angewendet, und in diesem Zustande gewöhnlich Borax genannt. Dies Salz hat eine besondre Kraft, Metalloxyde aufzulösen und die Schmelzung solcher Stoffe zu befördern, die dieses Prozesses fähig sind; daher gebraucht man es mehrfach bei der Behandlung der Metalle, z. B. um Oxyde von der Oberfläche derselben zu entfernen und um Metallerze zu probiren.

Wir wollen jetzt zur Fluor- oder Flußsäure übergehen. Man gewinnt sie aus einer Substanz, die in Bergwerken häufig vorkömmt und Flußspath heißt, ein Name, den er dem Umstande verdankt, daß man ihn den Metallerzen zusetzt, um sie beim Erhitzen flüssiger zu machen.

Caroline.

Ist das nicht der Spath aus Derbyshire, der zu so vielen Verzierungen verarbeitet wird?

Mrs. B.

Derselbe. Er war schon lange zu vielerlei Zwecken benutzt worden, ehe der schwedische Chemiker Scheele entdeckte, daß er aus einer Mischung von Kalk und einer eigenthümlichen Säure bestehe, die den Namen Fluor- oder Flußsäure erhielt. Sie wird leicht durch Schwefelsäure aus dem Kalk abgeschieden und steigt gasförmig auf, wenn man sie nicht in Wasser verdichtet.

Eine ganz eigenthümliche Eigenschaft dieser Säure ist ihre Verwandtschaft zur Kieselerde, deren ich schon erwähnte. Wenn man diese Säure in einem gläsernen Gefäße destillirt, so wird dies davon so angegriffen, daß Kieseltheilchen mit dem Gase vereint übergehn; thut man dann Wasser zu, so setzt sich ein Theil der Kieselerde ab, wie Sie in diesem Gefäße bemerken können.

Caroline.

Es bilden sich weiße Flocken auf der Oberfläche des Wassers, ist das Kieselerde?

Mrs. B.

Ja. Diese Kraft, ätzend auf Glas einzuwirken, benutzt man, um darauf zu graviren oder vielmehr zu radiren. Man überzieht das Glas erst mit Wachs, und ritzt mit einer Nadel in dieses beliebige Figuren ein, doch so, daß die Nadel immer das Glas erreicht. Wenn man dann Flußsäure über das Wachs gießt, frißt sie in das Glas ein und trägt so die gezeichneten Figuren darauf über.

Deshalb darf die Flußsäure nicht in gläsernen oder irdenen Gefäßen bereitet und aufbewahrt werden, wenn sie nicht durch die sodann erfolgende Verbindung mit Kieselerde zu andern Zwecken untauglich werden soll; man bedient sich deshalb silberner Gefäße zu diesem Behufe.

Wenn man sie in silbernen oder bleiernen Gefäßen aus Flußspath und Schwefelsäure destillirt, und das Gefäß, in das sie übergeht, während der Destillation recht kalt hält, nimmt sie die Form einer dicken Flüssigkeit an, und ist in diesem Zustande das stärkste bekannte Aetzmittel.

Verschiedne Experimente weisen darauf hin, die reine Flußsäure als eine Zusammensetzung eines einfachen Stoffs, den man Fluor genannt hat, mit Wasserstoff zu betrachten. Alle Versuche, Fluor ganz unvermischt darzustellen, sind bis jetzt fruchtlos gewesen.

Nun kommen wir zur Salz- oder Chlorwasserstoffsäure, vielleicht die interessante e von allen Säuren. In der Natur findet man sie mit Natron, Kalk und Talkerde verbunden. Salzsaures Natron ist unser gewöhnliches Kochsalz, und aus dieser Substanz entwickelt man gemeiniglich die Säure mittelst der Schwefelsäure. Der natürliche Zustand der Salzsäure bei der gewöhnlichen Temperatur der Luft ist der eines unsichtbaren permanenten Gases; allein sie besitzt eine merkwürdige Anziehungskraft für Wasser, und nimmt die Form einer weißlichen Wolke an, sobald sie irgend Feuchtigkeit antrifft, mit der sie sich verbinden kann. Diese Säure hat einen eigenthümlichen, sehr unangenehmen Geruch, und besitzt in einem sehr hohen Grade die meisten Eigenschaften der Säuren. Diese Flasche enthält flüssige Salzsäure.

Caroline.

Wie macht man sie flüssig?

Mrs. B.

Indem man Wasser damit sättigt, und ihre starke Anziehungskraft zu diesem Körper macht dies sehr leicht. Jetzt, da ich die Flasche öffne, können Sie eine Art Dampf aufsteigen sehn, dies ist salzsaures Gas, an und für sich unsichtbar, wird es aber durch die Verbindung mit der Feuchtigkeit der Luft wolkig.

Emilie.

Haben Sie kein reines salzsaures Gas?

Mrs. B.

Dies Gefäß ist voll davon. Es steht über Quecksilber statt über Wasser, weil die kleinste Quantität Wasser es aufsaugen könnte. Ich will das Gefäß auf einer Seite lüften, damit Gas entweichen kann: sehen Sie, es wird in der Luft gleich wolkig.

Weil salzsaures Gas sich so sehr begierig mit Wasser verbindet, schmilzt es Schnee und Eis ebenso rasch wie ein heftiges Feuer. — Diese Säure widerstand weit mehr als die beiden vorigen allen Versuchen, sie zu zersetzen. Sonderbar ist es, daß Kalium im Salzsäuregas brennt. Das Resultat dieser Verbrennung ist salzsaures Kali oder Chlorkalium, wie es jetzt genannt wird.

Scheele entdeckte bei der Untersuchung der Einwirkung von Salzsäure auf Braunstein, daß sich ein eigenthümliches Gas entwickelte. Man nannte es übersaures salzsaures

Gas, weil man schloß, es werde dadurch erzeugt, daß sich ein Theil des Sauerstoffs aus dem Braunstein mit der Salzsäure verbinde. Man kann sich dies Gas sehr leicht verschaffen, wenn man in einer Retorte 1 Th. Salzsäure mit 2 Th. Braunstein mengt und über einer Lampe erhitzt. Das Gas entwickelt sich bald und kann über warmen Wasser aufgefangen werden, da es nur sehr spärlich von diesem absorbirt wird. Ich habe etwas in diesem Gefäße gesammelt.

Emilie.

Es ist nicht unsichtbar wie die meisten Gase, sondern von grüngeblicher Farbe.

Mrs. B.

Es ist bedeutend schwerer als atmosphärische Luft und sinkt daher darin unter. Es kann auch bei einem gewissen Kältegrade gefrieren oder festwerden. Bis zu den letzten 20 Jahren hielt man die übersaure Salzsäure für einen zusammengesetzten Körper, allein jetzt hält man sich schon lange völlig überzeugt, daß dieses Gas nicht eine Zusammensetzung von Salzsäure und Sauerstoff, sondern ein einfacher Körper ist, der in seinen meisten Eigenschaften viel Analogie mit dem Sauerstoff hat, sich mit entzündlichen Körpern zu verbinden vermag, und auch fähig ist, sich in verschiednen Verhältnissen mit Sauerstoff zu vereinen. Da diese Theorie jetzt allgemein angenommen ist, habe auch ich dies Gas unter die einfachen Körper gestellt; es hat seiner grünlichen Farbe wegen den Namen Chlor erhalten.

Emilie.

Sollte Chlor gleich dem Sauerstoff Verbrennung unterhalten?

Mrs. B.

In vielen Fällen ist es so. Ich habe hier mehrere Gläser mit Chlor. In das erste wollen wir etwas unächtes Blattgold werfen. Bemerken Sie, wie es Feuer fängt?

Emilie.

In der That! Wie wunderbar das ist: es wurde sogleich

glühend, erstickte aber bald in dem starken Dampfe, den seine Verbrennung hervorbrachte.

Caroline.

Wie abscheulich das riecht!

Mrs. B.

Wir wollen in einem andern Glase mit Chlor dasselbe Experiment mit Phosphor versuchen.

Caroline.

Sieh, Emilie, er brennt fast mit demselben Glanze, wie im Sauerstoffgase. Das Seltsamste dabei ist aber, die Verbrennung geht vor sich, ohne daß der Phosphor oder das Metall vorher angezündet oder nur wenigstens erwärmt wäre.

Mrs. B.

Alle diese außerordentlichen Wirkungen entstehen aus der großen Leichtigkeit, mit der Chlor chemische Verbindungen mit gewissen Stoffen eingeht, und während der Mischung entwickelt sich eine so bedeutende Menge Wärme, daß sie in vielen Fällen hinreicht, diese Substanzen zu entzünden.

Emilie.

Weshalb verbrannten Sie gerade unächtes Blattgold und nicht irgend ein anderes Metall?

Mrs. B.

Diese metallische Zusammensetzung — hauptsächlich aus Kupfer bestehend — brennt sehr leicht; mehrere andre Metalle, wie Antimon und Arsenik, veranlassen dieselbe Erscheinung, nur in geringerem Grade. Weshalb dünne Metallblättchen oder Feilspähne besser zu dergleichen Experimenten passen als dicke Stücke, brauche ich wohl nicht nochmals zu erklären. Reines Gold wird von Chlor nicht entzündet, aber schnell aufgelöst. Wirklich ist dies Gas das einzige, welches Gold aufzulösen vermag.

Emilie.

Dann ist das also das sogenannte Königswasser, denn dieses soll ja nur ganz allein auf Gold einwirken?

Mrs. B.

Das Königswasser ist ein Gemisch von Salzsäure und Salpetersäure, und durch diese Mischung bildet sich allerdings Chlor, wie Ihnen später klar werden wird, und durch die Einwirkung dieses Chlors wird das Gold aufgelöst.

Schwefel, flüchtige Oele und viele andre Substanzen brennen auf diese Weise im Chlorgase, ich habe aber nicht genug davon bereitet, um Ihnen alle diese Verbrennungen zu zeigen.

Caroline.

Sie sind aber ganz davon abgekommen, uns die Zusammensetzung der Salzsäure zu erklären.

Mrs. B.

Ich wollte Sie vorher erst etwas mit dem Chlor bekannt machen, von dem Sie bisher noch gar nichts wußten.

Es ist jetzt erwiesen, daß die Salzsäure nicht aus einer unbekannten Basis und Sauerstoff zusammengesetzt ist, sondern durch Verbindung von Chlor und Wasserstoff gebildet wird.

Caroline.

Durch welche Gründe unterstützt man denn diese neue Ansicht?

Mrs. B.

Sehr viele Umstände sprechen dafür, die kleinste und einfachste Thatsache bleibt aber diese: wenn man gleiche Raumtheile Chlor und Wasserstoff zusammenmengt und der Flamme eines Lichtes oder unmittelbar den Sonnenstrahlen aussetzt, so findet eine Verpuffung statt, die beiden Gase verschwinden und es bildet sich Salzsäure.

Emilie.

Das scheint ein vollständiger Beweis für die neue Theorie zu sein, gilt er nicht für entscheidend?

Mrs. B.

Eine Zeitlang hielt man es nicht so unbedenklich dafür. Salzsaures Gas, wenn es auch noch so trocken ist, enthält immer eine gewisse Quantität Wasser, die man zu seiner Bildung für wesentlich nothwendig hält. Nach der Meinung derer, die den alten Lehrsatz vertheidigten, entstand nun das, bei dem erwähnten Experiment miterzeugte Wasser durch die Verbindung des Wasserstoffgases mit dem Sauerstoff der übersauren Salzsäure, und darum löste sich die Mischung in die Grundlage der Salzsäure und Wasser, d. i. in salzsaures Gas, auf.

Caroline.

Wie erklären Sie aber die Bildung von Chlor aus einer Mischung von Salzsäure und Braunstein?

Mrs. B.

Sehr leicht: vorausgesetzt, daß bei diesem Prozeß die Salzsäure zersetzt wird, so verbindet sich ihr Wasserstoff mit dem Sauerstoff des Braunsteins zu Wasser, während das Chlor im getrennten Zustande erscheint.

Obgleich diese neue Theorie sehr schnell Wurzel faßte, so wurde sie doch zuerst für vollständig bestätigt anerkannt, als man das Jod und dann auch das Brom entdeckte, von denen ich Ihnen bald erzählen werde.

Das Chlor röthet nicht blaue Pflanzenfarben, wie die Säuren, sondern es zerstört gänzlich ihre Farbe und macht Pflanzen vollständig weiß. Um diese Wirkung zu sehen, wollen wir einige dergleichen Substanzen in dies Glas mit Chlorgas tauchen.

Emilie.

Hier ist ein Mirthenzweig und eine Rose.

Caroline.

Und hier Curcumapapier und scharlachrothes Band. — Die Farben erbleichen augenblicklich, da sie in das Glas gesteckt werden, aber wie bringt das Gas diese Wirkung hervor?

Mrs. B.

Es zerstört den Farbstoff, indem es sich mit dem Wasserstoff verbindet, der zu dessen Zusammensetzung gehört, und bildet damit Salzsäure. Alte Kupferstiche können mit Chlor gereinigt werden, denn das Papier wird dadurch weiß, ohne daß der Druck leidet, weil die Druckerschwärze aus Materialien besteht (Oel und Rußfarbe), auf welche Chlor und Säuren nicht einwirken.

Diese Eigenschaft des Chlors wird in Mannufakturen zu vielerlei Bleichprozessen benutzt. Zu solchen Zwecken muß das Gas in Wasser aufgelöst werden, um die Wirkung zu mildern und weniger gewaltig zu machen, denn gasförmig, würde Chlor das Gewebe der zu bleichenden Substanzen ebenso zerstören wie deren Farbe.

Caroline.

Sieh, alles was wir in das Glas gethan haben, hat die Farbe ganz verloren.

Mrs. B.

Die Wirkung ist vollständig. Wollten wir jetzt das Gas untersuchen, so würde sich ergeben, daß es hauptsächlich aus Salzsäure besteht. — Man hat das Chlor auch angewendet, um die Luft in Hospitälern und Gefängnissen zu reinigen, weil es alle verdorbnen und verderblichen Ausdünstungen verbrennt und zerstört.

Caroline.

Ich dächte aber, dies Mittel müßte fast so schlimm sein wie das Uebel, denn der Geruch des Chlors ist fürchterlich erstickend.

Mrs. B.

Es wirkt gewiß sehr schädlich ein, man kann dem aber großentheils vorbeugen, wenn man den Mund zuhält und die Nasenlöcher mit flüssigem Ammoniak anfeuchtet, um die Dämpfe zu neutralisiren, sobald sie die Nase erreichen. Diese Luftreinigungsart läßt sich deshalb in bewohnten Räumen nicht gut anwenden, und da der Dampf der Salpetersäure fast ebenso wirksam und gar nicht schädlich ist, zieht man diese gewöhnlich zu solchen Zwecken vor, außer wo es Ansteckung gilt. Die Ansteckung der Pocken z. B. wird durch Chlorgas zerstört, und Stoffe, die seinem Einflusse unterworfen waren, verbreiten diese nicht weiter.

Außer dem, daß Chlor sich mit Wasserstoff zu Salzsäure verbindet, bildet es auch mit Sauerstoff in verschiednen Verhältnissen Mischungen, und zwar zwei gasförmige Oxyde; ebenso zwei Säuren, die bedeutend mehr Sauerstoff enthalten, die Chlorsäure und Ueberchlorsäure. Diese Säuren können mit Erden und Metallen chlorsaure und überchlorsaure Verbindungen bilden.

Wir gehen nun zur Untersuchung der Salze über, welche durch die Salzsäure, oder, wie sie jetzt genannt wird, die Chlorwasserstoffsäure gebildet werden. Unter diesen ist das salzsaure Natron, unser Küchensalz, das anziehendste. Nach der neuen Theorie ist trocknes salzsaures Natron eine Zusammensetzung von Chlor und Natrium (Chlornatrium), denn es kann durch direkte Verbindung dieser Substanzen gebildet werden.

Der Gebrauch und die Beschaffenheit dieses Salzes sind zu bekannt, um Erläuterungen zu bedürfen; außer dem, daß es den Speisen einen angenehmen Geschmack ertheilt, trägt es zum Verdauungsprozeß bei und ist sehr gesund, wenn es nicht im Uebermaße genossen wird. Aus dem Seewasser und aus verschiedenen salzigen Quellen wird salzsaures Natron durch Abdampfung gewonnen, es kömmt aber auch in großen festen Massen im Innern der Erde vor.

Emilie.

Ich glaubte, feste Salze hätten immer die Form von Krystallen, das Kochsalz ist aber nur ein grobes weißes Pulver.

Mrs. B.

Sie müssen sich erinnern, daß Krystallisation von der langsamen und regelmäßigen Wiedervereinigung solcher Körpertheilchen abhängt, die in einer Flüssigkeit aufgelöst sind. Das Kochsalz ist gewöhnlich nur sehr unvollkommen krystallisirt, weil die Bereitungsart der Bildung regelmäßiger Krystalle

stalle nicht sehr günstig ist. Wenn Sie es aber auflösen und nachher das Wasser langsam abdampfen, wird es gewiß Krystalle bilden.

Eine andre Verbindung dieser Säure ist das salzsaure Ammoniak oder Salmiak, was ich schon als die Hauptquelle bezeichnet habe, aus der Ammoniak gezogen wird.

Ich kann Ihnen gleich die Bildung dieses Salzes durch die schnelle Mischung von Salzsäure mit Ammoniak zeigen. Das eine dieser beiden Gläser enthält salzsaures Gas, das andre Ammoniakgas, die beide völlig unsichtbar sind. Nun ich sie mische, sehen Sie, bildet sich augenblicklich eine dichte weiße Wolke, wie Rauch. Wenn in dem Glase, worin die Mischung vor sich geht, ein Thermometer stände, würden Sie bemerken, daß sich zugleich etwas Wärme erzeugt.

Emilie.

Was für wunderbare Wirkungen chemische Verbindungen hervorbringen!

Mrs. B.

Diese Erscheinung fällt Ihnen auf, weil die Natur sie selten darbietet, aber die gewöhnlichsten natürlichen Operationen sind ebenso wunderbar, nur weil sie so häufig vorkommen, betrachten wir sie mit weniger Bewunderung. Was wäre z. B. erstaunenswürdiger als der Vorgang der Verbrennung, wenn uns nicht Gewohnheit damit vertraut gemacht hätte.

Emilie.

Das ist wahr. Aber bitte, Mrs. B., ist diese weiße Wolke wirklich Salmiak? Wie anders sah das feste salzsaure Ammoniak aus, was Sie einmal vorzeigten.

Mrs. B.

Es ist dieselbe Substanz, die erst als Dampf erscheint, sich aber bald verdichtet und beim Abkühlen in Form sehr kleiner Krystalle an die Wände des Gefäßes ansetzt.

Jetzt lassen Sie uns die chlorsauren Verbindungen betrachten. In der Reihe dieser Salze steht das chlorsaure

Kali obenan. Es ist eine Zusammensetzung von Chlorsäure, oder Chlor und Sauerstoff mit Kali, und entspricht dem Salpeter. Wenn dieses Salz mit Schwefel, Phosphor, Holzkohle oder irgend einem andern Brennstoffe gemengt und damit gerieben wird, giebt es eine starke Explosion.

Caroline.

Ich denke mir, es wird wie Schießpulver plötzlich in eine elastische Flüssigkeit verwandelt.

Mrs. B.

Ja, aber mit dem bemerkenswerthen Unterschiede, daß keine Temperaturerhöhung, wenigstens nicht mehr als sanfte Reibung hervorbringt, dazu erfordert wird. Was für Gase mögen wohl durch die Verpuffung dieses Salzes mit Holzkohle erzeugt werden?

Emilie.

Ich will überlegen: die Chlorsäure des chlorsauren Kali giebt ihren Ueberfluß an Sauerstoff an die Kohle ab, und wird dadurch zu Chlor, während die Kohle, durch den Sauerstoff verbrannt, sich in kohlensaures Gas verwandelt. Was aus dem Kali wird, weiß ich nicht.

Mrs. B.

Es ist ein feuerbeständiges Produkt, was im Gefäße zurückbleibt.

Ich gedenke Ihnen das Experiment zu zeigen, rathe Ihnen aber, sich nicht einmal allein daran zu wagen, denn wenn man nicht die größte Sorge trägt, immer nur sehr geringe Quantitäten auf einmal zu mischen, so ist die Verpuffung so äußerst heftig, daß sie gefährliche Folgen haben kann. Sie sehen, ich menge nur wenige Theilchen Salz mit etwas gepulverter Holzkohle in einem Porzellanmörser und reibe sie mit der Keule zusammen.

Caroline.

Himmel! wie kann eine so geringe Menge Stoff einen solchen Lärm machen!

Mrs. B.

Es ist Ihnen bekannt, daß eine äußerst kleine Quantität einer festen Substanz sehr große Mengen Gas erzeugen kann, und die plötzliche Entwicklung dieser Gase ist es, welche den Knall veranlaßt.

Emilie.

Würde nicht chlorsaures Kali ein stärkeres Schießpulver geben als salpetersaures Kali?

Mrs. B.

Ja, aber sowohl die Bereitung als die Anwendung dieses Salzes ist mit vieler Gefahr verbunden, weshalb man es nicht dazu benutzt.

Ich will Ihnen noch ein sehr merkwürdiges Experiment mit diesem Salze zeigen, aber wieder nur unter der Bedingung, daß Sie es nie selbst versuchen. Ich werfe ein Stückchen Phosphor in dies Glas Wasser, dann etwas chlorsaures Kali, und zuletzt gieße ich mittelst dieses Trichters, (um die beiden andern Ingredienzien am Boden des Glases damit in Berührung zu bringen) eine kleine Quantität Schwefelsäure dazu.

Caroline.

Das ist wirklich ein schönes Experiment! der Phosphor entzündet sich und brennt vom Boden des Glases herauf.

Emilie.

Wie wundervoll das aussieht, wenn die Flamme unter dem Wasser ausbricht und darin aufsteigt! Wie läßt sich das aber erklären?

Mrs. B.

Versuchen Sie es einmal selbst.

Emilie.

Halt, es wird gehen. — Ist es nicht, weil die Schwefelsäure das Salz zersetzt, indem sie sich mit dem Kali verbindet, wodurch Chlor und Sauerstoff frei wird, daß der Phosphor sich entzündet?

Mrs. B.

Sehr gut: und mit etwas mehr Ueberlegung hätten Sie noch einen Umstand auffinden können, der die Verbrennung des Phosphor befördert: die Temperaturerhöhung, die bei dem Mischen von Schwefelsäure und Wasser entsteht.

Ehe wir schließen, muß ich Sie noch mit dem Jod bekannt machen, das, wie Sie sich erinnern können, auf unsrer Tabelle der einfachen Körper zum Sauerstoff und Chlor gestellt ist.

Caroline.

Es ist also auch ein Körper, der fähig ist, Verbrennung zu unterhalten, wie Sauerstoff und Chlor?

Mrs. B.

Ja, und obgleich es nicht so häufig wie Sauerstoff und Chlor aus entzündlichen Körpern Licht und Wärme entwickelt, so vermag es sich doch mit den meisten zu verbinden und zuweilen, wie z. B. bei Kalium und Phosphor, ist diese Verbindung mit einem wirklichen Erscheinen von Licht und Wärme begleitet.

Caroline.

Aber was für eine Art von Stoff ist das Jod? was hat es für Gestalt und Farbe?

Mrs. B.

Es ist in vieler Hinsicht ein sehr sonderbarer Körper. Bei der gewöhnlichen Temperatur der Luft erscheint es in der Form bläulich-schwarzer Krystallschuppen, wie Sie hier in der Röhre sehen.

Caroline.

Sie sehen wie Graphit aus und einige der Schuppen sind rautenförmig.

Mrs. B.

Das ist in der That die Form, welche die Jodkrystalle oft annehmen. Wenn wir aber die Röhre über der Flamme eines Lichtes erwärmen, sollen Sie sehen, welche Verwandlung mit den Krystallen vorgeht.

Caroline.

Wie sonderbar! sie scheinen zu schmelzen umd gehen in einen schönen veilchenblauen Dampf über. Aber, Mrs. B., da erscheinen ja dieselben Schuppen am andern Ende der Röhre wieder!

Mrs. B.

Dies ist eine Sublimation des Jod aus einem Theile der Rohre in den andern. Merkwürdig eigenthümlich ist dabei der Umstand, daß Jod, so lange es gasförmig ist, die klare veilchenblaue Farbe annimmt, die, wie Sie schon bemerken können, sich verliert, wenn die Röhre abkühlt und die Substanz ihre gewöhnliche feste Gestalt wieder erhält. Von dieser violetten Farbe hat Jod seinen Namen bekommen.

Caroline.

Wie gewinnt man diesen merkwürdigen Stoff?

Mrs. B.

Man findet ihn in der Aschenlauge von Seepflanzen, nachdem das Natron durch Krystallisation ausgeschieden worden ist. Er wird durch Schwefelsäure entwickelt, die ihn aus der alkalischen Lauge in Form eines veilchenblauen Gases austreibt, welches auf ähnlichem Wege, wie ich Ihnen eben zeigte, aufgefangen und verdichtet werden kann. Diese interessante Entdeckung wurde im Jahre 1812 von Courtois, einem Salpeterfabrikanten in Paris, gemacht.

Caroline.

Was beweist denn, daß Jod ein einfacher Korper ist?

Mrs. B.

Es wird als solcher betrachtet, weil es nicht in andre Bestandtheile aufgelöst werden kann, und weil es fähig ist, sich mit andern Stoffen auf eine Art zu verbinden, die der des Sauerstoffs und des Chlors gleicht. Die merkwürdigste dieser seiner Verbindungen ist die mit Wasserstoffgas, deren Ergebniß eine besondre gasförmige Säure ist, die Jodwasserstoffsäure.

Eine dritte Substanz ist kürzlich im Seewasser entdeckt

worden, die eine auffallende Analogie mit Chlor und Jod hat. Der französische Chemiker Ballard entdeckte diesen Körper und nannte ihn Brom, seines stechenden unangenehmen Geruches wegen, der dem des Chlor sehr ähnlich ist.

Emilie.

Bitte, wie sieht Brom aus?

Mrs. B.

Es ist eine dunkelrothe Flüssigkeit und besitzt die Eigenschaft, die Thier- und Pflanzenmaterie zu zerstören, und es wirkt so schnell, daß ein einziger Tropfen in den Schnabel eines Vogels gebracht, diesen augenblicklich tödtet. Dieser Stoff ist merkwürdig schwer, sein spezifisches Gewicht ist dreimal schwerer als Wasser.

Caroline.

Da gehört also wohl bedeutende Hitze dazu, ehe es kocht?

Mrs. B.

Nein, Brom macht eine sonderbare Ausnahme von der allgemeinen Regel, denn trotz seiner spezifischen Schwere kocht es bei 56° R.

Caroline.

Und unterhält es Verbrennung, wie das Chlor?

Mrs. B.

Wenn Sie einen Tropfen Brom in ein Glasgefäß thun, füllt sich dieses sogleich mit einem rothen Dampfe, in dem ein brennendes Licht verlöscht.

Brom verbindet sich wie Chlor und Jod mit Wasserstoff, und bildet damit Bromwasserstoffsäure; auch mit Sauerstoff und mehreren der einfachen entzündlichen Stoffe geht es Verbindungen ein. Seine Beschaffenheit scheint ihm den Platz zwischen Chlor und Jod anzuweisen, und die Entdeckung dieses neuen Körpers ist als eine Bestätigung von der Einfachheit jener beiden merkwürdigen Stoffe anzusehn.

Wir haben nun diejenigen Säuren und Salze untersucht, die mir interessant für Sie erschienen. Ehe wir uns nun zu den organischen Körpern wenden, muß ich Sie noch mit dem Ergebnisse sehr wichtiger Experimente bekannt machen. Es ist den Chemikern gelungen, verschiedne Gase durch die Gewalt des Druckes zu Flüssigkeiten zu verdichten. Die ersten Versuche waren auf Chlor gerichtet, das man mittelst eines Stempels, der wie eine Verdichtungspumpe arbeitete, in eine Röhre sperrte; darauf preßte man soviel Luft in die Röhre, bis der Druck das Vierfache der Atmosphäre betrug. Alsbald wurde eine klare gelbe Flüssigkeit abgesetzt, die sich als flüssiges Chlor erwies.

Caroline.

Wie konnte man sich von dem Wesen der Flüssigkeit überzeugen, da sie in der Röhre eingesperrt war?

Mrs. B.

Man schnitt das Rohr mitten durch, die beiden Theile flogen wie bei einer Explosion auseinander, die ganze gelbe Flüssigkeit verschwand und es verbreitete sich eine große Menge Chlor. Später gelang es, durch verstärktes Pressen alle Gase, die vom Wasser aufgesaugt werden können, zum flüssigen Zustande zu bringen; z. B. Schwefelwasserstoffgas, Kohlensäure, Salzsäure, ja sogar Stickoxydgas. Die Salzsäure erfordert einen Druck von 40 Atmosphären, die Kohlensäure 36, und das Stickoxydgas einen Druck von nicht weniger als 50 Atmosphären.

Emilie.

Hat man mit der atmosphärischen Luft nicht ähnliche Experimente gemacht, da sie in ihrer Zusammensetzung viel Uebereinstimmendes mit dem Stickoxydgas hat?

Mrs. B.

Bis jetzt ist es noch nicht gelungen, atmosphärische Luft oder Sauerstoffgas flüssig zu machen; über die Möglichkeit läßt sich aber nicht absprechen.

Emilie.

Aber, Mrs. B., ist es denn möglich, einen so ungeheuren Druck durch die Verdichtungspumpe hervorzubringen?

Mrs. B.

Nein. Man wendet eine andre Methode an, um die Gase flüssig zu machen. Man brachte die zu ihrer Bildung nöthigen Materialien in eine sehr starke Glasröhre, und erzeugte sie im Innern der Röhre in solcher Menge, daß sie auf diese Weise den erforderlichen Grad des Druckes und der Verdichtung selbst zu Wege brachten. Nun ist es Zeit abzubrechen; was die Metallsäuren anbetrifft, so werde ich mich hier nicht weiter damit beschäftigen, da sie für unsre Unterhaltungen nichts Erhebliches darbieten.

Neunzehnte Unterhaltung.

Ueber das Wesen und die Zusammensetzung der Pflanzen.

Wir haben bisher nur die einfachsten Verbindungen der Urstoffe abgehandelt, wie die Alkalien, Erden, Säuren, Salze, Steine ic., die alle zum Mineralreiche gehören. Es ist jetzt Zeit, unsre Aufmerksamkeit mannigfaltigern Zusammensetzungen zuzuwenden, den organischen Körpern, die für uns eine neue Quelle der Belehrung und Unterhaltung sein werden.

Emilie.

Unter organischen Körpern verstehen Sie gewiß die Thier- und Pflanzenschöpfung. Ich habe nur einen sehr unbestimmten Begriff von dem Worte Organisation, und wünschte schon lange, seine Bedeutung genauer zu kennen.

Mrs. B.

Organische Körper sind solche, die von der Natur mit verschiedenartigen Gliedern begabt sind, besonders gebaut und eingerichtet, um gewisse Funktionen zu verrichten, die zum Leben gehören. Mineralische Zusammensetzungen werden durch die einfache Wirkung mechanischer oder chemischer Anziehung gebildet, und können daher Manchem großentheils als Erzeugnisse des Zufalls erscheinen; dahingegen tragen organische Körper den auffallendsten und nachdrucklichsten Stempel der Absicht, und sind durch das unbekannte Prinzip, Leben, ausgezeichnet, von dem die verschiednen Organe die Kraft erhalten, die ihnen zugeordneten Verrichtungen auszuführen.

Caroline.

Aber auf welche Art werden die verschiednen Organe durch das Leben zu ihren Funktionen befähigt?

Mrs. B.

Das ist ein Geheimniß, was uns wahrscheinlich für immer in undurchdringliches Dunkel gehüllt bleiben wird. Wir müssen uns begnügen, die Wirkung dieses Prinzips zu untersuchen; was die Ursache anbelangt, so können wir ihr nur einen Namen beilegen, ohne damit irgend eine andre Bedeutung zu verbinden, als die unbestimmte, unbefriedigende Idee einer unbekannten Naturkraft.

Caroline.

Und doch meine ich, ich kann mir eine recht klare Vorstellung von Leben machen.

Mrs. B.

Nun, lassen Sie doch hören.

Caroline.

Wenn ich mich nur so recht ausdrücken könnte. Ist Leben nicht die Kraft, die Triebfeder, welche die innern Theile der Thiere und Pflanzen in Bewegung setzt, und sie fähig macht, die mancherlei Verrichtungen auszuführen, die zu ihrem Wachsthum und Gedeihen nothwendig sind?

Mrs. B.

Ich habe nichts dagegen einzuwenden, als daß Sie uns auch nur von den Wirkungen, nicht von der Ursache des Lebens gesprochen haben: wir können die vielartige Thätigkeit des Lebens studiren, müssen aber jedes Bestreben aufgeben, sein wahres Wesen zu erforschen.

Wir wollen mit der Lebensthätigkeit im Pflanzenreiche den Anfang machen, da dieses die einfachste Klasse der organischen Körper bildet. Sie werden finden, daß die Pflanzen sich nicht allein durch ein komplizirteres Wesen von den Mineralien unterscheiden, sondern auch durch die ihnen beiwohnende Kraft, mittelst dazu geschickter Organe, neue chemische Anordnungen ihrer Bestandtheile zu bilden. Obgleich allendlich alle Vegetabilien aus Wasserstoff, Kohlenstoff und Sauerstoff (mit wenig andern gelegentlichen Beimischungen) zusammengesetzt sind, so trennen sie und verbinden diese Grundstoffe durch ihre verschiedenen Organe auf tausenderlei Wegen, mischen sie zu verschiedenen Arten von Säften und festen Theilen, die fertig in den Pflanzen vorhanden sind, und daher als ihre unmittelbaren Bestandtheile betrachtet werden können. — Diese sind:

Pflanzensaft,	Harze,
Pflanzenschleim,	Gummiharze,
Zucker,	Balsame,
Stärke,	Kautschuck,
Kleber,	Färbestoffe,
fette Oele,	Gerbestoffe,
flüchtige Oele,	Holzfaser,
Kampher,	Pflanzensäuren ꝛc.

Caroline.

Was für eine lange Liste von Namen! Ich hätte nicht gedacht, daß eine Pflanze aus halb soviel Bestandtheilen zusammengesetzt wäre.

Mrs. B.

Sie müssen sich nicht vorstellen, daß alle diese Stoffe in einer und derselben Pflanze enthalten sind, ich will damit nur sagen, daß sie alle ausschließend dem Pflanzenreiche angehören.

Emilie.

Aber besteht jeder einzelne Theil einer Pflanze: Wurzel,

Rinde, Stamm, Blätter &c. nur aus einem dieser Stoffe, oder sind darin mehrere verbunden?

Mrs. B.

Ich glaube, es giebt keinen Theil der Pflanzen, von dem man sagen könnte, er bestehe allein aus einem besondern Stoffe; eine gewisse Anzahl vegetabilischer Materialien müssen sich immer zur Bildung eines besondern Gliedes, z. B. eines Blattes, vereinen. Diese Verbindungen werden durch Reihen von Gefäßen oder kleinen Organen ausgeführt, welche diejenigen Grundstoffe aus andern Pflanzentheilen aussondern und zusammenbringen, die zum Entwickeln und Wachsen solcher Glieder erforderlich sind, die zu bilden und zu erhalten sie thätig sind.

Emilie.

Sind diese Verbindungen nicht immer durch die Gesetze der chemischen Anziehungskraft geregelt?

Mrs. B.

Ohne Zweifel. Die Organe der Pflanzen können nicht Grundstoffe zwingen sich zu verbinden, die einander nicht anziehn, oder eine höhere Anziehungskraft, daß sie einer geringern weicht. Wahrscheinlich arbeiten sie eher mechanisch, indem sie bestimmte Grundstoffe in solchen Verhältnissen in Berührung bringen, daß sie durch ihre chemische Mischung die verschiedenartigen Pflanzenerzeugnisse bilden.

Caroline.

Wir können also jedes dieser Organe als einen merkwürdig gebauten Apparat betrachten, dessen Mechanismus auf die Ausführung verschiedner chemischer Prozesse berechnet ist.

Mrs. B.

Gerade so. So lange die Pflanze lebt und treibt, sind Wasserstoff, Kohlenstoff und Sauerstoff (die Grundstoffe ihrer nähern Bestandtheile) so eng verbunden, und halten sich so das Gegengewicht, daß sie nicht empfänglich für fremde Verbindungen sind; sobald aber der Tod eintritt, wird dies

Gleichgewicht zerstört, und demzufolge bilden sich neue Mischungen.

Emilie.

Den Grund davon sehe ich nicht ein; wenn die Pflanze auch abstirbt, so müssen doch die Elementarstoffe in denselben Verhältnissen vorhanden bleiben, und also auch, sollte ich meinen, dieselbe Ordnung der Anziehungskräfte bestehen.

Mrs. B.

Im Pflanzen- wie im Thierreich werden die Organe erst durch das Lebensprinzip fähig zu wirken. Sobald sie dieser Wirkungskraft, dieser Triebfeder beraubt sind, hört ihre Macht auf, und es tritt eine Anordnuug der Anziehungskräfte ein, derjenigen gleich, die in der mineralischen oder uuorganischen Materie stattfindet.

Emilie.

Diese neueintretenden Verhältnisse zerstören wohl gerade die Organisation der Pflanze nach dem Tode, denn wenn dieselben Verbindungen noch fortbeständen, würde die Pflanze immer in dem Zustande bleiben, in dem sie starb?

Mrs. B.

Und dieses ist, wie Sie wissen, nie der Fall; Pflanzen kennen theilweise einige Zeit durch Trocknen aufbewahrt werden, aber nach dem natürlichen Lauf der Dinge kehren sie alle zu dem Zustande der einfachen Grundstoffe oder Elemente zurück. Dadurch werden todte Pflanzen dem Erdreich nützlich und tragen zur Ernährung der lebenden bei.

Caroline.

Da sprechen wir nun von der Auflösung der Pflanzen, ehe wir sie im lebenden Zustande untersucht haben!

Mrs. B.

Das ist wahr, Caroline. Ich wünschte, Ihnen einen allgemeinen Begriff von dem Wesen der Vegetation zu geben, ehe wir auf das Besondere übergingen. Uebrigens ist es nicht so ungehörig wie Sie glauben, zuerst von todten Pflanzen zu sprechen, da wir sie nicht analysiren konnen, ohne ihr Leben zu zerstören, und wir müssen uns sehr beeilen sie der Prüfung zu unterwerfen unmittelbar nachdem sie aufhörten zu leben, sonst erfolgt ihre Zersetzung auf natürlichem Wege. Pflanzen können auf zweierlei Weise analysirt werden: 1stens trennen wir sie in ihre nähern Bestandtheile, wie Saft, Harz, Schleim ꝛc.; zweitens zerlegen wir sie in ihre Urbestandtheile oder Grundstoffe, wie Wasserstoff, Kohlenstoff und Sauerstoff.

Emilie.

Giebt es nicht noch eine dritte Art, Pflanzen zu analysiren, die darin besteht, sie in ihre verschiednen Theile zu zerlegen, als da sind: Blätter, Stengel und die Organe der Blume?

Mrs. B.

Dies gehört dem Botaniker, und wir können uns damit nicht beschäftigen. Wir werden die einzelnen Theile der Pflanze nur als die Werkzeuge betrachten, denen die mannigfachsten Aussonderungen und Scheidungen übertragen sind. Aber erst müssen wir das Wesen dieser Aussonderungen kennen lernen.

Der Saft ist das Hauptmaterial der Pflanzen, denn in ihm sind alle die Stoffe enthalten, die jeden Theil der Pflanze ernähren. Die Basis dieses Saftes, den die Wurzeln aus dem Erdreich aufsaugen, ist Wasser; dieses hält die andern Zusätze aufgelöst, welche die verschiednen Theile der Pflanze verlangen, und die stetig von den dazu eingerichteten Organen aus dem Saft ausgesondert werden, so wie letzterer bei dem Zirkuliren durch die Pflanze an ihnen vorüberkömmt.

Der Pflanzenschleim ist ein Stoff, der wie die übrigen, aus dem Safte ausgesondert wird. Ist er im Uebermaße da, so schwitzt er, z. B. aus den Bäumen, in der Form von Gummi aus.

Caroline.

Gebraucht man die Gummi nicht als Leim oder Kleister?

Mrs. B.

Ja, fast alle Fruchtbäume geben diese Art von Gummi her, diejenige aber, die man am häufigsten gebraucht, gewinnt man von einer Akazienart in Arabien, und Sie kennen sie unter dem Namen Gummi arabicum. Es ist ein Hauptnahrungsmittel der Eingebornen, sie sammeln sie in großen Massen durch Einschnitte, die sie in die Bäume machen.

Caroline.

Ich wußte nicht, daß Gummi eßbar sei.

Mrs. B.

Man erzählt, daß sich einmal eine ganze Schiffmannschafft dadurch vom Hungertode rettete, daß sie sich von der Ladung — weißen Senegalgummi — nährte, aber ich glaube, wer nicht von Geburt an daran gewöhnt ist, wird schwerlich aus Wahl zu dieser Nahrung greifen. Uebrigens wird sie öfters ärztlich verordnet und als äußerst nahrhaft betrachtet. Aus Gummi oder Schleime kann man auch mehrere Arten von Pflanzensäuren gewinnen, deren hauptsächlichste Schleimsäure genannt wird.

Der Zuckerstoff wird nicht im reinen Zustande in den Pflanzen gefunden, sondern immer mit Gummi, Saft oder andern Zusätzen vermischt. Jede Pflanze enthält Zuckerstoff, besonders in Wurzeln und Früchten, am reichlichsten aber das Zuckerrohr.

Emilie.

Wenn der Zuckerstoff in allen Pflanzen vorkommt, warum bereitet man allein den des Zuckerrohrs?

Mrs. B.

Weil diese Pflanze die größten Quantitäten davon enthält, und man ihn am leichtesten daraus gewinnt. Ueberdies ist der Zucker, den andre Pflanzen hervorbringen, oft von ganz verschiedener Natur und nicht für den gewöhnlichen Gebrauch anwendbar.

Während der Continentalsperre, die Napoleon auflegte, wurde vielfach versucht, aus einheimischen Pflanzen Zucker auszuziehn, und dies gelang mit Pastinak und Runkelrüben sehr gut. Seitdem hat sich die Bereitungsart nach und nach so vervollkommnet, daß Runkelrübenzucker jetzt den Vergleich mit westindischem aushalten kann.

Caroline.

Ich sollte meinen, man könnte leichter aus süßen Früchten, wie Feigen, Datteln ꝛc. Zucker darstellen.

Mrs. B.

Wahrscheinlich, aber er würde des hohen Preises dieser Früchte wegen weit theurer kommen und auch nicht denselben Zucker liefern.

Emilie.

Bitte, auf welche Art gewinnt man Zucker aus dem Zuckerrohr?

Mrs. B.

Der Saft dieser Pflanze wird zuerst zwischen zwei eisernen Cylindern ausgepreßt. Dann kocht man diesen Saft mit Kalkwasser, wodurch sich ein dicker Schaum auf die Oberfläche setzt. Die geklärte Flüssigkeit wird unten abgelassen und zu einer sehr kleinen Menge verdampft, worauf man sie krystallisiren läßt in einem Gefäß, dessen Boden voller Löcher ist, die nur lose verstopft sind, damit der Sirup durchsickern kann. Der bei diesem Verfahren gewonnene Zucker ist ein grobes braunes Pulver, Rohzucker genannt; durch eine spätere Operation wird er raffinirt und in weißen festen Zucker verwandelt. Zu diesem Zwecke löst man ihn in Wasser auf und reinigt ihn dann mittelst einer thierischen Flüssigkeit, Eiweißstoff genannt. Das Weiße der Eier besteht hauptsächlich aus dieser Flüssigkeit, die auch einen Bestandtheil des Blutes ausmacht; demzufolge nimmt man gewöhnlich Eier oder Ochsenblut zum Raffiniren.

Diese Flüssigkeit durchdringt den ganzen Sirup, und verbindet sich mit allen darin enthaltenen festen Unreinigkeiten, mit denen sie als dicker Schaum auf die Oberfläche steigt. Die klare Flüssigkeit wird dann wieder durch Abdampfung verdickt und in Formen gegossen, in denen sie in verwirrter Krystallisation Brote von Zucker bildet. Dabei ist aber noch ein Prozeß nothwendig: um den Zucker weiß zu machen wird die offne Fläche mit Thon bedeckt, durch welchen man Wasser laufen läßt; das Wasser sickert langsam durch den Zucker, verbindet sich mit allem Farbestoff und führt ihn mit fort.

Caroline.

Nun, da bleibt also doch wenigstens nichts von dem Blute im Zucker, das ist eine so unangenehme Idee. — Wie bereitet man denn aber den Zuckerkand und den Gerstenzucker?

Mrs. B.

Zuckerkandis ist weiter nichts als die aus einer Zuckerauflösung durch langsame Verdampfung gewonnenen Krystalle. Gerstenzucker ist durch Hitze geschmolzner Zucker, der nachher in gewundenen Formen verkühlt ist.

Zucker kann durch Glühhitze zersetzt und, gleich allen andern Pflanzenstoffen in Kohlensäure und Wasserstoff aufgelöst werden. Die Bildung und Zersetzung des Zuckers ist von sehr interessanten Umständen begleitet, die wir näher beleuchten wollen, wenn wir alle Materialien der Pflanzen kennen gelernt haben. Sie werden dann sehen, daß Grund zu der Behauptung da ist, daß der Zuckerstoff nicht wie die andern Materialien aus dem Saft ausgesondert, sondern durch einen besondern Prozeß gebildet wird.

Caroline.

Ist Honig nicht von derselben Natur wie Zucker?

Mrs. B.

Honig ist ein Gemisch von Zuckerstoff und Gummi.

Emilie.

Ich dachte, Honig wäre halb und halb eine thierische Substanz, da er von den Bienen bereitet wird.

Mrs. B.

Er wird nur von den Bienen aus den Blumen eingesammelt und in ihre Vorrathshäuser, die Bienenstöcke, getragen,

gen. Nur das Wachs erleidet im Körper der Biene eine wirkliche Veränderung und wird daher in eine thierische Substanz umgewandelt.

Eine andre Art von Zucker ist das Manna, das mit einem widerlichen Stoffe verbunden ist, dem es das Eigenthümliche in Geschmack und Farbe verdankt. Es schwitzt aus verschiednen Bäumen heißer Länder gleich Gummi aus; bei einigen derselben sind die Blätter wie glasirt von Manna.

Der nächste Pflanzenstoff ist die Stärke. Hiermit bezeichnet man den mehligen Stoff, der in allen Samenkörnern und in einigen Wurzeln, wie Kartoffeln, Pastinak ꝛc. enthalten ist. Die Natur hat die Stärke zur ersten Nahrung der jungen Pflanze bestimmt, sie ist aber auch zur Hauptnahrung eines großen Theiles des Menschengeschlechts geworden.

Emilie.

Damit wollen Sie gewiß auf das Brot hindeuten, was ja aus Weizenmehl gebacken wird.

Mrs. B.

Ja. Die Stärke des Weizenkornes enthält auch noch einen andern Pflanzenstoff, der diesem Samenkorn eigenthümlich zu sein scheint, wenigstens hat man ihn noch nicht aus anderm Samen erhalten. Dies ist der Pflanzenleim oder Kleber, ein zäher, klebriger, elastischer Stoff, und dieser Eigenschaft wegen giebt Weizenmehl einen weit bessern Teig, als jedes andre Mehl.

Emilie.

Ihrer Beschreibung nach muß Kleber ziemlich dasselbe sein, wie Gummi?

Mrs. B.

Beide sind zäh und klebrig, aber der Kleber ist z. B. im Wasser unlöslich, Gummi schmilzt dagegen sehr leicht darin. Auch darin unterscheidet sich der Kleber vom Gummi und von den meisten Pflanzenstoffen, daß er eine bedeutende Menge Stickstoff enthält.

Die Pflanzenöle bestehn aus Wasserstoff und Kohlenstoff, in verschiednen Verhältnissen gemischt.

Emilie.

Ich dächte, Sie hätten uns gesagt, die thierischen Oele wären auch aus diesen Bestandtheilen zusammengesetzt?

Mrs. B.

Die wesentlichen Bestandtheile aller vegetabilischen und animalischen Oele sind dieselben. Ihre Verschiedenheit entsteht aus den mannigfaltigen Verhältnissen von Kohlenstoff und andern Beimischungen. Wallfischöl und Rosenöl bestehen aus denselben Elementarstoffen, aber das eine ist von widrigen Stoffen der thierischen Materie durchdrungen, das andere von zartem Rosenduft.

Der Unterschied der fetten und der flüchtigen, oder ätherischen Oele liegt auch nur in den abweichenden Verhältnissen von Kohlenstoff und Wasserstoff. Fette Oele nennt man diejenigen, die nicht verdampfen, ohne zersetzt zu werden; dies ist der Fall mit allen gewöhnlichen Oelen, die größere Mengen Kohlenstoff enthalten, als die ätherischen Oele. Letztere (welche alle Essenzen und Wohlgerüche umfassen) sind leichter, sie enthalten gleichere Mengen von Kohlenstoff und Wasserstoff, und werden verflüchtigt oder verdampfen, ohne zersetzt zu werden.

Emilie.

Wenn Sie sagen, daß einige Oele so verdampfen und andre zersetzt werden, so verstehen Sie beides als Folgen angewendeter Hitze?

Mrs. B.

Das ist nicht nothwendig, denn es giebt Oele, die in der gewöhnlichen Temperatur der Luft langsam verdampfen oder verdunsten, aber freilich zu schneller Verflüchtigung oder zu ihrer Zersetzung ist die Beihülfe von Hitze erforderlich. Im fetten Oele überwiegt der Kohlenstoff und Hitze bewirkt daher Zersetzung, während im ätherischen Oele der Wasserstoff vorherrscht und Hitze deshalb nur Verflüchtigung erzeugt.

Emilie.

Ich glaube, der Grund, weshalb Oel so gut brennt, ist darin zu suchen, daß beide Bestandtheile Brennstoffe sind.

Mrs. B.

Gewiß, die Verbrennung von Oel ist gänzlich der eines Lichtes gleich: Talg ist nur ein konkretes Oel, und sind es Wachs- oder Wallrathkerzen, so sind auch deren chemische Hauptbestandtheile Wasserstoff und Kohlenstoff.

Emilie.

Ich wundre mich, daß dennoch ein so großer Unterschied zwischen Talg und Wachs stattfindet.

Mrs. B.

Ich muß noch einmal wiederholen, daß dieselben Stoffe, in verschiednen Mengen gemischt, Resultate geben, die zuweilen kaum die Spuren von Aehnlichkeit tragen. Ich wünsche, daß Sie diese allgemeine Bemerkung recht Ihrem Gedächtnisse einprägen mögen; auf den gegenwärtigen Fall paßt sie kaum, denn Talg und Wachs sind in der That wenig verschieden, Wachs ist nur eine reinere Zusammensetzung von Kohlenstoff und Wasserstoff als Talg, welches mehr von den groben Theilchen der thierrischen Materie zurückhält. Beim Brennen eines Lichtes, wie das einer Lampe erzeugen beide Wasser und kohlensaures Gas. Können Sie mir sagen, wie diese sich dabei bilden?

Emilie.

Licht und Lampe brennen mittelst eines fetten Oeles; dies wird während der Verbrennung zersetzt, da nun die Bestandtheile des Oeles auf diese Weise geschieden werden, verbindet sich der Kohlenstoff mit einem Theile des Sauerstoffs der Luft zu kohlensaurem Gase, und der Wasserstoff mit einer andern Portion Sauerstoff zu Wasser. Die Produkte jeder Oelverbrennung, es mögen nun animalische oder vegetabilische Oele sein, sind deshalb Wasser und kohlensaures Gas.

Caroline.

Wir sehen aber doch gar nichts davon.

Mrs. B.

Sie wissen, kohlensaures Gas ist unsichtbar und luftförmiges Wasser ebenfalls. Emilie hat durchaus richtig erklärt. — Fettes Oel kommt allein in Pflanzensamen vor, die Olive allein ausgenommen, bei der es sich in der Frucht erzeugt und aus ihr gepreßt wird. Wir haben schon bemerkt, daß Samenkörner auch Stärke enthalten; diese beiden Stoffe, mit etwas Schleim verbunden, bilden die weiße Substanz der Samen- oder Fruchtkerne der Pflanzen, die zur Nahrung der jungen Pflanze bestimmt ist, die aus dem Samenkorn erwächst. Die Mandelmilch z. B., die man aus Mandeln bereitet, ist aus diesen drei Stoffen zusammengesetzt.

Emilie.

Bitte, von welcher Art ist denn das Leinöl, das man zum Malen braucht?

Mrs. B.

Es ist ein fettes Oel, was man aus Leinsamen gewinnt. Das Nußöl, was man häufig zu gleichem Zwecke gebraucht, wird aus Wallnüssen gepreßt.

Olivenöl ist dasjenige, was man zu Speisen anwendet.

Caroline.

Und welche Oele braucht man zum Brennen?

Mrs. B.

Gemeiniglich thierische Oele, aber nur der Wohlfeilheit wegen, denn Pflanzenöle brennen eben so schön und haben nicht den üblen Geruch.

Emilie.

Da Oel ein so gutes Brennmaterial ist, weiß ich gar nicht, warum man den Docht so oft abschneiden muß?

Mrs. B.

Das liegt zuweilen am Bau der Lampen, der nicht immer einer vollständigen Verbrennung günstig ist, aber gewiß auch in der Unvollkommenheit des Oels. Dieser Fehler entsteht aus der Beimischung von Schleim, der sehr schwer auszuscheiden ist, als schlechter Brennstoff sich um den Doch ansetzt, so die Verbrennung hindert und folglich das Licht trübt.

Caroline.

Brennt aber Oel nicht ohne Docht?

Mrs. B.

Nicht eher als bis seine Temperatur sehr erhöht ist: diesem Zweck entspricht der Docht, wie ich Ihnen, glaube ich, schon früher erklärt habe. Durch die Kraft der Harröhrchenanziehung steigt das Oel zwischen den Fasern der Baumwolle in die Höhe, und die Hitze des brennenden Dochtes verflüchtigt es und bringt es nach und nach zu der Temperatur, bei welcher es verbrennlich ist.

Emilie.

Ihre Erklärung von der Nothwendigkeit des Dochtabschneidens bei Lampen ist wohl eben so anwendbar auf das häufige Putzen der Talglichte?

Mrs. B.

Ja wohl. Bei den Talglichten tritt noch der Umstand ein, daß die Hitze, die ihr Brennen hervorbringt, nicht hinreicht, um das grobe thierische Oel vollständig zu verflüchtigen; es setzt sich fortwährend Ruß am Dochte ab, der das Licht trübt und die Verbrennung verzögert.

Caroline.

Wachslichte müssen wohl keine unverbrennlichen Stoffe enthalten, denn man braucht sie nicht zu putzen.

Mrs. B.

Wachs ist ein weit reinerer Brennstoff als Talg, aber doch auch nicht ganz ohne Beimischung unverbrennlicher Theilchen; wenn diese sich aber an den Docht setzen, der bei Wachslichten verhältnißmäßig dünn ist, drücken sie ihn auf eine Seite nieder und fallen mit einem Theile des verbrannten Dochtes ab.

Caroline.

Da die Oele so gute Brennstoffe sind, wundert es mich,

daß sie einer so großen Temperaturerhöhung bedürfen, ehe sie zu brennen anfangen.

Mrs. B.

Obgleich fette Oele nur bei sehr hoher Temperatur in wirkliches Brennen übergehen, so saugen sie doch schon bei der gewöhnlichen Temperatur der Luft langsam Sauerstoff ein. Daraus entstehen vielfältige Veränderungen in den Oelen, die großen Einfluß auf ihre Beschaffenheit und technische Anwendung haben.

Wenn Oel blos Sauerstoff aufsaugt und sich damit verbindet, verdickt es sich und wird zu einer Art von Wachs. Diese Veränderung kann man an den äußern Theilen gewisser Pflanzen selbst während des Lebens beobachten. In vielen Fällen behält aber das Oel nicht allen Sauerstoff, den es anzieht, sondern ein Theil davon verbindet sich mit dem Wasserstoff des Oeles, verbrennt damit und bildet eine Quantität Wasser, die nach und nach verdunstet. In diesem Falle erhält das Oel nicht allein einen Zusatz in einer gewissen Quantität Sauerstoff, sondern erleidet auch eine Verminderung seines Wasserstoffgehaltes. Diese Oele bezeichnet man mit dem Namen trocknende Oele. Dazu gehören z. B. Leinöl, Mohnöl, Nußöl.

Emilie.

Ich kenne die trocknenden Oele sehr gut, weil ich sie zum Malen brauche, aber ich verstehe nicht recht, wie der Gewinn an Sauerstoff und der Verlust an Wasserstoff sie zum Trocknen bringt.

Mrs. B.

Dafür giebt es zwei Gründe: entweder ist der hinzukommende Sauerstoff dem flüssigen Zustande weniger günstig als der Wasserstoff, welcher der Masse entzogen wird, oder die vermehrte Menge Sauerstoff veranlaßt neue Verbindungen, in deren Folge die meisten flüssigen Theile des Oeles frei werden und sich verflüchtigen.

Bei dem Malen vermehrt man die trocknende Beschaffeinheit des Oeles noch durch einen Zusatz von Bleioxyd, wodurch es schneller Sauerstoff aufnimmt.

Das Ranzigwerden der Oele ist gleichfalls eine Folge ihrer Sauerstoffung. In diesem Falle ändert sich die Zusammensetzung und es bildet sich eine eigenthümliche Säure, die Fettsäure.

Caroline.

Da die Natur und Zusammensetzung der Oele so genau bekannt sind, könnte man da nicht wirklich Oel zu Stande bringen, indem man die dazu nöthigen Grundstoffe verbände?

Mrs. B.

Das ist keinesweges eine nothwendige Folge, denn es giebt unzählige zusammengesetzte Körper, die wir zerlegen können, obgleich wir unfähig sind, ihre Bestandtheile wieder zu verbinden. Jedoch was Oel betrifft, so hat man ganz kürzlich entdeckt, daß es möglich ist Oel zu bilden, und zwar durch einen besondern Prozeß, der auf der Einwirkung von Chlorgas und Kohlenwasserstoffgas beruht.

Nun zu den flüchtigen oder ätherischen Oelen. Diese bilden die Basis aller vegetabilischen Wohlgerüche und finden sich, mehr oder weniger in jedem Theil der Pflanze, den Samen ausgenommen, wenigstens nie im Samenkeim.

Emilie.

Der Duft der Blumen kömmt also von flüchtigen Oelen her?

Mrs. B.

Gewiß. Die Schalen mancher Früchte, wie der Apfelsinen, Zitronen &c. enthalten dieses Oel in reichlichem Maße, und man kann es durch den leisesten Druck auspressen: auch in Blättern, ja selbst im Holze findet man flüchtige Oele.

Caroline.

Nicht wahr, besonders in Thimian, Quendel, Krausemünze und allen wohlriechenden Kräutern?

Mrs. B.

Ja, sehr viel, und auch in den Blättern von Geranium, die weit stärker riechen als die Blumen.

Der Geruch des Sassafrasholzes ist ein Beweis, daß auch im Holze flüchtige Oele vorkommen können. Kurz; sobald eine Pflanze Geruch hat, ist vorauszusetzen, daß Theilchen eines in ihr enthaltenen flüchtigen Oeles verdunsten.

Emilie.

Diese Oele sind wohl sehr leicht und dünn, da sie so flüchtig sind?

Mrs. B.

Das ist sehr verschieden, einige sind so dick wie Butter, andere flüssig wie Wasser. Um Essenzen oder Parfümerien aus ihnen zu bereiten, reinigt man diese Oele erst auf gehörige Weise, und destillirt sie dann entweder mit Weingeist, wie es beim Lavendelwasser der Fall ist, oder verdünnt sie nur mit einer hinlänglichen Quantität Wasser, wie es oft mit der Pfeffermünze geschieht. Sehr oft bereitet man diese wohlriechenden Wasser auch nur so, daß man die Pflanze mit Wasser übergießt und destillirt. Das Wasser geht dann mit flüchtigem Oele gesättigt, über.

Caroline.

Mit solchem Riechwasser macht man oft Fettflecke an Tuch oder Seide aus — wie bringen sie die diese Wirkung hervor?

Mrs. B.

Sie verbinden sich mit der Substanz, die diese Flecke veranlaßte, denn flüchtige Oele, und gleicherweise der Spiritus mit dem sie destillirt sind, lösen Wachs, Talg, Wallrath und Harze auf: ist also der Fleck durch einen dieser Körper entstanden, so nehmen sie ihn fort. Insekten aller Art haben einen großen Widerwillen gegen starke Gerüche, so daß flüchtige Oele mit Erfolg zur Aufbewahrung ausgestopfter Thiere angewendet werden.

Caroline.

Stammt der durchdringende Geruch des Kamphors nicht auch von einem flüchtigen Oele?

Mrs. B.

Kamphor scheint eine einzeln dastehende Substanz zu sein, die wegen vieler Eigenthümlichkeiten bemerkenswerth ist; wenn er aber nicht ganz genau die Natur eines flüchtigen Oeles besitzt, so hat er doch viele Aehnlichkeit damit. Man gewinnt ihn hauptsächlich vom Kamphorbaum, eine Lorbeerart, die in China und auf den indischen Inseln wächst, und wird aus Stamm und Wurzeln ausgezogen. Kleine Quantitäten Kamphor hat man auch aus Thimian, Salvei und andern aromatischen Pflanzen destillirt, und einige flüchtige Oele setzen große Mengen davon ab, wenn sie lange stehen. Er ist äußerst flüchtig und entzündbar, im Wasser nicht löslich, wohl aber ist Weingeist und in Oelen. Sowohl im festen Zustande als aufgelöst wird er häufig zu medizinischen Zwecken verwendet. Unter den Eigenthümlichkeiten des Kamphors ist eine zu sonderbar, um mit Stillschweigen übergangen zu werden. Wenn Sie ein Stückchen Kamphor auf die Oberfläche einer Schale mit reinem Wasser legen, so fängt es gleich an, sich im Kreise herumzubewegen und zwar mit großer Schnelligkeit. Gießen Sie aber einen einzigen Tropfen irgend einer wohlriechenden Flüssigkeit in die Schale, so hört augenblicklich diese Bewegung auf. Sie können das jederzeit versuchen, allein erwarten Sie nicht von mir eine genügende Erklärung dieser Erscheinung, soweit ist man noch nicht gekommen.

Caroline.

Das ist sehr merkwürdig. — Aber bitte, vorhin sprachen Sie immer von Gummi, und als Sie jetzt der Harze erwähnten, schien dieses Wort etwas ganz Verschiednes zu bezeichnen; ich habe immer gedacht, Gummi und Harz wären einerlei Art von Stoff.

Mrs. B.

Das ist keinesweges der Fall. Die Harze sind flüchtige Oele, welche durch Einwirkung von Sauerstoff eigenthümlich verändert sind.

Caroline.

Dann sind es also oxydirte flüchtige Oele?

Mrs. B.

Nicht ganz, der Vorgang scheint weniger in einer Sauerstoffung des Oeles zu bestehen, als in der Verbrennung eines Theiles seines Wasserstoffs und eines kleinen Theiles seines Kohlenstoffes; denn wenn man Harze künstlich bereitet, durch Verbindung flüchtiger Oele mit Sauerstoff, beschlägt das Gefäß, worin der Prozeß vorgenommen wird, mit Wasser, und die darin eingeschlossene Luft wird mit Kohlensäure beladen.

Emilie.

Das muß ein ähnlicher Prozeß sein wie der, durch welchen trocknende Oele bereitet werden?

Mrs. B.

Ja, durch diese Operation erlangen beide einen höhern Grad von Dichtigkeit. Pech, Theer und Terpentin sind die gemeinsten Harze; sie schwitzen aus Fichten und Tannen aus. Kopal, Mastix und Weihrauch gehören auch unter diese Rubrik.

Emilie.

Werden aus diesen Harzen die Mastix- und Kopalfirnisse gemacht, die man soviel beim Malen braucht?

Mrs. B.

Ja. In Oel oder Spiritus aufgelöst, bilden die Harze Firnisse. Aus diesen Auflösungen kann man sie durch Wasser fällen, in dem sie unlöslich sind. Dies kann ich Ihnen leicht zeigen. — Wenn Sie etwas Wasser in dies Glas Mastixfirniß gießen, wird jenes sich mit dem Weingeist verbinden, der das Harz aufgelöst hält, und letzteres wird in Form einer weißen Wolke niedergeschlagen.

Emilie.

So ist es. Und doch kann man Gemälde oder Zeichnungen, die mit dieser Auflösung gefirnißt sind, ganz gut mit Wasser abwaschen.

Mrs. B.

Wenn der Firniß trocknet, verdunstet der Spiritus, und das trockne Harz, was zurückbleibt, ist nicht in Wasser löslich, wird also auch nicht von ihm verändert.

Es giebt eine Gattung zusammengesetzter Harze, die man Gummiharze nennt und die genau das sind, was ihr Name ausdrückt, d. h. mit Schleim verbundenes Harz. Mirrhen und Assafötida gehören hierher.

Caroline.

Ist es möglich, daß eine Substanz von so unangenehmen Geruch wie Assafötida von einem flüchtigen Oele herrühren kann?

Mrs. B.

Der Geruch der flüchtigen Oele ist gerade nicht immer angenehm: sie geben eben sowohl den Zwiebeln und dem Knoblauch den Geruch wie den Rosen und dem Lavendel.

Es giebt noch eine andre Form, unter der sich flüchtige Oele darstellen, das sind die Balsame. Sie bestehen aus harzigen Flüssigkeiten mit einer besondern Säure verbunden, die man Benzoesäure nennt. Die Balsame scheinen ursprünglich flüchtige Oele gewesen zu sein, deren einer Theil durch Sauerstoffung in ein Harz, der andre in eine Säure verwandelt wurde, und die zusammen verbunden einen Balsam bilden: solche sind der peruanische Balsam, der Tolubalsam ꝛc.

Nun schreiten wir von den Oelen und ihren Abänderungen zu dem folgenden Pflanzenstoff fort, dem Federharz, Kautschuck.

Dies ist ursprünglich eine weiße, milchige, klebrige Flüssigkeit, die beim Trocknen sich verdickt und schwärzlich wird, in welchem Zustande es die Substanz bildet, die Sie unter dem Namen Gummi elasticum sehr wohl kennen.

Caroline.

Was, Gummi elasticum ist anfangs weiß und flüssig! Und welche Pflanze bringt es hervor?

Mrs. B.

Man gewinnt es durch Einschnitte in die Stämme von zwei bis drei verschiednen Baumarten in Ostindien und Südamerika. Die Flüssigkeit wird bei dem Heraustropfen aus diesen Einschnitten aufgefangen, und man taucht Flaschenformen von Lehm hinein. Eine Schicht Saft hängt sich an den Lehm und trocknet dann, und diese Operation wiederholt man so lange, bis die Flasche die gehörige Dicke hat. Dann klopft man sie, um den Lehm im Innern zu zerbröckeln, der sich dann leicht ausschütten läßt. Die Eingebornen formen auf dieselbe Weise Schuhe und Stiefeln daraus, die sehr bequem und nutzbar sein sollen, weil sie elastisch und wasserdicht sind. Wir benutzen den Kautschuck zu gleichen Zwecken auf folgende Art: er löst sich in Terpentinöl auf und bildet dann eine Art Firniß, der Luft und Wasser von jedem Gewebe abhält, worauf er aufgetragen wird. Man wendet ihn daher an, um Ballons luftdicht zu machen, und um Schuhe, Stiefeln, Ueberröcke und dergleichen Kleidungsstücke vor dem Eindringen des Wassers zu schützen.

Das unmittelbare Pflanzenmaterial, was sich nun unserer Betrachtung darstellt, ist der Extraktivstoff. Dies ist ein Ausdruck, der im allgemeinen Sinne freilich auf jede Substanz paßt, die aus Pflanzen ausgezogen werden kann, sich hier aber besonders auf den Farbestoff bezieht. Eine große Menge Farben, sowohl zum Malen wie zum Färben, werden aus Pflanzenstoffen bereitet; z. B. alle sogenannten Lackfarben, aber sie sind weniger dauerhaft, denn wenn sie lange der Luft ausgesetzt bleiben, dunkeln sie nach oder vergelben.

Emilie.

Ich weiß das, beim Malen rechnet man immer Ockerfarben für weit bleibender als Lackfarben; woher kommt das?

Mrs. B.

Die Veränderung, die mit Pflanzenfarben vorgeht, rührt hauptsächlich daher, daß der Sauerstoff der Luft langsam ihren Wasserstoff verbrennt, und dadurch einigermaßen die Schwärze ihres Kohlenstoffs hervortritt. Der Ocker kann nicht eine solche Veränderung erleiden, weil er ganz und gar eine mineralische Substanz ist.

Pflanzenfarben haben eine stärkere Verwandtschaft zu thierischen als zu vegetabilischen Substanzen, und man glaubt dies gründe sich auf die geringe Menge Stickstoff, den letztere enthalten. So nehmen Seide und Wolle eine weit schönere vegetabilische Färbung an, als Leinen und Baumwolle.

Caroline.

Das Färben ist also auch ein chemischer Prozeß?

Mrs. B.

Ohne Zweifel. Um gut zu färben ist es Hauptbedingung, daß der Farbestoff auf die zu färbende Substanz gefällt, oder darauf fixirt wird, und damit eine Verbindung bildet, die nicht in solchen Flüssigkeiten löslich ist, denen sie wahrscheinlich ausgesetzt wird. So z. B. müssen gedruckte oder gefärbte Leinen- oder Baumwollenzeuge der Einwirkung von Seife und Wasser widerstehen können, der sie beim Waschen nothwendig unterworfen werden müssen, und wollene und seidene Zeuge sollten durch Fett und Säure nicht die Farbe verlieren, da sehr leicht solche Flecke darauf kommen.

Caroline.

Wenn aber Leinen und Baumwolle eine zu schwache Verwandtschaft zum Farbestoff haben, wie fängt man es an, daß sie in der Wäsche Farbe halten, was bei gut gedruckten Zeugen doch der Fall ist?

Mrs. B.

Wenn die zu färbende Substanz entweder keine Verwandtschaft zum Farbstoff oder nicht genug Kraft hat, um ihn festzuhalten, so bewirkt oder befestigt man die Verbindung durch die Vermittlung einer dritten Substanz, die man eine Beize nennt. Die Beize muß eine starke Verwandtschaft zum Färbestoff und ebenfalls zu der Faser besitzen, die gefärbt werden soll, durch welches Mittel sie die Verbindung beider veranlaßt.

Caroline.

Was sind denn das für Stoffe, die das Amt übernehmen, die beiden Parteien zu versöhnen?

Mrs. B.

Die gewöhnlichste Beize ist schwefelsaure Thonerde oder Alaun. Auch Zinn- und Eisenoxyde im Zustande zusammengesetzter Salze gebraucht man zu diesem Zwecke.

Der Gerbestoff ist ein andrer Pflanzenbestandtheil von großer Wichtigkeit für die Gewerbe. Man gewinnt ihn hauptsächlich aus Baumrinde, aber man findet ihn auch in Galläpfeln und einigen andern Vegetabilien.

Emilie.

Ist das die Substanz, die man gewöhnlich Gerberlohe nennt und in Gewächshäusern braucht?

Mrs. B.

Die Lohe ist zubereitete Rinde, in der Gerbstoff enthalten ist. Die Anwendung der Lohe in Treibhäusern ist aber bei weitem weniger wichtig als die zum Gerben, eine Operation, wodurch Haut zu Leder wird.

Emilie.

Bitte, wie macht man das?

Mrs. B.

Man bedient sich verschiedner Verfahrungsarten, um Häute der Einwirkung des Gerbestoffes oder solcher Substanzen zu überlassen, die diesen Grundstoff in hinreichender Menge enthalten, und ihn der Haut mitzutheilen vermögen.

Der gebräuchlichste Weg ist, grobgepulverte Eichenrinde mit Wasser zu übergießen und die Haut eine gewisse Zeit lang darin weichen zu lassen. Während dieses Prozesses, der langsam und allmählig vor sich geht, ergiebt sich, daß die Haut an Gewicht zunimmt und bedeutend zäher und undurchdringlicher für Wasser wird. Diese Wirkung kann sehr beschleunigt werden, wenn man, statt der Rinde, den aus ihr gezogenen Gerbestoff anwendet, und das Wasser stark damit sättigt. Allein diese schnelle Bereitungsart scheint kein so gutes Leder zu geben.

Der Gerbestoff kommt in einer großen Menge zusammenziehender Pflanzenstoffe vor, wie in den Galläpfeln, Hambutten und im Wein, aber nirgends in solcher Fülle wie in der Baumrinde. Aus allen diesen Substanzen zieht Wasser den Gerbestoff aus, und man kann ihn daraus mit Hausenblase oder Leim fällen, mit denen er sich innig verbindet und eine unlösliche Mischung bildet. Das ist der Grund, weshalb er so auf Haut einwirkt (die hauptsächlich aus Leim besteht), es in Leder verwandelt, und warum dieses dem Eindringen des Wassers so widersteht.

Emilie.

Könnten wir das nicht mit etwas Hausenblase und einem Glase Wein probiren?

Mrs. B.

Ich habe schon etwas Hausenblase dazu aufgelöst. Bemerken Sie den dicken trüben Niederschlag? Das ist der Gerbestoff mit Hausenblase verbunden.

Caroline.

Dieser Niederschlag muß also von derselben Natur sein, wie Leder?

Mrs. B.

Er ist aus denselben Bestandtheilen zusammengesetzt, da aber die Organisation und Textur der Haut fehlt, so hat er weder die Festigkeit noch die Zähigkeit des Leders.

Caroline.

Man möchte glauben, Leute die große Quantitäten Rothwein trinken, ständen in Gefahr, daß ihre Magenhaut gegerbt würde, da der Gerbestoff eine so innige Verwandtschaft zur Haut besitzt.

Mrs. B.

Es ist nicht unmöglich, daß ihre Magenwände durch den fortwährenden Genuß des Weines einigermaßen gegerbt oder abgehärtet werden, aber Sie müssen bedenken, wo mehrere andere chemisch wirkende Kräfte im Spiele sind, und vor Allem, wo Leben ist, läßt sich keine sichre chemische Schlußfolge ziehen.

Neuerlich hat man entdeckt, daß, wenn man Kohlenstoff oder irgend eine kohlenstoffhaltige Substanz, welchem der drei Naturreiche sie auch angehört, der Einwirkung von Salpetersäure aussetzt, sich eine Substanz erzeugt, die dem Gerbestoff sehr ähnlich ist, alle seine Haupteigenschaften besitzt und auch wirklich Leder gerben kann.

Caroline.

Diese Entdeckung kann gewiß großen technischen Nutzen gewähren?

Mrs. B.

Das ist sehr zweifelhaft, denn künstlich bereiteter Gerbestoff ist gewiß kostspieliger als der aus Baumrinde gewonnene. Aber die Thatsache ist sehr merkwürdig, da sie eines von den seltnen Beispielen aufweist, wo die Chemie im Stande ist, die nächsten Bestandtheile organischer Körper nachzuahmen.

Das letzte der Pflanzenmaterialien ist die Holzfaser, der Faserstoff; er ist der härteste Theil der Pflanzen, mehr oder weniger ist er in jedem festen Theile der Pflanzen enthalten, am meisten natürlich im Holze. Er bildet eine Art von Gerippe des Theiles, zu dem er gehört, und behält seine Gestalt, wenn alle andern Materialien verschwunden sind. Er besteht hauptsächlich aus Kohlenstoff, mit geringen Beimimischungen von Salzen und denjenigen Bestandtheilen, welche alle Pflanzen gemein haben.

Emilie.

Die gewöhnliche Holzkohle besteht also aus Faserstoff?

Mrs. B.

Ja. Die Kohle wird, wie Sie sich erinnern werden, aus Holz gewonnen, durch Ausscheidung aller der Verflüchtigung fähigen Theile.

Ehe wir von den Bestandtheilen der Pflanzen zu deren Zusammensetzung übergehn, wird es gut sein, diejenigen Pflanzensäuren wenigstens aufzuzählen, die wir zu erwähnen Gelegenheit hatten oder haben werden. Ich glaube, Ihnen schon früher gesagt zu haben, daß die Basis oder Grundlage aller dieser Säuren aus Wasserstoff und Kohlenstoff zusammengesetzt ist, und daß ihre Mannigfaltigkeit nur aus den unterschiedlichen Mengen Sauerstoff entspringt, den sie enthalten.

Folgendes sind die Namen der wichtigeren Pflanzensäuren:

Die Schleimsäure gewinnt man	aus Gummi oder Schleim,
Korksäure	aus Kork,
Kamphorsäure	aus Kamphor,
Benzoesäure	aus Balsam,
Gallussäure	aus Galläpfel, Baumrinde &c.,
Aepfelsäure	aus reifen Früchten,
Zitronensäure	aus Zitronensaft,
Oxal- oder Sauerkleesäure	aus Sauerklee,
Bernsteinsäure	aus Bernstein,
Weinsteinsäure	aus weinsteinsaurem Kali,
Maulbeersäure	aus weißen Maulbeeren,
Boletussäure	aus dem Saft einer Boletus-Art,
Chinasäure	aus Chinarinde,
brenzlichte Weinsteinsäure	aus Weinsteinsäure,
brenzlichte Aepfelsäure	aus Aepfelsäure,

brenzlichte Zitronensäure aus Zitronensäure,
Essigsäure aus Essig.

Sie sind alle durch Hitze zerlegbar, im Wasser löslich, und röthen blaue Pflanzenfarben. Die Kamphor-, Bernstein-, Weinstein- und Essigsäure, ebenso die brenzlichten Weinstein-, Zitronen- und Aepfelsäuren, welche durch Anwendung von Hitze auf andre Pflanzensäuren entstehn, sind die Produkte einer Zersetzung von Pflanzenstoffen, deshalb werden wir sie erst später untersuchen.

Die Oxalsäure, aus Sauerklee bereitet, ist der höchste Punkt von vegetabilischer Sauerstoffung, denn sie besteht allein aus Kohlenstoff und Sauerstoff, mit gar keinem Zusatz von Wasserstoff. Wenn dieser Substanz noch mehr Sauerstoff zugesetzt wird, verliert sie ihre vegetabilische Natur und löst sich in Kohlensäure und Wasser auf; daher können zwar alle Pflanzensäuren durch einen Zusatz von Sauerstoff in Oxalsäure verwandelt werden, diese aber ist keiner höhern Stufe der Sauerstoffung fähig, kann auch durch keinen chemischen Prozeß zu einer Verminderung ihres Sauerstoffgehaltes gebracht werden.

Zum Schluß habe ich noch einige Worte über die Gallussäure zu sagen.

Caroline.

Ist das nicht die Säure, mit der Dinte bereitet wird?

Mrs. B.

Ja. Obgleich sie gewöhnlich aus Galläpfeln dargestellt wird, weil diese die größten Mengen davon enthalten, so kann man sie doch außerdem auch aus vielen andern Pflanzen gewinnen. Sie macht den zusammenziehenden Stoff der Pflanzen aus, und ist gemeiniglich mit Gerbestoff verbunden. Wenn man in einen Aufguß von Kaffee, Thee, Baumrinde oder irgend einer vegetabilischen Substanz, welche den zusammenziehenden Stoff enthält, auch in rothen Wein, eine Auflösung von schwefelsaurem Eisen gießt, so bildet sich ein schwarzer Niederschlag.

Caroline.

Was sind denn eigentlich die Galläpfel?

Mrs. B.

Es sind Auswüchse, die sich auf der Rinde junger Eichen bilden und durch ein Insekt veranlaßt werden, was die Baumrinde verwundet und seine Eier hineinlegt. Die verletzten Gefäße des Baumes entladen sich ihres Inhalts und bilden einen Auswuchs, der diese Eier schützt und bedeckt. Wenn das Insekt auskriecht, nährt es sich erst von dieser es umgebenden Hülle und frißt sich dann einen Weg durch, wie aus dem Loche hervorgeht, welches die Galläpfel haben, in denen sich kein Insekt mehr vorfindet. Nur in heißen Ländern giebt es stark adstringirende Galläpfel, solche die man zur Dintebereitung gebraucht; sie kommen aus Aleppo.

Emilie.

Auf den Blättern unsrer Eichen wachsen doch auch Galläpfel?

Mrs. B.

Das ist eine viel geringere Sorte, die weniger zusammenziehenden Stoff enthält und deshalb nicht so nutzbar ist.

Emilie.

Findet man die Pflanzensäuren immer nur im reinen unvermischten Zustande?

Mrs. B.

Keinesweges. Im Gegentheile kommen sie häufig als zusammengesetzte Salze vor; diese sind jedoch meistens nicht völlig mit Basen gesättigt, so daß die Säure vorherrscht, und daher werden sie saure Salze genannt. Hierher gehört das Cremor tartari, oder der Weinstein.

Caroline.

Nicht auch das Kleesalz, womit man Dinten- und Eisenflecke ausmacht?

Mrs. B.

Dies Salz besteht aus Oxalsäure und etwas Kali, man findet es in diesem Zustande im Sauerklee, und es nimmt die genannten Flecke fort, indem es sich mit dem Eisenoxyd verbindet und dieses im Wasser löslich macht.

Außer den aufgezählten Stoffen, kommen in den Pflanzen noch viele andre Substanzen vor, die allen drei Naturreichen gehören, z. B. Kali, von dem man früher glaubte, es gehöre ausschließlich dem Pflanzenreich, und es deshalb vegetabilisches Alkali nannte. Man hat entdeckt, daß Kali fertig gebildet in Pflanzensäften anzutreffen ist und daraus abgeschieden werden kann, wenn man reine Talkerde mit der Flüssigkeit schüttelt, die man durch Pressen oder Kochen aus irgend einem Theil der Pflanze — die Frucht ausgenommen — erhalten hat.

In vielen Pflanzen findet man auch eigenthümliche Stoffe, die, weil sie in vieler Hinsicht die Beschaffenheit der Alkalien haben, natürliche Pflanzenalkalien genannt worden sind. Die Pflanzen, in denen sie vorkommen, äußern gemeiniglich sehr starke, ja giftige Wirkungen auf das thierische Leben, wahrscheinlich in Folge der Thätigkeit dieser alkalischen Stoffe. So das Opium, die Nux vomica, die Belladonna, das Bilsenkraut ꝛc. Alle diese Substanzen wirken sehr betäubend, wenn sie in sehr geringer Menge eingenommen werden, und sind in größeren Dosen die tödtlichsten Gifte. Noch andre giebt es, die nicht schädlich sind und aus Baumrinden gezogen werden. Z. B. aus der Chinarinde werden zwei alkalische Stoffe dargestellt: Chinin und Cinchonin.

Emilie.

Nicht wahr, Chinin verordnet man jetzt viel statt China bei Fiebern?

Mrs. B.

Ja. Das in der Chinarinde enthaltne Chinin scheint der Stoff zu sein, der das Wiederkehren eines Wechselfiebers unterbricht, weshalb man ihn ausscheidet und für sich allein anwendet, um den Magen nicht nutzlos zu überladen. Die Aehnlichkeit dieser Pflanzenstoffe mit den Alkalien zeigt sich besonders darin, daß sie Säuren zu neutralisiren und damit

Mischungen zu bilden vermögen, die den Neutralsalzen ähnlich sind. Ihre Anziehungskraft für Säuren ist jedoch immer schwächer als die der wirklichen Alkalien, und einzeln, oder mit andern Stoffen verbunden, werden sie durch geringen Hitzgrad zerstört.

Schwefel, Phosphor, Erden und Metalloxyde kommen in Pflanzen vor, wenn auch in sehr kleinen Quantitäten, auch Neutralsalze trifft man an, durch Verbindung dieser Bestandtheile mit Säuren gebildet.

Zwanzigste Unterhaltung.

Ueber die Zersetzung der Pflanzen.

Caroline.

Was Sie uns über die vegetabilischen Stoffe mitgetheilt haben, Mrs. B., war sehr lehrreich, allein es hat mich doch gar nicht befriedigt. Vor Allem wünschte ich zu wissen, wie die Pflanzen zu den Grundstoffen gelangen, aus denen sich ihre verschiedentlichen Bestandtheile bilden, durch welche Mittel diese zu vegetabilischer Materie umgestaltet werden, und wie sie mit dem Leben der Pflanze zusammenhängen.

Mrs. B.

Das wäre also nichts Geringeres, als eine vollständige Chemie und Physiologie des Pflanzenreiches, und letztere gehört eigentlich nicht hierher; allein ich hoffe doch einigermaßen Ihre Wißbegierde befriedigen zu können. Um aber die Sache verständlicher zu machen, müssen Sie erst die verschiedenen Veränderungen kennen lernen, welche Pflanzen erleiden, wenn die Lebenskraft sie nicht länger befähigt, den allgemeinen Gesetzen der chemischen Anziehungskraft zu widerstehen.

Die Zusammensetzung der Pflanzen ist verwickelter als die der Mineralien, weshalb erstere häufiger chemischen Verwandlungen unterworfen sind als letztere, denn je größer die Anzahl der Anziehungskräfte ist, die zusammenwirken, je leichter wird das Gleichgewicht zerstört und eine neue Reihe von Verbindungen eingeführt.

Emilie.

Ich erstaune, daß Pflanzen so leicht zerlegbar sein sollen. Die Erhaltung des Pflanzenreiches ist doch gewiß weit wichtiger als die des Mineralreichs.

Mrs. B.

Ohne Zweifel hat die Natur absichtlich die Vegetabilien so eingerichtet, daß sie bald der Zerstörung anheimfallen. Wie Sie wissen, findet die Zersetzung der Pflanze nur erst nach ihrem Absterben statt, was nach dem gewöhnlichen Laufe der Natur eintritt, wenn sie Frucht und Samen getragen haben. Wenn, statt hier ihre Laufbahn zu endigen, jede Pflanze auch später Form und Bildung behielte, so würde sie der Erde und ihren Bewohnern eine unnütze Last werden. Sobald daher die Lebensthätigkeit der Pflanze aufhört, beginnt die Natur den Prozeß der Zersetzung, um sie in ihre chemischen Bestandtheile aufzulösen, in Wasserstoff, Kohlenstoff und Sauerstoff, jene ursprünglichen Elemente, welche sie zu allen ihren Verbindungen vorräthig hält.

Emilie.

Da aber keine Art chemischer Verbindungen anders zerstört werden kann, als durch Zusammenstellung einer neuen Ordnung der Anziehungskräfte, wie kann die Zersetzung der Pflanzen diese auf ihre Urstoffe zurückführen?

Mrs. B.

Es ist ein sehr langwieriger Prozeß, während dessen eine Menge neuer Verbindungen der Reihe nach gebildet und wieder aufgelöst werden; bei jeder dieser Verwandlungen geht das Bestreben der Bestandtheile der Pflanzenmaterie dahin, sich zu weniger verwickelten Zusammensetzungen zu verbinden, bis sie endlich zu ihrem Elementarzustande, oder wenigstens zur einfachsten Art von Mischung gelangen. So werden Pflanzen am Ende fast gänzlich in Wasser und Kohlensäure aufgelöst, indem Wasserstoff und Kohlenstoff sich dergestalt in den Sauerstoff theilen, daß jene beiden Substanzen entstehen. Aber die zwischenliegenden Verbindungen, die während der stufenweisen Zersetzung der Pflanzen stattfinden, bieten eine neue Reihe von zusammengesetzten Körpern dar, die wohl unsrer Betrachtung werth sind.

Caroline.

Ist es möglich, daß Pflanzen während der Verwesung irgend noch etwas Beachtungswerthes hervorbringen können?

Mrs. B.

Die Verwesung ist der Endpunkt der Zersetzung, ehe sie aber in diesen Zustand übergehn, erleiden sie gewisse Veränderungen, die uns oft zu sehr wichtigen Zwecken dienen. Ich muß mich darüber umständlicher erklären.

Die Zersetzung der Pflanzen ist stets von heftiger innerer Bewegung begleitet, in Folge der Aufhebung früherer und des Bildens neuer Verbindungen. Dies nennt man Gährung. Es giebt mehrere Zeitpunkte, wo dieser Prozeß innehält, und es so scheint als sei die neue Anordnung und Verbindung der Theilchen vollständig und ein Ruhestand eingetreten. Allein, wenn man nicht Mittel anwendet, um die neue Verbindung im gegenwärtigen Zustande zu erhalten, ist ihre Dauer nur vorübergehend, und es tritt eine neue Gährung ein, durch welche die zuletzt gebildete Zusammensetzung zerstört und eine einfachere erzeugt wird.

Emilie.

Die Gährung scheint mir demnach ein stetiges stufenweises Abwärtsgehen der Pflanzen zur endlichen Auflösung zu sein?

Mrs. B.

Genau so, Ihre Erklärung ist durchaus richtig.

Caroline.

Und wie viele Stufen der Gährung muß eine Pflanze durchmachen, ehe sie auf ihre einfachen Bestandtheile zurückgeführt ist?

Mrs. B.

Die Chemiker stimmen in diesem Punkte nicht ganz überein; ich für mein Theil bin der Meinung, daß es vier deutlich geschiedne Abschnitte der Gährung giebt, bei denen die Pflanzenzersetzung still hält und ihren Lauf ändert. Nicht jede Art von Pflanzenstoff ist jedoch für alle diese Gährungen empfänglich.

Es sind auch mehrere Umstände erforderlich, um Gährung zu erzeugen. Wasser und ein gewisser Wärmegrad sind zu diesem Prozesse wesentlich nothwendig, um die Theilchen zu trennen, die Kraft ihres Zusammenhanges zu schwächen und sie so für die Einwirkung der neuen chemischen Verwandtschaften empfänglich zu machen.

Caroline.

Wie kann da im Winter die freiwillige Zersetzung der Pflanzen stattfinden?

Mrs. B.

Gewiß gar nicht, und deshalb findet man auch in solchen Gegenden, wo beständiger Frost herrscht, kaum Spuren der Vegetation.

Caroline.

Man sollte im Gegentheil denken, solche Erdstriche müßten ganz mit Pflanzen bedeckt sein, denn wo sie nicht zersetzt werden können, muß ihre Zahl immer zunehmen.

Mrs. B.

Liebe Caroline, Wärme und Wasser sind ebenso wesentlich zur Bildung wie zur Auflösung der Pflanzen. Ueberdies wird das entstehende Geschlecht durch das vergehende, in die Urstoffe zerfallende, ernährt und erhalten, denn dies liefert nicht nur den Samen, aus dem die junge Pflanze entsprießt, sondern auch die zu ihrem Wachsthum nöthige Nahrung.

Caroline.

In Tropenländern, wo das Wasser nie friert und die Hitze so groß ist, gehen also wohl die beiden Prozesse des Wachsthums und der Gährung erstaunt rasch vor sich?

Mrs. B.

Nicht so rasch als sie sich vorstellen. In solchen Klimaten ist ein großer Theil des, zu diesen Vorgängen nöthigen, Wassers luftförmig, und in diesem Zustande dem Wachsen und Zersetzen der Pflanzen kaum förderlicher als Eis. In der heißen Zone kommen daher die kleineren Pflanzengattungen während der trocknen Jahrszeit nur an niedrigen und feuchten Orten fort, da wo Bäume sie vor den Sonnenstrahlen schützen. Ueberdies behalten die todten Pflanzen in solchen Gegenden selten genug wässerige Theile, um Gährung zu erzeugen; die Sonnenhitze trocknet sie bald aus und macht sie fähig, diesem Prozeß zu widerstehen, so daß freiwillige Gährung nur in der Regenzeit stattfinden kann; bekanntlich sind die Herbstregen in den heißen Zonen sehr heftig.

Die verschiednen Gährungen haben Namen, die von ihren Haupterzeugnissen hergeleitet werden. Die erste nennt man die Zuckergährung, weil ihr Produkt Zucker ist.

Caroline.

Sie haben uns ja gesagt, man fände in allen Pflanzen Zucker, da kann es doch nicht ein Produkt der Zersetzung sein?

Mrs. B.

Es ist wahr, die Zuckerjährung beschränkt sich nicht auf die Zersetzung der Pflanzen, sondern findet auch beständig während des Lebens statt, und in der That hat man dieses Umstandes wegen geschwankt, diesen Vorgang als eine der Gährungen zu betrachten. Er ist aber so übereinstimmend mit den andern Gährungsprozessen, und die Bildung des Zuckers — sowohl in lebenden wie in todten Pflanzenstoffen — ist so offenbar eine neue Zusammensetzung, die aus der Zerstörung der früheren Mischung entsteht, und nothwendigerweise der folgenden Gährung vorangehen muß, daß sie jetzt, wie ich glaube allgemein, als der erste Schritt oder als nothwendige Vorbereitung zur Gährung angesehen wird, wenn nicht als ein wirkliches Beginnen dieses Prozesses.

Caroline.

Ich besinne mich, daß Sie schon andeuteten, Zucker werde nicht auf dieselbe Weise aus dem Pflanzensafte ausgesondert wie Schleim, Stärke, Oel und andre Pflanzenstoffe.

Mrs. B.

Der Zucker wird eher aus diesen Substanzen als aus dem Safte selbst gebildet, und entwickelt sich zu besondern Zeitpunkten, was Sie bei den Früchten beobachten können, die beim Reifen süß werden, zuweilen nachdem sie schon gepflückt sind. Das Leben ist also zur Zuckerbildung nicht wesentlich; hingegen Schleim, Stärke rc., die von geeigneten Organen, deren Thätigkeit unmittelbar vom Lebensprinzip abhängig ist, aus dem Safte abgesondert werden, sich nur allein während der Existenz dieser Naturkraft erzeugen können.

Emilie.

Das Reifen der Früchte ist also zugleich der letzte Schritt zu ihrer Vervollkommnung und der erste zu ihrer Zerstörung?

Mrs. B.

So ist es. — Ein der Zuckergährung ähnlicher Vorgang findet beim Kochen gewisser Pflanzen statt. Das ist der Fall mit Kartoffeln, Mohrrüben, Pastinak rc., in denen Hitze und Nässe Süßigkeit entwickeln, und wir wissen, daß, wenn wir den Prozeß etwas weiter führten, eine vollständigere Zersetzung erfolgen würde. Derselbe Prozeß geht auch in Samenkörnern vor, ehe sie keimen.

Caroline.

Wie läßt sich das mit Ihrem Lehrsatz vereinen? Sie können doch nicht behaupten, daß Zersetzung nothwendig dem Leben vorhergehn müsse?

Mrs. B.

Das ist in der That der Fall. Die Bestandtheile des Samenkornes müssen zersetzt, ihre Zusammenstellung zerrüttet werden, ehe eine Pflanze daraus hervorsprießen kann. Das Samenkorn enthält außer dem Keim noch Stärke, Oel und etwas Schleim. Diese Substanzen sind zur Nahrung der künftigen Pflanze bestimmt; ehe sie dazu taugen, müssen sie aber einige Veränderungen erleiden. Wenn der Same unter der Erde liegt, saugt er bei einem gewissen Grade von Wärme und Feuchtigkeit Wasser auf, was ihn ausdehnt, seine Theilchen trennt, und ein neues Verhältniß der Anziehungskräfte veranlaßt, deren Erzeugniß Zucker ist. Dabei wird die Samensubstanz erweicht, gesüßt und in eine Art von weißem milchigem Fleisch verwandelt, das sich zur Nahrung des Keimes eignet.

Die Zuckergährung der Samenkörner wird künstlich hervorgebracht, um Malz zu bereiten und zwar auf folgende Weise: Eine Quantität Gerste wird zwei bis drei Tage eingewässert. Gießt man dann das Wasser ab, so erhitzt sich das Korn von selbst, schwillt auf, springt, wird süß, fängt an zu keimen, und die Keime werden wirklich zollang; dann wird der Prozeß unterbrochen, indem man das Korn in einen Ofen bringt, wo es bei gelinder Hitze dörrt. In diesem Zustande ist es spröde und leicht und zu der Substanz geworden, die man Malz nennt und die ein Hauptbestandtheil des Bieres ist.

Emilie.

Sie werden uns doch auch wohl sagen können, wie aus Malz Bier gemacht wird?

Mrs. B.

Erst muß ich Ihnen die Natur der 2ten Gährung erklären, die zu dieser Arbeit wesentlich nöthig ist: diese nennt man die Weingährung, weil ihr Erzeugniß Wein ist.

Emilie.

Ich habe mir unter Pflanzenzersetzung ganz etwas Andres gedacht! Die Produkte ihrer Auflösung erscheinen beinah vorzüglicher als die, welche sie im Zustande des Lebens darbieten.

Mrs. B.

Bewundern Sie nicht zugleich die schöne Oekonomie der Natur, die, mag sie schaffen oder zerstören, immer nur zu nützlichen Zwecken thätig ist? — Es scheint äußerst günstig wenn nicht durchaus nothwendig, daß Zuckergährung der Weingährung vorangeht, so daß, wenn sich der Zucker nicht beim Leben der Pflanze entwickelt hat, die Zuckergährung künstlich herbeigeführt werden muß, ehe die Weingährung stattfinden kann. Dies ist bei der Gerste der Fall, die nicht eher Zucker enthält, bis sie zu Malz geworden ist, und nur in diesem Zustande ist sie für die Weingährung empfänglich, durch welche sie in Bier umgewandelt wird.

Caroline.

Wenn aber das Produkt der Weingährung immer Wein sein soll, so kann Bier diesen Prozeß nicht durchgemacht haben, denn Bier ist sicher nicht Wein.

Mrs. B.

Im chemischen Sinne ist Bier wohl als Gerstenwein zu betrachten, denn es wird auf dieselbe Weise durch Gährung des Malzes erzeugt, wie Wein durch Gährung von Trauben oder andern Früchten.

Die Folge der Weingährung ist die Zersetzung des Zuckerstoffes und die Bildung einer geistigen Flüssigkeit aus den Bestandtheilen des Zuckers. Aber zur Beförderung dieser Gährung sind nicht allein Wasser und ein gewisser Wärmegrad nothwendig, sondern auch einige andre Pflanzenstoffe außer dem Zucker, wie Stärke, Schleim, Säuren, Salze, Extraktivstoff 2c., die alle zu diesem Vorgange beizutragen scheinen, und der Flüssigkeit ihren eigenthümlichen Geschmack verleihen.

Emilie.

Vielleicht kann man uns aus dieser Ursache nicht durch die Gährung reinen Zuckers Wein bereiten, sondern wählt

Früchte dazu, die nicht allein Zucker, sondern auch die eben erwähnten Ingredienzien enthalten?

Mrs. B.

Gewiß. Bei der Wahl vegetabilischer Flüssigkeiten zur Weinbildung kommt auch die bezügliche Quantität Zucker nicht allein in Betracht, sonst müßte das Zuckerrohr sich am besten dazu eignen. Es ist eher die Art und das Verhältniß, in denen der Zucker mit andern Pflanzenstoffen verbunden ist, die auf die Darstellung und Beschaffenheit des Weines Einfluß hat; und da hat sich denn ergeben, daß der Saft der Weintrauben nicht allein die bedeutendste Menge Wein liefert, sondern daß dieser auch den angenehmsten Geschmack besitzt.

Emilie.

Ich habe in der Schweiz das Keltern mit angesehn, kann mich aber nicht erinnern, daß Hitze oder Wasser angewendet wurde, um die Gährung der Trauben herbeizuführen.

Mrs. B.

Die gewöhnliche Temperatur in den Kellern, in denen der Traubensaft gährt, ist zu diesem Zwecke warm genug, und da der Saft Wasser in Fülle enthält, so braucht man keines hinzuzugießen. Wenn aber die Gährung in trocknem Malz hervorgebracht werden soll, muß nothwendig eine Quantität Wasser darauf gegossen werden?

Emilie.

Und was sind das eigentlich für Veränderungen, die während der Weingährung eintreten;

Mrs. B.

Der Zucker wird zersetzt und seine Bestandtheile verbinden sich wieder zu zwei neuen Substanzen. Die eine, eine Flüssigkeit von eigenthümlichen Wesen, Alcohol oder Weingeist genannt, bleibt in der Masse, die andre kohlensaures Gas entweicht während der Gährung. Von einem allgemeinen Gesichtspunkte aus kann man also Wein als eine

Flüssigkeit betrachten, von der Alkohol den wesentlichen Theil ausmacht. Die Mannigfaltigkeit in Stärke und Geschmack unter den verschiednen Weinsorten ist, unabhängig vom Zucker, der übrigen Beschaffenheit der Früchte beizumessen.

Caroline.

Daß eine so starke Flüssigkeit, wie Alkohol, aus einer so milden Substanz, wie Zucker, gezogen wird!

Mrs. B.

Können Sie mir sagen, worin der Hauptunterschied zwischen Alkohol und Zucker liegt?

Caroline.

Ich will einmal sehen — Zucker besteht aus Kohlenstoff und Sauerstoff. Während der Entstehung von Weingeist soll Kohlensäure entweichen, folglich muß Alkohol weniger Kohlenstoff und Sauerstoff enthalten als der Zucker, und daher muß Wasserstoff der vorherrschende Grundstoff darin sein.

Mrs. B.

So ist es, und dieser sehr bedeutende Wasserstoffgehalt erklärt die Leichtigkeit und Entzündlichkeit des Weingeistes und aller Spiritusarten im Allgemeinen, denn alle sind Abarten von Alkohol.

Emilie.

Läßt sich durch Verbindung von Alkohol und Kohlensäure wieder Zucker zusammensetzen.

Mrs. B.

Dies ist den Chemikern nie gelungen, allein ich halte es nicht für unmöglich. Wir wollen nun die Erscheinungen genauer beobachten, die während der Weingährung stattfinden. Bei dem Beginnen dieses Prozesses entwickelt sich Hitze, und die Masse schwillt bedeutend auf in Folge der Bildung von Kohlensäure, die in so ungeheuren Quantitäten entweicht, daß es sehr gefährlich ist, die Luft solcher Räume einzuathmen, und schon mancher Unfall stattgefunden hat. Man kann die Gährung unterbrechen und den Wein auf Fässer füllen, ehe alle Kohlensäure verflogen ist, dann wird er schäumig wie Champagner von dem darin eingesperrten kohlensauren Gase, und schmeckt süß wie Zider, weil der Zucker nicht völlig zersetzt ist.

Emilie.

Woher mag es nur kommen, daß sich bei dieser Operation Wärme entwickelt, denn wo sich solche Mengen von Gas bilden, muß viel Wärme latent werden, und folglich müßte Kälte entstehen.

Mrs. B.

So scheint es im ersten Augenblicke, allein bedenken Sie, daß Gährung ein komplizirter chemischer Prozeß ist: während der Zersetzung einer Mischung und der Wiedervereinigung der Theilchen zu einer neuen Verbindung wird eine solche Menge chemischer Wärme frei, daß sie hinreicht, das Gas zu entwickeln, und eine Erhöhung der Temperatur zu bewirken. Wenn die Gährung gänzlich vorüber ist, kühlt die Masse ab, setzt sich, das Aufbrausen hört auf, und der dicke, süße, klebrige Fruchtsaft ist in eine klare, durchsichtige, geistige Flüssigkeit verwandelt, die wir Wein nennen.

Emilie.

Wie thut es mir leid, nichts von der Natur der Weingährung gewußt zu haben, als ich Gelegenheit hatte, den Vorgang mit anzusehn.

Mrs. B.

Der Prozeß des Bierbrauens stimmt in jedem wesentlichen Punkte mit dem der Weinbereitung überein, und ist wirklich eine sehr merkwürdige chemische Operation.

Wein bereiten können wir nicht sogleich hier in der Stube, aber analysiren oder zerlegen wollen wir ihn doch. Dies geschicht durch Destillation, und das Ergebniß ist stets, daß er Branntwein, Wasser, Weinstein, Farbestoff und einige Pflanzensäuren enthält, was für eine Weinsorte es auch sei. Ich habe etwas Portwein in diesem Destillirkolben gethan, den Helm darauf gesetzt und die Lampe darunter angezündet.

Sie werden bald sehen, daß Spiritus und Wasser in die Vorlage übergehn. —

Emilie.

Aber Sie nennen ja den Alkohol nicht unter den Produkten der Weindestillation, und doch ist er der wesentlichste Bestandtheil des Weines?

Mrs. B.

Der Alkohol ist im Weingeist enthalten, der jetzt übergeht und aus dem Schnabel des Helms hervortropft. Weingeist ist nichts weiter als ein Gemisch von Alkohol und Wasser; um ihn rein zu gewinnen, muß man ihn noch einmal destilliren.

Caroline.

Ich habe einen Tropfen auf den Finger genommen, es schmeckt wie starker Franzbranntwein, ich dächte, der wäre aber immer hochgelb und dieser ist farblos.

Mrs. B.

Im reinen Zustande ist Franzbranntwein immer farblos, und wird erst durch langes Liegen in den Fässern gelb; öfters färbt man ihn auch mit gebranntem Zucker.

Caroline.

Wird Rum auch aus Wein destillirt?

Mrs. B.

Keinesweges, Rum wird aus Zuckerrohr destillirt. Diese Pflanze enthält so große Mengen Zucker, daß man aus ihr mehr Weingeist abziehn kann, als aus irgend einer andern. Nachdem der größte Theil des Saftes zur Zuckerbereitung ausgepreßt ist, wird der übrige durch Wasser aus dem zerstoßnen Rohre ausgezogen, und diese wässrige Zuckerauflösung giebt nach erfolgter Gährung Rum.

Arrak wird auf ähnliche Weise aus dem Produkt der Weinjährung von Reis destillirt.

Emilie.

Aber Reis ist nicht süß, enthält er doch Zucker?

Mrs. B.

Mrs. B.

So wie Gerste und die meisten Samenkörner schmeckt Reis fade, bis nach erfolgter Zuckerjährung, die bekanntlich in solchen Pflanzen, in denen der Zucker nicht fertig gebildet da ist, immer der Weingährung vorangeht. Auf dieselbe Weise läßt sich aus Malz Branntwein bereiten.

Caroline.

Sie meinen wohl aus Bier, denn Malz muß doch erst die Weingährung durchgemacht haben.

Mrs. B.

Bier ist nicht gerade das Produkt der Weingährung von Malz. Ein Zusatz von Hopfen ist nothwendig zur Bereitung dieses Getränkes, allein Branntwein wird aus reinem gegohrnen Malz abgezogen. Uebrigens könnte man ebenso gut aus Bier Branntwein destilliren, als aus irgend einer andern abgegohrnen Flüssigkeit; die Grundlage von Branntwein ist immer Alkohol, und man kann ihn daher aus jeder Flüssigkeit gewinnen, welche diese geistige Substanz enthält.

Emilie.

Aber bitte, wie macht man wohl den Wachholderbranntwein?

Mrs. B.

Alle die verschiednen Arten von Branntwein und Spiritus, welche die Namen gewisser kräftiger, stärkender oder nur wohlschmeckender Substanzen tragen, sind die Produkte der Destillation von reinem Weingeist oder Spiritus mit diesen Stoffen.

Ich denke, der Weingeist aus dem Wein wird jetzt ganz abgezogen sein. Ja — kosten Sie die Flüssigkeit, die nun aus dem Helm abtropft —

Caroline.

Sie ist ganz ohne Geschmack, wie Wasser.

Mrs. B.

Es ist auch Wasser, wie ich Ihnen sagte, das zweite Produkt des Weines, und geht über, nachdem aller Spiritus, als der leichtere Theil, destillirt ist. — Den Weinstein und Farbestoff werden wir in fester Form auf den Boden des Kolbens finden.

Emilie.

Das sieht gerade aus wie Weinhefen.

Mrs. B.

Sie haben auch viel Aehnlichkeit miteinander, denn Weinhefen bestehen hauptsächlich aus weinsteinsaurem Kali, ein Salz, was im Saft der Trauben und in vielen andern Pflanzen vorkömmt, und durch die Weingährung entwickelt wird. Während der Gährung wird es gefällt und an den innern Wänden des Fasses abgesetzt, in welchem der Wein liegt. Unter dem Namen **Cremor tartari** oder Weinstein wird es vielfach angewendet, sowohl als Arznei als zu manchen Gewerben, namentlich bei der Färberei. Aus diesem Salze wird die Weinsteinsäure gewonnen.

Caroline.

Aber **Cremor tartari** sieht ganz anders aus, als diese dunkelfarbigen Hefen, eigentlich hat es gar keine Farbe.

Mrs. B.

Das ist das reine Salz in seiner Krystallform, während das vorliegende mit dem Farbestoff des Weines und andern fremdartigen Stoffen untermischt ist.

Emilie.

Können wir nun nicht aus dem Weingeist, den wir destillirt haben, reinen Alkohol abziehen?

Mrs. B.

O ja, es wäre aber etwas langweilig, denn um Alkohol ganz vom Wasser zu befreien, muß man ihn wiederholt destilliren, oder wie man es nennt, ihn r e k t i f i z i r e n. Sie müssen mir daher erlauben, Ihnen nur eine Flasche so gereinigten Alkohols vorzuzeigen. Das ist eine sehr wichtige Substanz, die außerdem, daß sie die Grundlage aller geistigen Flüssigkeiten bildet, noch viele auffallende Eigenschaften besitzt.

Emilie.

Gewiß ist Weingeist das Berauschende in allen solchen Getränken.

Mrs. B.

Ohne Zweifel. Aber der Reiz und die Spannung, die er dem Nervensystem mittheilt, und die Berauschung, die er, im Uebermaße genossen, verursacht, sind Umstände, die man noch nicht recht erklären kann. In Paris hat man kürzlich sehr interessante Experimente vorgenommen, wodurch dargethan wurde, daß Alkohol nur denjenigen Theil des Gehirnes affizirt, dessen besondre Verrichtung es ist, den Körper fähig zu machen, sich im Gleichgewicht zu halten. Entfernt man diesen Theil des Gehirnes — was man bei kleinen Thieren versuchte — so wanken und taumeln sie, ohne dem Anschein nach, übrigens zu leiden.

Caroline.

Ich glaubte, geistige Getränke wirkten in der Art, daß sie das Blut schneller durch die Adern jagten, denn ich habe gehört, vom Weintrinken ginge der Puls rascher.

Mrs. B.

Ohne Zweifel. Indem der Spiritus die Nerven reizt, erhöht er auch die Muskelthätigkeit, und das Herz, eines der stärksten Muskelorgane, schlägt mit vermehrter Kraft und treibt das Blut mit größerer Schnelligkeit durch die Gefäße. Nach so starker Aufregung findet der Körper natürlich eine verhältnißmäßige Abspannung, so daß Schwäche und Mattigkeit unabänderlich die Folge eines Rausches ist. Aber alles dieses erklärt noch lange nicht genügend, warum Alkohol diese Wirkung hervorbringt.

Emilie.

Woraus sind denn die Liqueure zusammengesetzt?

Mrs. B.

Sie bestehen aus Alkohol, der mit Syrup versüßt und durch flüchtige Oele wohlschmeckend gemacht ist.

Die verschiednen Sorten spirituöser Riechwasser sind gleichfalls Auflösungen flüchtiger Oele in Alkohol oder Spiritus, z. B. Lavendelwasser, **Eau de Cologne** 2c.

Der Weingeist besitzt zahlreiche wichtige chemische Eigenschaften. Er ist eines der kraftvollsten chemischen Agenzien, und besonders nützlich zum Auflösen vieler Stoffe, die weder durch Wasser noch durch Hitze auflösbar sind.

Emilie.

Wir haben gesehn, daß Mastix und Kopal darin zu Firnissen aufgelöst werden, und diese Harze sind gewiß nicht in Wasser löslich, da dieses sie aus ihrer Auflösung in Alkohol niederschlägt.

Mrs. B.

Dasselbe Experiment macht uns noch mit einer andern Eigenschaft des Alkohols bekannt — dem Bestreben, sich mit Wasser zu verbinden, denn aus diesem Grunde verläßt der Weingeist das Harz, welches so ausgeschieden wird. Die Verbindung von Alkohol und Wasser ist mit dem eigenthümlichen Umstande verknüpft, daß sich Wärme entwickelt und die Mischung einen kleineren Raum einnimmt, woraus wir abnehmen, daß die Theilchen sich mechanisch durchdringen, und deshalb gebundne Wärme ausgetrieben wird.

Ebenso bereitwillig, wie mit Wasser und mit Harzen, verbindet sich Alkohol auch mit Oelen und Balsamen; diese Zusammensetzungen bilden die ausgebreitete Klasse von Elixiren, Tinkturen, Quintessenzen 2c.

Emilie.

Alkohol muß auch sehr entzündlich sein, da er so große Quantitäten Wasserstoff enthält.

Mrs. B.

Ja, er brennt bei sehr mäßiger Temperatur.

Caroline.

Es wird mit Alkohol wohl so sein, wie mit dem gewöhnlichen Brennspiritus, der giebt eine sehr große Flamme, verhälnißmäßig wenig Hitze und gar keinen Rauch.

Mrs. B.

Sie geben keinen Rauch, weil ihre Verbrennung vollständig ist; das ungleiche Verhältniß zwischen Flamme und Hitze zeigt Ihnen aber, daß beide keinesweges gleichbedeutend sind.

Die große Flamme entsteht durch die Verbrennung von Wasserstoff, dem diese Art zu brennen eigen ist. — Haben Sie nie bemerkt, daß Spiritus auch ohne Docht brennt? Er entzündet sich bei so niedriger Temperatur, daß die Beihülfe eines Dochtes nicht erforderlich ist, um die Hitze zu konzentriren und die Flüssigkeit zu verflüchtigen.

Caroline.

Branntwein brennt manchmal, wenn man ihn blos in einem Löffel heiß macht.

Mrs. B.

Die Schnelligkeit der Alkoholverbrennung läßt sich ungeheuer vermehren, wenn man ihn vorher verflüchtigt. Man hat nach diesem Grundsatze ein sinnreiches Instrument gebaut, was dem Zwecke eines Blaserohrs entspricht, und zum Schmelzen des Glases oder zu andern chemischen Arbeiten angewendet werden kann. Es besteht aus einem kleinen metallnen Gefäß von kugelförmiger Gestalt, welches den Weingeist enthält und mittelst einer darunter befindlichen Lampe erhitzt wird. Sobald der Weingeist verflüchtigt ist, geht er durch die röhrenförmige gebogne Oeffnung der Kugel, und kommt gerade über den Docht der Lampe heraus, der sogleich den Dampfstrom entzündet, wie ich Ihnen zeigen will.

Emilie.

Mit welcher furchtbaren Heftigkeit das brennt! Die Flamme der Weingeist**dämpfe** ist wohl weit heißer als wenn der Weingeist so brennt?

Mrs. B.

Ja, weil auf diesem Wege die Verbrennung sehr beschleunigt wird und die Hitze verhältnißmäßig zunimmt. — Geben Sie Acht, wenn sie auf diese dünne Glasröhre einwirkt, deren Mitte ich der Spitze der Flamme aussetze, wo die Hitze am stärksten ist.

Caroline.

Das Glas ist an der Stelle glühend geworden, und biegt sich durch die eigne Schwere um.

Mrs. B.

Ich habe es auseinandergezogen und will nun an das eine heiße Ende eine Kugel anblasen; vorher muß ich aber mit diesem kleinen Metallinstrument die Röhre schließen und abplatten, sonst geht der Athem durch, ohne das Glas unten auszudehnen. — Jetzt, Caroline, blasen Sie stark in die Röhre, während das geschlossne Ende glühend ist.

Emilie.

Du hast zu stark geblasen, die Kugel dehnte sich gleich gewaltig aus und zerplatzte dann.

Mrs. B.

Ein ander Mal werden Sie geschickter sein. Wenn Sie aber je dies Experiment allein vornehmen sollten, so muß ich Ihnen die höchste Vorsicht anrathen, damit Sie die Verbrennung des Spiritus nicht zu heftig werden lassen, denn ich habe es schon erlebt, daß die Flamme mit solcher Gewalt hervorbrach, daß sie die entgegengesetzte Zimmerwand erreichte und die Tapete in Brand steckte. Vor dem Zerplatzen des Gefäßes braucht Ihnen nicht bange zu sein, da es mit einer Sicherheitsröhre versehen ist, die nöthigenfalls den Spiritusdämpfen noch einen Ausgang öffnet.

Die Produkte der Spiritusverbrennung bestehen in großen Verhältnissen von Wasser und kleinen Mengen Kohlensäure. Rauch oder feste Rückstände giebt es dabei nicht. — Wie erklären Sie das, Emilie.

Emilie.

Ich glaube, der Sauerstoff, welchen der Spiritus beim Brennen aufsaugt, verwandelt dessen Wasserstoff in Wasser und dessen Kohlenstoff in Kohlensäure, und so ist er ganz verzehrt.

Sehr gut. — Aether, die leichteste aller Flüssikeiten, und Ihnen schon altbekannt, wird aus Alkohol gewonnen, dessen leichtesten und flüchtigsten Theil er ausmacht.

Emilie.

Aether steht also in demselben Verhältniß zum Alkohol, wie dieser zum Weingeist oder Branntwein?

Mrs. B.

Nein, da ist ein wesentlicher Unterschied. Um Alkohol aus Branntwein abzuziehn, braucht man letzteren nur seines Wassergehaltes zu berauben; aber zur Bildung von Aether muß der Weingeist zersetzt und ihm einer seiner Bestandtheile entzogen werden. Errathen Sie, welcher?

Emilie.

Der Wasserstoff kann es nicht sein, denn Aether ist flüchtiger als Alkohol, und Wasserstoff das leichteste unter allen seinen Ingredienzien. Der Sauerstoff, dächte ich, könnte es auch nicht sein, da Alkohol eine so geringe Menge dieses Grundstoffs enthält, also ist es wahrscheinlich der Kohlenstoff, dessen Verringerung allerdings die neue Zusammensetzung flüchtiger machen mußte.

Mrs. B.

Sehr richtig. Die Bildung von Aether besteht nur darin, daß dem Weingeist ein gewisses Verhältniß Kohlenstoff entzogen wird: dies geschieht durch Einwirkung von Schwefel-, Salpeter- oder Salzsäure auf Alkohol. Säure und Kohlenstoff bleiben auf dem Boden des Gefäßes zurück, und der entkohlte Weingeist verfliegt in Form eines verdichtbaren Dampfes, der Aether ist.

Aether ist die entzündlichste aller Flüssigkeiten und brennt bei so niedriger Temperatur, daß während seiner Verbrennung mehr Wärme frei wird, als die Unterhaltung derselben erfordert, so daß eine Quantität Aether verflüchtigt wird, Feuer fängt, und allmählig die Heftigkeit der Verbrennung steigert.

Wenn man einige Tropfen Aether in ein Weinglas gießt, und einen feinen, sehr heißen aber nicht glühenden, Platinadrath in das Glas hält, nahe an die Oberfläche des Aethers, so fängt der Drath bald an heftig zu glühen. Wir wollen das gleich versuchen.

Caroline.

Wie sonderbar! Der Drath wird beinah weißglühend, und ein durchdringender Geruch steigt aus dem Glase. Bitte, wie geht das zu?

Mrs. B.

Es ist eine ganz eigenthümliche Eigenschaft des Aetherdampfes und vieler andern gasartigen brennbaren Körper. Bei einer gewissen Temperatur, die geringer als Glühhitze ist, erleiden diese Dämpfe eine langsame und unvollkommne Verbrennung, die nicht auf bemerkliche Weise von Lichterscheinungen begleitet ist, aber doch eine hinreichende Menge Wärmestoff entwickelt, um auf den Drath zurückzuwirken und ihn glühend zu machen, und wiederum der Drath unterhält diese Wirkung solange Dämpfe aufsteigen.

Alkoholdämpfe verursachen dieselbe Erscheinung, die noch auffallender und dauernder gemacht werden kann, wenn man etwas Platinadrath von ungefähr $\frac{1}{60}$ bis $\frac{1}{70}$ Zoll Durchmesser rund um den Docht einer Spirituslampe windet. Zündet man diese Lampe eine kurze Zeit an und bläst sie dann wieder aus, so hört der Drath einen Augenblick auf zu leuchten, wird dann aber wieder glühend, obgleich die Lampe verlöscht ist, und glüht lebhaft fort, bis der ganze in der Lampe vorhandene Spiritus verdampft und auf diese besondre Weise verzehrt ist.

Caroline.

Warum sollte aber Eisen- oder Silberdrath nicht dieselbe Wirkung hervorbringen?

Mrs. B.

Weil diese beiden Metalle weit bessere Wärmeleiter sind als Platina, und daher die Wärme zu schnell abgeben um die Anhäufung von Wärmestoff zuzulassen, die zu der betreffenden Wirkung nöthig ist.

Aether ist so leicht, daß er in der gewöhnlichen Temperatur der Luft verdunstet, und daher muß man ihn mit einem gut eingeschliffnen Glasstöpsel verschlossen halten. Man kennt keinen Kältegrad, bei dem Aether oder reiner Alkohol gefrören.

Caroline.

Wird Aether nicht oft als Arznei eingenommen?

Mrs. B.

Ja, es ist eins der wirksamsten krampfstillenden Mittel, und die Schnelligkeit seiner Wirkung als solches hängt wahrscheinlich davon ab, daß er durch die Wärme des Magens, von wo aus er auf das Nervensystem wirkt, augenblicklich verflüchtigt wird. Der häufige Gebrauch des Aethers wird nachtheilig wie der spirituöser Getränke, und im Uebermaße genossen wirkt auch er berauschend.

Ich hoffe, Sie werden jetzt von der Weingährung und deren verschiednen Produkten eine klare Vorstellung erlangt haben.

Caroline.

So verwickelt dieser Prozeß anfangs scheint, so läßt er sich doch in wenig Worte zusammenfassen, denn er besteht nur in der Umgestaltung von Zucker und andern gährenden Körpern in Weingeist und Kohlensäure, und daraus geht die Bildung von Wein und von allen Arten geistiger Flüssigkeiten hervor.

Mrs. B.

Nun schreiten wir zur sauren oder Essiggährung fort, die so genannt wird, weil sie Wein in Essig verwandelt, durch Bildung von Essigsäure, welche die Basis von Essig ist.

Caroline.

Entsteht denn die Essigsäure nicht durch denselben Säurebilder, den Sauerstoff, wie andre Säuren.

Mrs. B.

Gewiß, und deshalb ist Berührung mit der Luft wesentlich nothwendig zu dieser Gährung, da sie den erforderlichen Bedarf an Sauerstoff liefert. Um aus Essig reine Essigsäure zu gewinnen, muß er durch gewisse Prozesse destillirt und rektifizirt werden.

Emilie.

Bildet sich nicht häufig Essigsäure ohne diese Gährung? Ist sie nicht in sauren Früchten enthalten und in jeder Substanz, die sauer wird?

Mrs. B.

Nein, nicht in Früchten, Sie verwechseln sie mit Zitronen-, Aepfel-, Sauerklee- und anderen Pflanzensäuren, die lebenden Pflanzen den sauren Geschmack ertheilen. Aber sobald eine vegetabilische Substanz nach dem Absterben sauer wird, so entwickelt sich Essigsäure mittelst der Essiggährung, durch welche die Substanz der endlichen Auflösung entgegenschreitet.

Das Aufgehn des Brotes wird gewöhnlich auch für ein Beispiel von saurer Gährung gerechnet.

Caroline.

Das Brot geht ja aber nur auf, weil Bärme hineinkommt — was hat die damit zu thun?

Mrs. B.

Die Erfahrung lehrt, daß jeder Stoff, der schon eine Gährung überstanden hat, sie leicht in einem andern erregt, der für diesen Prozeß empfänglich ist. Wenn Sie z. B. etwas Essig in Wein gießen, der sauer werden soll, so saugt er weit schneller Sauerstoff auf und der Prozeß ist viel eher vollständig, als wenn er von selbst gähren soll. So bedient man sich der Bärme, die ein Erzeugniß der Biergährung ist, um die Gährung des Malzes zu veranlassen und zu beschleunigen, wodurch es zu Bier wird, und ebenso gebraucht man Bärme oder Sauerteig zur Gährung des Brotteiges.

Caroline.

Wenn Brot aber die saure Gährung durchmacht, wie kommt es, daß es nicht sauer ist?

Mrs. B.

Die gröberen Brotsorten schmecken wohl säuerlich und alle insgesammt erlangen dadurch einen kräftigen Geschmack, der dem Mehl ganz fehlt, auch würde das Brot ganz sauer werden, wenn man dem Prozeß so lange Zeit ließe.

Kürzlich hat man entdeckt, daß während des Brotbackens sich eine bedeutende Menge Alkohol entwickelt, und man errichtet jetzt besondere Backanstalten, um den Weingeist aufzufangen.

Emilie.

Das Gähren des Brotes scheint mir überhaupt mehr Aehnlichkeit mit der Weingährung zu haben als mit der Essiggährung.

Mrs. B.

Wenn sich der Weingeist während des Gährens des Teiges bildete, so spräche das allerdings für Ihre Ansicht, allein es ist noch gar nicht erwiesen, ob er ein Produkt der Gährung oder des Backens ist. Man hat jedoch gefunden, daß Brot, dem der Weingeist entzogen ist, länger frisch bleibt und nicht so nachsäuert, als das auf gewöhnliche Art gebackne.

Die faule Gährung ist die Endoperation der Natur und der letzte Schritt zur Auflösung organischer Körper in ihre einfachsten Bestandtheile. Alle Pflanzen gehen nach dem Absterben von selbst in diese Gährung über, vorausgesetzt, daß ein hinreichender Wärmegrad, Feuchtigkeit und Zutritt der Luft darauf einwirken können, denn bekanntlich lassen sich todte Pflanzen durch Trocknen oder gänzliches Ausschließen der Luft aufbewahren.

Caroline.

Müssen todte Pflanzen erst die andere Gährung durchmachen, oder sind sie nur dieser letzten unterworfen?

Mrs. B.

Das hängt von sehr vielen Umständen ab, wie z. B. von den Graden der Wärme und Feuchtigkeit, der Natur der Pflanze selbst ꝛc. Wenn Sie die Zersetzung der Pflanzen vom Absterben an bis zur endlichen Auflösung sorgfältig verfolgten und untersuchten, so würden Sie finden, daß sich meistens im Samen eine gewisse Süßigkeit und in den Früchten ein spirituöser Geschmack entwickelt, ehe die völlige Zerstörung und Trennung der Theile eintritt.

Emilie.

Das ist wahr, überreife Früchte, namentlich Apfelsinen schmecken manchmal ganz weinig, besonders wenn sie schon angefault sind.

Mrs. B.

Dann war die Weingährung schon der Zuckergährung gefolgt, und hätten Sie diese Veränderungen aufmerksam beobachtet, so würden Sie wahrscheinlich bemerkt haben, wie nach dem weinigen ein saurer Geschmack eintrat, ehe die Frucht in Fäulniß überging.

Wenn im Herbste die Blätter von den Bäumen fallen, werden sie nicht bald zersetzt (es müßte denn sehr viel Feuchtigkeit in der Luft sein), sondern sie welken und trocknen, erst wenn anhaltender Regen eintritt, beginnt die Gährung, die luftförmigen Produkte entwickeln sich unmerklich in der Luft, und die festen Rückstände vermischen sich mit der Erde.

Wenn Holz der Feuchtigkeit ausgesetzt bleibt, so erleidet es auch die faule Gährung und wird schwammig.

Emilie.

Ich habe schon oft gehört, daß der Schwamm die Balken der Häuser zerstöre, aber dem wird durch Luftzug vorgebeugt, und Sie sagten doch, daß Luft zur faulen Gährung wesentlich nöthig sei.

Mrs. B.

Wahr, aber nicht in so großen Verhältnissen, daß sie die Feuchtigkeit aufzulösen vermag, und gerade in dieser Absicht sucht man das Anfaulen des Holzes durch freien Zutritt der Luft zu hindern oder zu unterbrechen. Der sogenannte Schwamm ist aber nicht eigentlich Fäulniß. Er soll von einer besondern Pflanzenart herrühren, die auf dem Holze wächst und es allmählig zerstört.

Emilie.

Läßt sich das Entstehen dieser Vegetation nicht verhindern?

Mrs. B.

Man hat versucht, Bauholz in die Auflösung von salzsaurem Quecksilber — gewöhnlich ätzender Sublimat genannt — zu tauchen. Diese Substanz besitzt die Eigenthümlichkeit, sich mit Eiweißstoff zu verbinden und damit eine unauflösliche Mischung zu bilden. Da nun der Holzschwamm bei seinem Entstehen hauptsächlich aus Pflanzeneiweiß besteht, so glaubte man ihn durch dies Verfahren gänzlich zu vernichten. Man hat mit so vorbereitetem Holze mehrere Schiffe und öffentliche Gebäude gebaut, und soll sich in der Erwartung vom Erfolge nicht getäuscht haben, das kann aber eigentlich nur die Zeit lehren.

Bei Stroh und Pflanzenstoffen aller Art geht die faule Gährung weit rascher von Statten, wenn sie mit thierischen Stoffen untermengt werden. Während dieses Prozesses entwickeln sich viel Hitze und eine Menge flüchtiger Produkte, wie Kohlensäure und Wasserstoffgas, welches letztere häufig mit Schwefel oder Phosphor versetzt ist. Wenn alle diese Gase verflogen sind, so bilden die festen Produkte — die aus Kohlenstoff, kleinen Quantitäten Salze, Kali ꝛc. bestehen — eine Art Pflanzenerde, die einen sehr guten Dünger giebt, da sie aus solchen Elementen zusammengesetzt ist, welche die unmittelbaren Materialien der Pflanzen bilden.

Caroline.

Werden nicht manchmal Pflanzen durch Versteinerung vor Zersetzung bewahrt? Ich habe sehr merkwürdige versteinerte Pflanzen gesehn, die ganz und gar ihre Form und Organisation beibehalten hatten, obgleich sie dem Anschein nach in Stein verwandelt waren.

Mrs. B.

Jetzt, da Sie mit der Geschichte der mineralischen und vegetabilischen Stoffe ziemlich vertraut sind, könnte ich es wohl Ihrer eignen Ueberlegung überlassen, diese Metamorphose zu erklären. Glauben Sie, daß Pflanzen in Steine verwandelt werden können?

Emilie.

Nein, gewiß nicht, aber vielleicht können sie zu einer Substanz werden, die das Ansehn von Stein hat.

Mrs. B.

So ist es aber nicht mit den Körpern, die wir versteinerte Pflanzen nennen, denn dies sind wirkliche Steine, und zwar meistens von der härtesten Art, denn sie bestehn hauptsächlich aus Kieselerde. Die Sache verhält sich so: — wenn eine Pflanze unter Wasser oder in nasser Erde liegt, wird sie langsam und allmählig zersetzt. So wie ein Pflanzentheilchen nach dem andern zerstört wird, nimmt Kieselerde, vom Wasser herbeigeführt, die Stelle ein. Im Laufe der Zeit wird die Pflanze gänzlich aufgelöst, aber die Kieselerde hat sie dergestalt ersetzt, daß sie gänzlich ihre Form und Bildung angenommen hat.

Caroline.

Das ist sehr hübsch! Da sind wohl versteinerte thierische Substanzen von derselben Art?

Mrs. B.

Genau so, es ist dem Thierstoffe ebenso unmöglich wie dem Pflanzenstoffe, in Stein verwandelt zu werden. Sie können in die Elemente zerlegt werden, aus denen sie zusammengesetzt sind, aber nicht in andre Grundstoffe verwandelt, die zu ihrer Bildung nicht beigetragen haben.

Uebrigens giebt es Umstände, welche häufig die regelmäßige und endliche Zersetzung der Pflanzen hindern, z. B. wenn sie mit Wasser oder Erde dergestalt bedeckt bleiben, daß gar keine Luft zutreten kann, die zur faulen Gährung nothwendig ist. In solchen Fällen sind sie einer merkwürdigen

Veränderung unterworfen, welche sie zu einer besondern Art zusammengesetzter Körper umgestaltet, die man **bitumen**, Erdpeche, Bergharze nennt.

Dies sind Vegetabilien, deren Zersetzung so weit vorgeschritten ist, daß sie kein organisches Aeußere mehr haben, doch verräth sich ihr Ursprung leicht durch ihre Verbrennlichkeit, ihr öliges Wesen, das Ergebniß ihrer Analyse, und durch Spuren von Abdrücken der Formen von Blättern, Körnern, Holzfasern und selbst von Thieren.

Zuweilen sind sie von der Konsistenz eines flüssigen Oeles, z. B. das Naphta, in dem wir Kalium aufbewahren: dies ist eine schöne, klare, farblose Flüssigkeit, die in einigen Gegenden Persiens aus Thon herausschwitzt. Häufiger sind aber die Erdharze fest, wie Asphalt, eine glatte, harte, spröde Masse, die leicht schmilzt und im flüssigen Zustande eine schöne dunkelbraune Farbe zum Oelmalen abgiebt. Gagat, oder schwarzer Bernstein, ein eigenthümliches Bergharz von noch härterer Textur, ist einer so feinen Politur fähig, daß es viel zu Schmucksachen verarbeitet wird.

Die Steinkohle ist auch eine solche harzige Substanz, zu deren Zusammensetzung das Pflanzenreich und das Thierreich beizutragen scheinen. Dieses höchst nützliche Mineral scheint hauptsächlich aus vegetabilischen Stoffen zu bestehn, die mit Ueberresten von Seethieren und mit Seesalzen vermischt sind, und enthält hin und wieder eine Quantität Schwefelkies oder Eisenkies.

Emilie.

Die erdigen, metallischen und salzigen Bestandtheile der Steinkohle bilden gewiß ihre Asche, oder die festen Produkte ihrer Verbrennung, und deren flüchtige Produkte werden Wasserstoff und Kohlenstoff sein, die ihnen die Pflanzenmaterie zuführt.

Mrs. B.

Bernstein ist ein Bergharz; die Alten nannten es **electrum**, und davon ist das Wort Elektrizität abgeleitet, weil diese Substanz besonders, und wie man früher glaubte ausschließlich elektrisch ist. Man findet ihn entweder tief im Innern der Erde, oder auf dem Meere schwimmend, und betrachtet ihn als einen Harzkörper, auf den Schwefelsäure eingewirkt hat, weil seine Analyse darthut, daß er aus einem Oel und einer Säure besteht, die man **Bernsteinöl** und **Bernsteinsäure** genannt hat.

Emilie.

Das Oel brauche ich mitunter zum Malen, weil es sich weniger verändern soll als andre Oelsorten.

Mrs. B.

Die letzte Abtheilung solcher vegetabilischer Substanzen, die ihre Natur verändert haben, enthält das **fossile Holz**, die **Moorerde**, den **Torf**. Diese sind aus Holz und Wurzeln von Sträuchern zusammengesetzt, die zum Theil durch die Feuchtigkeit der Erde zersetzt sind, und doch Spuren von organischer Bildung beibehalten. Bei der schwarzen Moorerde merkt man am wenigsten von der Form der Wurzeln, denen sie Fruchtbarkeit und Brennbarkeit verdankt, weil diese Körper sich im Laufe der Zeit in Pflanzenerde auflösen. Aber im Torf sind die Wurzeln von Pflanzen noch deutlich zu erkennen, und er ist in vielen Gegenden ein sehr gutes Brennmaterial.

Einundzwanzigste Unterhaltung.

Das Wachsthum der Pflanzen.

Mrs. B.

Das Pflanzenreich ist als der Ring zu betrachten, der die mineralische und animalische Schöpfung zusammenkettet, denn

nur

nur durch Vermittlung der Pflanzenwelt können mineralische Stoffe in das thierische System übergehn, da im Allgemeinen alle Thiere allendlich von den Pflanzen ihre Nahrung erhalten.

Caroline.

Das verstehe ich nicht: der Mensch verspeist ebenso gut Thiere als Pflanzen, und es giebt fleischfressende Thiere, die nichts anderes als thierische Nahrung zu sich nehmen.

Mrs. B.

Das gebe ich zu; Sie überlegen aber nicht, daß diese ebenfalls, wenn auch nicht so unmittelbar, ihren Unterhalt aus dem Pflanzenreiche ziehn. Die Thiere, deren Fleisch wir genießen, nähren sich von Gras und andern Pflanzen, und die Beute der fleischfressenden Thiere ist auch direkt oder indirekt von Vegetabilien großgezogen. Und so werden immer nur auf diesem Wege die einfachen Elemente dem Thierkörper einverleibt. Es wäre ein fruchtloser Versuch, aus Kohlenstoff, Wasserstoff und Sauerstoff, als einzelne Grundstoffe oder auf mineralische Weise verbunden, Nahrung zu ziehn; dazu werden sie nur fähig, wenn ihre Mischung vegetabilische Stoffe bildet.

Emilie.

Bei der Pflanzenbildung scheint also die Natur die Absicht zu haben, die Nahrung der Thiere zu bereiten?

Mrs. B.

Das ist gewiß ihr Hauptzweck, und man weiß nicht, ob man mehr die ganze Organisation der Pflanzenwelt bewundern soll, oder die darin herrschende Anordnung und Verbindung der Grundstoffe, die so ganz den Bedürfnissen der Thiere angemessen sind.

Emilie.

Ich bin sehr begierig zu erfahren, wie die Pflanzen zu jenen Grundstoffen gelangen, aus denen ihre unmittelbaren Bestandtheile zusammengesetzt werden.

Mrs. B.

Dieser Punkt ist noch so in Dunkel gehüllt, daß ich nicht hoffen darf, ihre Wißbegier völlig zu befriedigen; das Wenige aber, was ich weiß, will ich versuchen Ihnen mitzutheilen.

Das Erdreich, was ersten Blicks zur Ernährung der Pflanzen da zu sein scheint, ist bei genauerer Nachforschung nur das Mittel, durch welches sie ihre Nahrung empfangen, so daß es möglich ist, Pflanzen ohne Erde aufzuziehn.

Caroline.

Ja, Hyazinthen und dergleichen Zwiebelgewächse wachsen und blühen sehr schön, wenn man sie in einem Glase Wasser zieht. Aber z. B. Bäume auf diese Weise aufzuziehn, müßte doch schwierig sein.

Mrs. B.

Ohne Zweifel, weil die Wurzeln in der Erde ruhen müssen, um den Stamm aufrecht zu halten; außerdem hat das Erdreich nur hauptsächlich das Amt, der Pflanze ihre Nahrung zuzuführen, denn bei der chemischen Analyse entdecken wir nur ein äußerst geringes Verhältniß Erde in vegetabilischen Stoffen.

Caroline.

Wenn aber die Erde keine Nahrung giebt, weshalb ist es denn nöthig, so aufmerksam auf die Zubereitung des Erdreichs zu sein?

Mrs. B.

Um ihm die geeignete Beschaffenheit zu ertheilen, die zum Fortleiten der Pflanzennahrung nöthig ist. Wasser, mit darin aufgelösten nahrhaften Theilchen, bildet die Hauptnahrung der Pflanzen: ist daher der Boden zu sandig, so hält es das Wasser zu kurze Zeit auf, als daß die Wurzeln der Pflanzen genug davon auffsaugen könnten; ist er im Gegentheil zu lehmig, so bleibt so viel Wasser darin, daß eine Zersetzung der Wurzeln zu fürchten ist. Kalkboden ist im Ganzen dem Wachsthum der Pflanzen am günstigsten, deshalb wird das Erdreich gewöhnlich durch Kreide verbessert, die bekanntlich kohlensaurer Kalk ist. Verschiedne Pflanzengattungen erfordern jedoch auch verschiedenartiges Erdreich. Reis verlangt z. B. einen anhaltend feuchten Boden, Kartoffeln weiches sandiges, Weizen ein festes lehmiges Erdreich. Waldbäume wachsen besser in lockerm Sande als in festem Lehm, und Fruchtbäume gedeihen am besten in leichtem eisenhaltigen Boden.

Caroline.

Bitte, zu welchem Nutzen düngt man den Boden?

Mrs. B.

Dünger besteht aus allen möglichen Substanzen vegetabilischen und animalischen Ursprungs, die in faule Gährung übergegangen und demzufolge in ihre Elementarstoffe oder deren einfachste Mischungen zersetzt worden sind, und es ist nöthig, daß diese Stoffe in ihrer Auflösung schon weit vorgeschritten sind. Ein Zusatz von Kreide oder Mauerkalk ist dem gedüngten Erdreich sehr zuträglich, weil er die Zersetzung von Pflanzenkörpern beschleunigt. — Nun frage ich Sie, weshalb mengt man die Erde mit diesen zersetzten Stoffen?

Caroline.

Ich denke mir, das geschieht, um den Pflanzen die Grundstoffe zuzuführen, die zu ihrer Zusammensetzung und Gestaltung nöthig sind. Denn Dünger besteht nicht blos aus Kohlenstoff, Wasserstoff und Sauerstoff, sondern er übergiebt diese Elemente dem Erdboden auch in ihrer einfachen Form.

Mrs. B.

Ohne Zweifel, und aus dieser Ursache geben solche Landstrecken, die vorher mit Wald bedeckt waren, die reichsten Erndten, weil solcher Boden aus der fruchtbarsten Düngererde besteht, und diese Urstoffe darin in Fülle vorhanden sind.

Emilie.

Aus dieser Ursache ist also der Boden in Amerika so ergiebig, da, wo das Land bis vor wenigen Jahren mit Urwäldern bedeckt war.

Caroline.

Wie kommt es aber, daß man thierische Substanzen für den besten Dünger hält? Sollten nicht die zerlegten Ur offe der Pflanzen sich am besten zur Bildung neuer Pflanzen eignen?

Mrs. B.

Der Hauptunterschied zwischen der thierischen und vegetabilischen Materie liegt in dem Zusatz eines weit größeren Verhältnisses Stickstoff, wodurch erstere weit komplizirter und folglich leichter zersetzbar wird. Deshalb nützen die thierischen Substanzen besonders dadurch, daß sie den ersten Anstoß zur Gährung der Pflanzenstoffe geben, mit denen sie im Dünger gemengt sind. Von dieser Beschaffenheit ist der Dünger in Landwirthschaften, aber es giebt kaum eine für die faule Gährung empfängliche Substanz, die nicht guten Dünger abgeben könnte. Die bei der Gährung des Düngers erzeugte Wärme ist ein anderer, der Vegetation äußerst förderlicher Umstand, ja die Hitze würde zu groß sein, wenn der Dünger in voller Gährung auf die Felder gebracht würde; in diesem Zustande wendet man ihn aber nur bei Mistbeeten an, um Melonen, Gurken und solche Pflanzen zu ziehn, die einer sehr hohen Temperatur bedürfen.

Caroline.

Eben fällt mir eine Schwierigkeit auf, die ich nicht zu beseitigen vermag. Da nach dem Naturgesetz alle organischen Körper zuletzt wieder in den Elementarzustand und in die Erde zurückfallen müssen, so machen sie nothwendig das Erdreich fruchtbar und ernähren die Pflanzenwelt. Die Quantität dieser Urstoffe kann also der Ackerbau nicht vermehren, wie geht es nun zu, daß er dennoch dem Boden eine immer größere Fülle der Erzeugnisse entlocken kann, wovon alle kultivirten Länder den Beweis liefern?

Mrs. B.

Das ist der Erfolg menschlicher Betriebsamkeit, die nicht leidet, daß irgend einer dieser absterbenden Körper ungenutzt zerfällt; auch thut eine verständige Behandlung des Bodens viel, um ihn entweder überhaupt urbar zu machen, oder zum Aufnehmen einer besondern Samenart vorzubereiten. Ist das Erdreich zu naß, so kann es ausgetrocknet, wenn zu locker und sandig, kann Lehm beigemengt werden, um es fester und wasserhaltiger zu machen, und ein Zusatz von Kreide oder Kalkerde macht es fruchtbarer. Auf so verbessertes Land übt der Dünger eine doppelte Wirksamkeit aus, und wenn man darauf achtet, daß er zur rechten Jahreszeit darauf gebracht wird, wenn man ihn so mit der Erde mengt, daß er sie ganz durchdringt, wenn man Unkraut und Steine entfernt, die dem Wachsthum der Pflanzen hinderlich sind ꝛc., gewinnt man eine hundertfältig reichere Erndte, als der Boden von selbst tragen würde.

Emilie.

Das beweisen sehr auffallend das spärliche Gras der Hutungen und der reiche Ertrag gedüngter Wiesen.

Caroline.

Aber, Mrs. B., obgleich die Erfahrung täglich mehr den Vortheil des Ackerbaues beweist, so habe ich doch noch manchen Zweifel. Eine gewisse Quantität von Elementarstoffen ist in der Natur vorhanden, und es liegt nicht im Bereich des Menschen, sie zu vermehren oder zu vermindern. Sie haben uns gelehrt, daß sowohl die Thier- wie die Pflanzenschöpfung daraus zusammengesetzt ist. Je mehr davon das Pflanzenreich für sich nimmt, je weniger, sollte ich meinen, müßte für die Thiere bleiben, und umgekehrt müßte die Vegetation abnehmen, je mehr sich die Erde bevölkerte.

Mrs. B.

Was Sie da sagen, klingt ganz vernünftig, allein die Erfahrung widerlegt überall jedwede Folgerung, die Sie daraus ziehen wollten, denn die Thier- und Pflanzenreiche, statt eines auf des andern Kosten zu leben, vermehren sich immer zugleich. Erinnern Sie sich, daß Thiere nur durch die Vermittlung der Pflanzen zu den Grundstoffen gelangen können, aus denen sie gebildet werden. Ihre Schlußfolge würde nur dann gelten können, wenn jedes Theilchen der verschiednen Grundstoffe, was nicht zu andern Zwecken ganz nothwendig ist, für die Thier- und Pflanzenschöpfung verwendet würde. Nun haben wir aber Ursache zu glauben, daß eine weit größere Masse dieser Stoffe entweder im Elementarzustande verbleibt, oder auf weniger nützliche Weise mineralische Zusammensetzungen bildet. Da wir in der Atmosphäre und im Wasser so unerschöpfliche Hülfsquellen an Sauerstoff, Wasserstoff und Kohlenstoff besitzen, also nicht daran zu denken ist, daß alle unsre einfache Materialien je verarbeitet werden könnten, so läßt sich nicht voraussetzen, daß die Vervollkommnung des Ackerbaus einmal dem Ganzen gefährlich werden würde.

Die Natur versieht uns mit einer unendlichen Fülle roher Materialien, überläßt es aber einigermaßen dem menschlichen Scharfsinn, sie seinen Zwecken anzueignen, reizt ihn jedoch an, indem sie ihm das Beispiel giebt und den Weg zeigt. Auf die Operationen der Natur gründen sich alle Erfindungen und Verbesserungen der Kunst. Deshalb besteht die Kunst des Ackerbaus darin, die leichteste Methode aufzufinden um die verschiednen Grundstoffe zu erlangen, entweder aus Luft und Wasser, oder aus zersetzten organischen Körpern, und sie auf die beste Art zur Beförderung der Vegetation zu verwenden.

Emilie.

Unter den Quellen nahrhafter Stoffe nannten Sie nicht die Erde selbst, die doch z. B. in manchen Gegenden solchen Ueberfluß an Steinkohlen besitzt, und also Kohlenstoff in Masse darbietet.

Mrs. B.

Steinkohlen enthalten zwar viel Kohlenstoff, allein ihrer Härte und ihres undurchdringlichen Baues wegen können sie den Zwecken der Vegetation nicht unmittelbar förderlich sein, und im Gegentheil sind solche Gegenden im Allgemeinen unfruchtbar.

Emilie.

Die Verbrennung der Steinkohlen erzeugt doch Kohlensäure, und ich habe mir schon gedacht, die räucherige Luft, die London umgiebt, wäre die Ursache von der Fruchtbarkeit der Umgegend.

Mrs. B.

Das verdankt sie wohl eher dem Ueberfluß an Dünger und dem Schutz und der Wärme, die vielleicht die Nähe der Stadt gewährt. Die dunstige Atmosphäre Londons ist gewiß in jeder Hinsicht nachtheilig, und ich hoffe wir werden es einmal in der Kunst der Feuerung so weit bringen, daß jedes Theilchen Kohlenstoff verzehrt und der Rauch im Augenblick seines Entstehens aufgelöst werden wird. — Kehren wir aber zu unserm Thema zurück. Sie werden hoffentlich jetzt überzeugt sein, daß wir keinen Mangel an den fraglichen Elementarstoffen zu befürchten haben, und uns von der Seite keine Gränze gesteckt ist, um bei vorschreitender Verbesserung der Landwirthschaft immer reichere Früchte unsres Fleißes zu erndten.

Emilie.

Ich denke recht oft daran, daß dem Ackerbau lange nicht die Wichtigkeit beigelegt wird, die er verdient. Ueberall werden Fabriken angelegt, und da sitzen die armen Leute den ganzen Tag bei der einförmigsten Arbeit in engen Räumen beisammen, statt das Land zu bauen, was doch viel gesunder ist. Ueberdies scheint die Natur dem Menschen diese Arbeit zum Lebensunterhalt angewiesen zu haben.

Mrs. B.

Ich bin ganz Ihrer Meinung, was die Wichtigkeit des Ackerbaues betrifft, aber wir verdanken nicht allein der Bearbeitung des Erdbodens die Bequemlichkeiten des Lebens, und deshalb sind die übrigen Gewerbe keinesweges gering zu achten. Die Arbeit Eines Landmannes reicht hin, um mehrere Menschen mit Speise zu versorgen, diejenigen also, die nicht zum Feldbau nothwendig sind, müssen etwas Andres thun, um die Nahrung zu verdienen, die jener ihm verschafft. Sie tauschen daher die Bedürfnisse des Lebens gegen dessen Annehmlichkeiten ein. So erhält der Bauer vom Zimmermann und Weber Wohnung und Kleidung, und liefert ihnen dafür das tägliche Brot. Eine je größere Fülle von Lebensmitteln der Landmann dem Boden entlockt, je mehr Bequemlichkeiten bereitet der Handwerker. So arbeitet immer Einer dem Andern in die Hände, und man sollte sich daher eher bemühen, die Lage der Handwerker und Fabrikanten zu verbessern, als nur mit Worten das Ungemach zu beklagen, dem sie oft ausgesetzt sind.

Wir dürfen aber den Ackerbau noch nicht aus den Augen verlieren: wir haben den Boden vorbereitet, nun wollen wir darauf säen. Da müssen wir uns nun zuerst sehr in Acht nehmen, den Samen nicht zu tief in die Erde zu legen, da der Zutritt der Luft zum Keimen durchaus nothwendig ist; die Erde muß locker und leicht darauf liegen, damit Luft hindurchdringen kann. Deshalb wird gepflügt und umgegraben, geeggt und gehackt ꝛc. Ein gewisser Grad von Wärme und Feuchtigkeit, so wie das Frühjahr es mit sich bringt, ist auch nöthig.

Caroline.

Man sollte meinen, Sie wollten die Zersetzung einer alten Pflanze beschreiben und nicht das Entstehen einer neuen, denn Sie zählen Alles auf, was zur Gährung erforderlich ist.

Mrs. B.

Haben Sie vergessen, Caroline, daß die junge Pflanze ihren Unterhalt aus der Auflösung des Samens zieht, und daß letzterer wirklich durch die Zuckergährung zersetzt wird?

Caroline.

Das ist wahr! — Dann bringt die Wärme und Feuchtigkeit, die zum Keimen des Samens erfordert wird, in diesem die Zuckergährung hervor!

Mrs. B.

Gewiß. Um aber die Natur des Keimens zu verstehen, müssen Sie die verschiednen Theile des Samens kennen lernen. Die äußere Decke oder Hülse enthält, außer dem Keim, die Substanz, welche die erste Nahrung der jungen Pflanze ausmacht, das Mark, aus Stärke, Schleim und Oel bestehend, wie wir schon früher bemerkten. Der Samen zerfällt gewöhnlich in zwei Abtheilungen, Flügel oder Samenlappen genannt, wovon diese Bohne (Taf. I. Fig. 1.) ein Beispiel zeigt. Die dunkelfarbige Art von Faden, welche die beiden Samenlappen trennt, heißt Wurzelkeim, weil er die Wurzel der Pflanze bildet, und von der nächstliegenden Substanz, dem Blattkeim, der zwischen die Lappen eingeschlossen ist, entsteht der Stiel. Die Gestalt und Größe des Samens hängt von den Samenlappen ab; manche haben nur einen, wie Weizen, Hafer, Gerste und alle Grasarten, aber die meisten Samen der gemäßigten Zone haben zwei solche Abtheilungen. Wenn der Same in die Erde gelegt ist, saugt er bei jeder Temperatur über 3° R. Wasser ein, was die Samenlappen erweicht und auftreibt; dann absorbirt er Sauerstoff, der sich mit einem Theil seines Kohlenstoffs verbindet, und in Form von Kohlensäure entweicht. Dieser Verlust an Kohlenstoff vergrößert den verhältnißmäßigen Gehalt an Wasserstoff und Sauerstoff im Samen, und führt die Zuckergährung herbei, durch welche die markige Substanz in einen süßen Milchsaft umgewandelt wird. In dieser Form wird er durch hierzu eingerichtete Gefäße dem Wurzelkeim zugeführt; zu gleicher Zeit zersprengt die Gährung den Samen, reißt die Samenlappen auseinander und löst den Wurzelkeim von ihnen, der in den Boden dringt und zur Wurzel der Pflanze wird. Von da wird die gegohrne Flüssigkeit dem Blattkeim zugeführt, dessen Gefäße vorher durch die Hitze der Gährung erweitert sind. Der Blattkeim, den die milchige Flüssigkeit nun aufschwellt, erhebt sich, sproßt bis zur Oberfläche des Bodens auf, und trägt die Samenlappen mit hinauf, die sich ausbreiten, sobald sie mit der Luft in Berührung kommen, und in Blätter verwandelt werden. Wir wollen in den Garten gehn, wo wir gewiß einige Samenarten in dem eben beschriebnen Zustande finden.

Emilie.

Hier sind bunte Bohnen, die eben aus der Erde hervorkommen.

Mrs. B.

Wir wollen einige herausnehmen und ihre Fortschritte im Wachsthum untersuchen. Hier ist eine, die eben erst die Hülse durchbrochen hat. Sehen Sie, wie die kleine Wurzelzaser sich nach unten biegt? Da ist der Blattkeim noch nicht sichtbar (Fig. 2.). Aber diese hier ist etwas weiter, der Blattkeim oder der Stiel ist aufgeschossen und die Samenlappen sind zu Samenblättern geworden (Fig. 3.).

Caroline.

Diese Blätter sind aber sehr dick und ungeschickt, und den andern unähnlich, die sich eben entfalten.

Mrs. B.

Sie enthalten Ueberreste des Markes, mit dem sie noch immer die Pflanze nähren, der es an Wurzeln und Kraft fehlt, um schon selbst ihren Unterhalt aus dem Erdreich zu ziehen. Aber bei dieser dritten Lupine (Fig. 4.) ist die Wurzel schon recht tief in die Erde gesenkt, und hat mehrere Fasern angeschossen, deren jede mit einer Mündung versehen ist, um Feuchtigkeit einzusaugen. Da nun der Beistand der Samenblätter nicht mehr nöthig ist, welken diese, der Blattkeim ist ein regelmäßiger Stiel geworden und treibt Blätter und kleine Zweige.

Emilie.

Das ist beinah so, wie mit den Eierschalen, die auch zerbrechen, wenn die Vögelchen ihre Schnäbel gebrauchen können.

Mrs. B.

Wenn Sie mit der thierischen Chemie näher bekannt werden, fällt Ihnen gewiß oft die Uebereinstimmung in den beiden organischen Naturreichen auf.

Sobald die junge Pflanze sich aus dem Erdreich nährt, bedarf sie der Beihülfe von Blättern; dies sind die Organe, wodurch sie die überflüssige Feuchtigkeit entfernt: diese Aussonderung ist weit reichlicher bei der Pflanzen- als bei der Thierschöpfung, und die vielfachen Flächen, welche das Laub der Pflanzen darbietet, sind bewundernswürdig darauf berechnet, diese Aussonderung zu befördern. Diese ausdünstende Flüssigkeit besteht fast allein aus Wasser. Der Pflanzensaft wird durch diesen Prozeß verdickt, und eignet sich dann besser dazu, in die verschiednen Theile überzugehn.

Emilie.

Das Wachsthum einer Pflanze muß also sehr leiden, wenn die Blätter abgebrochen werden?

Mrs. B.

Ohne Zweifel, dies vermindert nicht allein die Ausdünstung, sondern auch die Quantität Nahrungsstoff, welche die Wurzeln aufsaugen, und die stets zu der verdunstenden Menge Flüssigkeit in Verhältniß steht. Deshalb ist es nothwendig, daß die junge Pflanze ihre Blätter entfaltet, wenn sie selbstständig für ihre Erhaltung sorgen soll.

Die Funktion der Ausdünstung scheint aber auf die obere Fläche der Blätter beschränkt zu sein, und die untere rauhere (hier bei den Lupinen sogar mit einer Art Häärchen bedeckt) dazu bestimmt zu sein, Feuchtigkeit und andre Stoffe aus der Luft einzusaugen.

Sobald eine junge Pflanze aus dem Erdboden hervorkömmt, bedarf sie Licht und Luft zu ihrer Erhaltung. Licht ist wesentlich zur Entwicklung der Farben und zum Gedeihen der Pflanzen. Wie sehr sie nach Licht verlangen, können Sie bemerken, wenn Sie Pflanzen in der Stube ziehn: stets breiten sie Blätter und Zweige dem Fenster entgegen.

Caroline.

Und viele Pflanzen schließen ihre Blumenkronen, sobald es finster wird. Geschieht dies aber nicht wegen der kalten, nebligen Abendluft?

Mrs. B.

Das scheint nicht der Fall zu sein, denn man hat schon versucht, Blumen bei Lampenlicht aufzuziehn, und sie schlossen jedesmal die Kronen, wenn man die Lampen verlöschte.

Emilie.

Aber, bitte, warum ist die Luft wesentlich nothwendig zum Wachsthum der Pflanzen, sie athmen doch nicht, wie die Thiere?

Mrs. B.

Wenigstens nicht auf dieselbe Weise, aber sie empfangen sicherlich mehrere Stoffe aus der Luft und geben ihr andre zurück, und diesem stetigen Austausch zwischen Atmosphäre und Pflanzenreich verdanken wir es hauptsächlich, daß erstere immer zum Athmen geeignet bleibt. Dies wird Ihnen verständlicher sein, wenn ich Ihnen die Wirkung des Wassers auf die Pflanzen auseinandergesetzt habe.

Ich sagte Ihnen schon, daß Wasser die Hauptnahrung der Pflanzen ausmacht: es ist die Grundlage aller Pflanzensäfte. Wasser ist das Mittel, wodurch den Pflanzen die verschiednen Salze und andern Stoffe zugeführt werden, die zur Bildung und Erhaltung der Pflanzen erforderlich sind. Das ist noch nicht Alles. Das Wasser selbst wird von den Pflanzenorganen zersetzt: Wasserstoff wird ein Bestandtheil von Oel, Balsam, Harz, Farbestoff ꝛc., und ein Theil Sauerstoff trägt zur Bildung von Schleim, Stärke, Zucker und Säuren bei. Aber der größte Theil des Sauerstoffs aus dem zersetzten Wasser wird gasförmig durch Einwirkung des Wärmestoffs, der sich bei der Verdichtung des Wasserstoffs entwickelt. In diesem Zustande dunstet er durch die Blätter der Pflanzen aus, wenn diese den Sonnenstrahlen ausgesetzt sind. So ist die Zerlegung des Wassers durch die Organe der Pflanze nicht nur ein Mittel, letztere mit ihrem Hauptbestandtheil, dem Wasserstoff, zu versehen, sondern zugleich, um der Luft Sauerstoff zuzuführen. Dieser Grundstoff bedarf stetiger Erneuerung, da er fortwährend durch die zahllosen Prozesse der Verbrennung, Oxydation und Einathmung verzehrt wird.

Die Wechselwirkung zwischen Thier- und Pflanzenreich geht noch weiter. Die Thiere verzehren nicht allein durch das Athmen den Sauerstoff der Luft, sondern beladen sich auch mit Kohlensäure, deren Anhäufung die Atmosphäre zum Athmen untauglich machen würde. Dem hilft das Pflanzenreich ab: es zieht die Kohlensäure an, zerlegt sie, behält den Kohlenstoff zu eignen Zwecken und giebt den Sauerstoff der Luft zurück.

Caroline.

Wie interessant ist das, es läßt sich wohl kein schöneres Beispiel von Weisheit der Naturgesetze aufstellen! Aber von welcher Art sind diejenigen Pflanzenorgane, die mit so wunderbaren Kräften ausgestattet sind?

Mrs. B.

Sie sind so fein, daß ihr Bau und die Art, wie sie ihre Funktionen ausüben, meistens unsrer Beobachtung entschlüpfen; betrachten wir sie als Gefäße oder Werkzeuge, dergestalt eingerichtet, daß sie mit Hülfe der Lebenskraft gewisse chemische Prozesse vollführen, deren Ergebniß diese vegetabilischen Mischungen sind. Dem Gerbestoff, Harz, Gummi, Schleim und einigen andern solchen Stoffen können wir aber in der organischen Zusammensetzung der Pflanzen nachspüren, da sie Rinde, Holz, Blätter, Blumen und Samen bilden.

Die Rinde besteht aus der Oberhaut oder Epidermis und dem Bast.

Die Epidermis ist die äußere Decke der Pflanzen. Es ist ein dünnes, durchsichtiges Häutchen, was aus einer Anzahl feiner, sich kreuzender Fäserchen zusammengesetzt ist, und eine Art Netz bildet. Da wo dieses Häutchen weißlich und glänzend erscheint, wie bei verschiednen Baumarten und bei den Halmen der Getraidearten und der Gräser, besteht sie aus einem dünnen Ueberzuge von Kieselerde, woraus sich die Haltbarkeit dieser feinen Stiele erklärt. Man kam auf diese Entdeckung durch die Bemerkung, daß indische Rohrstäbe, mit denen Knaben in einem dunkeln Zimmer fochten, bei der Berührung Lichtfunken ausströmten. Bei der Analyse des Rohres ergab sich, daß die äußere Haut fast allein aus Kieselerde bestand.

Caroline.

Wenn so ein Rohr auf Eisen schlägt, da muß es leicht Feuer geben?

Mrs. B.

Ich zweifle nicht daran. Bei immergrünen Pflanzen ist die äußere Haut harzig, und bei einigen wenigen Pflanzen mit Wachs überzogen. Da Harz keine Verwandtschaft zum Wasser besitzt, so wehrt es den zerstörenden Einfluß heftiger Regengüsse und rauher Witterung ab, denen diese Pflanzenart besonders ausgesetzt ist.

Emilie.

Da Harz ein Hauptbestandtheil der Firnisse ist, muß es das Holz als solcher schützen.

Mrs. B.

Ja, und es verhindert zugleich alle unnütze Verdunstung und Feuchtigkeit.

Der Bast befindet sich unmittelbar unter der Epidermis; wenn Sie einem Baumzweige den äußern Rindenüberzug abschälen, ist er darunter grün, und dieses weiche Grün beschränkt sich nicht allein auf Stamm und Zweige, sondern über jeden Theil der Pflanze breitet es sich aus. Es bildet die grüne Materie der Blätter und ist aus Röhrchen zusammengesetzt, die mit einer eigenthümlichen Feuchtigkeit gefüllt sind. — Die Schicht, welche in unmittelbarer Berührung mit dem Holze ist, enthält viel Gerbestoff und Gallussäure, und besteht aus engen Gefäßen, durch welche der Pflanzensaft abwärts geführt wird, nachdem er in dem Blättern ausgearbeitet ist.

Emilie.

Und durch welche Gefäße steigt der Saft empor?

Mrs. B.

Diese Verrichtung geschieht durch den Splint oder das s. g. weiche Holz, welches sich unmittelbar unter dem Bast befindet. Das weiche Holz besteht aus Holzfaser, Schleim und Harz. Die Fasern sind auf zweierlei Weise geordnet, die einen gehen der Länge nach, die andern in die Runde. Von letzteren bildet sich alle Jahre eine neue Schicht, so daß nach ihrer Zahl das Alter des Baumes geschätzt werden kann. Die älteste Schicht dieser Fasern ist demzufolge die innerste, das Herz des Holzes, und scheint todt zu sein, wenigstens sind keine Lebensfunktionen daran bemerklich. Durch das lebendige Holz oder Splint steigt der Saft empor, deshalb reicht es bis in die Blätter, und steht dort mit den Endpunkten der Rindengefäße in Verbindung, in die es seinen Inhalt ergießt.

Caroline.

Von welchem Nutzen sind denn die äußern Bastgefäße, da der Saft weder aufsteigend noch absteigend hindurchgeht?

Mrs. B.

Man glaubt, ihnen sei die wichtige Verrichtung zuertheilt, aus dem Pflanzensaft die verschiednen Feuchtigkeiten auszusondern, aus denen die Pflanze ihre mehr unmittelbare Nahrung zieht. Diese Feuchtigkeiten sind sehr deutlich erkennbar, da die ihnen angewiesenen Gefäße weit größer sind als diejenigen, welche den Pflanzensaft in Umlauf setzen. Diese besondern Säfte sind von sehr abweichender Natur, nicht allein in verschiednen Pflanzengattungen, sondern selbst in verschiednen Theilen derselben Pflanze. Zuweilen sind sie zuckerhaltig, wie im Zuckerrohr, zuweilen harzig, wie bei Nadelhölzern und immergrünen Pflanzen, zuweilen von milchigem Ansehn, wie beim Seidelbast oder beim Feigenbaum.

Emilie.

Ich habe schon oft bemerkt, wenn ich so einen Zweig, oder auch manche Blume abbrach, daß Milch herausquell.

Mrs. B.

So gewinnt man Terpentin und Balsam durch Einschnitte in die Rinde von Nadelhölzern. Die Dauerhaftigkeit dieser Holzarten ist hauptsächlich der harzigen Natur dieser Aussonderungen zuzuschreiben. Die flüchtigen Oele besitzen dieselbe Kraft und schützen diejenigen Pflanzentheile, mit denen sie zusammenhängen, vor dem Angriff der Insekten. Diese Thiere scheinen eine große Abneigung gegen starke Gerüche zu haben. Sie greifen fast nie duftende Theile der Pflanzen an und es ist nichts Ungewöhnliches, daß jedes Blatt eines Baumes vom Mehlthau zerfressen ist, und doch die Blüthen unberührt bleiben.

Zeder- und Sandelholz, überhaupt alle wohlriechenden den Holzarten, sind deshalb sehr haltbar.

Emilie.

Eichenholz riecht gar nicht und wird doch für sehr dauerhaft gehalten, ist das blos deswegen, weil es so hart ist?

Mrs. B.

Nicht allein deswegen, denn Kastanienholz ist noch viel härter und fester und doch nicht so dauerhaft wie Eichenholz. Die Eiche verdankt, glaube ich, diese Eigenschaft großentheils dem Umstande, daß ihr Holz länger die Lebensfunktionen erhält, als das andrer Bäume.

Caroline.

Wenn man in die Rinde Einschnitte machte, könnte man sich da nicht den aufsteigenden und niedersteigenden Pflanzensaft als besondere Flüssigkeiten verschaffen?

Mrs. B.

Ja, aber dies Experiment muß im Frühjahr vorgenommen werden, wo der Pflanzensaft mit verstärkter Kraft zirkulirt.

kulirt. Man bringt eine kleine gebogne Glasröhre in den Einschnitt, um den Saft aufzufangen, ehe er sich mit andern Feuchtigkeiten des Baumes vermischt. Aus dem Holze fließt der Saft weit reichlicher als aus der Rinde, weil er in größerer Fülle, flüssiger und in schnellerer Bewegung auf- und abwärts steigt. Die Thätigkeit der Blätter hat dem absteigenden Safte einen bedeutenden Theil Feuchtigkeit entzogen, er enthält daher ein größeres Verhältniß festen Stoffes, der seine Bewegung aufhält. Es scheint ein Ueberfluß an absteigenden Safte da zu sein, und dieser Prozeß muß sich also stets nach dem Bedürfniß der Pflanze richten. Der Saft steigt auch nicht weiter abwärts, als die Ernährung der verschiednen Organe erfordert; daher scheint die auf- und absteigende Bewegung des Pflanzensaftes doch kein wirklicher Kreislauf zu sein.

Das letzte der Pflanzenorgane ist die Blume oder Blüte, welche Frucht und Samen hervorbringt. Man kann sie als den Endzweck der Natur bei der Pflanzenschöpfung betrachten. Früchte und Samen liefern den Thieren reiche Nahrungsquellen, außerdem daß sie, dem Erdboden anvertraut, eine neue Generation von Pflanzen hervorrufen, denn wir haben schon gesehn, wie der Same die ersten Keime zur künftigen Vegetation enthält.

Nun kennen Sie alle Hauptorgane der Pflanzenschöpfung, mittelst welcher die verschiednen chemischen Prozesse vollführt werden, die während des Lebens einer Pflanze vor sich gehen.

Emilie.

Aber auf welche Art werden die verschiednen Grundstoffe, die zur Zusammensetzung der Pflanzen beitragen, durch deren Organe zu vegetabilischen Stoffen verbunden?

Mrs. B.

Ohne Zweifel durch chemische Prozesse, allein die Werkzeuge sind so äußerst fein, daß sie alle unsre Nachforschungen vereiteln. Wir können nur durch die Resultate dieser Arbeiten darauf schließen. Der Saft besteht augenscheinlich aus Wasser, das, von den Wurzeln aufgesaugt, verschiedne Stoffe aufgelöst hält, die es dem Erdreich entzogen hat. Von den Wurzeln steigt der Saft durch das Holz in den Stamm, und von da bis in die äußersten Triebe der Pflanze. Zugleich mit dem Saft zirkulirt eine gewisse Menge Kohlensäure, welche sich durch die innere Wärme der Pflanze stetig aus dem Saft entwickelt.

Caroline.

Wie, haben Pflanzen eine eigne Wärme, ähnlich der thierischen Wärme?

Mrs. B.

Nein, aber Holz und Rinde sind schlechte Wärmeleiter, und das Innere eines Baumstammes empfängt daher im Sommer weniger Wärme und giebt im Winter weniger her, als unorganische Körper, demzufolge ist die Pflanzenwärme im Sommer geringer und im Winter größer, als die jener Körper. Das Holz eines Baumes hält im Innern etwa 12° R., wenn das Thermometer im Freien 16 — 21° R. zeigt, und die Rinde, obgleich so sehr der Witterung preisgegeben, ist im Winter selten unter $3\frac{1}{2}$° R.

Die Pflanze nährt sich von dem Safte, der von den Blättern zubereitet wird, und dieser Saft setzt beim Niedersteigen aus den Blättern zu den Wurzeln an die verschiednen Gefäßreihen, so wie er zu ihnen gelangt, diejenigen Stoffe ab, von denen ihr Wachsthum und ihre Erhaltung abhängen. Auf diesem Wege bilden sich die verschiednen Flüssigkeiten, die zuckerige, ölige, schleimige, saure und färbende, ebenso die festeren Theile, Stärkemehl, Holzfaser, Gerbestoff, feste Salze, in einem Worte alle unmittelbaren Bestandtheile der Pflanzen und auch deren Organe; letztere besitzen außer der Kraft, jene Stoffe zu allgemeinen Zwecken auszusondern, auch noch die, sie zu ihrer besondern Nahrung zu verarbeiten.

Mrs. B.

Was ist denn die Ursache, daß während der einen Jahreszeit im Pflanzenreich völlige Unthätigkeit herrscht, und während der andern Alles aus der Erde drängt und treibt?

Mrs. B.

Wärme ist eine hinreichend wichtige chemische Wirkungskraft, um für sich allein schon den Impuls zu erklären, den der Frühling der Vegetation giebt. Um den Mechanismus dieses Vorganges auseinanderzusetzen, hat man angenommen, die Wärme des Frühlings erweitere die Gefäße der Pflanzen und erzeuge eine Art von leeren Raum, in welchen der Saft steige, der während des Winters im Stamm oder Stiel in einem Zustande von Unthätigkeit geruht hatte. Demzufolge steigt der Saft aus den Wurzeln in den Stamm, und macht frischem Safte Raum, den nun die Wurzeln aus dem Erdreich einziehn. Dieser Prozeß geht fort, bis die Pflanze blüht und Frucht trägt, was ihre Laufbahn für den Sommer beschließt. Wenn nun das kalte Wetter eintritt, ziehen sich die Fasern und Gefäße zusammen, die Blätter verwelken und sind nicht länger im Stande ihrem Geschäfte, der Ausdunstung, vorzustehn, und da nun diese Aussonderung unterbrochen wird, saugen die Wurzeln auch nicht mehr Saft aus dem Erdreich. Das Leben der Sommerpflanzen nimmt hier ein Ende, die länger dauernden überwintern in einem der Erstarrung gleichen Zustande, und es findet weiter keine innere Bewegung statt, als daß eine geringe Quantität harziger Feuchtigkeit langsam aus dem Stamm in die Zweige steigt und die Knospen im Winter anschwellt.

Caroline.

Bei immergrünen Pflanzen muß die Vegetation doch das ganze Jahr fortdauern?

Mrs. B.

Ja, aber im Winter geht sie, im Vergleich zu andern Jahreszeiten, nur auf sehr unvollständige Weise vor sich.

Wir haben uns weit länger bei der Geschichte der Pflanzenchemie aufgehalten, als meine Absicht war, dafür hoffe ich

26 *

aber wenigstens, Ihnen das Hauptsächlichste gehörig erläutert zu haben.

Zweiundzwanzigste Unterhaltung.

Ueber thierische Stoffe und deren Zusammensetzung.

Mrs. B.

Wir sind nun zu dem letzten Zweige der Chemie gelangt, der die verwickeltste Gattung zusammengesetzter Wesen in sich begreift. Dies ist das Thierreich, dessen Geschichte die Wißbegier im höchsten Grade rege macht, obgleich der Versuch oftmals scheitert, die Gesetze zu erklären, worauf diese Schöpfung beruht.

Emilie.

Nun, da zuletzt alle Thiere ihre Nahrung aus dem Pflanzenreich erhalten, so muß die Chemie dieser Geschöpfe lediglich in der Verwandlung der Pflanzenstoffe in Thierstoffe bestehn.

Mrs. B.

Sehr wahr, allein wie dies geschieht, das bleibt unsrer Beobachtung großentheils verborgen. Der Verwandlungsprozeß andrer Stoffe in thierische, oder die Animalisation, wie man es nennt, wird durch besondere Organe vollführt. Das Thierreich unterscheidet sich vom Pflanzenreich nicht blos durch abweichende Zusammenstellung der Mischungen, ein neuer Grundstoff herrscht auch darin vor, den man nur selten und in sehr geringen Mengen in Pflanzen antrifft: dies ist der Stickstoff. Thierische Substanzen enthalten auch ein größeres und beständiges Verhältniß an Phosphorsäure und andern salzigen Stoffen, doch sind diese zur Bildung der thierischen nicht wesentlich nothwendig.

Caroline.

Die thierische Materie besteht also aus vier Grundstoffen: aus Sauerstoff, Wasserstoff, Kohlenstoff und Stickstoff?

Mrs. B.

Ja, und diese bilden die unmittelbaren thierischen Materialien: Gallert, Eiweißstoff und Faserstoff.

Emilie.

Ist das Alles? Da gehörten ja zur Zusammensetzung der Pflanzen mehr Bestandtheile, und Thiere scheinen mir doch einen viel verwickelteren Bau zu haben.

Mrs. B.

Ihre Organisation ist gewiß vollkommner und zusammengesetzter, und die Zahl solcher Substanzen, die sich dazu verbinden kann, ist weit größer. Aber trotz der wunderbaren Verschiedenheit, die sich in dem Gewebe der thierischen Organe herausstellt, ergiebt sich doch, daß jederzeit ihre ursprüngliche Zusammensetzung auf die obengenannten drei Substanzen zurückgeführt werden muß. Thierische Stoffe, als die komplizirtesten aller natürlichen Mischungen, lassen sich am leichtesten zersetzen, denn im Verhältniß zu der Zahl der Elementarbestandtheile, wächst die Menge der Anziehungskräfte. Ihre Analyse ist dennoch schwierig und unvollständig auszuführen, denn im lebendigen Zustande können sie nicht untersucht werden, und gleich nach dem Tode unterliegen sie einer Veränderung, und deshalb liefern alle Versuche der Chemiker wahrscheinlich nie genaue Resultate.

Emilie.

Schon die Verminderung der Temperatur, die sie durch Entziehung der thierrischen Wärme erleiden, muß, dächte ich, hinreichen, das Verhältniß ihrer Anziehungskräfte, so wie es im Leben stattfand, zu stören und zu verwirren.

Mrs. B.

Ohne Zweifel ist dies eine der Ursachen, aber noch viele

andre Umstände hindern uns, die Natur lebendiger thierischer Substanzen zu studiren. Wir sehen uns daher genöthigt, unsre Forschungen hauptsächlich auf die Erscheinungen zu beschränken, welche diese Körper im leblosen Zustande darbieten.

Gallert, Eiweißstoff und Faserstoff bilden die Grundlage aller Theile des thierischen Systems, entweder als feste Substanzen, wie Haut, Nerven, Bänder, Knorpel und Knochen, oder flüssige, wie Blut, Magensaft, Milch, Schleim, Galle, Thränen, Speichel, Ausdünstung 2c.

Caroline.

Es überrascht doch, daß eine so große Menge Substanzen, die ihrer Natur nach so verschieden sind, aus so wenigen Bestandtheilen und aus denselben Elementen entstehen!

Mrs. B.

Die Verschiedenheit in der Natur der Körper hängt, wie ich Ihnen schon oft bemerkte, mehr von der Art ihrer Mischung ab, als von den Stoffen, aus denen sie zusammengesetzt sind. Wenn wir das chemische Wesen der ganzen Schöpfung von einem allgemeinen Gesichtspunkte aus betrachten, so ergiebt sich, daß sie durchweg aus sehr wenigen Elementen zusammengesetzt ist. Theilen wir sie in die drei Naturreiche, so finden wir, daß im Mineralreich die Verbindungen das Resultat der Mischung zufällig zusammengetroffner Grundstoffe zu sein scheinen, im Pflanzen- und Thierreich hingegen werden diese Verbindungen durch besondre Werkzeuge, deren Thätigkeit vom Lebensprinzip abhängt, vorsätzlich und regelmäßig herbeigeführt, und wir können außerdem noch bemerken, wie, mittelst gewisser freiwilliger Veränderungen und Zersetzungen die Elemente der einen Materie zur Wiedererzeugung einer andern behülflich sind, so daß die drei Reiche eng verknüpft und beständig zur gegenseitigen Erhaltung beitragen.

Emilie.

Eine bedeutende Abtheilung einfacher Stoffe scheint aber

auf das Mineralreich beschränkt zu sein, — ich meine die Metalle.

Mrs. B.

Nicht gänzlich, sie kommen, wenn auch in äußerst geringen Mengen in beiden organischen Reichen vor; auch eine kleine Quantität Erden und Schwefel ist diesen Körpern beigemischt. Phosphor gehört jedoch fast ausschließlich dem Thierreich an, und Stickstoff findet sich nur in geringer Menge in Pflanzen.

Wir wollen jetzt die Natur der drei Hauptbestandtheile der thierischen Einrichtung untersuchen.

Gallert ist der Hauptbestandtheil der Haut und aller hautartigen Theile des Thierkörpers. Mittelst kochenden Wassers kann man sie aus diesen Substanzen gewinnen, in der Form von Tischlerleim, Fischleim, Pergamentleim und durchsichtiger Gelee.

Caroline.

Das sind gar verschiedne Dinge und können nicht alle reine Gallert sein.

Mrs. B.

Nicht ganz, aber doch beinah. Leim wird aus Thierhäuten ausgezogen. Pergamentleim wird entweder aus frischer Haut oder aus Leder gewonnen. Der Fischleim ist eine Gallert, die aus Hausenblase bereitet wird, und Sie wissen, diese Substanz, die sich in kochendem Wasser auflöst, wird auch zu den feinsten Gelees gebraucht.

Emilie.

Wein, Citronen, Gewürze oder Fruchtsaft setzt man wohl nur zu, um die Gelee schmackhaft zu machen?

Mrs. B.

Blos deshalb.

Caroline.

Aber man macht oft Gelee von geraspeltem Hirschhorn, oder von Kalbsfüßen, enthalten die auch Gallert?

Mrs. B.

Ja. Man kann fast aus jeder thierischen Substanz Gallert ausziehn, da dieser Stoff mehr oder weniger zur Zusammensetzung aller beiträgt. Das Verfahren, ihn zu gewinnen, ist sehr einfach: man kocht die Substanz mit Wasser, die Gallert löst sich darin auf, und durch Verdampfen der Auflösung kann man die Gallert in jedem Grade der Konsistenz erlangen. Besonders Knochen enthalten viel davon, weil sie aus phosphorsaurem Kalk bestehen, der durch Gallert zusammengekittet ist. Hirschhorn, eine Knochenart, giebt eine Menge Gallert. Man hält die Gallert aus dem Geweih des Hirsches für äußerst fein und namentlich für leicht verdaulich, und man raspelt es vorher, damit das Wasser es leichter durchdringen kann.

Caroline.

Sonderbar, daß Hirschhorn, was einen so scharfen Stoff wie Ammoniak liefert, zugleich auch eine so milde Gallert darbietet.

Mrs. B.

Es wird Ihre Verwunderung erhöhen, wenn ich Ihnen sage, daß aus Knochengallert Ammoniak gewonnen wird, natürlich durch ein sehr von dem verschiednes Verfahren, wodurch man reine Gallert auszieht. Letztere erhält man durch einfache Einwirkung von Wasser und Hitze auf Knochen; um Ammoniak zu gewinnen, müssen die Knochen destillirt werden. Bei diesem Prozeß wird die Gallert zersetzt, und Wasserstoff und Stickstoff verbinden sich wieder zu Ammoniak. Die erste Operation ist also blos eine Trennung der Bestandtheile, die zweite aber eine chemische Zersetzung.

Caroline.

Wenn man aus Hirschhorn Gelee bereitet, was wird da aus dem phosphorsauren Kalk, dem andern Bestandtheil der Knochen?

Mrs. B.

Er bleibt im Filtrirbeutel zurück. Das Gelee wird später noch vollständiger gereinigt und geklärt durch einen Zusatz von Eiweiß, welches in der Hitze gerinnt und alle Unreinigkeiten mit nach der Oberfläche zieht.

Emilie.

Ich wundre mich, daß die gemeinen Leute nicht aus Knochen Gelee kochen, wenn es auch nicht ganz so schön wäre, wie Hirschhorngelee, so ließe sich doch gewiß eine große Portion gesunde Nahrung daraus bereiten.

Mrs. B.

Weil die Knochen gewöhnlich den Hunden vorgeworfen werden, so haben arme Leute ein Vorurtheil, für sich selbst davon Suppe zu kochen, und da wir von ihnen nicht erwarten können, daß sie sich in chemische Betrachtungen einlassen sollen, so ist es ihnen nicht ganz zu verübeln. Ueberdem, Knochen auflösen und Gallert daraus ziehen erfordert sehr große Hitze. Bei großen mildthätigen Suppenanstalten hat man dies Verfahren angewendet, dem Einzelnen würde es theuer kommen.

Um durch erhöhten Hitzgrad die Auflösung der Knochen in Wasser zu befördern, bedient man sich eines sehr starken Metallgefäßes, papinianischer Topf genannt, das so eingerichtet ist, daß der Dampf des kochenden Wassers, in dem sich die Knochen befinden, auf keine Weise entweichen kann, was bekanntlich die Hitze weit über den Siedepunkt steigert. Durch dieses Mittel werden die Knochen förmlich zu Brei gekocht. Aber auch dieses Verfahren kostet zuviel Feuerung, um bei den niedern Klassen eingeführt zu werden.

Caroline.

Könnte man nicht eine Fabrik, eine Mühle einrichten, um Knochen zu zermalmen oder wenigstens zu raspeln, dann würden sie sich wohl so leicht auflösen wie Hirschhorn?

Mrs. B.

Es würde schwierig sein, sie zu einem solchen Zweck reinlich zu sammeln. Sie gehen ja aber nicht verloren, da man Salmiak daraus bereitet, und die europäische Industrie ist so gestiegen, daß wir diesen Artikel jetzt nach der Levante schikken, während wir ihn sonst von dort bezogen.

Emilie.

Wenn man Gelee von Hausenblase kocht, läßt das keinen Bodensatz zurück?

Mrs. B.

Nein, es braucht auch nicht geklärt zu werden, weil Hausenblase fast ganz reine Gallert ist; was noch etwa von fremdartigen Stoffen beigemengt wäre, wird beim Kochen als Schaum abgesetzt. — Sie sehen, die edle Kochkunst gehört auch zur praktischen Chemie.

Caroline.

Das gefällt mir so an der Chemie, daß sie sich über die verschiedenartigsten Gegenstände verbreitet, und Einen begierig macht, in das innere Wesen jedes Dinges einzudringen, während man sich bei andern Wissenschaften immer zwischen engen Gränzen halten muß.

Mrs. B.

Da sind Sie im Irrthum, jede Wissenschaft, wenn man sie freisinnig verfolgt, muß den allgemeinen Gesichtskreis erweitern.

Caroline.

Da wir nun einmal die Kochkunst wissenschaftlich beleuchten, ist Fleischbrühe nicht auch aus Gallert zusammengesetzt? wenn sie erkaltet, wird sie oft gallertartig.

Mrs. B.

Alle Sorten Fleischbrühe enthalten zwar eine Quantität Gallert, ihr wesentlichster Bestandtheil ist aber ein schleimiger Stoff, eine im Wasser leicht lösliche, eigenthümliche thierische Substanz von strengem Geschmack und nahrhafter als Gallert. Alle Tafelbouillon besteht aus diesem Stoff im trocknen Zustande, und er braucht nur in Wasser aufgelöst zu werden, um Suppe daraus zu bereiten.

Gallert im festen Zustande ist eine härtliche, durchsichtige Substanz ohne Geschmack und Geruch. — Wenn sie in Berührung mit Luft und Wasser der Hitze ausgesetzt wird, schwillt sie erst an, schmilzt dann und brennt zuletzt. Die beiden ersten Theile dieser Operation haben Sie gewiß schon öfters am Leimtopf des Tischlers gesehn.

Caroline.

Den dritten auch, denn Leim brennt sehr leicht, wenn man ihn nicht vorsichtig schmilzt. Aber Sie sagten, Gallert sei geruchlos, Leim riecht doch sehr unangenehm.

Mrs. B.

Leim ist keine reine Gallert; da er nicht zum Essen bestimmt ist, nimmt man sich bei der Bereitung nicht so in Acht vor unreinen oder gar faulen Beimischungen.

Gallert kann durch Alkohol aus seiner Auflösung in Wasser gefällt werden. — Wir wollen das mit einem Glase warmer Gelee versuchen. Sie sehen, wie die Gallert sich zu Boden senkt, nun sich der Weingeist mit dem Wasser verbindet.

Emilie.

Wie kann man da Weingelee bereiten, ohne daß ein Niederschlag entsteht?

Mrs. B.

Weil der im Wein enthaltne Alkohol schon mit Wasser und andern Substanzen verbunden und daher nicht frei ist, um auf die Gelee einzuwirken. Gallert ist in Säuren und Alkalien löslich; der ersteren bedient man sich bekannterweise häufig, um Gelees schmackhaft zu machen.

Caroline.

Wir müssen unter den Gallertverbindungen eine nicht vergessen, deren Sie früher erwähnten: die mit Gerbstoff zur Lederbildung.

Mrs. B.

Wahr, aber Leder kann nur allein aus hautartiger Gallert erzeugt werden. Reine Gallert mit Gerbstoff verbunden giebt zwar eine Substanz, die chemisch dem Leder gleich ist, doch ist das Gewebe der Haut erforderlich, um den nützlichen Zwecken dieses Stoffes zu entsprechen.

Der nächste thierische Stoff, den wir untersuchen wollen, ist der Eiweißstoff. Er ist nicht allein ein Bestandtheil thierischer Mischungen, sondern kommt auch häufig einzeln schwimmend in Produkten des Thierreichs vor, wie dies z. B. im Weißen der Eier der Fall ist, welches fast ausschließlich aus diesem Stoff besteht, weshalb er darnach genannt ist. Ebenso ist die Substanz, aus der die Nerven bestehn, das Weiße des Blutes und das Dicke der Milch wenig anderes als Abarten des Eiweißstoffes.

Im einfachsten Zustande erscheint der Eiweißstoff als eine durchsichtige, klebrige Flüssigkeit ohne bestimmten Geruch oder Geschmack: er gerinnt schon bei der niedrigen Temperatur von 59° R., und einmal festgeworden, läßt er sich nie wieder flüssig machen.

Schwefelsäure und Weingeist bringen den Eiweißstoff auf dieselbe Weise zum Gerinnen wie Hitze, wie ich Ihnen gleich zeigen will.

Emilie.

Wirklich. — Bitte, Mrs. B., wodurch wirkt Eiweißstoff auf Silber ein? Ich habe manchmal bemerkt, wenn der Löffel naß wird, mit dem ich ein Ei gegessen habe, so läuft er an.

Mrs. B.

Das kömmt daher, daß Weißei (und überhaupt aller Eiweißstoff) etwas Schwefel enthält, der bei der Temperatur des gekochten Ei's Schwefelwasserstoff erzeugt, was die Eigenschaft besitzt, Silber blind zu machen.

Wir betrachten nun den Faserstoff. Dies ist eine geschmack- und geruchlose Substanz, die ungefähr das Ansehn zusammenhängender, feiner, weißer Fäden hat; er ist ein wesentlicher Bestandtheil der Muskeln oder des Fleisches, in denen er mit Gallert gemischt und dadurch erweicht ist. Er ist in Wasser und Alkohol unlöslich, aber Schwefelsäure verwandelt ihn in eine gallertähnliche Substanz.

Dies sind die wesentlichen und allgemeinen Bestandtheile des thierischen Körpers, doch giebt es noch andre Stoffe die, obgleich dem Thier nicht eigenthümlich, gewöhnlich zu seiner Zusammensetzung beitragen: z. B. Oele, Säuren, Salze rc.

Thierisches Oel ist der Hauptbestandtheil des Fettes. Z. B. die Sahne der Milch enthält eine Fülle von solchem Oele, was man zu Butter verarbeitet.

Emilie.

Sagten Sie nicht, daß thierisches Oel in seiner Zusammensetzung dem vegetabilischen gleich sei?

Mrs. B.

Wenn auch nicht gleich, doch sehr ähnlich, da beide aus Wasserstoff und Kohlenstoff bestehen; allein thierisches Oel enthält auch noch Stickstoff, der sich selten in Pflanzenölen vorfindet und nie in so großen Verhältnissen.

Es giebt sehr wenige thierische Säuren, d. h. solche, die dem thierischen Stoffe eigenthümlich sind und fast einzig daraus gewonnen werden.

Die thierischen Säuren haben dreierlei Grundlagen, Wasserstoff, Kohlenstoff und Stickstoff. Einige derselben sind schon als Säuren im Thierstoffe vorhanden, andre bilden sich erst während der Zersetzung.

Solche, die wir fertig gebildet vorfinden, sind:
die Raupensäure, die man aus Seidenwürmern zieht,
die Ameisensäure, aus Ameisen,
die Milchsäure, aus dem Molken der Milch,
die Fettsäure und Oelsäure, aus Oel oder Fett,
die Wallrathsäure, aus Wallrath oder Spermaceti.

Solche, die sich bei der Zersetzung thierischer Substanzen durch Hitze bilden, sind die Berlinerblausäure und die Thiersäure. Letztere erzeugt sich beim Braten des Fleisches und giebt diesem einen kräftigen Geschmack. Die Zahl der thierischen Säuren ist nicht so groß, und im Allgemeinen sind sie auch nicht sehr wichtig. Die Berlinerblausäure ist, glaube ich, die einzige, der ich einige Minuten widmen muß. Sie kann durch einen künstlichen Prozeß ohne Gegenwart thierischer Stoffe gebildet werden, und sie läßt sich auch aus einer Menge Pflanzen ausziehn, besonders aus solchen der narkotischen Gattung, wie Kirschlorbeer 2c. Gewöhnlich gewinnt man sie aus Blut, was mit Aetzkali stark erhitzt wird: das Kali zieht dann die Säure aus dem Blute und bildet damit blausaures Kali. Aus dieser Verbindung kann die Berlinerblausäure durch andre Substanzen rein abgeschieden werden.

Emilie.

Wenn aber die Säure im Blut nicht fertig gebildet da ist, wie kann das Alkali sie daraus an sich ziehn?

Mrs. B.

Nur die dreifache Grundlage dieser Säure ist im Blute vorhanden, entwickelt sich während der Verbrennung, und wird in die Säure verwandelt, die, so dargestellt, sich dann erst mit dem Kali verbindet.

Emilie.

Nun verstehe ich es. Und wie bereitet man die Blausäure künstlich?

Mrs. B.

Man leitet Ammoniakgas über glühende Holzkohlen: dies ist der Beweis, daß die Bestandtheile jener Säure Wasserstoff, Stickstoff und Kohlenstoff sind: die beiden ersten giebt das flüchtige Alkali her, und letzteren die Verbrennung der Holzkohle.

Caroline.

Das stimmt aber nicht mit der Lehre, daß Sauerstoff der Säurebilder ist.

Mrs. B.

Die Berlinerblausäure wird deswegen eine Säure genannt, weil sie sich mit Laugensalzen und Metallen verbindet, aber nicht wegen irgend einer andern charakteristischen Säurenbeschaffenheit; vielleicht ist die Benennung nicht ganz passend. Ueberdies erinnere ich Sie, daß seit der Entdeckung von Chlor und Jod der Sauerstoff nicht mehr als ausschließlicher Säurebilder betrachtet wird. Versuche mit trocknen Säuren haben zu der Vermuthung geführt, daß Wasser zum Säurebilden wesentlich nöthig sei, und einige Chemiker sind der Meinung, das eigentliche Wesen der Säure hänge mehr von der Zusammenstellung als von der Gegenwart gewisser Grundstoffe ab. Wir sind aber mit der Berlinerblausäure noch nicht fertig. Sie hat starke Verwandtschaft zu Metalloxyden, und fällt Eisenauflösungen in Säuren mit blauer Farbe. Dies ist das Berlinerblau, oder blausaures Eisen, was so vielfach gebraucht wird und Ihnen auch bekannt sein muß.

Emilie.

Ja, es giebt Oel- und Wasserfarben zum Malen. Es giebt aber keine bleibende Oelfarbe.

Mrs. B.

Das liegt, glaube ich, nur an der mangelhaften Bereitung, z. B. daran, daß das Eisen nicht so vollständig oxydirt ist, um rothes Oxyd zu bilden; denn eine grüne Eisenoxydauflösung (bei welcher das Metall weniger Sauerstoff aufgenommen hat) giebt nur einen blaßgrünen oder weißen Niederschlag mit blausaurem Kali, und dieser wird nach und nach in der Luft erst blau, wie ich Ihnen sogleich zeigen kann.

Caroline.

Es fängt schon an, bläulich zu werden. Auf welche Art bringt aber die Luft eine solche Veränderung hervor?

Mrs. B.

Sie oxydirt das Eisen vollständiger. Wenn wir etwas salpetrige Säure darauf gießen, erscheint die blaue Farbe augenblicklich, weil die Säure dem Niederschlag ihren Sauerstoffgehalt überläßt und ihn völlig damit sättigt, wie Sie bemerken können.

Caroline.

Wie merkwürdig sich die Farbe auf der Stelle verändert.

Mrs. B.

Sie können daraus abnehmen, daß Berlinerblau nur dann eine dauerhafte Farbe sein kann, wenn es mit rothem Eisenoxyd bereitet ist, da es sonst in der Luft nachdunkelt und binnen kurzer Zeit nicht mehr mit den andern Farben übereinstimmt.

Caroline.

Es kann aber doch wohl nicht dunkler werden, als das ächte Berlinerblau, in welchem das Oxyd völlig gesättigt ist?

Mrs. B.

Gewiß nicht. Allein beim Malen giebt der Künstler, der nicht auf eine theilweise Veränderung seiner Farben rechnet, den blauen Tinten eine solche Färbung, wie sie zu den übrigen Gemälden stimmt; werden sie nun später dunkler, so ist die Harmonie gestört.

Caroline.

Aus welcher Substanz wird denn Karmin bereitet?

Mrs. B.

Aus der Cochenille, einem Insekt; der Aufguß davon giebt die schöne rothe Farbe.

Caroline.

Da wir einmal von Farben sprechen, woraus besteht denn Beinschwarz?

Mrs. B.

Es ist eine kohlenartige Substanz, die aus der Verbrennung von Elfenbein, oder bei geringeren Sorten, aus verbrannten Knochen gewonnen wird.

Caroline.

Aber während der Verbrennung von Elfenbein oder Knochen, dächte ich, müßte der Kohlenstoff eher in kohlensaures Gas verwandelt werden als in die schwarze Substanz.

Mrs. B.

Mrs. B.

Bei dieser wie bei den meisten Verbrennungen wird ein bedeutender Theil Kohlenstoff blos von der Hitze fortgerissen und beim Abkühlen wiedergewonnen. Diese Farbe könnte daher Elfenbein- oder Knochenruß genannt werden.

Dreiundzwanzigste Unterhaltung.

Von den thierischen Lebensverrichtungen.

Mrs. B.

Sie kennen nun die Stoffe, aus denen der Thierkörper zusammengesetzt ist, wünschen Sie aber auch zu erfahren, auf welche Weise dieselben von den thierischen Organen aus Pflanzen- und Thierstoffen zubereitet werden, so ist es nöthig, Sie vorher über die Natur der Verrichtungen zu belehren, welche den einzelnen Organen übertragen sind, sonst ist es unmöglich, einen Begriff von thierischer Aneignung und Ernährung wirklich aufzufassen.

Caroline.

Auf diese Erklärung freue ich mich sehr, besonders weil ich hoffe, etwas über den Athmungsprozeß und den Kreislauf des Blutes zu hören.

Mrs. B.

Das sind ohne Zweifel höchst wichtige Verrichtungen des thierischen Körpers. — Jetzt muß ich Sie aber erst mit den Hauptorganen bekannt machen, welche in dem Getriebe thierischer Organisation thätig sind, dies sind:

Knochen, Lymphgefäße,
Muskeln, Drüsen und
Blutgefäße, Nerven.

Die Knochen bilden den festen Theil der thierischen Gestalt, sie sind die Stütze der verschiednen Glieder, und bestimmen großentheils deren Form und Umfang. Sie erinnern sich hoffentlich, aus welchen Bestandtheilen sie zusammengesetzt sind?

Emilie.

Ja, aus phosphorsaurem Kalk, durch Gallert verbunden.

Mrs. B.

In der ersten Zeit des thierischen Lebens bestehen sie fast gänzlich aus gallertartigen Häutchen, die nur die Form von Knochen haben, von lockerer, schwammiger Textur, ungefähr wie Honigwaben, deren Zellen oder Vertiefungen bestimmt sind, mit phosphorsaurem Kalk gefüllt zu werden: dadurch daß sie allmählig dieses Salz aufnehmen, erlangen die Knochen ihre spätere Härte und Festigkeit. Die Milch führt es den Kindern zuerst zu, nachher erhalten sie es aus allen thierischen und aus den meisten vegetabilischen Nahrungsmitteln, besonders aus mehligen Substanzen (z. B. aus Weizenmehl), die es in bemerklichen Mengen enthalten. Ein Theil phosphorsauren Kalks wird in die Zähne abgesetzt, nachdem die Knochen genugsam ausgedehnt und festgeworden sind. Die Zähne bestehen anfangs nur aus einem gallertartigen Häutchen oder Gehäuse, das zur Aufnahme des Salzes vorbereitet ist, und nachdem letzteres unter dem Zahnfleisch hart geworden, durchstößt der Zahn das Zahnfleisch und tritt hervor.

Caroline.

Wie schön sorgt die Natur erst für die Ausbildung solcher Knochen, die bald gebraucht werden, und dann erst für Zähne, die in der ersten Zeit nicht allein nutzlos, sondern gar nachtheilig sein würden!

Mrs. B.

Bei Vierfüßlern wird phosphorsaurer Kalk auch in den Hörnern und in den Haaren oder der Wolle abgesetzt, mit denen sie gewöhnlich bekleidet sind.

Bei Vögeln dient er auch dazu, die Schnäbel und die Kiele der Federn zu härten.

Wenn die Thiere ausgewachsen sind und ihre Knochen hinreichende Festigkeit erlangt haben, verarbeiten sie selten mehr den Kalk, den sie mit ihrem Futter genießen; außer wenn das Weibchen ihr Junges nährt, dann wird der phosphorsaure Kalk ganz für die Milch ausgesondert und so den Knochen des Säuglings zugeführt.

Emilie.

So daß, was dem einen Wesen überflüssig ist, sogleich für ein andres gebraucht wird. Die Natur ist eine vorzügliche Wirthschafterin!

Caroline.

Die sogenannte englische Krankheit oder die doppelten Glieder, woran manche Kinder leiden, soll eine Krankheit der Knochen sein; sie entsteht wohl aus Mangel an phosphorsaurem Kalk?

Mrs. B.

Diese Krankheit soll aus zweierlei Ursachen enspringen: zuweilen wachsen die Muskeln weit schneller als die Knochen, welche dann das Gewicht des Fleisches nicht zu tragen vermögen, was so auf sie drückt, daß die Gelenke anschwellen, wodurch sich diese Krankheit zu erkennen giebt. Die andre Ursache derselben soll in unvollständiger Verdauung und Aneignung der Nahrung liegen, und demzufolge in einer Anhäufung von Säure, was Alles der Bildung von phosphorsaurem Kalk entgegenwirkt. In beiden Fällen muß die Nahrung des Kindes geändert und nicht allein mit solcher Kost ersetzt werden, die eine größere Menge phosphorsauren Kalkes enthält, sondern man muß auch alles vermeiden, was zuviel Säure im Magen erzeugen und Unverdaulichkeit veranlassen kann. Das beste Schutzmittel ist überhaupt verständige Pflege, denn wenn ein Kind gehörig Luft und Bewegung hat, so geht die Verdauung und Ernährung ungestört vor sich, es erzeugt sich keine Säure, welche diese Verrichtungen unterbricht, und Muskeln und Knochen nehmen im richtigen Verhältnisse zu.

Caroline.

Ich habe oft gehört, die englische Krankheit solle von schlechter Pflege herkommen, konnte aber nie einen Zusammenhang zwischen Bewegung und Knochenbildung finden.

Mrs. B.

Leibesübung ist überhaupt allen thierischen Funktionen zuträglich. Wenn der Mensch für seinen Unterhalt arbeiten muß, so ist das Brot, was er sich verdient, kaum mehr zur Erhaltung seiner Gesundheit nothwendig, als die Anstrengung, wodurch er es gewinnt. Diejenigen, welche durch Gaben des Glückes über die Nothwendigkeit körperlicher Arbeiten erhoben sind, müssen sich dennoch Bewegung machen, sie mögen es nun als Vergnügen oder als Arbeit betrachten, wenn nicht ihre Gesundheit bald unter ihrer Trägheit leiden soll.

Die Knochen sind durch Bänder verbunden, die aus einer weißen, dicken, biegsamen Substanz bestehen, und sich dergestalt an ihre Endpunkte anschließen, daß sie den Gelenken Festigkeit und Sicherheit geben, ohne deren Bewegung zu hindern. Ueberdem sind die Gelenke mit einer festen, geschmeidigen, elastischen, weißen Substanz bedeckt, Knorpel genannt, welche die Knochen in Stand setzt, leicht über einander fortzugleiten, so daß die Gelenke ohne Schwierigkeit und Nachtheil ihr Geschäft ausrichten können.

Ueber die Knochen sind die Muskeln gebreitet; sie bestehen aus Faserbündeln, die in eine Art Sehne oder Band endigen, womit sie an den Knochen befestigt sind. Die Muskeln sind die Werkzeuge der Bewegung: sie haben die Kraft sich auszudehnen und zusammenzuziehn, vermöge deren sie die Knochen antreiben, die bei allen Bewegungen des Körpers als Hebel arbeiten. Die Muskeln sind bei verschiednen Thiergattungen von verschiedner Stärke oder Dichtigkeit. Die Säugethiere nehmen in dieser Hinsicht den Platz ein zwischen Vögeln und kaltblütigen Thieren, so wie Reptilien und Fische;

ihre Muskeln sind minder fest und stark als die der Ersteren, und minder schlaff und schwach als die der Letzteren.

Emilie.

Die abweichenden Grade der Muskelfestigkeit kommen wohl von der mannigfaltigen Nahrung der Thiere her?

Mrs. B.

Nein, das glaubt man nicht, denn Menschen — die zu den Säugethieren gehören — leben von kräftigerer Nahrung als Vögel, und doch haben letztere weit mehr Muskelstärke. Ich will später versuchen, diese Verschiedenheit zu erklären, jetzt lassen Sie uns in der Untersuchung der thierischen Verrichtungen fortfahren.

Die Verrichtungen des Gefäßsistems bestehen darin, alle verschiednen Flüssigkeiten durch den Körper zu leiten. Diese Gefäße sind zahllos. Die bedeutendsten darunter sind diejenigen, in welchen das Blut zirkulirt; sie sind zweierlei Art: die Arterien führen das Blut vom Herzen nach allen Körpertheilen, und die Venen bringen es zum Herzen zurück.

Dann giebt es auch im Thierkörper zahlreiche Gruppen kleiner, durchsichtiger Gefäße, dazu bestimmt, mancherlei Flüssigkeiten auszusondern und in das Blut zu leiten, man nennt sie im Allgemeinen Lymphgefäße, allein nur ein Theil von ihnen hat das Geschäft, dem Blute die Flüssigkeit zuzuführen, die man Lymphe nennt.

Emilie.

Was ist das eigentlich für eine Flüssigkeit?

Mrs. B.

Das Wesen und der Nutzen der Lymphe ist, glaube ich, nie vollständig ermittelt worden, man nimmt an, sie bestehe aus Stoff, der vorher animalisirt, und der, nachdem er dem ihm zugeordneten Zwecke entsprochen hat, in regelmäßigem Umlauf immer frischem Vorrath Platz machen muß, den die Verdauung der Nahrung erzeugt. Die Lymphgefäße ziehen diese Flüssigkeit aus allen Theilen des Körpers an sich und leiten sie in die Venen, wo sie dem sogenannten Venenblut beigemischt werden.

Caroline.

Aber geht es durch diesen Kanal nicht wieder in das Getriebe über?

Mrs. B.

Nicht gleich, denn das Venenblut kommt nicht eher wieder in Umlauf, bis es eine eigenthümliche Veränderung erlitten hat, bei der es alles abwirft, was unnütz geworden ist.

Eine andre Abtheilung absorbirender Gefäße saugt den fertigen Nahrungssaft aus dem Magen und den Eingeweiden, und führt ihn nach vielen Windungen in die große Blutader nahe dem Herzen. Dieser Nahrungssaft oder Milchsaft ist die Substanz, worin die Nahrung durch den Verdauungsprozeß verwandelt ist.

Emilie.

Denn ist er also grade das Gegentheil von Lymphe, die ja ihre ernährenden Vorrichtungen schon verrichtet hat, und deshalb ausgestoßen wird, während jener in dieser Absicht in Umlauf kömmt.

Caroline.

Die eine Abtheilung auffaugender Gefäße schafft also das fort, was nichts mehr nütze ist, und die andre führt dem Blut neue Stoffe zu, um den Abgang zu ersetzen. Welch eine Menge Stoffe müssen zur Zusammensetzung des Blutes beitragen!

Mrs. B.

Es werden auch sehr viele Substanzen daraus abgesondert. Das Blut dient einer Menge Stoffe zum Behälter, die erst später nach dem Erforderniß der Umstände gestaltet, geordnet und angewendet werden.

Emilie.

Bitte, ist die Zusammensetzung der Milch nicht der des Blutes sehr ähnlich? Da die kleinen Kinder und Thiere sich allein davon ernähren, so muß die Milch doch alle Grundstoffe enthalten, die dem Thierkörper nothwendig sind.

Mrs. B.

Sehr wahr. Bei der Analyse ergiebt sich, daß Milch alle Hauptbestandtheile der thierischen Materie enthält: Eiweißstoff, Oel und phosphorsauren Kalk, so daß sie äußerst leicht verdaulich ist. Wir werden später die Zusammensetzung der Milch genauer prüfen.

In vielen Theilen des Körpers sind eine Anzahl feiner Gefäße in Bündeln verknüpft, die man Drüsen nennt. Die Verrichtung der Drüsen ist, gewisse Stoffe aus dem Blute auszusondern.

Diese Absonderungen sind nicht blos mechanisch, sondern wirklich chemische Ausscheidungen, denn die so gebildeten Stoffe, obgleich im Blute vorhanden, sind darin doch nicht schon fertig verbunden. Sie sind zweierlei Art: solche, die eigenthümliche thierische Flüssigkeiten bilden, wie Galle, Thränen, Speichel ꝛc., und solche, welche die unmittelbaren Bestandtheile des Thierkörpers bereiten, um dessen verschiedne Organe damit zu versehen und zu ernähren — den Eiweißstoff, die Gallert, den Faserstoff, letztere kann man mit dem Namen nährende Aussonderungen bezeichnen.

Caroline.

Wie, alles das wird allein aus dem Blute ausgesondert?

Emilie.

Ich dachte, die Galle käme aus der Leber.

Mrs. B.

Ganz recht, aber die Leber ist nichts weiter, als eine sehr große Drüse, welche aus dem Blute Galle abscheidet.

Die letzte Art thierischer Organe, die ich aufgezählt habe, sind die Nerven; dies sind die Leiter des Gefühls, denn der ganze übrige Körper ist für sich allein gefühllos.

Caroline.

Dann müssen die Nerven sich nach allen Seiten hin verbreiten, denn der Gefühlssinn erstreckt sich bei uns doch bis auf die Fußspitzen.

Emilie.

Nägel und Haare ausgenommen.

Mrs. B.

Das sind auch fast die einzigen Theile, in denen keine Nerven entdeckt werden können. Der Stamm aller Nerven geht vom Gehirn aus; von da verbreiten sich einige durch verschiedne Oeffnungen des Schädels, der größte Theil aber durch den Ruckgrat in zahllosen Verzweigungen über den ganzen Körper. Sie breiten sich über die Muskeln, dringen in die Drüsen, winden sich um die Gefäßgruppen, finden sogar ihren Weg bis in das Innere der Knochen. Wahrscheinlich sind es die Nerven, welche die Seele mit dem Körper verknüpfen, allein wie der Geist sie durch seine Einwirkung in Thätigkeit setzt, ist noch ein tiefes Geheimniß. Man hat viele Hypothesen über diese Frage aufgestellt, aber alle sind gleich unwahrscheinlich, und ihre Lösung liegt wohl außer dem Bereich menschlicher Fähigkeit.

Caroline.

Sie haben jene besondern Nerven nicht erwähnt, welche zu den übrigen Sinneswerkzeugen, dem Gesicht, Gehör, Geruch und Geschmack, gehören?

Mrs. B.

Man hält sie für Verzweigungen desselben Nervensystems. Die verschiedenartigen Empfindungen, die sie hervorbringen, entspringen aus ihrer eigenthümlichen Lage und der Verknüpfung mit den Sinneswerkzeugen.

Emilie.

Diese Sinne haben doch aber gar keine Aehnlichkeit mit dem des Gefühls?

Mrs. B.

Es sind Alles Empfindungen, Wahrnehmungen der äußern Erscheinungen, durch Berührung der Nerven den verschiednen Organen mitgetheilt; die Wirkung des Nervenreizes modifizirt sich nur nach der Beschaffenheit dieser Organe. Duftende Theilchen müssen zu den Nerven der Nase dringen, um den Sinn des Geruchs zu erregen, so wie Geschmack dadurch hervorgebracht wird, daß besondre Substanzen mit den Zungennerven in Berührung kommen. So wird die Wahrnehmung des Klanges durch die Erschütterung der Luft erzeugt, die gegen die Gehörsnerven anschlägt, und das Sehen ist Wirkung des Lichtes was auf den Sehnerven fällt. Diese verschiednen Sinne werden also nur durch die wirkliche Berührung von Stofftheilchen erregt, auf dieselbe Weise wie der des Gefühls.

Die verschiednen Organe des Thierkörpers, obgleich leicht zu trennen und zu unterscheiden, werden durch eine schwammige Substanz lose zusammengehalten, deren Textur einem Netze ähnelt und das Zellgewebe heißt, und das Ganze ist darüber mit der Haut bedeckt.

Die Haut ist aus drei Ueberzügen gebildet, wie die Rinde der Pflanzen. Die äußere heißt die Oberhaut oder Epidermis, die zweite, die Schleimhaut, ist von dünnem, weichem Gewebe, und besteht aus einer schleimigen Substanz, die bei Negern schwarz und die Ursache ist, daß ihre Haut diese Farbe trägt.

Caroline.

Ist denn bei den Negern die äußerliche Haut weiß wie die unsrige?

Mrs. B.

Ja, da aber die Oberhaut durchsichtig und porös ist, so scheint die Schwärze der Schleimhaut durch. Die Enden der Nerven erstrecken sich über diese Haut, so daß die Empfindung des Gefühls durch die obere Haut fortgepflanzt wird. Die innere Decke der Muskeln, die eigentliche Haut, ist die dickste, zäheste, und leistet unter allen am meisten Widerstand: diese ist es, welche zur Lederbereitung gebraucht wird.

Sowohl die Haut, welche den Thierkörper bedeckt, als jene Häutchen, welche die Gefäße überziehn, bestehen fast ausschließlich aus Gallert und können in Leim und Gelee verwandelt werden.

Die Höhlungen zwischen den Muskeln und der Haut sind gewöhnlich mit Fett ausgefüllt, was sich in die Zellen der Netzhaut setzt, deren ich vorhin erwähnte, und der äußeren Form (namentlich dem menschlichen Gesicht) jene Rundung, Weichheit und Geschmeidigkeit giebt, die so wesentlich zur Schönheit beiträgt.

Emilie.

Ich dächte, die Haut selbst wäre auch eine Zierde der menschlichen Gestalt, wegen der Feinheit ihres Gewebes und der Mannigfaltigkeit und Zartheit ihrer Färbung.

Mrs. B.

Die Färbung geht weniger von der Haut selbst aus, als von den innern Organen, deren Farben durchschimmern, gesänftigt und vermischt mit der einförmig gelblich-weißen Farbe der Haut.

So erscheinen die dunkeln Venen blaßblau und die helleren Arterien röthlich. Wo die Haut am durchsichtigsten ist, geht sie in die Farben der Rose über, und wo sie dichter ist, herrscht mehr ihre eigne Farbe vor; und an den Gelenken, wo die Knochen am meisten hervorstehen, macht sich deren Weiß öfters bemerklich. In einem Wort, jeder Theil der menschlichen Gestalt scheint auf seine Weise zur äußern Zierde beizutragen. — Da wir nun aber von der Zusammensetzung des Thierkörpers einige Kenntniß erlangt haben, wollen wir untersuchen, auf welche Art für dessen Erhaltung gesorgt ist, und in wiefern die einzelnen Organe dabei thätig sind. Dies wird uns zur nähern Betrachtung der innern Organe führen, an denen Sie nicht so viel äußere Schönheit bemerken werden, weil die Natur sie nicht für das Auge bestimmt hat, allein die ganze innere Einrichtung des Thierkörpers ist von einer solchen Vollendung, daß man sie fast noch mehr bewundern muß, als die äußere Bildung.

Vierundzwanzigste Unterhaltung.

Ueber Ernährung und Athmen.

Mrs. B.

Sie wissen jetzt, aus welchen Stoffen der Thierkörper zusammengesetzt ist, und haben sich eine Vorstellung von seiner Gestaltung gebildet. Nun bleibt uns übrig zu prüfen, auf welche Art er ernährt und erhalten wird.

Pflanzen, haben wir bemerkt, ziehen ihren Unterhalt aus einer Menge elementarischer oder wenigstens möglichst einfacher Substanzen, z. B. aus Kohlenstoff, Wasser und Salzen, die sie aus dem Erdreich aufsaugen, und aus Kohlensäure und Sauerstoff, die sie aus der Atmosphäre anziehn.

Thiere, im Gegentheil, nähren sich von Substanzen der zusammengesetztesten Art: sie ziehen ihren Unterhalt, einige aus dem Thierreich, einige aus dem Pflanzenreich, noch andre aus beiden.

Caroline.

Und eine Gattung Thiere giebt es, der es nicht genügt, jede Art von Nahrung einfach zu genießen, und welche die Kunst erfunden hat, sie auf tausenderlei Weise zusammenzusetzen, ja sogar das Mineralreich ihrem Gaumen dienstbar macht.

Emilie.

Das ist noch nicht Alles. Unsre Delikatessen werden aus allen Ländern zusammengetragen, so daß manchmal die vier Enden der Welt zur Bereitung unsrer einfachsten Mahlzeiten beisteuern. Aber ich denke mir, so komplizirt die Nahrung der Thiere oft ist, so geht sie doch gewiß nicht, wie sie da ist, in das Getriebe der thierischen Organe über?

Mrs. B.

Das ist so wenig der Fall, daß diese Substanzen nicht

allein eine neue Zusammenstellung ihrer Bestandtheile erleiden, sondern es werden auch diejenigen ausgewählt, die zur Ernährung des Körpers am besten taugen, und nur diese werden dem Systeme angeeignet, animalisirt.

Emilie.

Welche Organe führen diesen Prozeß aus?

Mrs. B.

Hauptsächlich der Magen, welcher das Verdauungsorgan ist und die thierischen Verrichtungen zuerst regelt.

Verdauung ist der erste Schritt zur Ernährung. Sie verwandelt die verschiednen als Nahrungsmittel genossenen Stoffe in eine gleichartige Masse. Deshalb werden sie zuerst gekaut und mit Speichel gemengt, um sie zu erweichen; in diesem Zustande werden sie niedergeschluckt und in den Magen geleitet, wo der Magensaft sie vollständig auflöst.

Diese Feuchtigkeit, die aus besondern Drüsen in den Magen abgesondert wird, ist ein so kräftiges Auflösungsmittel, daß kaum irgend ein Stoff ihrer Einwirkung zu widerstehen vermag.

Emilie.

Die Magenwände muß sie doch nicht angreifen können, sonst ständen wir in Gefahr, daß sie zerstört würden, wenn der Magen leer wäre.

Mrs. B.

Sie sind wahrscheinlich ihrer Einwirkung nicht unterworfen, wenigstens nicht, so lange das Leben dauert. Die Empfindung des Hungers scheint aber daher zu rühren, daß der Magensaft in Ermangelung fremder Stoffe, seine Thätigkeit und Kraft an den Magenwänden versucht. Der Magensaft, im Vereine mit Wärme und der Muskelthätigkeit des Magens, verwandelt die Speise in eine einförmige weiche Masse, die man vorher Nahrungssaft nennt. Dieser geht in die Eingeweide über, wo er Galle und andre Feuchtigkeit antrifft, mittelst deren Einwirkung, so wie durch die Wirksamkeit andrer bisher unbekannter Ursachen, er zu einer weit dünneren, milchartigen Flüssigkeit verarbeitet wird, die von zahllosen kleinen, aufsaugenden Gefäßen eingezogen und über die innere Seite der Eingeweide verbreitet wird. Diese vereinigen sich nach vielen Windungen allmählig in große Aeste, bis sie zuletzt den Milchsaft in einem Gefäße sammeln, was seinen Inhalt in die große Blutader nahe am Herzen ergießt, mittelst welcher die so bereitete Nahrung in Umlauf kommt.

Caroline.

Und wie ernährt das so gebildete Blut den Körper und versieht die Sekretionen?

Mrs. B.

Erlauben Sie mir vorerst, die Bereitung des Blutes zu vollenden. Der Milchsaft kann allerdings als dessen Hauptbestandtheil betrachtet werden, aber das Blut ist nicht vollständig, bis es durch die Lungen gegangen ist, und (zugleich mit dem schon in Umlauf gewesenen Blute) gewisse nothwendige Veränderungen erlitten hat, welche die Athmung oder Respiration bewirkt.

Caroline.

Ich freue mich, daß Sie das Wesen des Athemholens erklären wollen, denn, obgleich wir oft genug davon gesprochen haben, so weiß ich doch nicht recht, was eigentlich dadurch bezweckt wird.

Mrs. B.

Es ist wirklich einer der interessantesten Vorgänge; um aber diese Verrichtung gut zu verstehen, wird es nöthig sein, einige Erläuterungen vorauszuschicken. Sagen Sie mir, Emilie, was verstehen Sie unter Athmung oder Respiration?

Emilie.

Ich denke mir, sie besteht blos darin, daß abwechselnd Luft in die Lungen eingeathmet, und dann wieder aus den Lungen ausgeathmet wird.

Mrs. B.

Im Allgemeinen wäre Ihre Antwort ganz gut. Um aber eine halbweg klare Vorstellung von den mannigfachen

Erscheinungen des Athmungsprozesses zu bekommen, müssen viele Umstände in Betracht gezogen werden.

Erstens sind zwei Dinge beim Athemholen zu unterscheiden, der mechanische und der chemische Theil des Prozesses.

Der Mechanismus des Athmens hängt von der abwechselnden Erweitung und Zusammenziehung der Brusthöhle ab. Dies ist etne große Vertiefung, in der die Lungen liegen. Wenn die Brusthöhle sich ausdehnt, wird sie größer und die Luft strömt durch den Mund ein, um den entstandenen leeren Raum zu füllen; wenn sie sich zusammenzieht, verkleinert sie sich, und die Luft wird wieder verdrängt.

Caroline.

Ich glaubte, es wären die Lungen, die sich beim Athmen zusammenzögen und erweiterten.

Mrs. B.

Das thun sie auch, aber nur in Folge der Thätigkeit der Brusthöhle. Die Lungen, das Herz und die größten Blutgefäße füllen einigermaßen die Brusthöhle, jene könnten sich daher nicht erweitern, wenn diese sich nicht vorher ausdehnte, und ebenso werden die Lungen gedrückt und die Luft ausgestoßen, wenn die Brusthöhle sich zusammenzieht.

Caroline.

Die Lungen sind also gleichsam Blasebälge, und die Brusthöhle die Kraft, welche sie in Bewegung setzt.

Mrs. B.

Gerade so. Hier ist eine wunderliche kleine Figur (Taf. I. Fig. 5.), mit deren Hülfe ich Ihnen diesen Mechanismus leichter erklären werde.

Caroline.

Wie drollig! ein kleiner Kopf über einer Glasglocke befestigt, die an dem untern Ende mit einer Blase zugebunden ist.

Mrs. B.

Bemerken Sie, daß noch eine Blase im Glase steckt, deren Oeffnung mit dem Munde der Figur in Verbindung steht

— letztere stellt die Lungen vor, die sich in der Brusthöhle befinden. Die andre Blase, die locker aufgebunden ist, stellt eine Muskelhaut vor, die man Zwerchfell nennt, welche die Brusthöhle von dem Unterleibe trennt. Unter Brusthöhle verstehe ich also die große Höhlung im Unterleibe, die zwischen Rippen, Hals und Zwerchfell liegt. Das Zwerchfell ist eine fleischige Haut, die sich erweitern und zusammenziehn kann. Das Zusammenziehn können wir nachmachen, wenn wir die Blase eng über den Boden der Glocke ziehn, was ich leicht durch Drücken mit der Hand bewirken kann, wenn die Luft in der Blase, welche die Lungen vorstellt, durch den Mund der Figur ausgestoßen werden soll —

Emilie.

Sieh, Caroline, wie die Puppe mit ihrem Athem die Flamme des Lichtes fortbläst!

Mrs. B.

Wenn ich die Blase nun wieder loslasse, ahmen wir die Erweiterung des Zwerchfells nach, und da die Brusthöhle auf diese Weise vergrößert wird, dehnen sich die Lungen aus und Luft strömt ein, um sie zu füllen.

Emilie.

Diese Figur scheint den Athmungsprozeß sehr anschaulich zu machen.

Mrs. B.

Sie zeigt wenigstens ziemlich deutlich die Thätigkeit der Lungen und des Zwerchfells; dies sind jedoch nicht die einzigen Kräfte, die bei der Erweiterung und Verkleinerung der Brusthöhle betheiligt sind. Den Rippen ist zu diesem Zwecke auch eine Muskelbewegung eigen, sie werden abwechselnd einwärts gebogen, um das Zusammenziehn zu befördern, und ausgestreckt wie Faßreifen, um zur Erweiterung der Brust beizutragen.

Emilie.

Ich dachte mir immer, das Erheben und Einsinken der Rippen sei die Folge, nicht die Ursache des Athmens.

Mrs. B.

Gerade umgekehrt. Die Muskelthätigkeit des Zwerchfells und der Rippen ist die Ursache von der Zusammenziehung und Ausdehnung der Brust, und das Einströmen und Ausstoßen der Luft sind nur Folgen jener Bewegungen.

Caroline.

Ich gestehe, ich glaubte immer, das Athemholen finge damit an, daß man Luft einschöpfte, und das Ein- und Ausströmen der Luft veranlasse allein jene Hebung und Senkung des Oberleibes.

Mrs. B.

Versuchen Sie einmal, den Mund blos zu öffnen: die Luft wird nicht eher ausströmen, bis durch innerliche Muskelthätigkeit ein leerer Raum gebildet worden ist — ja, gerade so, nun ist Ihr Zwerchfell erweitert und die Rippen sind ausgedehnt. Sie werden sie aber nicht lange in dieser Stellung erhalten können. Ihre Lungen und Brusthöhle sinken schon wieder zusammen und stoßen die Luft aus, die sie eben erst ausfüllte. Dieser Mechanismus geht mehr oder weniger rasch von Statten, im Allgemeinen thut ein gesunder Mensch im Zustande der Ruhe 15 bis 20 Athemzüge in einer Minute.

Wir wollen nun die chemischen Wirkungen des Athmens betrachten, allein zu diesem Behufe ist es nöthig, daß Sie erst etwas über den Kreislauf des Blutes erfahren. Sagen Sie mir, Caroline, was würden Sie darunter verstehen?

Caroline.

Ich denke mir, das Blut fließt aus dem Herzen in den Adern durch den ganzen Körper und dann wieder zurück zum Herzen. Aber wie hängt das mit dem Athmen zusammen?

Mrs. B.

Ihre Erklärung muß noch dahin berichtigt werden, daß, wie ich schon früher erwähnte, das Blut in zwei verschiednen Arten von Adern zirkulirt: die Arterien leiten das Blut

aus

aus dem Herzen nach allen Punkten des Körpers, und die Venen führen es zum Herzen zurück.

Diese Skizze wird Ihnen die Verzweigungen der bedeuden Venen und Arterien des menschlichen Körpers anschaulich machen. Das Herz, welches als der Mittelpunkt des ganzen Adersystems angesehn werden kann, ist ein starker elastischer Beutel, eine muskulöse Aushöhlung, welche die Kraft besitzt, sich zu erweitern und zusammenzuziehn, um abwechselnd das Blut aufzunehmen und auszustoßen, und es so in Umlauf zu bringen.

Emilie.

Warum sind auf dieser Zeichnung die Arterien hellroth und die Venen dunkelroth gemalt?

Mrs. B.

Um die verschiedenartige Färbung des Blutes in diesen Gefäßreihen anzudeuten.

Caroline.

Wenn es aber dasselbe Blut ist, was aus den Arterien in die Venen fließt, wie kann es da die Farbe verändert haben?

Mrs. B.

Diese Veränderung entspringt aus verschiednen Umständen. Erstens werden während des Umlaufs in den Arterien mehrere Bestandtheile des Blutes allmählig ausgeschieden, zum Behuf der Ernährung des Körpers und der Absonderung gewisser Flüssigkeiten. In Folge dessen wird die helle Farbe des Arterienblutes nach und nach purpurroth, wie es sich immer in den Venen zeigt. Andrerseits ergänzt sich das Blut bei der Rückkehr in den Venen durch den Zufluß an frischem Nahrungssaft, oder unvollständigem Blute, das aus den Nahrungsmitteln bereitet ist, und es tritt auch aus den absorbirenden Gefäßen Lymphe hinzu. So kommt das Blut in einem Zustande zum Herzen zurück, der sehr verschieden von dem ist, in welchem es dasselbe verließ. Es ist mit einer größern Menge Wasserstoff und Kohlenstoff beladen, und nicht länger zur Ernährung des Körpers oder zu andern Zwecken der Zirkulation tauglich.

Emilie.

Und in diesem Zustande vermischt es sich wieder im Herzen mit dem reinen hellen Arterienblut?

Mrs. B.

Nein. Das Herz ist in zwei Abtheilungen getheilt, die rechte und linke Herzkammer. Die linke Kammer ist der Behälter für das reine Arterienblut, bevor es den Kreislauf beginnt und das unreine Venenblut, welches nach dem Umlauf zum Herzen zurückkehrt, wird in die rechte Herzkammer aufgenommen, ehe es gereinigt wird, und diesen Vorgang will ich jetzt erklären.

Caroline.

Ich glaubte, das Blut zirkulirte wieder und immer wieder unverändert im Körper.

Mrs. B.

Sie müssen doch vorausgesetzt haben, daß dieser Umlauf irgend einen Zweck habe?

Caroline.

Ich wußte, er sei unumgänglich nothwendig zum Leben, hatte aber keine rechte Idee von den damit verbundenen Wirkungen.

Mrs. B.

Aber nun, da Sie wissen, daß das Blut allen Theilen des Körpers Nahrung zuführt und die Stoffe zu den verschiednen Aussonderungen hergiebt, ist es Ihnen doch begreiflich, daß es diesen Zwecken nicht beständig entsprechen kann, ohne verhältnißmäßig erneut und gereinigt zu werden?

Caroline.

Ist das nicht Sache des frischen Nahrungssaftes?

Mrs. B.

Nur theilweise. Er erneuert die gährenden Grundstoffe des Blutes, schafft aber nicht das Uebermaß an Wasserstoff und Kohlenstoff fort, womit es beschwert ist.

Emilie.

Nun, wie geschieht denn das?

Mrs. B.

Durch den Athmungsprozeß. Dies ist eines der großen Geheimnisse, welche die neuere Chemie erschlossen hat. Wenn das Venenblut in die rechte Herzkammer tritt, zieht sich das Herz mittelst seiner Muskelkraft zusammen, und treibt das Blut durch ein weites Gefäß in die Lungen, die daran stoßen, und in denen es durch Millionen kleiner Verzweigungen zirkulirt. Hier kommt es mit der Luft in Berührung, die wir einathmen. Die Einwirkung der Luft auf das Blut in den Lungen ist freilich unsrer unmittelbaren Beobachtung verborgen, allein wir sind im Stande, ziemlich genau darüber zu urtheilen, nach den Umänderungen, die sich nicht allein im Blute, sondern auch in der ausgeathmeten Luft ergeben. Nachdem die Luft durch die Lungen gegangen ist, enthält sie noch allen eingeathmeten Stickstoff, hat aber einen Theil Sauerstoff verloren, dagegen eine Menge wässerigen Dunst und etwas kohlensaures Gas aufgenommen. Daraus schließt man, daß die Luft, wenn sie mit dem Venenblut in den Lungen in Berührung tritt, der Sauerstoff den überflüssigen Kohlenstoff daraus anzieht und in Kohlensäure verwandelt. Ist diese gasförmige Säure und der wässerige Dunst aus den Lungen ausgeathmet, so hat das Blut seine frühere Reinheit wiedergewonnen und ist wieder befähigt, die mancherlei Verrichtungen des Arterienblutes auszuführen.

Emilie.

Das ist so interessant, daß ich sehr hoffe, Sie werden noch mehr in Einzelnheiten eingehn. Wir verließen das Blut in den Lungen, wo es dem wohlthätigen Einflusse der Luft ausgesetzt war, wie kömmt es von da wieder in Umlauf?

Mrs. B.

Nachdem es in den Lungen zirkulirt hat, sammelt sich das Blut in vier großen Gefäßen, welche es in die linke Herzkammer führen; von da fließt es in eine weite Arterie, die in viele Arme ausläuft, die es durch Millionen Adern und Aderchen in alle Theile des Körpers verbreiten.

Von den Endpunkten dieser kleinen Verzweigungen wird das Blut den Venen übergeben, die es zu Herz und Lungen zurückbringen, um wieder auf oben beschriebene Weise die Runde zu machen. Sie sehen, das Blut macht also wirklich zweierlei Kreisläufe durch, den einen durch die Lungen, wodurch es in reines Arterienblut verwandelt wird, den andern durch den ganzen Körper, um diesem Nahrung zuzuführen, und beide sind gleich nothwendig zur Erhaltung des thierischen Lebens.

Emilie.

Woher kömmt denn der Kohlenstoff, mit dem das Blut beschwert ist, wenn es in die Lungen tritt?

Mrs. B.

Kohlenstoff ist im Blut in größeren Verhältnissen vorhanden, als in organischem Thierstoff. Nachdem nun vielerlei andre Stoffe von dem Blute ausgesondert worden sind, bleibt ein Uebermaß von Kohlenstoff darin zurück, den die Athmung fortschaffen muß; die Bildung neuen Milchsaftes aus der genossnen Nahrung bringt immer wieder kohlenstoffhaltige Stoffe hinzu.

Caroline.

Ich möchte wohl wissen, wieviel Kohlenstoff man binnen 24 Stunden ausathmet.

Mrs. B.

Nach den Experimenten von Allen und Pepys athmet ein gesunder Mensch täglich ungefähr 40,000 Kubikzoll kohlensaures Gas aus, was alle 24 Stunden 11 Unzen festen Kohlenstoff giebt.

Emilie.

Welche unerhörte Menge! Bitte, und wieviel kohlensaures Gas stoßen wir mit jedem Athemzuge aus unsern Lungen?

Mrs. B.

Die Quantität Luft, die wir mit einem Athemzuge in

die Lungen bringen, ist ungefähr 40 Kubikzoll, und enthält etwas weniger als 10 Kubikzoll Sauerstoff, und von diesen 10 Zoll wird ein Achtel bei einem Durchgange durch die Lungen in kohlensaures Gas verwandelt, und das ist soviel, daß kein Licht in Luft brennen kann, die ein einziges Mal eingeathmet gewesen ist.

Caroline.

Bitte, wie geräth die Luft mit dem Blut in den Lungen in Berührung?

Mrs. B.

Diese Frage kann ich nicht beantworten, ohne vorher den Bau der Lungen erklärt zu haben. Sie erinnern sich, daß das Venenblut, wenn es aus der rechten Herzkammer vertrieben wird, in die Lungen tritt, um den kleineren Umlauf durchzumachen. Der große Aderstamm, der die rechte Herzkammer mit den Lungen verbindet, läuft bei dem Eintritt in letztere in zahllose äußerst feine Verzweigungen aus; die Luftröhre, durch welche die Luft aus dem Munde in die Lungen gelangt, zertheilt sich gleichfalls in eine übereinstimmende Zahl von Luftgefäßen, die mit den Blutgefäßen denselben Lauf verfolgen und Millionen sehr feiner Luftzellen bilden. Diese beiden Gefäßreihen sind dergestalt mit einander verwoben, daß sie eine Art Netz bilden, was zu einer schwammigen Masse verbunden ist, so zwar, daß jedes Theilchen Blut nothwendig mit einem Lufttheilchen in Berührung kommen muß.

Caroline.

Da aber Blut und Luft sich in verschiednen Gefäßen befinden, wie können sie sich da berühren?

Mrs. B.

Sie wirken durch das Häutchen, was die Wände dieser Gefäße bildet, aufeinander ein, denn obgleich dies Häutchen das Blut und die Luft abhält, sich in den Lungen zu vermischen, so ist sein Gewebe doch so zart, daß es der gegenseitigen chemischen Wirksamkeit kein Hinderniß in den Weg stellt.

Emilie.

Sind die Lungen gänzlich aus Blut- und Luftgefäßen zusammengesetzt?

Mrs. B.

So glaube ich, es gehören nur noch Nerven dazu und eine geringe Menge der vorerwähnten gallenförmigen Substanz, die das Ganze zu einer Masse verbindet.

Emilie.

Warum spricht man von der Lunge nur immer in der Mehrzahl, giebt es denn mehr als eine?

Mrs. B.

Ja, sie bilden zwar nur ein Organ, dieses besteht aber wirklich aus zwei Theilen, die man Flügel nennt, und die in abgesonderte Häute oder Säcke eingeschlossen sind, deren jeder eine Seite der Brusthöhle einnimmt, so daß sie sich berühren ohne zusammenzuhängen. Dies ist eine herrliche Vorsicht der Natur, denn wenn der eine Flügel verletzt ist, vollführt der andre allein den ganzen Athmungsprozeß, bis ersterer geheilt ist.

Das Blut bildet die zusammengesetzteste aller animalischen Mischungen; es enthält nicht allein alle die Stoffe, die zur Erzeugung der mannigfaltigen thierischen Flüssigkeiten, wie Speichel, Thränen rc. nothwendig sind, sondern auch alle diejenigen, welche die Ernährung und Erhaltung der verschiednen Körpertheile, wie Muskeln, Knochen, Nerven rc. erfordern.

Emilie.

Es hat also ganz dieselbe Bestimmung wie der Pflanzensaft?

Mrs. B.

Die Entstehung dieser beiden Flüssigkeiten hat auch sehr viel Aehnlichkeit: die Gefäße, welche den Milchsaft aus dem Magen und den Eingeweiden aufsaugen, können mit denen der Pflanzenwurzeln wohl verglichen werden, die aus dem Erdreich nährende Stoffe einziehen. Diese Aehlichkeit zwischen

Thierblut und Pflanzensaft läßt sich noch weiter nachweisen, wenn wir den Kreislauf der ersteren verfolgen, denn im lebenden Thiere treffen wir überall auf Organe, denen die Kraft beiwohnt, Stoffe aus dem Blute abzusondern und sich zu ihrer Erhaltung anzueignen.

Caroline.

Aber was verleiht jenen Organen diese Kraft?

Mrs. B.

Eine besondre Einrichtung, deren Geheimniß noch nicht enthüllt ist. Wir werden immer wieder darauf verwiesen, daß es das Lebensprinzip ist, welches die mechanischen und chemischen Kräfte organischer Körper in Thätigkeit setzt.

Ich kann diesen Gegenstand nicht verlassen, ohne einige Worte über die Ausdünstung zu sagen, eine Lebensverrichtung, die unmittelbar mit dem Kreislauf des Blutes zusammenhängt und in dem thierischen Körper eine sehr wichtige Rolle spielt.

Caroline.

Wird diese Aussonderung nicht auch von Drüsen bewerkstelligt?

Mrs. B.

Nein, dies ist eine Verrichtung der Endpunkte der Arterien, welche durch die Haut dringen und unter der Epidermis auslaufen, durch deren Poren die Ausdünstung vor sich geht. Wird diese Feuchtigkeit nicht im Uebermaß ausgesondert, so ist sie unmerklich, weil die Luft sie auflöst, sobald sie aus den Poren tritt; wird sie aber rascher ausgeschieden, als sie aufgelöst werden kann, so macht sie sich durch die flüssige Form bemerklich.

Emilie.

Das ist wieder ganz ebenso wie bei den Pflanzen. Da dünsten auch die flüssigsten Theile an der Oberfläche durch die Endpunkte derjenigen Gefäße aus, in denen sie zirkuliren.

Mrs. B.

Die Aehnlichkeit hört hier noch nicht auf, da es feststeht,

daß der Pflanzensaft zu den Wurzeln zurückkehrt. Der Kreislauf des letzteren ist jedoch viel unvollkommner, denn, wie wir vorhin bemerkten, er besteht eigentlich nur in einem Auf- und Niedersteigen des Saftes, während das Blut wirklich durch jeden Theil des Thierkörpers zirkulirt.

Fünfundzwanzigste Unterhaltung.

Ueber thierische Wärme und verschiedne thierische Erzeugnisse.

Emilie.

Seit unsrer letzten Zusammenkunft habe ich viel über den Athmungsprozeß nachgedacht, und ich kann mir nicht helfen, mir scheint er viel Aehnlichkeit mit dem Verbrennungsprozeß zu haben; denn beim Athmen, wie bei den meisten Fällen von Verbrennungen, erleidet die Luft eine Veränderung, indem sich ein Theil ihres Sauerstoffs mit Kohlenstoff verbindet und kohlensaures Gas erzeugt.

Mrs. B.

Es freut mich sehr, daß Sie von selbst auf diesen Gedanken gekommen sind, denn man vermuthet in der That, daß in unsern Lungen eine Art Verbrennung stattfindet, nicht eine Verbrennung des Blutes, sondern des überflüssigen Kohlenstoffs, den der Sauerstoff herauszieht.

Caroline.

In unsern Lungen eine Verbrennung! wunderliche Idee! Wie kann man die Einwirkung der Luft auf das Blut in den Lungen eine Verbrennung nennen, da weder Licht noch Wärme dabei entwickelt werden.

Emilie.

Das wollte ich eben selbst einwenden. — Aber ich begreife nicht, wie sich der Sauerstoff mit dem Kohlenstoff zu Kohlensäure verbinden kann, ohne daß Wärme frei wird.

Mrs. B.

Ob Licht entwickelt wird, wage ich nicht zu behaupten, gewiß aber wird Wärme frei, und zwar in sehr bedeutenden wahrnehmbaren Mengen. Man hat berechnet, daß in den Lungen eines gesunden Menschen durch das Athmen in 12 Stunden soviel Wärme erzeugt wird, daß man 100 Pfund Eis damit schmelzen könnte. Dies ist die hauptsächliche, wenn nicht die einzige Ursache der thierischen Wärme.

Emilie.

Wie wundervoll! Derselbe Vorgang, der das Blut reinigt und verarbeitet, ist zugleich die unerschöpfliche Quelle innerlicher Wärme!

Mrs. B.

Diese Lehre von der thierischen Wärme, so wie sie Lavoisier aufstellte, und wie ich sie in der ursprünglichen Einfachheit wiedergegeben habe, erschien ebenso klar als sinnreich, und wurde zuerst allgemein angenommen. Bei näherer Erwägung wandte man aber dagegen ein, daß, wenn die ganze thierische Wärme in den Lungen allein entwickelt würde, sie nothwendig in den entfernteren Körpertheilen geringer sein müsse, was nicht der Fall ist. Dieser keineswegs nichtige Einwurf ist jedoch durch folgende Betrachtung auf genügende Weise beseitigt werden: es hat sich ergeben, daß Venenblut weniger Raum für Wärme besitzt, als Arterienblut, woraus folgt, daß das Blut bei dem allmähligen Uebergange aus dem einen in den andern Zustand, während des Umlaufs einen Theil seines Wärmestoffs abgiebt und auf diese Weise die Wärme über jeden Körpertheil verbreitet wird.

Caroline.

Immer bewundernswürdiger! Die Ursache der thierischen Wärme ist mir immer ein Räthsel gewesen. Diese Auseinandersetzung scheint mir aber sehr klar. Können Sie mir nun auch wohl sagen, was der Grund von der vermehrten Wärme ist, die Fieber hervorbringt?

Emilie.

Ist es nicht, weil wir dann schneller athmen, wodurch mehr Wärme entwickelt wird?

Mrs. B.

Das ist vielleicht eine Ursache, aber nach meiner Ansicht ist der Hauptgrund darin zu suchen, daß der im Körper erzeugte Wärmestoff nicht auszuströmen vermag. Eine der beträchtlichsten Ausscheidungen geschieht durch die unmerkliche Ausdünstung, diese führt beständig gebundene Wärme mit sich fort. Während des heißen Stadiums beim Fieber sind die Poren so zusammengezogen, verengt, daß alle Ausdünstung aufhört, und die Anhäufung des Wärmestoffs im Körper verursacht jenes qualvolle Brennen.

Emilie.

Darum ist gewiß die Ausdünstung eine solche Erleichterung, die oft der trocknen Fieberhitze folgt. Wenn ich nur vorigen Sommer schon diese Theorie gekannt hätte, als ich das Fieber hatte!

Caroline.

Körperliche Bewegung bringt auch thierische Wärme hervor, und das muß auf ganz andre Weise geschehen.

Mrs. B.

Warum das? Je mehr Sie sich bewegen, je mehr wird der Körper angereizt und die Thätigkeit aller Organe befördert: Bewegung beschleunigt den Umlauf des Blutes und verhältnißmäßig das Athmen, und demzufolge entwickelt sich eine größere Menge Wärmestoff.

Caroline.

Das ist wahr, wenn ich sehr schnell laufe, fehlt mir der Athem, und gerade wenn ich dann recht schnell und mühsam athme, wird mir heiß. Darnach sollte man denken, heftige Bewegung könne Fieber hervorbringen.

Mrs. B.

Bei gesunden Leuten nicht, denn der überflüssige Wärmestoff wird durch vermehrte Ausdünstung fortgeschafft, die stets erfolgt.

Emilie.

Wie vorsorglich die Natur den Thierkörper ausgestattet hat. Die thierische Wärme setzt uns in den Stand, die Temperatur unsrer Körper weit höher zu erhalten, als die aller unbelebten Wesen, und sobald sich zuviel von dieser Wärme erzeugt, entfernt die Ausdünstung alles Uebermaß.

Mrs. B.

Dasselbe Naturgesetz veranlaßt die Gleichmäßigkeit der Temperatur unsrer Körper unter allen Himmelsstrichen und in allen Jahreszeiten.

Caroline.

Das soll doch nicht heißen, daß unsre Körper denselben Wärmegrad im Winter wie im Sommer, hier wie in Indien bewahren?

Mrs. B.

Ja, das soll es, wenn Sie nämlich von der Temperatur des Blutes und der innern Körpertheile sprechen, denn diejenigen, die unmittelbar von der Luft berührt werden — wie Hände und Gesicht — verändern leicht ihren Wärmegrad. Wenn Sie die Kugel eines Thermometers in den Mund nehmen, was die beste Art ist, sich von der wirklichen Temperatur Ihres Körpers zu unterrichten, werden Sie kaum irgend einen Unterschied bemerken, die Luft mag so kalt oder so warm sein, wie sie will.

Caroline.

Also wenn mir glühend heiß ist, bin ich eigentlich in der That nicht wärmer, als wenn ich vor Frost zittre?

Mrs. B.

Wenn ein gesunder Mensch große Hitze empfindet, entweder aus innerlicher Erregung, oder in Folge heftiger Körperbewegung oder durch die Einwirkung der Lufttemperatur, so ist sein Körper freilich etwas wärmer, als wenn ihm kalt ist, aber dieser Unterschied ist weit geringer, als er uns erscheint, und das natürliche Verhältniß wird bald durch Ruhe und Ausdünstung wiederhergestellt. Hauptsächlich erhöht sich der Wärmegrad der äußern Theile, und Sie werden gewiß mit Erstaunen vernehmen, daß die innerliche Temperatur des Körpers kaum jemals unter 28° R. fällt, und selten die Höhe von 32° R. erreicht, selbst in den heftigsten Fiebern.

Emilie.

Also kann die äußere Temperatur den Wärmegrad unsrer Körper nie in solchem Verhältnisse erhöhen, wie denjenigen unbelebter Körper; gewiß sind aber auch die Luft und alle leblosen Gegenstände nie so warm als das Blut der Thiere?

Mrs. B.

In unserm Klima sehr selten, allein in beiden Indien und zuweilen im südlichen Europa steigt die Temperatur über 29° R., der gewöhnliche Grad thierischer Wärme. Ja sogar hier ereignet es sich zuweilen, daß die Sonnenstrahlen, wenn sie einen Gegenstand bescheinen, seinen Wärmegrad über diesen Punkt erhöhen.

Um die Kraft zu erproben, mit der unsre Körper der Wirkung äußerer Hitze widerstehen, sind schon manche merkwürdige Experimente vorgenommen worden. Charles Blagden versuchte es, eine Zeitlang in einem Ofen zu verweilen, der fast bis zur Temperatur des Siedepunkts erhitzt war, und empfand keine andre Beschwerde, als sehr starke Ausdünstung, die er durch vieles Trinken beförderte. Delaroche in Paris überzog den ganzen Körper, die Stirn ausgenommen, mit einem Firniß, der wirksam jede Ausdünstung verhinderte, und verweilte so in einem Ofen, der bis zur Temperatur des kochenden Wassers erhitzt war. Die Natur, der eine Fülle von Hülfsquellen zu Gebote stehn, begegnete der Schwierigkeit, indem sie die Ausdünstung des ganzen Körpers der Stirn zuschob aus der ein Strom von Wasser herabrann.

Caroline.

Ich habe mir immer eingebildet, die Ausdünstung mache Einen im Sommer gerade so heiß.

Mrs. B.

Sie sehn, das war ein großer Irrthum. Sobald Verdunstung stattfindet, wird bekanntlich Kälte erzeugt, weil eine Menge Wärmestoff gebunden wird. Aus diesem Grunde können wir uns so leicht erkälten, wenn wir in Ausdünstung sind. Aus derselben Ursache erfrischt Thee öfters im Sommer, obgleich er im Augenblick des Trinkens anscheinend erhitzt.

Caroline.

Weshalb ist es denn so gefährlich nach dem Tanzen Eis zu essen oder kalt zu trinken, wenn man erhitzt ist?

Mrs. B.

Die vermehrte Ausdünstung entfernt so schon die überflüssige Wärme, kömmt nun noch die plötzliche Kühlung eines kalten Trunkes hinzu, so entsteht ein größerer Verlust an Wärme, als der Körper ohne Schaden ertragen kann; wenigstens ist es nothwendig, dann in derselben Bewegung fortzufahren wie vor dem Trinken; die so erregte Hitze wirkt dem gefährlichen Einfluß des kalten Getränkes entgegen. Ueberhaupt können Sie jederzeit ohne Gefahr kalt trinken, so erhitzt Sie auch sein mögen, wenn Sie nicht gerade in dem Augenblicke sehr schwitzen, nur mit der Bedingung, daß Sie sich nachher Bewegung machen, so sehr auch diese Ansicht der allgemeinen Meinung widerspricht.

Emilie.

Da wir aber mit solchen Hülfsmitteln gegen übermäßige Hitze und Kälte versehen sind, sollte ich meinen, jedes Klima müßte gleich zuträglich sein?

Mrs. B.

Nur in gewisser Rücksicht. Die Erfahrung lehrt, daß Eingeborne sich vollkommen wohl in einem Klima befinden können, was äußerst verderblich für alle Fremde ist, weil der thierische Körper sich nicht leicht an bedeutende Veränderungen gewöhnt.

Caroline.

Aber, Mrs. B., wenn der Umlauf des Blutes den Körper in gleichförmiger Temperatur erhält, wie geht es zu, daß Thiere und Menschen manchmal erfrieren?

Mrs. B.

Wenn die umgebende Luft dem Körper mehr Wärme raubt, als der Blutumlauf zu ersetzen vermag, nimmt die Kälte am Ende überhand und das Herz hört auf zu schlagen. Ebenso, wenn der Körper lange einem so hohen Hitzgrade ausgesetzt würde, daß die Ausdünstung nicht das Uebermaß fortschaffen könnte, so würde er zuletzt die Kraft verlieren, dem zerstörenden Einflusse zu widerstehen.

Caroline.

Fische haben wohl keine thierische Wärme, sondern nehmen die Temperatur des Wassers an, in dem sie leben, und sind ohne Zweifel deshalb so kalt, weil sie nicht athmen?

Mrs. B.

Alle Fische athmen mehr oder weniger, wenn auch bedeutend schwächer als Landthiere. Auch mangelt ihnen nicht alle thierische Wärme, obgleich sie aus obigem Grunde weit kälter sind als andre Geschöpfe. Sie haben verhältnißmäßig eine sehr kleine Menge Blut, deshalb bedürfen sie nur sehr wenig Sauerstoff, und es kann sich daher nicht viel thierische Wärme entwickeln.

Caroline.

Wie können aber Fische unter dem Wasser athmen?

Mrs. B.

Sie athmen die Luft ein, die im Wasser aufgelöst ist: legen Sie Fische in abgekochtes Wasser, was also diese Lufttheilchen nicht mehr enthält, so ersticken sie sehr bald.

Sperren Sie einen Fisch in ein Gefäß mit frischem Wasser, was Sie aber luftdicht verschließen, so lebt er nur kurze Zeit, und jeder später hineingebrachte Fisch würde augenblicklich absterben, weil der erste alle Lufttheilchen des Wassers verzehrt hatte.

Caroline.

Giebt es Thiere, die stärker athmen als wir?

Mrs. B.

Ja, die Vögel athmen unter allen Thieren die meiste Luft ein, im Verhältniße zu ihrer Größe, und man glaubt, diesem Umstande sei die eigenthümliche Festigkeit und Stärke ihrer Muskeln zuzuschreiben, wodurch sie die heftige Bewegung des Fliegens auszuhalten vermögen.

Diese Verschiedenheit zwischen Vögeln und Fischen ist wohl der Beachtung werth. Die Vögel, die beständig in der Luft leben, und den sie umgebenden Sauerstoff in größeren Verhältnissen einathmen als irgend ein andres Thiergeschlecht, sind mit dem höchsten Grade von Muskelkraft begabt, während die Muskeln der Fische im Gegentheil schlaff und ölig sind. Die Bewegungen dieser Thiere sind verhältnißmäßig schwach, und ihre Temperatur ist kaum höher als die des Wassers, in dem sie leben. Dies ist, aller Wahrscheinlichkeit nach, eine Folge unvollkommenen Athemholens; demzufolge häuft sich eine Menge Wasserstoff und Kohlenstoff in ihrem Körper an, woraus das Oel entsteht, was so bezeichnend für diese Thiergattung ist, und was die geringe Menge Faserstoff, den ihre Muskeln enthalten, schlaff und weich macht.

Caroline.

Wie ist es denn mit dem Fleisch der Wasservögel?

Mrs. B.

Es nimmt etwas von der öligen Natur der Fische an, und ähnelt ihnen zuweilen selbst im Geschmacke. Das ist nicht allein der Fall mit den verschiednen Gattungen der Wasservögel, sondern auch mit allen Amphibien, wie Fischotter, Krokodil, Eidechse 2c.

Caroline.

Und woher kommt es, daß Reptilien so wenig Muskelkraft besitzen?

Weil sie gewöhnlich unter der Erde leben und selten an die offne Luft kommen. Ihre Athemwerkzeuge sind unvollkommen, sie nehmen daher die weiche, ölige Natur der Fische an, und wenige von ihnen finden Schwierigkeit, längere Zeit unter Wasser zu bleiben. Dagegen haben die Insekten, die sich im Verhältniß zu ihrer Größe so stark und rasch bewegen, etwas von der Natur der Vögel an sich, weil Luft ihr eigentliches Element ist und ihre Athemorgane weiter sind, als die andrer Thierklassen.

Ich habe Sie nun mit den hauptsächlichsten thierischen Verrichtungen bekannt gemacht. So anziehend der Gegenstand ist, würde es doch eine zu große Abschweifung sein, wenn wir tiefer eindringen wollten.

Emilie.

Wie schade! — Aber, Mrs. B., ich muß Sie erinnern, daß Sie uns versprochen haben, noch mehr von der Milch zu sagen.

Mrs. B.

Wahr. Verschiedne andre thierische Erzeugnisse verdienen auch noch erwähnt zu werden. Wir wollen mit der Milch beginnen, die unstreitig die wichtigste und interessanteste aller thierischen Absonderungen ist.

Milch, gleich jeder andern thierischen Flüssigkeit, besteht zufolge der chemischen Analyse aus Sauerstoff, Wasserstoff, Kohlenstoff und Stickstoff. Diese sind in ihr verbunden in der Form von Eiweißstoff, Butter oder Oel und Wasser. Milch enthält aber außerdem eine bedeutende Menge phosphorsauren Kalks zu dem Ihnen bekannten Endzweck, die zarten Knochen der jungen Thiere zu kräftigen und zu härten.

Die Milch auf ihre Grundstoffe zurückzuführen, würde eine ebenso verwickelte als nutzlose Arbeit sein; aber diese Flüssigkeit läßt sich ohne alle chemische Beihülfe in drei Theile zersetzen, in Sahne, in Dickmilch oder Käse und in Molken. Diese Bestandtheile der Milch haben nur sehr geringe Verwandtschaft zu einander, und daher scheidet sich durch

blo-

bloßes Stehen die Sahne von der Milch. Die Sahne besteht hauptsächlich aus Oel, was, leichter als die übrigen Bestandtheile der Milch, allmählig auf die Oberfläche steigt. Bekanntlich wird aus Sahne Butter gemacht, die nichts weiter als gesauerstoffte Sahne ist (was übrigens noch von Manchen bestritten wird).

Emilie.

Wird denn die Sahne durch das Buttern oxydirt?

Mrs. B.

Die Sauerstoffung beginnt vor dem Buttern dadurch, daß die Sahne aus der Luft, der sie ausgesetzt ist, Sauerstoff anzieht, die heftige Bewegung des Butterns vervollständigt dann diesen Vorgang, indem sie jedes Sahntheilchen mit der Luft in Berührung bringt und so die Sauerstoffung erleichtert.

Caroline.

Ich habe doch oft in der Milchkammer Achtung gegeben, und gesehen, daß die Sahne durch das Buttern nur in zwei Theile geschieden wird: in Butter und Buttermilch.

Mrs. B.

Das heißt, in dem Verhältniß, als die Oeltheile der Sahne Sauerstoff aufnehmen, trennen sie sich von den übrigen Bestandtheilen in der Form von Butter. So erzeugt also das Buttern 1stens Butter, oder gesauerstofftes Oel, und 2tens Buttermilch, oder ölfreie Sahne. Buttern Sie aber mit frischer Milch, statt mit Sahne, so wird die Buttermilch genau die Beschaffenheit abgesahnter Milch haben.

Caroline.

Buttermilch ist doch ganz anders als abgesahnte Milch.

Mrs. B.

Weil es üblich ist, um Zeit und Mühe zu sparen, Butter aus bloßer Sahne zu bereiten, weshalb die Buttermilch keine Milch enthält. Ueberdies wird die Milch durch das Stehen an der Luft mehr oder weniger sauer, und dieser

Geschmack theilt sich natürlich beim Buttern der Buttermilch mit.

Emilie.

Da müßte die Butter doch auch sauer werden?

Mrs. B.

Thierisches Oel wird nicht so leicht sauer als die andern Bestandtheile der Milch; daher ist die Butter selbst nicht sauer, obgleich sie meistens aus saurer Sahne bereitet wird. Durch Uebermaß an Sauerstoff kann aber auch die Butter sauer werden, dann nennt man sie ranzig, und es erzeugt sich Fettsäure, wie bei anderm Fett.

Emilie.

Wenn das der Fall ist, könnte man da nicht ranzige Butter verbessern, wenn man ihr eine Substanz beimischte, die ihr die Säure benähme?

Mrs. B.

Man sollte ranzige Butter mit einer alkalischen Auflösung gut durchwaschen, dann würde das Laugensalz die Säure von der Butter ausscheiden.

Caroline.

Sagten Sie nicht, abgesahnte Milch bestehe aus Käse und Molken? Bitte, wie scheidet man diese?

Mrs. B.

Dadurch, daß man die Milch eine gewisse Zeit lang bei gelinder Wärme in der Luft stehen läßt. Diese Zersetzung kann aber auch fast augenblicklich durch die chemische Wirksamkeit einer Menge von Stoffen herbeigeführt werden. Alkalien, Käselaab *), und überhaupt fast alle thierische Stoffe zersetzen die Milch, indem sie sich mit dem Käse verbinden.

Säuren und geistige Flüssigkeiten bewirken andrerseits

*) Käselaab ist ein Wasseraufguß auf die innere Magenhaut eines Milchkalbes, und soll aus dem Grunde das Gerinnen der Milch so befördern, weil diese Haut ganz vom Magensaft durchdrungen ist.

die Zersetzung dadurch, daß sie sich mit den Molken verbinden. Will man daher reine und unvermischte Molken erlangen, so muß man sich der obengenannten Stoffe bedienen, um den Käse auszuscheiden.

Wünscht man hingegen den Käse unvermischt zu gewinnen, so müssen die Molken durch Säure oder andre geistige Flüssigkeiten ausgeschieden werden.

Emilie.

Das will ich mir merken. Der Arzt verordnet mir manchmal bei Erkältungen Weißweinmolken, und die erhitzen mich so. Da könnte ich mir ja lieber die Molken mit einem Alkali bereiten, die wären eben so gut.

Mrs. B.

Vielleicht nicht. Ich rathe Ihnen doch ernstlich, sich in medizinischen Dingen nicht zu sehr auf Ihre chemische Kenntnisse zu verlassen. Ich weiß nicht, weshalb Sie gerade Weinmolken trinken sollen, gewiß ist aber ein guter Grund dazu vorhanden, sonst würden sie nicht so häufig verordnet werden. Ich kann Ihnen noch eine sehr unschuldige Art und Weise angeben, Molken ohne Käselab, Alkali oder Wein zu bereiten: träufeln Sie nur einige Tropfen Zitronensaft in die Milch.

Molken, als Nahrungsmittel betrachtet, sind sehr gesund, weil sie erstaunt leicht verdaulich sind; als Medizin werden sie, glaube ich, hauptsächlich gebraucht, um die Ausdünstung zu befördern.

Aus den Molken kann man durch Verdampfung einen Stoff in Krystallen gewinnen, den man Milchzucker nennt. Er ist süß von Geschmack, und in seiner Zusammensetzung so dem gewöhnlichen Zucker ähnlich, daß er sogar der Weingährung fähig ist.

Caroline.

Warum bereitet man da nicht Wein oder Spiritus aus Molken?

Mrs. B.

Die darin enthaltne Menge Zucker ist zu gering. Ich habe nur von einem Beispiele gehört, wo man Milch zur Erzeugung einer geistigen Flüssigkeit benutzte: die Tartaren, deren einziger Reichthum in Pferden besteht, lassen die Pferdemilch gähren und bereiten so ein Getränk, Kumiß genannt.

Molken können auch sauer werden, indem sie sich mit Sauerstoff aus der Luft verbinden. Dann erzeugt sich die Milchsäure, die ich, wie Sie sich erinnern werden, unter den thierischen Säuren aufgezählt habe.

Lassen Sie uns nun sehen, wie die Dickmilch beschaffen ist.

Emilie.

Ich weiß, man bereitet daraus Käse, und daß man sie zu diesem Behufe durch Käselaab von den Molken sondert, und doch haben Sie uns eben gesagt, auf diese Weise bekäme man nicht reine Dickmilch?

Mrs. B.

Reine Dickmilch ist auch gar nicht so vorzüglich zur Käsebereitung geeignet. Der Geschmack und die Güte des Käse hängt großentheils von der Sahne oder dem Oelstoffe ab, der in der Dickmilch bleibt, und wenn man jedes Sahntheilchen aus der Dickmilch entfernte, würde der Käse kaum zu essen sein. Die Bezeichnung fett oder trocken, die man dem Käse beilegt, entspringt aus der Menge oder Beschaffenheit der darin enthaltnen Sahne.

Verschiedne andre thierische Substanzen, die nicht besonders unter den thierischen Zusammensetzungen aufgezählt stehen, verdienen doch der Erwähnung.

Wallrath gehört hierher. Es ist eine ölige Substanz, die aus dem Kopf des Pottfisches gewonnen wird, aber erst besonders zubereitet werden muß, ehe sie zu Lichten verarbeitet werden kann. Er brennt nicht besser, aber angenehmer als Talg, weil er weniger fett ist, und nicht so leicht fließt.

Ambra ist ein eigenthümlicher Stoff, der auch von einer Pottfischart herkömmt, man gewinnt es jedoch selten von dem Thiere selbst, sondern findet es gewöhnlich auf dem Meere schwimmend.

Wachs ist, wie Sie wissen, ein festes Oel, das eigenthümliche Erzeugniß der Biene. Einige seiner Bestandtheile kommen wahrscheinlich aus den Blumen, allein sie sind dergestalt von den Organen der Biene umgearbeitet und mit deren besonderem Stoffe vermischt, daß Wachs entschieden als thierisches Produkt zu betrachten ist. Bienenwachs ist von Natur gelb, wird aber gebleicht, entweder sehr langsam in der Luft, oder sehr rasch durch Chlor. Die Verbrennung des Wachses ist weit vollständiger als die des Talgs, und demzufolge erzeugt sich dabei eine größere Menge Licht und Wärme.

Lack ist ein Stoff, dessen Bildung der des Wachses sehr gleicht. Er ist das Erzeugniß eines Insektes, welches die Bestandtheile dazu aus Blumen einsammelt, anscheinend in der Absicht, um seine Eier vor Schaden zu sichern. Es bildet damit Zellen, die ebenso künstlich gebaut sind, wie die des Bienenstockes, aber mit andrer Eintheilung. Der Lack wird hauptsächlich zu Siegellack verarbeitet und zum Lackiren gebraucht.

Moschus, Zibet und Bibergeil sind Produkte verschiedner Vierfüßler, die beiden ersten sind von sehr starkem Geruch, den Viele schön finden, letzteres hat einen unangenehmen Geruch und Geschmack, und wird nur allein medizinisch gebraucht.

Seide ist ein eigenthümliches Erzeugniß des Seidenwurms, womit er sein Nest oder Cocon baut. Dies Insekt wurde ursprünglich aus China nach Europa gebracht. Die Seide ist, ihrer chemischen Natur nach, dem Haar und der Wolle der Thiere sehr ähnlich. Sie entsteht aus einer Feuchtigkeit des Insektes, die gerinnt, sobald sie mit der Luft in Berührung tritt, anscheinend durch Verbindung mit Sauerstoff. Die Larve des Seidenwurmes spritzt eine Flüssigkeit aus, die man Raupensaure nennt, und von deren Beschaffenheit erst sehr wenig bekannt ist.

Emilie.

Sie haben uns nun mancherlei von der thierischen Einrichtung gesagt, wollen Sie uns nicht auch darüber belehren, auf welche Weise todte Thiere zum Elementarzustande zurückkehren?

Mrs. B.

Die thierischen Stoffe sind zwar die zusammengesetztesten, kehren aber dennoch nur durch einen einzigen freiwilligen Prozeß, durch die faule Gährung, zum Elementarzustande zurück. Durch diesen Vorgang werden der Eiweißstoff, der Faserstoff rc. langsam in Sauerstoff, Wasserstoff, Stickstoff und Kohlenstoff zersetzt, und so schließt sich der Kreis der Verwandlungen, welche die Grundstoffe durchmachen. Zuerst verließen sie ihre ursprüngliche Form oder ihre Verbindungen mit unorganischen Stoffen, um in die Pflanzenwelt überzugehn. Von da wurden sie dem Thierreiche überwiesen, und kehren nun zu ihrer anfänglichen Einfachheit zurück, um bald wieder in den Kreis des Lebendigen einzutreten.

Wenn nicht alle Umstände zusammentreffen, die nothwendig sind um Gährung herbeizuführen, so werden die thierischen wie die pflänzlichen Stoffe einer theilweisen oder unvollkommnen Zersetzung unterworfen, die sie in eine brennbare Substanz verwandelt, die dem Wallrath sehr ähnlich ist. Caroline wird das gewiß für eine Art thierischen Erdharzes erklären.

Caroline.

Und warum denn nicht, es ist doch derselbe Vorgang wodurch diese beiden Stoffe entstehen.

Mrs. B.

Es waltet doch eine bedeutende Verschiedenheit ob. Der Zustand der Erdharze scheint bleibend, während der solcher unvollständig zersetzter thierischer Stoffe nur vorübergehend ist, und wenn nicht Vorsichtsmaßregeln ergriffen werden, um sie in diesem Zustande zu erhalten, so erfolgt unfehlbar völlige Auflösung. Man hat erst ganz vor Kurzem diese theilweise Zersetzung des Thierstoffes entdeckt, und versucht diesen Umstand zu technischen Zwecken zu benutzen. In dieser Absicht legte man eine Fabrik an, in der todte Pferde und andre Thiere mit Wasser bedeckt und die fleischigen Theile in diesen wallrathähnlichen Stoff verwandelt wurden. Man hat es aber nicht ausführbar gefunden, diesen fettigen Körper gehörig zu reinigen, um Gebrauch davon machen zu können.

So sucht der Mensch immer gleich zu seinem Nutzen zu verwenden, was er Neues in den drei Naturreichen entdeckt, immer mehr bemüht er sich, das Wesen und Wirken der Natur zu erforschen, und die verschiednen Bildungsstufen der einzelnen Erzeugnisse aufzufinden, um daraus ihre Zusammensetzung zu begreifen und Schlußfolgen darauf zu bauen. Ich habe Ihnen in diesen Gesprächen gezeigt, wieweit man schon damit gekommen ist, und bleibt auch noch unendlich viel zurück, was uns verborgen ist und sein wird, so fühlen Sie sich doch wenigstens gewiß jetzt von einer weit höheren Bewunderung für das Wirken und die vollkommne Einrichtung der Natur durchdrungen.

Gedruckt bei C. Feister.

THERMOMETER.

Fig. 1.

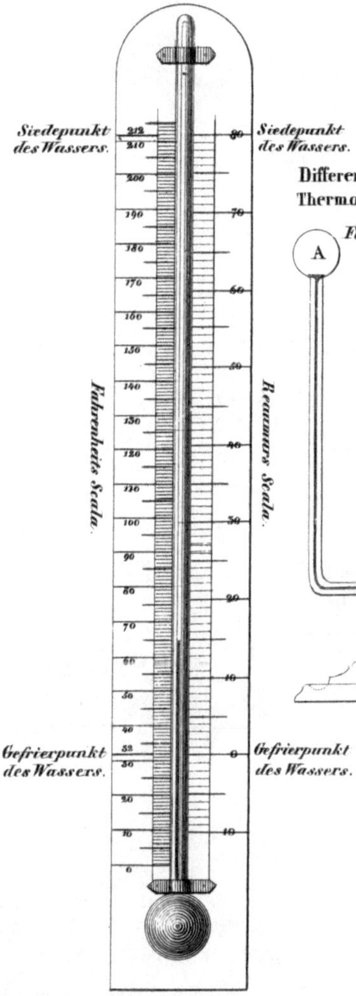

Differential Thermometer.

Fig. 2.

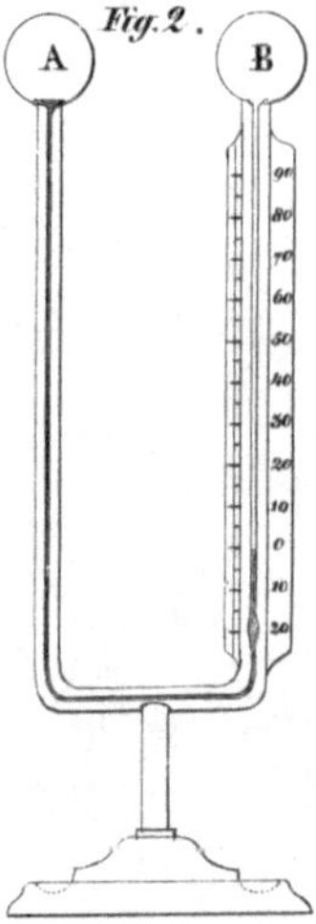

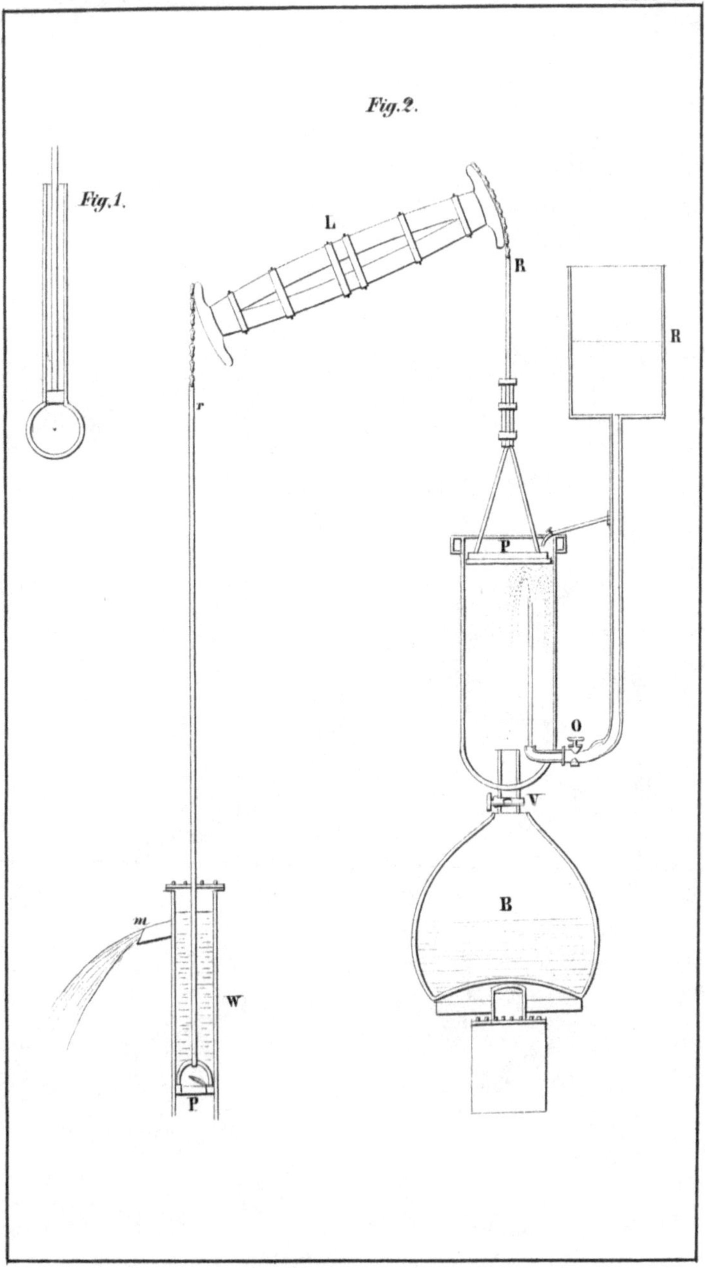
Fig. 1.
Fig. 2.
L
R
R
r
P
O
V
B
m
W
P

TAF.III.

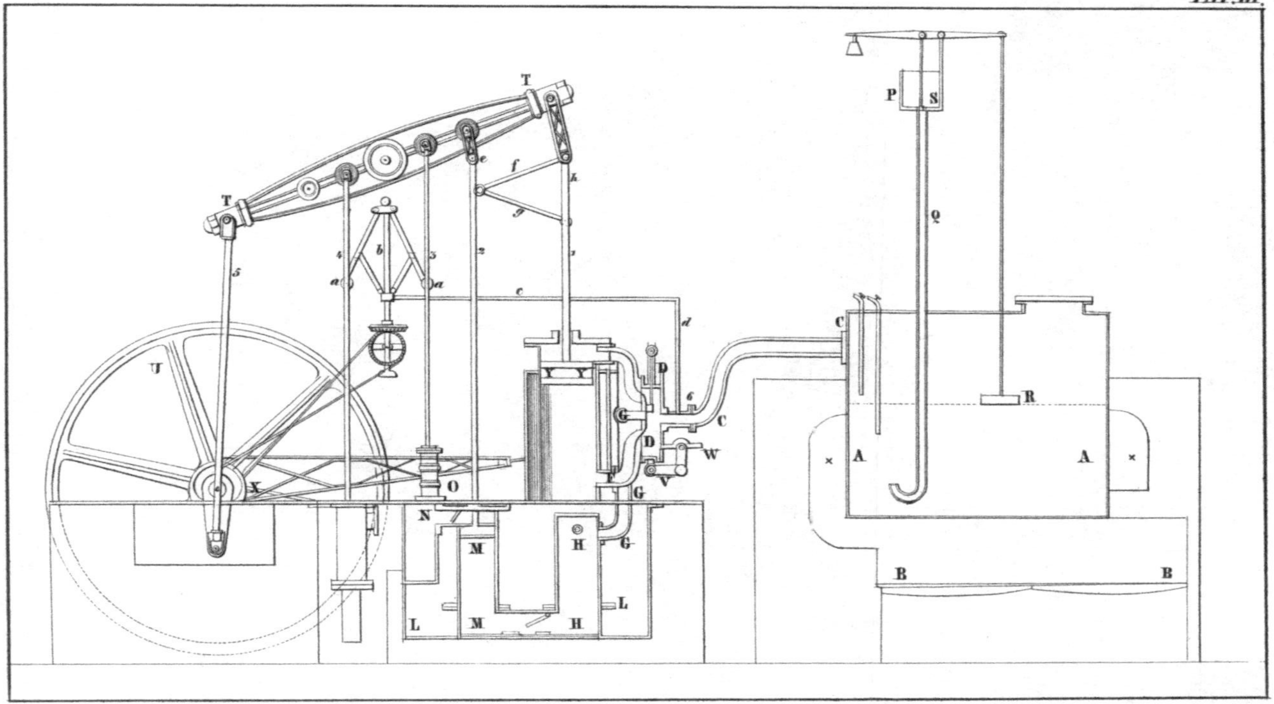

TAF. IV.

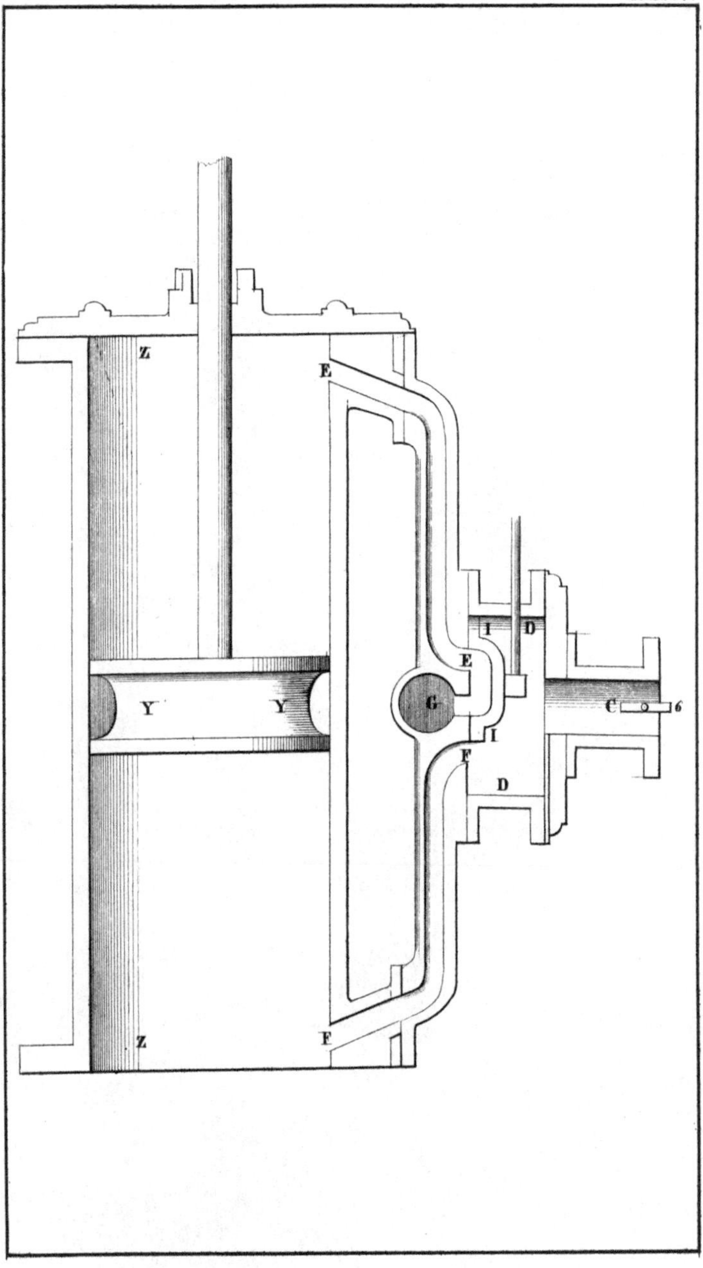

Voltasche = Batterie.

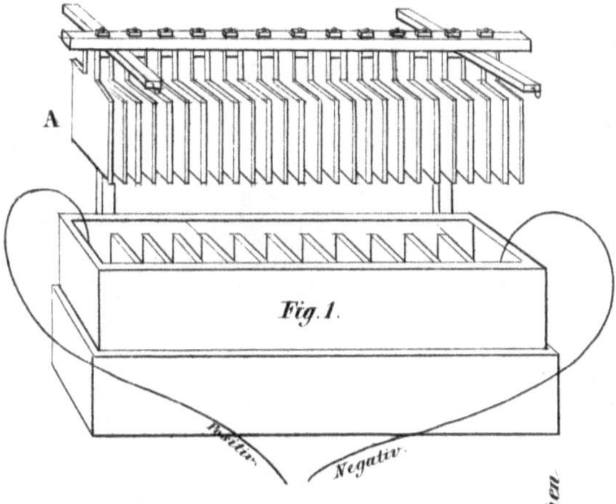

Elektrisir maschine.

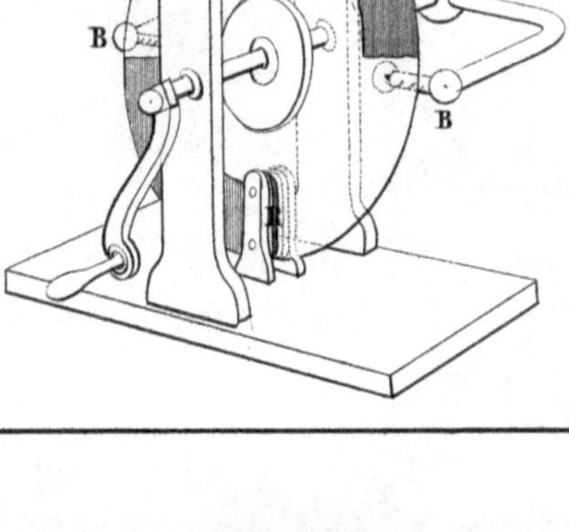

Fig. 1. A. Eine Reihe Platten aus den Zellen herausgenom̃en

Fig. 2. Zwei Platten von der Batterie

Fig. 3. A. Die Glasscheibe B. Der Leiter. R. Die Reiber.

Fig. 1.
Sublimation von Schwefel.

Fig. 2.
Eudiometer.

Fig. 3.
Zerlegung von Wasser durch Kohlenstoff

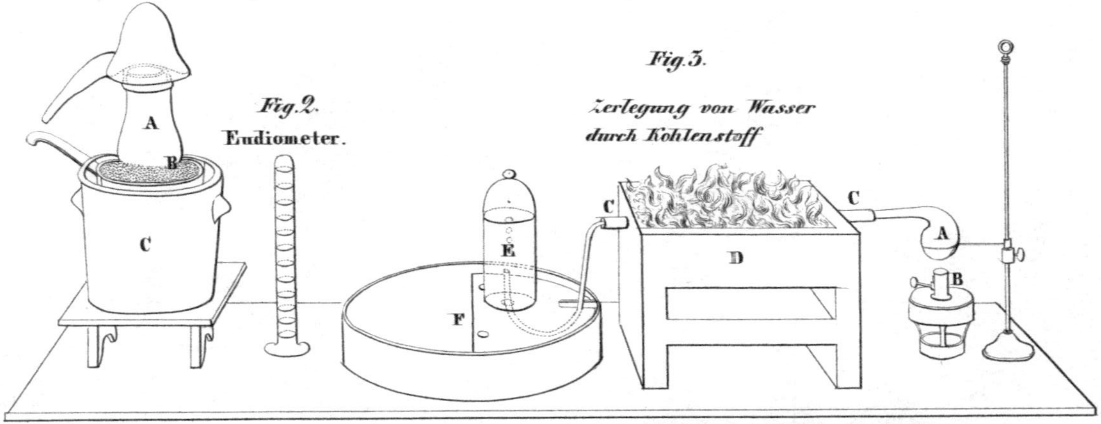

A. *Distillirkolben mit Helm.*
B. *Sandbad.* C. *Ofen.*

A. *Retorte, die Wasser enthält.* B. *Lampe zur Erhitzung des Wasser's.*
C C. *Porzellanrohr Kohlenstoff enthaltend.* D. *Ofen durch den das Rohr geht.*
E. *Glocke zum Auffangen des Gases.* F. *Pneumatische Wanne.*

Fig. 1.

Fig. 2.

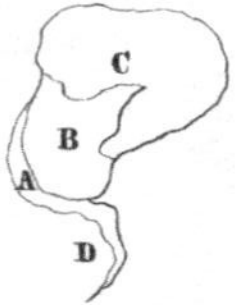

Fig. 1 u. 2. A. B. Samenlappen.
C. Hülse.
D. Wurzelkeim.

Fig. 3.

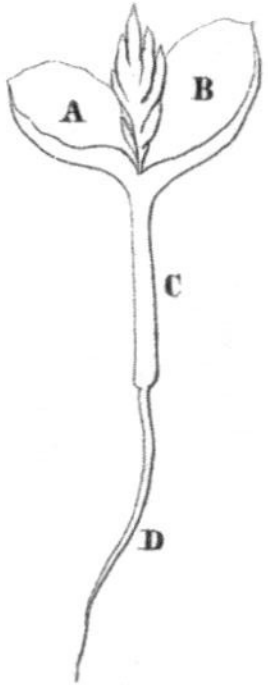

Fig. 3. A. B. Samenlappen.
C. Blattkeim.
D. Wurzelkeim.

Fig. 4.

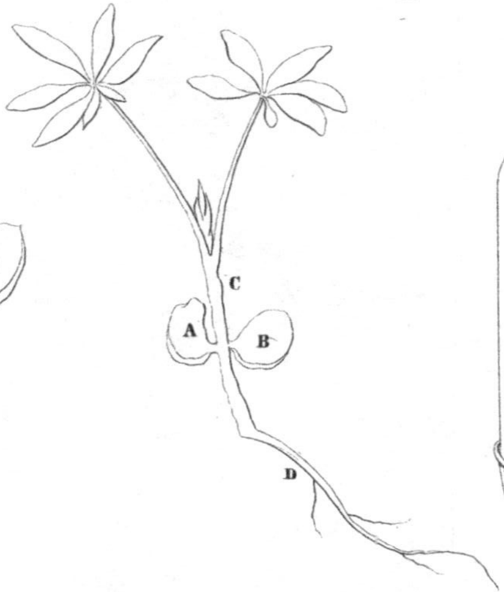

Fig. 4. A. B. Samenlappen.
C. Blattkeim.
D. Wurzelkeim.

Fig. 5.
Apparat zur Erläuterung des Mechanismus beim Athmen.

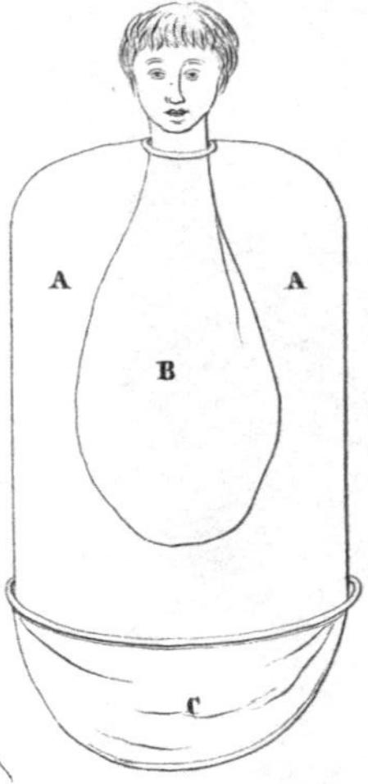

Fig. 5. AA. Glasglocke. B. Blase die Lungen vorstellend.
C. Blase, das Zwerchfell vorstellend.

Herwig, lith.

FSC
www.fsc.org
MIX
Papier | Fördert gute Waldnutzung
FSC® C083411

Kolibri 360 GmbH
Ferdinand-Jühlke-Straße 7
99095 Erfurt, Deutschland
produktsicherheit@kolibri360.de